普通高等教育“十二五”规划教材

电工与电机学基础

林文孚　主编

中国水利水电出版社
www.waterpub.com.cn

内 容 提 要

本书根据火力发电机组运行的实际需要，讲述了电工与电机学的基本知识，包括电路基本定律、电磁感应、单相交流电路、三相对称及非对称电路、电子技术初步、中性点接地方式、变压器、异步电动机、同步发电机及其励磁系统的原理与运行等电气运行必备的基础知识。本书具有如下特点：注重基本概念、强调知识的作用、力求基础与应用结合。

本书可作为集控、热动、新能源发电等专业教材，同时可作为相关专业的培训教材。

图书在版编目（CIP）数据

电工与电机学基础 / 林文孚主编. -- 北京 : 中国水利水电出版社, 2011.8(2024.8重印).
普通高等教育“十二五”规划教材
ISBN 978-7-5084-8967-4

Ⅰ. ①电… Ⅱ. ①林… Ⅲ. ①电工学－高等学校－教材②电机学－高等学校－教材 Ⅳ. ①TM

中国版本图书馆CIP数据核字(2011)第181304号

书 名	普通高等教育“十二五”规划教材 **电工与电机学基础**
作 者	林文孚 主编
出版发行	中国水利水电出版社 （北京市海淀区玉渊潭南路1号D座 100038） 网址：www.waterpub.com.cn E-mail：sales@mwr.gov.cn 电话：（010）68545888（营销中心）
经 售	北京科水图书销售有限公司 电话：（010）68545874、63202643 全国各地新华书店和相关出版物销售网点
排 版	中国水利水电出版社微机排版中心
印 刷	天津嘉恒印务有限公司
规 格	184mm×260mm 16开本 16.75印张 398千字
版 次	2011年8月第1版 2024年8月第3次印刷
印 数	3601—4600册
定 价	**50.00**元

前言

本书根据火力发电机组运行的实际需要，讲述了电工与电机学的基本知识，包括电路基本定律、电磁感应、单相交流电路、三相对称及非对称电路、电子电路初步、中性点接地方式、变压器、异步电动机、同步发电机及其励磁系统的原理与运行等电气运行必备的基础知识。本书具有如下特点：

（1）注重基本概念。根据运行岗位的需要和动力类专业的特点，用通俗易懂的语言描述电气运行必需的电工与电机学基本概念及系统的应用知识。简化数学推导，突出重点、分散难点、深入浅出、循序渐进，概念清楚，着力于读者学习能力的提高。

（2）强调知识的作用。把学习的目的性融入知识学习的过程中，用运行人员的视野看待电工与电机学的基础知识，能在基础知识的介绍中“看到”它在“电气运行”中应用的“影子”，引导读者自觉加强基础知识的学习和应用。

（3）力求基础与应用结合。电机学部分不仅介绍电机运行原理，还讨论了电机的正常与异常运行，发电机电压调节与电网频率调节等，实际上已延伸到了电气运行。

本书可作为集控、热动、新能源发电等专业教材，同时可作为相关专业的培训教材。

为便于读者阅读，下面简要介绍各章的重点和难点。

（1）直流电路，重点是全电路欧姆定律、KVL、KCL、节点电压法与回路电流法。节点电压法与回路电流法是三相电路分析的基本工具，KCL是各种差动保护的理论基础。

（2）电磁感应，重点是铁磁物质性质、左手定则与右手定则、感应电势与同名端的概念。铁磁物质的非线性特性是解释电机运行特性的基本依据之一，楞次定律是电机正常与非正常运行分析最重要的工具，同名端概念与变压器连接组别，TV、TA的正确使用，电气设备并列操作等密切相关。

（3）单相正弦交流电路，重点是电气量的三要素、相量图，R、L、C元件上电压与电流的关系，谐振、有功功率、无功功率、功率因数的概念。相位是电气运行分析最基本的概念，相量图是电气运行分析的基本工具，L、C（含分布电容的概念）的性质，是电机运行分析中最基本的概念。K、L 电路的暂态过程是难点，是电机故障分析的基础，重点是了解合闸初相角与暂态电流的关系。

（4）三相交流电路，重点是星形与三角形连接及电压电流的相位关系，正序、负序、零序等非对称运行分析的基本概念，电力系统中性点运行方式及特点。要注意电路中的高次谐波特别是 3 次谐波的特点。对称分量法是难点，只需理解分析结论即可。

（5）电子技术初步，主要介绍了基本的模拟电子电路和数字电子电路元件，晶体管放大、整流滤波电路的基本原理。重点理解二极管及可控硅整流滤波电路的工作原理，以作为学习发电机励磁系统和有关保护原理的基础。

（6）变压器，重点是简化等值电路及其相量图，变压器运行特性，Y/△连接时初级电压与次级电压的相位关系，变压器并联运行条件。短路阻抗对变压器运行性能有决定性的影响，变压器负载运行和负载短路的物理过程对于电动机和发电机运行分析具有重要意义。

（7）异步电动机，重点是三相对称交流电流的旋转磁场，异步电动机的正转和反转，异步电动机的启动特点。三相对称交流电流在定子、转子气隙空间的旋转磁场是分析同步电机电枢反应的重要基础。

（8）同步发电机，重点是同步电机的电枢反应，简化等值电路，运行特性；发电机的欠励、过励、正常励磁与无功功率调节的概念与励磁控制；功角与功角特性、有功调节与静态稳定的概念；发电机转子电流与定子电流的限制；发电机的同期并列；发电机的不对称运行与突然短路。难点是电枢反应、等值电路及其相量图、突然短路的物理过程。

可以通过实验来加强对电路基本概念物理意义的理解。例如，可以通过基尔霍夫定律实验来加强对节点电流、回路电压的认识；可以通过同名端判别实验来进一步认识电磁感应现象和规律，并强化“极性”的概念；可以通过功率因数提高实验来认识电感、电容电路的特性，磁场能量与电场能量的转换与补偿；通过 Y/△电路实验来认识三相电流、电压之间的关系。

利用变压器、电动机、同步发电机相关实验，理解电机运行的基本原理与特性。如通过变压器实验，观察变压器的励磁涌流、空载与短路特性，测定变压器的极性，认识变比和阻抗不等时，并联运行变压器输出电流的变化，以及极性接反时的冲击电流。通过观察电动机绕组结构和电动机实验，观察电动机的启动电流；通过观察相序变化改变电机转动方向，理解三相电流的空间旋转磁场。通过发电机实验，认识发电机的空载与短路特性，理解发电机并列的条件。通过实验得到感性认识，通过理论分析和引导上升到理性认识。

各章后面的复习思考题反映该章的主要学习目标，读者在阅读每章节内容前后要认真思考，根据该章复习思考题检查学习效果。

本书由武汉电力职业技术学院教授、高级工程师林文孚撰写。在编写过程中，得到了武汉电力职业技术学院仿真中心全体同仁的热情支持和帮助，对此，作者谨向他们表示衷心的感谢。

由于作者学识水平有限，书中缺点和谬误在所难免，敬请读者批评指正。

作者

2011 年 5 月

目录

第1章 直 流 电 路

在工农业生产和日常生活中用到的各种用电设备，都是靠电流的作用而工作的。直流电路通常是比较简单的电路，但它是研究各种复杂电路的基础。因为，直流电路的有关概念同样适用于交流电路；简单电路的分析方法也可以推广到复杂电路，这是学习直流电路的主要目的。此外，电气设备的控制回路也大都采用直流电路。

1.1 电 路

1.1.1 电路的组成

电路是电流的通路，图 1.1 是一个简单电路，它由以下四部分组成：

（1）电源 E。电源是供给电能的。电源的能量由其他形式的能量转换而来，例如，电池中的电能是由化学能转换而来的，火力发电厂输出的电能是由机械能转换而来的，而机械能则是由燃料的化学能转换而来的。

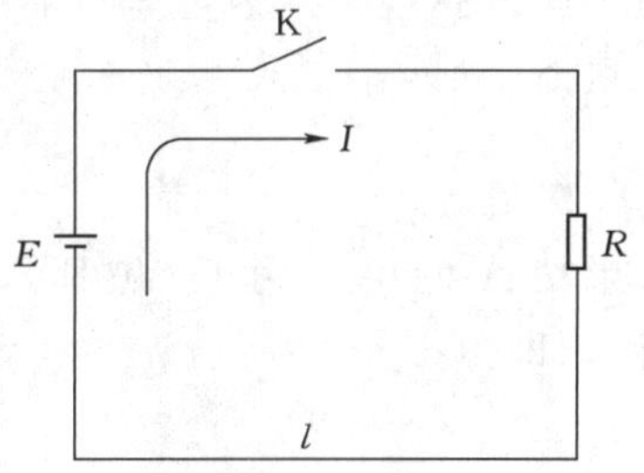

图 1.1 电路的组成

（2）负载 R。负载指各种用电设备，也称为用电器，如电灯、电炉、电动机等。电源供给的电能通过负载转换为其他形式的能。例如，在灯泡中电能转换为光能和热能；在电炉中电能转换为热能；在电动机中电能转换为机械能。

（3）导线 l。导线用来将电源和负载连成通路，达到传导电流的目的。常用导线一般由铜或铝制成。

（4）开关 K。根据负载需要；开关对电路进行控制，如合闸接通电路，分闸断开电路。

电路的形式是多种多样的，电力系统是最典型的例子。发电机组是电源，它把热能、水能或核能转换成电能。分布于家庭，企、事业单位的各种电灯、电机（电器）是负载。通过电力网将各种电源的电能汇集起来，分配、输送到千家万户，所形成的电路就是电力系统。

1.1.2 电流

用导线将电源、负载连接起来，再合上开关使电路闭合，电路里就有电流通过。电流是电荷有规则的运动。在电源中具有一种推动电荷运动的原动力，称为电源力。对于电池来说，这种电源力就是化学力；对于发电机来说就是电磁力。在电源的内部，电源力把正电荷由负极推向正极。同时，由于两极正、负电荷的集聚，在两极间建立了电场。当电路闭合起来时，在外电路也建立了电场，在电场力的作用下，正电荷由电源的正极经过负载流向电源的负极。这种电荷有规则的运动，就形成了电流。

电路中电流的大小可以用电流强度来表示。电流强度是以单位时间通过电路某一截面的电量来衡量的，即

$$I=\frac{q}{t} \tag{1.1}$$

式中：I 为电流强度，A（安培）；q 为电量，C（库仑），1 库仑相当 6.24×10^{18} 个电子带的电量；t 为时间，s（秒）。因此

1A(安倍)=1C/s(库仑/秒)

电流强度的单位还有：1kA(千安)$=10^3$A；1mA(毫安)$=10^{-3}$A 。

在电路中，规定正电荷流动的方向作为电流的方向，它与电场力的方向是一致的。而在电源内部，正电荷是由负极流向正极的。应当指出，在金属导体里，导电的是自由电子，它带负电，因此它的移动方向正好与规定的电流方向相反。

1.1.3　电动势、电压和电位

1. 电动势

电源力推动电荷运动的过程也就是电源力做功的过程。电源力把单位正电荷由负极推向正极所做的功表明了电源推动电荷运动的本领，称为电源的电动势，简称电势，用字符 E 表示，则

$$E=\frac{A}{q} \tag{1.2}$$

如果功 A 的单位用 J（焦耳），电荷 q 的单位用 C（库仑），则电势 E 的单位为 V（伏特），即

1V(伏特)=J/C(焦耳/库仑)

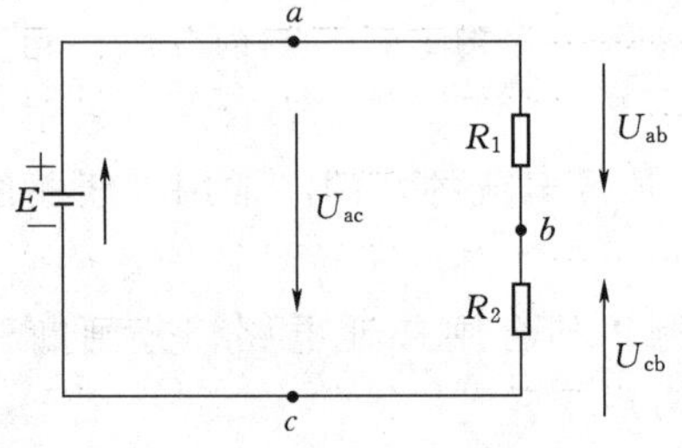

图 1.2　电势与电压的方向

电势的方向与电源力的方向一致，即由电源负极指向电源正极，如图 1.2 中电源 E 右侧的箭头所示。

2. 电压和电位

由于电源正极和负极集聚着正电荷和负电荷，因此它不仅在电源内部建立电场，当外电路接通时，也在外电路中建立电场。从能量的角度来讲，电场力推动电路中电荷移动的过程就是电场力做功的过程。把电场力将单位正电荷沿电路由 a 点推向 b 点所做的功称为 a、b 两点间的电压。推动单位正电荷做的功越多，a、b 两点间的电压就越高，反之，做的功越小，电压越低。由此可见，电路中的电压表明了电场力推动电荷运动的能力。a、b 两点间的电压用符号 U_{ab} 表示

$$U_{ab}=\frac{A}{q}(\mathrm{V}) \tag{1.3}$$

电压的单位也用 V。如果电场力在 a、b 两点之间推动 1C 的电荷做的功为 1J，则这两点间的电压就是 1V。电压较大的单位有 kV（千伏），较小的单位有 mV（毫伏）。

1 千伏(kV)$=10^3$V；1 毫伏(mV)$=10^{-3}$V

物体在空间每一点都有一定的位能，在空间某一点位能的高低是相对的，与所取的参

考点有关。电荷 q 在电路中某点的电位能高低也是相对的，与所取的电位能零点（称为参考点）有关。用 φ_a 表示单位正电荷在电路中 a 点具有的电位能，称为电位，其值等于 a 点与参考点之间的电压。用 φ_b 表示单位正电荷在电路中 b 点具有的电位能，其值等于 b 点与参考点之间的电压。则电路中 a、b 两点间的电压就是这两点的电位差，如图 1.2 所示，即

$$U_{ab}=\varphi_a-\varphi_b \tag{1.4}$$

如果选 b 点为参考点，则

$$\varphi_b=0,\ U_{ab}=\varphi_a$$

故电位实际上也是电压，是对参考点的电压。所以，电位的单位就是电压的单位，即 V。

如前所述，电势的方向就是电源力的方向，是由负极指向正极的，如图 1.2 所示。可见，电势的方向也是从低电位到高电位的。电路中电压的方向与电场力方向一致，即与外电路中电流的方向一致，是从高电位到低电位的。所以，电源电势的方向与其两端的电压的方向正好相反。如图 1.2 所示，电势 E 的方向与电压 U_{ac} 的大小相等，方向相反。

【例 1.1】 在电路（图 1.2）中 a、b、c 三点的电位分别为 $\varphi_a=6V$、$\varphi_b=3V$、$\varphi_c=0V$，求电压 U_{ab}、U_{cb}、U_{ac}。

解

$$U_{ab}=\varphi_a-\varphi_b=6-3=3(V)$$
$$U_{cb}=\varphi_c-\varphi_b=0-3=-3(V)$$
$$U_{ac}=\varphi_a-\varphi_c=6-0=6(V)$$

由此可见，电压 U_{ab} 的方向是由高电位 a 点指向低电位 b 点的，其值为正；而电压 U_{cb} 是由低电位 c 点指向高电位 b 点的，其值为负，“负”表示 U_{cb} 的指向与实际电压方向相反。而 $U_{ac}=\varphi_a$，即某点与零电位点间的电压就是这一点的电位。在参考点明确的情况下，可以将电压符号的下标省略。如图 1.2 中 U_{ac} 指整个电路的电压，也可将 U_{ac} 简记为 U。

1.1.4　导体的电阻

物质按导电性能可分为导体、半导体和绝缘体。导体的导电具有两重性，它既具有导电的一面，也有阻碍电流的一面。如金属导体，它之所以导电，是因为其中有自由电子；之所以对电流有阻碍，是因为自由电子在移动的过程中要同金属的原子（或分子）发生碰撞，使电子移动受到阻碍，导体就表现出一定的电阻。

1. 导体的电阻

由于导体存在电阻，电流通过它就要受到一定限制。作为传导电流的导线，要求它的电阻要小一些，但是对于一些用电设备，如电灯、电烙铁、电炉等，又要使它具有一定的电阻，这样才能达到用电的目的。在实际工作中还有用电阻来限制或调节电流而专门做的电阻元件和可变电阻器。

电阻的单位是 Ω（欧姆）。在计量较大的电阻时还会用到 kΩ（千欧）和 MΩ（兆欧）。

$$1k\Omega=10^3\Omega;\quad 1M\Omega=10^6\Omega$$

导体的电阻越大，其导电性能越差，电阻越小，导电性能越好。导体电阻 R 的倒数 $(1/R)$ 的大小表明了导体导电性能的好坏，称为电导，用符号 g 表示，即

$$g=1/R \tag{1.5}$$

电导的单位是 S（西门子）。

2. 影响电阻大小的因素

在一定的温度下，导体电阻的大小由两方面因素决定：一个与导体的材料有关，例如，同样几何尺寸的金属导体，银、铜、铝相比，银的电阻最小，铜的电阻稍大些，铝的电阻最大；另一个与导体的尺寸有关，导体越长，电阻越大，导体越细，电阻越大。如果已知某种导体构成的均匀导线，其长度为 l（m），截面积为 S（mm^2），则其电阻在常温（20℃）下的数值可按下式计算

$$R=\rho\frac{l}{S} \tag{1.6}$$

式中：ρ 为该种导体的电阻率，其值是指长 1m、截面积为 $1mm^2$ 的某种材料的导线在 20℃时的电阻值，$\Omega \cdot mm^2/m$。

在 20℃温度下，铜的电阻率为 $0.0172\Omega \cdot mm^2/m$，铝的电阻率为 $0.0283\Omega \cdot mm^2/m$。

导体的电阻除与其材料性质和尺寸有关外，还与温度有关。实验表明：金属导体的电阻随金属材料的温度升高而成正比地增加，材料不同，增加量也不同。例如，在 20℃常温下，当温度升高 1℃时，1Ω 铜导线的电阻增加 0.004Ω，1Ω 铝导线电阻增加 0.0042Ω。把在 20℃常温下 1Ω 的某种金属导线，当温度升高 1℃时它的电阻增加量称为这种金属材料的电阻温度系数，用 α 表示，则铜的电阻温度系数 $\alpha=0.004$ 。

如果已知某种材料的导线在 20℃常温下的电阻 R_{20} 和它的电阻温度系数 α，则温度升高到 t 时，其电阻 R_t 用下式近似计算

$$R_t=R_{20}+\alpha R_{20}(t-20) \tag{1.7}$$

1.2　欧姆定律与电路的工作特性

1.2.1　欧姆定律

电路中流过电阻的电流与电阻两端的电压成正比，而与电路的电阻成反比，这就是欧姆定律，其表达式如下

$$I=\frac{U}{R} \tag{1.8}$$

式中：R 为电路的电阻，Ω；I 为流过电阻 R 的电流，A；U 为电阻两端的电压，V。

欧姆定律是电工学中基本定律之一，它是电路分析和计算的基础。

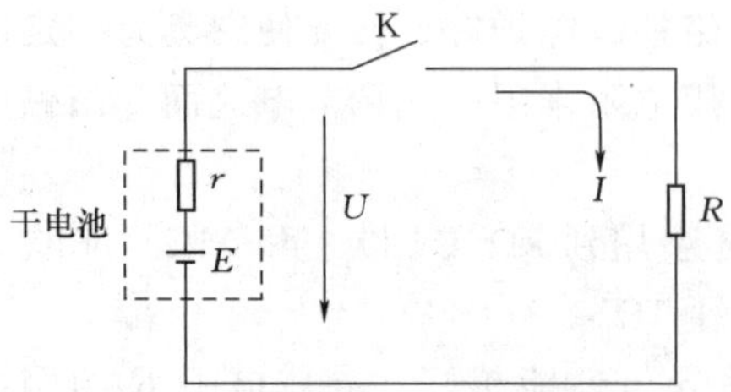

图 1.3　全电路欧姆定律

图 1.3 所示的电路，当开关 K 断开时，电路中的电流 I 等于零，称这种状态为电路的开路（或空载）状态。如果电路中的电源为 1.5V 的干电池，这时用万用表可以测得电源两端的电压 U 为 1.5V。这个电压称为开路电压或空载电压，记为 U_0。若将开关 K 合上，电路中有了电流，这种状态称为电路的有载工作状态。这时再用万用表测

量（精度较高的万用表）电源两端的电压，就会发现此时电压低于1.5V。这说明电源内部存在电阻，当电流流过电池时，在内部电阻上产生电压降，使负载电阻上的电压降低了。电源内部的电阻简称为内阻，用符号 r 表示。如果电源电势为 E，外电路的电阻（即负载电阻）为 R，电源的内阻为 r，则电路中的电流为

$$I=\frac{E}{r+R} \tag{1.9}$$

电路中的电流等于全电路的电压（即电源电势）除以全电路的电阻。这一结论称为全电路欧姆定律。

1.2.2　电功和电功率

1. 电流的功

电能是由其他形式的能转换而来的，电能又可以转换为其他形式的能。电流做功的过程就是电能转换为其他形式能量的过程。如电流通过电动机使其转动，就将电能变成机械能。将电压通过连接导线加在负载两端，就在电路中建立了电场，电场力推动电荷（产生电流）要做功。由式（1.3）可知，电场力移动电荷的功为

$$A=Uq \tag{1.10}$$

如果将移动的电荷 q 用电流 I 表达，即 $q=It$，则有

$$A=Uq=UIt \tag{1.11}$$

式中：U 为某段电路两端的电压，V；I 为通过该段电路的电流，A；t 为电流通过电路持续的时间，s；q 为时间 t 内通过电路的电量，C；A 为电源在时间 t 内消耗在该段电路的功，J。所以

$$1\text{J}=1\text{V}\times1\text{A}\times1\text{s}$$

就是说，电流的功是一段时间内在电路中消耗的电能。显而易见，加在电路中某用电器两端的电压越高、通过用电器的电流越大、通电的时间越长，用电器消耗的电能就越多。

2. 功率

电流的功不仅与电压的大小和电流强度有关，还与做功的时间有关，不能直接反映电源的工作能力。所谓功率，就是做功的速率。通常所说机械设备的出力、容量或工作能力的大小，都是指其功率。电功率就是电源做功的速率，它等于电源做功 A 与做功时间 t 之比，用 P 表示，根据式(1.11)有

$$P=\frac{A}{t}=\frac{UIt}{t}=UI \tag{1.12}$$

式（1.12）表明：电功率的大小取决于电压和电流两个量的乘积。如果电压的单位为V，电流的单位为A，则功率的单位为W（瓦特），即1W=1V×1A。较大的单位有kW（千瓦）、MW（兆瓦）。

$$1\text{kW}=10^3\text{W};\quad 1\text{MW}=10^6\text{W}$$

发电机的发电量（产出的电能）或用电设备的用电量（消耗的电能）可由其功率乘以运行时间来求得，即 $A=Pt$。电量的单位一般不使用焦耳，因它太小，通常使用kW·h（千瓦时）。

电功率由电压和电流这两个因素共同决定。如果电压是加在电阻上的，根据欧姆定律

可以求得电阻上消耗的功率的计算式，即

$$P=UI=U\frac{U}{R}=\frac{U^2}{R}=I^2R \tag{1.13}$$

电流通过电阻要发热，在电阻上消耗的电能转换为热能散发到空间，电流通过电阻的发热量为

$$Q=I^2Rt \tag{1.14}$$

式中：电流单位为A；电阻单位为Ω；时间单位为s；则发热量单位为J。

式（1.14）表明：电流在电阻中的发热量Q与电流的平方、电阻R和通电时间t成正比。这一结论称为焦耳—楞次定律。

电流通过电阻发热，简称为电热，它是现代工业中的重要加热方法之一，应用较广。但对于不是以加热为目的的电气设备（如输电线、电动机）来说，电流通过导体发出热量，不仅造成能量的损耗，而且会使设备温度升高，严重时可能导致设备的损坏。例如，一般常用的导线总具有一定的电阻，如果电流过大，使导线温度过高，严重时有可能损坏导线的绝缘，引起短路，甚至引发火灾。所以，不同截面的导线在使用中都要有一定的电流限制。不仅如此，一切电气设备都有一定的电压（或电流）限制，这个电压（或电流）称为额定电压（或额定电流）。在使用电气设备时，首先要注意其铭牌规定的额定电压（或额定电流），使所加的电压或通过的电流不要超过额定值。

【例1.2】 220V、100W的灯泡和110V、100W的灯泡，哪一个工作电流大？哪一个电阻大？

解 根据$P=UI$求得电流为

$$I_1=\frac{P_1}{U_1}=\frac{100}{220}=0.455(\text{A})$$

$$I_2=\frac{P_2}{U_2}=\frac{100}{110}=0.91(\text{A})$$

根据$R=U/I$求得电阻为

$$R_1=\frac{U_1}{I_1}=\frac{220}{0.455}=484(\Omega)$$

$$R_2=\frac{U_2}{I_2}=\frac{110}{0.91}=121(\Omega)$$

可见，在用电器取用功率相等的情况下，额定电压越低，则用电器的电阻越小，通过用电器的电流越大。换句话说，对于消耗功率一定的用电设备，如果可以承受的电压越高，则通过的工作电流就越小。

如果110V、100W的灯泡错接到220V电路中，其通电电流为

$$I_2=\frac{220}{R_2}=\frac{220}{121}=1.81(\text{A})$$

其值大大超过它的额定电流（0.91A），会使灯泡过热烧毁。所以，用电设备一定要在其规定的额定电压下工作。

1.2.3 电路的工作特性

所谓电路的工作特性，就是电路在各种状态下电流、电压和功率的特性。

1. 有载工作状态

如前所述，对于图 1.3 所示的电路，当开关 K 合上时，电路处于有载工作状态。这时负载电阻两端的电压为

$$U=IR \tag{1.15}$$

将此式代入式（1.9）得

$$U=E-Ir \tag{1.16}$$

电源内阻 r 产生的电压降为 Ir。内阻 r 上的电压称为内阻压降；电源加给负载的电压 U，即电源两端的电压，称为端电压。电流 I 越大，电源的端电压 U 越低，即电源的输出电压下降越多。如果以电源输出的电流 I 为横坐标、以电源的输出电压 U 为纵坐标，作出的 U 与 I 之间关系的曲线称为电源的外特性曲线。如图 1.4 所示，曲线（1）和曲线（2）分别是电源内阻为 r_1、r_2 时的外特性曲线。当 E 和 r 不变时，随着 I 的增加，U 是一条向下倾斜的直线。电源内阻 r 越大，电源的端电压随电流下降越快，外特性曲线斜率（绝对值）越大。将式（1.16）两端同时乘以电流 I 得

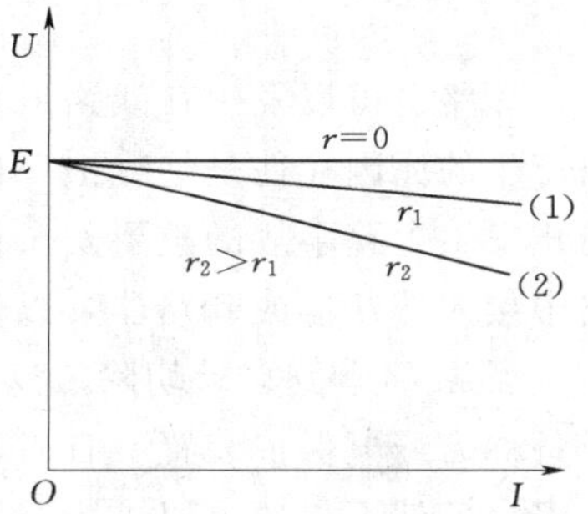

图 1.4 电源的外特性

$$UI=EI-I^2r \text{ 或 } P=P_E-\Delta P \tag{1.17}$$

其中，$P=UI$ 为电源的输出功率；$P_E=EI$ 为电源产生的功率；$\Delta P=I^2r$ 为电源内阻消耗的功率。这说明，电源实际输出功率等于它产生的功率减去内阻损耗，内阻损耗越大，输出功率越小。

式（1.9）、式（1.16）、式（1.17）分别表示图 1.3 所示的电路在有载工作状态下，电流、输出电压和功率的特性。

2. 开路工作状态

如前所述，将图 1.3 中的开关断开，电路处于开路状态，如图 1.5 所示。开路状态下，外电路的电阻相对于电源来说等于无穷大，所以电路中的电流为零，内阻压降也为 0，此时的输出电压称为开路电压，用 U_0 表示，其值等于电源的电动势 E。这时，电路中电流、输出电压和功率的特性分别为

$$I=0,\ U=U_0=E,\ P=0 \tag{1.18}$$

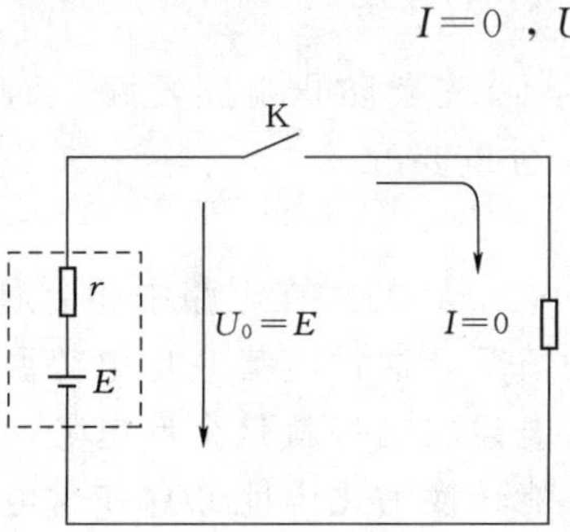

图 1.5 电路的开路状态

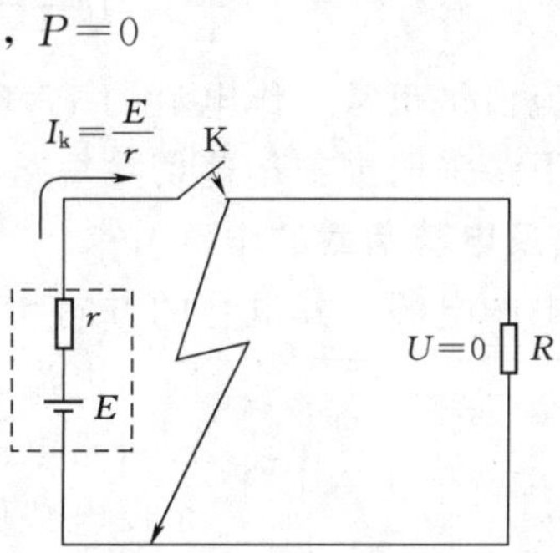

图 1.6 电源的短路

3. 短路状态

图 1.3 所示的电路，由于某种原因使电源的两端被连接在一起，如图 1.6 所示，则电

源被短路。电源短路时，外电路的电阻为零，电流有捷径可走，不再流过负载。因为在电流的回路中仅有很小的电源内阻 r ，所以这时的电流很大，此电流称为短路电流，用 I_k 表示。短路时电源产生的电能全部被内阻所消耗。短路可能使电源设备因受到短路电流的电磁力或过热而损伤或毁坏。

电源短路时外电路电阻为零，所以电源的端电压也为零，电源的电势全加在内阻上。这时，电路中电流、输出电压和功率的特性为

$$I=I_k=\frac{E}{r};\ U=0;\ P_E=\Delta P=I_k^2 r,\ P=0 \tag{1.19}$$

短路也可以发生在线路或负载的任何地方，通常是一种严重的事故，应尽力预防。短路产生的原因往往是绝缘损坏或接线错误。因此，经常检查电气设备和线路的绝缘情况是防止发生短路事故的重要安全措施。此外，为了防止短路事故引起的严重后果，通常在电路中接入熔断器或断路器，以便在发生短路时能迅速断开短路回路（如断开电路中的开关K），将故障电路自动切除。这种能自动地检测发现故障，并借助于断路器将故障切除的设备称为继电保护装置。有时，由于某种需要，如为了测量电源的内阻 r 的大小，在一定的安全条件下，还可以进行短路试验。

【例 1.3】 有一电源，其端电压 $U=230\text{V}$，内阻 $r=0.6\Omega$，输出电流 $I=5\text{A}$。求电源的电动势 E、负载电阻 R、各项功率 P，并求出电源两端短路时的短路电流 I_k。

解

电源的电动势 $E=U+Ir=230+5\times0.6=233(\text{V})$

负载电阻 $R=\frac{U}{I}=\frac{230}{5}=46(\Omega)$

电源产生的功率 $P_E=EI=233\times5=1165(\text{W})$

内阻消耗的功率 $\Delta P=I^2r=5\times5\times0.6=15(\text{W})$

输出功率 $P=UI=230\times5=1150(\text{W})$

可见，电源产生的功率 P_E 等于电源内阻消耗的功率 ΔP 与外电路电阻消耗的功率 P 之和，即功率是平衡的。

短路电流 $I_k=\frac{E}{r}=\frac{233}{0.6}=388(\text{A})$

短路电流值是正常工作电流的 77.6 倍。可见，首先要防止电路短路，而在万一发生短路的情况下，采取措施迅速切除短路故障也是十分重要的。

1.2.4 含有反电势负载的电路

作为供电的电源，其电势的方向和电流的方向是一致的。在电路中还会遇到电势的方向与电流方向相反的情况，这种电势叫反电势。例如，用电源对蓄电池充电，蓄电池的电势就是个反电势，电源克服这个反电势做功，使电能转换为化学能储存在蓄电池中。由此可见，反电势也是负载的一种形式。下面以蓄电池充电为例来讨论具有反电势负载的电路的特点。

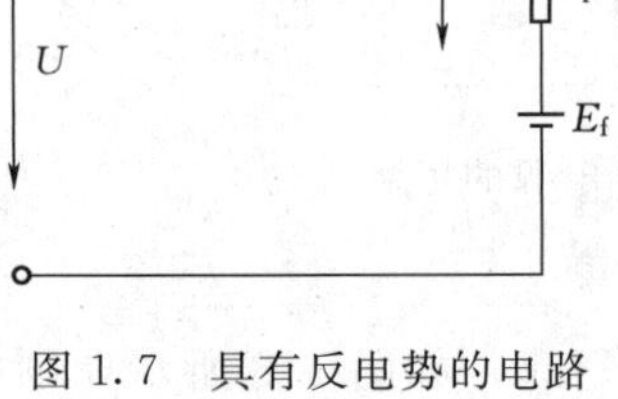

图 1.7 具有反电势的电路

先看电路中电流和电压关系。如图 1.7 所示，被充电的蓄电池的电势为 E_f，其内阻为 r_f，接至电压为 U 的电源进

行充电。设充电电流为 I，则在电阻 r_f 上要引起一个电压降 Ir_f，电路中的反电势 E_f 与电流方向相反，对电流起阻碍作用，也要引起电压降落，其数值与反电势大小相等，方向与反电势相反。所以，电路中电源的端电压 U 应当等于两部分电压降之和，即

$$U=E_f+Ir_f \tag{1.20}$$

从而可得电路中的电流为

$$I=\frac{U-E_f}{r_f}$$

不难看出，上式中 $U-E_f$ 是在电阻 r_f 上的电压，而它除以 r_f 即得到电路中电流。将式（1.20）两端乘以电流 I 得

$$UI=E_fI+I^2r_f \tag{1.21}$$

式（1.21）中，等号左端 UI 是电源供给的总功率；等号右端第一项 E_fI 是克服反电势的功率，也就是使蓄电池充电转换为化学能的功率，第二项 I^2r_f 是克服蓄电池内阻的功率，也就是变为热能而损耗掉的功率。

反电势存在于多种用电设备，如变压器、电动机中。式（1.21）表示的能量平衡方程式具有普遍意义，即电源传递给负载的功率，等于负载的输出功率（或转换成其他形式的能量）与负载本身消耗的功率之和。

1.3　串联电路与并联电路

1.3.1　电路的串联

1. 串联电路

串联是电路最基本的连接方式，事实上，图 1.3 所示电路就是串联电路。电路中，电源的内阻 r 和负载电阻 R 是以串联方式连接的。如图 1.8 所示，有两个及以上的电阻，一个接着一个首尾相连串接在一起，组成一个没有分支的电路就是串联电路。串联电路有如下几个特点：

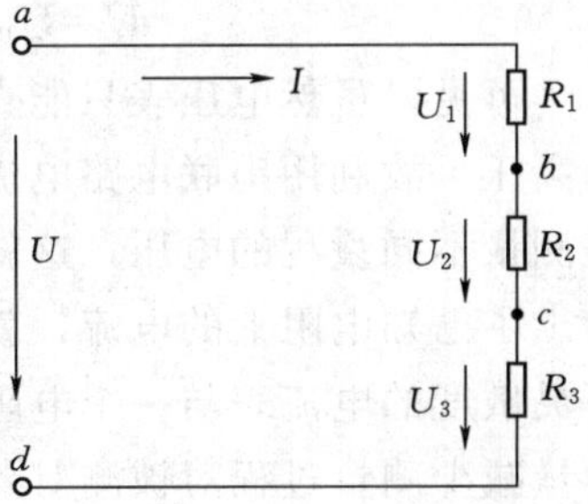

图 1.8　电阻的串联

（1）由于串联电路没有分支，电路中流过各电阻的电流是相同的，即不论是大电阻，还是小电阻，流过的电流大小相同。这是因为电荷在电路中不能堆积，也不能在流动中自行消失，就是说，电流具有连续性。

（2）因为串联电路各段电流相同，所以在大电阻上分布的电压大，小电阻上分布的电压小，即各段电压与对应的电阻成正比例分配。

因为　$U_1=U_{R1}=IR_1$；$U_2=U_{R2}=IR_2$；$U_3=U_{R3}=IR_3$

所以　$$U_1:U_2:U_3=R_1:R_2:R_3 \tag{1.22}$$

式中：U_{R1}、U_{R2}、U_{R3} 分别为电阻 R_1、R_2、R_3 上的电压。

（3）因串联电路各段电流相同，因此，各段电路消耗的功率也与对应的电阻成正比分配。

因为 $$P_1=I^2R_1;\ P_2=I^2R_2;\ P_3=I^2R_3$$

所以 $$P_1:P_2:P_3=R_1:R_2:R_3 \tag{1.23}$$

（4）串联电路的总电压等于各段电压之和。在图 1.8 中，用 φ_a、φ_b、φ_c、φ_d 分别代表 a、b、c、d 各点的电位，则

$$U=\varphi_a-\varphi_d;\ U_1=\varphi_a-\varphi_b;\ U_2=\varphi_b-\varphi_c;\ U_3=\varphi_c-\varphi_d$$

即 $$U_1+U_2+U_3=(\varphi_a-\varphi_b)+(\varphi_b-\varphi_c)+(\varphi_c-\varphi_d)=\varphi_a-\varphi_d=U$$

（5）串联电路的总电阻等于各段电阻之和。这是因为串联电阻越多，电流通过时遇到的阻力越大，就像增加了电路的长度。

【例 1.4】 电路及电路各电阻阻值如图 1.9 所示，当 a 点与 d 点相接时，测得电阻 R_3 上电压 U_{R3} 为 10V。问：若要保持 U_{R3} 为 10V 不变，当 a 点分别与 c 点和 b 点相接时，输入电压 U 应为多少？

解 当 a 点与 d 点相接时有

$$U_{R3}=U$$

$$I=\frac{U}{R_3}=\frac{10}{10}=1(\text{A})$$

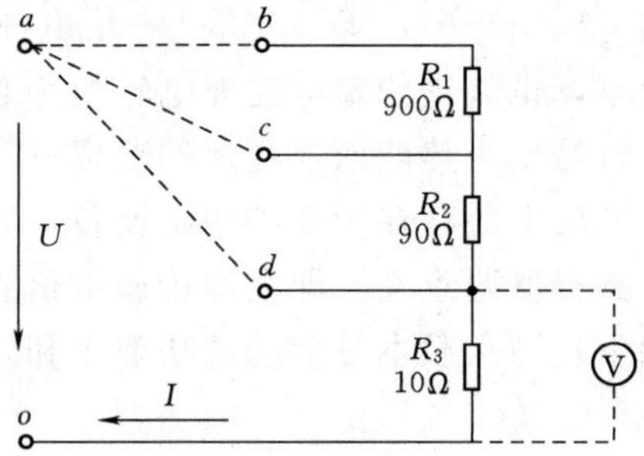

图 1.9　串联分压的应用

当 a 点分别与 c 点和 b 点相接时，为使 U_{R3} 为 10V 不变，电流 I 应保持不变。当 a 点与 c 点相接时有

$$U_{R2}=IR_2=1\times90=90(\text{V})$$

$$U=U_{R2}+U_{R3}=90+10=100(\text{V})$$

当 a 点与 b 点相接时有

$$U_{R1}=IR_1=1\times900=900(\text{V})$$

$$U_{R2}=IR_2=1\times90=90(\text{V})$$

$$U=U_{R1}+U_{R2}+U_{R3}=900+90+10=1000(\text{V})$$

可见，虽然电压表只能直接测量 10V 电压，但通过电阻分压后，却可以测出 1000V 的高压。故利用串联电路电流相等、电阻上分压与电阻值成正比的原理，可以用同一电压表测量不同量程的电压，这就是万用表测电压的基本原理。在已知电阻的条件下，如果测量出了已知电阻上的电流，就知道了电阻上的电压。所以，在万用表中，将一只高精度和高灵敏度的电流表与一个电阻串联，再与 R_3 并联，就可间接地测量电压了。通常，为了尽量减少测量过程对被测对象的干扰，要求流过测量回路的电流尽可能小。故测量回路的电阻一般都选得比较大，同时要求电流表具有高灵敏度。

2. 线路电阻对输出的影响

对于图 1.3 所示的全电路，由式（1.17）可知，电源的输出功率等于内阻消耗的功率 ΔP 与输出功率 P 之和。由式（1.23）可得：$\Delta P:P=r:R$。对于这样的串联电路，电源的内阻越小，或负载电阻越大，负载得到的功率与电源产生的总功率的比越大，电源的工作效率越高。这是负荷离电源较近，忽略了导线电阻的情况。

在实际电路中，电源与负载通常相距较远。这时导线的电阻，以及负载电阻的变化都要对负载吸收的功率产生影响。如图 1.10 所示，当负载距电源较远，导线的电阻 r_x 就不

能忽略，在这种情况下导线上有一个电压损失U_x，即

$$U_x = Ir_x$$

这时，负载上的电压为电源的端电压与线路电压损失之差，即

$$U_R = U - U_x$$

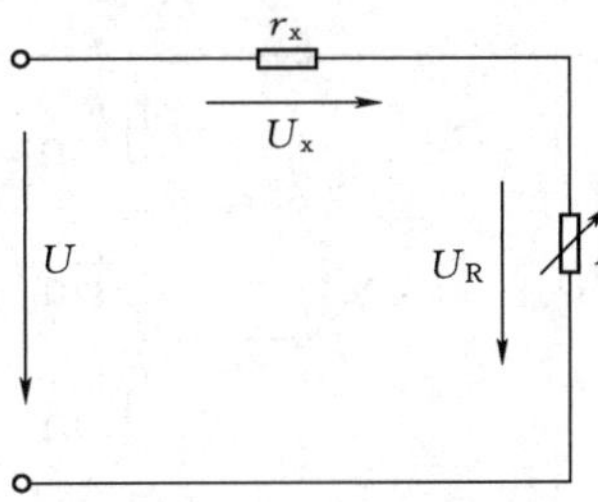

图 1.10　线路电阻的影响

由于导线上有电压损失，负载得到的电压要低于电源端电压。当负载电阻R变动时，电路中的电流要随着变化，同时引起电压损失U_x和负载上的电压U_R变化。例如，当负载电阻R减小引起负载电流I增加时，线路电压损失U_x将随之增加，负载上得到的电压随之降低。

为了减小线路的损失，一方面要减小线路的电阻；另一方面宜采用较高电压等级的用电设备。因为在输送同样电功率的条件下，电压越高，需要的电流就越小，可以减小线路损失。这就是远距离采用超高压输电的目的。

1.3.2　电路的并联

1. 并联电路的特点

有两个及以上的电阻，它们的一端连接在一起，另一端也连接在一起，形成两个连接点，施以外加电压，构成一个有分支的电路，这就叫并联电路，如图 1.11 所示。称具有分支的连接点为节点，如图中的a、b两点。下面以三个电阻并联为例来说明并联电路的特点。

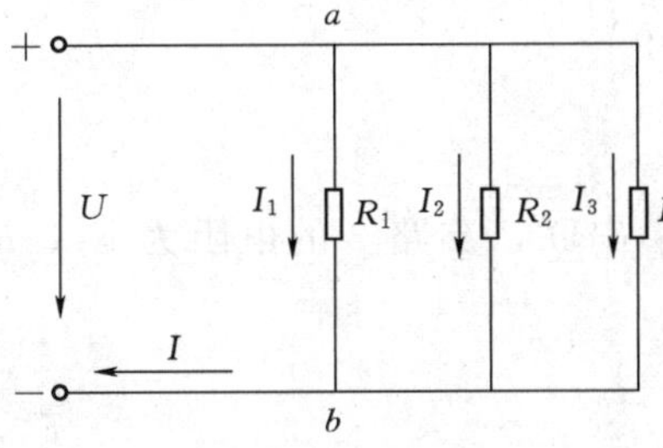

图 1.11　电路的并联

(1) 由于各支路首端接在一起，尾端接在一起，承受同一电源的电压，所以各支路的电压是相等的。

(2) 由于各支路电压相等，因此电阻小的支路电流大；电阻大的支路电流小。即并联各支路的电流与对应的电阻成反比分配。

因为　$I_1 = \dfrac{U}{R_1}$；$I_2 = \dfrac{U}{R_2}$；$I_3 = \dfrac{U}{R_3}$

所以　$$I_1 : I_2 : I_3 = \frac{1}{R_1} : \frac{1}{R_2} : \frac{1}{R_3} = g_1 : g_2 : g_3 \tag{1.24}$$

也可以说，支路电流与支路电导成正比分配。

(3) 由于各支路电压相同，各支路电流又与电阻成反比分配，所以，各支路功率与电阻成反比分配，即

$$P_1 : P_2 : P_3 = \frac{U^2}{R_1} : \frac{U^2}{R_2} : \frac{U^2}{R_3} = \frac{1}{R_1} : \frac{1}{R_2} : \frac{1}{R_3} \tag{1.25}$$

(4) 由于电流具有连续性，所以并联电路的总电流等于各支路电流之和，即

$$I = I_1 + I_2 + I_3$$

(5) 并联电路总电阻的倒数等于各支路电阻倒数之和。并联的支路越多，总电阻越小，并且比其中最小的那个电阻还要小。这很明显，并联支路越多，电流通路越多，就像增加了电路导线截面一样。

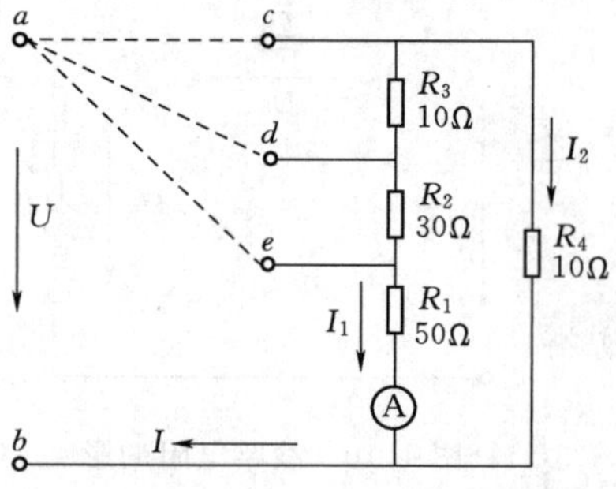

图 1.12　并联电路的应用

因为　　　　$I=I_1+I_2+I_3$

用 R 表示电路的总电阻，有

$$I=\frac{U}{R}=\frac{U}{R_1}+\frac{U}{R_2}+\frac{U}{R_3}$$

所以　　　　$$\frac{1}{R}=\frac{1}{R_1}+\frac{1}{R_2}+\frac{1}{R_3} \tag{1.26}$$

也可以说，并联电路的总电导等于各支路电导之和，即

$$g=g_1+g_2+g_3$$

2. 并联电路的应用

图 1.12 所示即为并联电路应用的一个例子。

【例 1.5】 图 1.12 中，电阻 R_1、R_2、R_3、R_4 的阻值已知，电流表Ⓐ用来测量流过 R_1 的电流 I_1（假设电流表的内阻为零）。当 a 点分别与 c、d、e 点连接时，求流过 R_1 的电流 I_1 与总电流 I 之间的关系。

解　(1) 当 a 点与 c 点连接时，支路一的电阻是 R_1、R_2、R_3 串联，支路 2 的电阻为 R_4，故有

$$I_1=\frac{U}{R_1+R_2+R_3}=\frac{U}{90}$$

$$I_2=\frac{U}{R_4}=\frac{U}{10}$$

$$I=I_1+I_2=\frac{U}{90}+\frac{U}{10}=\frac{1}{9}U$$

所以　　$$I:I_1=\frac{1}{9}\times\frac{90}{1}=10$$

(2) 当 a 点与 d 点连接时，支路 1 的电阻是 R_1、R_2 串联，支路 2 的电阻为 R_3、R_4 串联，故有

$$I_1=\frac{U}{R_1+R_2}=\frac{U}{80}$$

$$I_2=\frac{U}{R_4+R_3}=\frac{U}{20}$$

$$I=I_1+I_2=\frac{U}{80}+\frac{U}{20}=\frac{1}{16}U$$

所以　　$$I:I_1=\frac{1}{16}\times\frac{80}{1}=5$$

(3) 当 a 点与 e 点连接时，支路 1 的电阻是 R_1，支路 2 的电阻为 R_3、R_3、R_4 串联，故有

$$I_1=\frac{U}{R_1}=\frac{U}{50}$$

$$I_2=\frac{U}{R_4+R_3+R_2}=\frac{U}{50}$$

$$I=I_1+I_2=\frac{U}{50}+\frac{U}{50}=\frac{1}{25}U$$

所以 $$I:I_1=\frac{1}{25}\times\frac{50}{1}=2$$

由于电路的电阻值是确定的，总电流与支路电流的关系也是确定的，测得了支路电流，就可以得到总电流。同时，选用不同的连接方式，可以测量不同量程范围的电流。例如，若电流表可测量的最大电流是10A，则在第（1）种连接方式时电路可测的最大电流是100A，第（2）种连接方式时电路可测的最大电流是50A，第（3）种连接方式时电路可测的最大电流是20A。这就是万用表测电流的基本原理。

1.4 基尔霍夫定律

欧姆定律反映了一个电阻上的电流和电压的规律，应用它可以对串联电路和并联电路进行分析和计算，但满足不了复杂电路求解的需要。这是因为欧姆定律还没有全面反映出电路的规律。本节要讨论的基尔霍夫定律概括了任意电路中电流和电压的规律，是分析电路的有效工具。为了便于分析，先介绍电压、电流正方向的概念。

1.4.1 电流、电压、电势的正方向

电流、电压、电势等物理量所反映的电路基本规律，都包括它们的方向和大小两个方面。为了便于应用这些规律分析和计算电路，需要建立同时包括方向和大小规律的表达式。这就需要用一个既能代表电压（或电流、电势）的方向、又能代表其大小的量。对于电路中的两点 a、b，由于两点间电压的方向只可能是两种情况中的一种，即不是由 a 到 b，就是由 b 到 a（电流、电势也是这样）。在电路求解时，为了计算方便，可以先假定一个参考方向。以电压为例，具体做法是，先对某一电压选定一个决定其数值为正的参考标准，称为正方向。如果计算出的结果为正，说明实际电压的方向与所选正方向一致；如果计算出的结果为负，说明实际电压的方向与所选的正方向相反。因此，电压的方向和大小就可由一个有正负的数值同时表达出来了，如图1.13所示。在图1.13（a）、（b）中，电压的实际方向是由 a 到 b 的，大小为1V。如果选择电压 U 的正方向为由 a 到 b，如图1.13（a）所示，则 U 为+1V；如果选择电压 U 的正方向为由 b 到 a，如图1.13（b）所示，则 U' 为−1V。

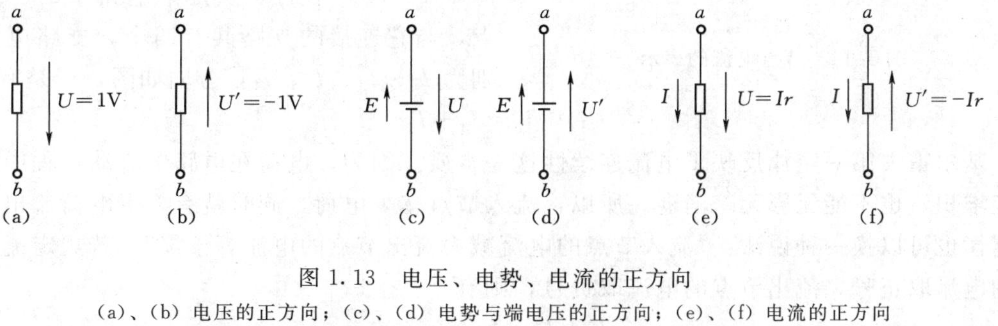

图1.13 电压、电势、电流的正方向

（a）、（b）电压的正方向；（c）、（d）电势与端电压的正方向；（e）、（f）电流的正方向

电压的实际方向是客观存在的，而正方向是人为选择的。同一个电压，正方向选择得不同，其大小是不变的，但值的正、负则相反。电压值的正或负，是对应于所选正方向而

言的。所以，表示一个电压时，要同时说明选定的正方向。实际上，这个概念在前面已经用到了。在图1.2中，由于实际电压的方向是由b到c的，所以U_{cb}取负值。

在有源电路中，电路负载开路的端电压U与电势E的关系为：方向相反、大小相等（图1.5）。据此，如果选择有源元件开路时的端电压U的正方向与电势E的正方向相反，如图1.13（c）所示，则E为正值时，U也为正值；E为负值时，U也为负值，U和E总是同号的，即

$$U=E \tag{1.27}$$

这个规律既包含了电源开路时端电压与电势的方向关系，又包含了大小关系，其条件则是选择U和E的正方向相反。如果选择有源元件开路时端电压U'的正方向与电势的正方向一致，如图1.13（d）所示，则U'和E总是异号，即

$$U'=-E \tag{1.28}$$

电阻上的电压与电流的方向相同，大小成正比，若选择电阻上电压U和电流I的正方向一致，如图1.13（e）所示，则$U>0$时，$I>0$；$U<0$时，$I<0$，U和I总是同号，即

$$U=Ir \tag{1.29}$$

若选择电阻上的电压U'和电流的方向相反，如图1.13（f）所示，便可得

$$U'=-Ir \tag{1.30}$$

所以，在分析和计算电路时，一定要注意电势、电压、电流的正方向是如何选择的。通常，有些量的正方向有习惯的选择，可不加说明。例如，对电阻元件，一般都选择其电压和电流的正方向一致而引用式（1.29）。

1.4.2 基尔霍夫第一定律

基尔霍夫第一定律总结了通过电路中任一节点的各个电流之间的关系，它的根据是电流的连续性原理：从一个地方流进多少电量的电荷，必定同时从这个地方流出相等电量的电荷。根据电流的连续性原理，对电路中的任一节点，流进该节点的所有电流的和必定等于流出该节点的所有电流的和。例如，图1.14（a）中的a点是某电路中的一个节点，与它连接的支路共有四个，支路电流分别为I_1、I_2、I_3、I_4，方向如图，于是有

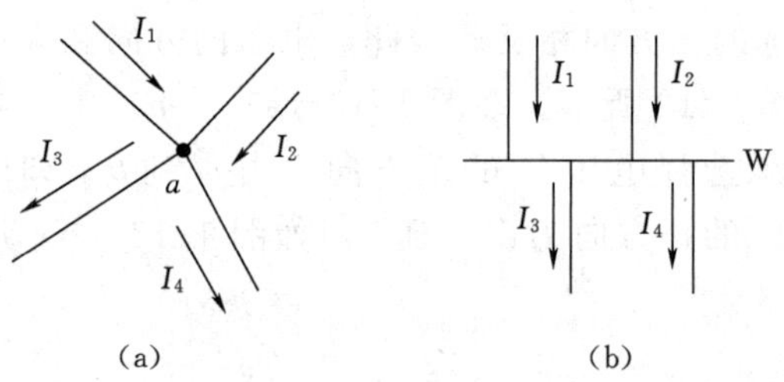

图1.14 节点电流的表示

$$I_1+I_2=I_3+I_4$$

基尔霍夫第一定律反映了电流连续性这一本质。因为，电荷在电路中流动过程中，既不能堆积，也不能无影无踪消逝。所以，流入节点多少电荷，同时就有多少电荷流出。这个定律也可以换一种说法："流入节点的电流减去流出节点的电流等于零"。若规定流入节点的电流取正号，流出节点的电流取负号，则有

$$I_1+I_2-I_3-I_4=0$$

这表明：连接在一个节点的所有支路电流的代数和等于零。或者表示为

$$\sum I=0 \tag{1.31}$$

这就是基尔霍夫第一定律，简称为“KCL”。

在电力系统中，要将若干个支路联在一个节点上是不方便的。往往是先制作一段导线W，再将各支路连接在导线W上，如图1.14（b）所示。由于导线W很短，可忽略其电阻，从电路的观点看，导线W汇集电流的作用与图1.14（a）中节点a的作用是一样的。在电力系统中，称W这样的导线为母线，故基尔霍夫第一定律也同样适用于母线W，即连接在一段母线的所有支路的电流的代数和等于零。电力系统中的母线保护就是基于这一基本原理。

应用基尔霍夫第一定律时，一般都是对所选正方向指向节点的电流取正号，对所选正方向背向节点的电流取负号。由基尔霍夫第一定律决定的流过节点的各电流间的关系式（1.31）也称为节点电流方程式。

基尔霍夫第一定律虽然是对电路中的节点而言的，但其依据是电流的连续性原理。所以也适用于电路中的任一封闭面，即流过电路中任一封闭面的各电流的代数和等于零。例如图1.15（a）所示为晶体管放大器中常用的一种基本电路，晶体三极管的e、b、c分别为发射极、基极、集电极。对于三极管的这部分电路，如图1.15（b）中虚线包围的部分，选择发射极电流I_e、基极电流I_b、集电极电流I_c的正方向如图1.15（b）所示，应用基尔霍夫第一定律，它们的关系为

$$-I_e+I_b+I_c=0$$

根据基尔霍夫第一定律，一个电路中如果只有一处用导线和地相接，这根与地相接的导线中是没有电流的。如图1.15（a）所示电路，d点经导线接地，接地导线中的电流$I_d=0$。因为如果假定$I_d>0$，对于接地点d以上的对外封闭电路，只有电流流入，没有电流流出，则其中将有越来越多的正电荷堆积，使d点电位高于地电位，这是不可能的。

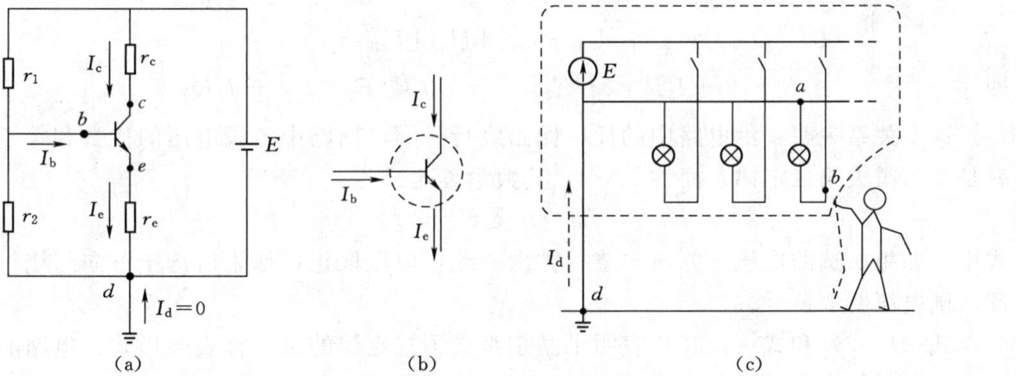

图1.15 基尔霍夫第一定律的应用

图1.15（c）所示的照明电路，为了安全起见，一般总是将电源E的一端经d点接地。对于虚线包围的照明电路，在正常情况下，根据基尔霍夫第一定律，也不会有电流经接地线流入大地。但是，如果有人不小心碰到了电路中的b点，就会有电流经b点、人体流入大地，同时会有等量的电流经d点、接地线流回照明系统。

当然，如果人体碰到的不是b点、而是a点，由于接地线的作用，a点与大地等电位，故不会有电流通过人体。

读者可以思考：在照明的低压电路中，如果没有接地线，人体碰到 b 点，情况又会怎样呢？

1.4.3 基尔霍夫第二定律

基尔霍夫第二定律总结了电路的任一回路中各部分电压之间的关系，它的根据是电位的单值性原理：电场中两点间的电压只和这两点的位置有关，选定参考点后，每点电位的数值是一定的。这样，从电路中的任意一点出发，经任意回路绕行一周，再回到该点，所经回路中所有电位升高的总和必定等于所有电位降低的总和。这就是基尔霍夫第二定律的内容。这样的规律和我们上、下楼相似，从一处出发，经一个楼梯上楼，不管从哪个楼梯（或电梯）下楼，只要回到原处，上升的高度必定等于下降的高度。

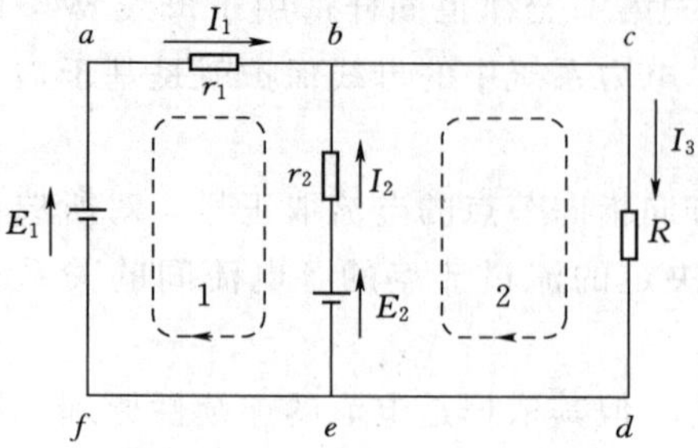

图 1.16　基尔霍夫第二定律

例如，图 1.16 所示的电路中，选择回路 1 为 $abefa$，回路 2 为 $bcdeb$，如图中虚线圈所示。I_1、I_2、I_3 及 E_1、E_2 的正方向如图所示，并按惯例选定电阻 r_1、r_2、R 上电压的正方向与其流过的电流 I_1、I_2、I_3 的正方向相同，可以列出回路方程。对回路 1，有

$$U_{ab}=I_1r_1, U_{be}=-I_2r_2+E_2, U_{ef}=0, U_{fa}=-E_1$$

$$U_{ab}+U_{be}+U_{ef}+U_{fa}=0$$

即

$$I_1r_1-I_2r_2+E_2+0-E_1=0 \text{ 或 } E_1-E_2=I_1r_1-I_2r_2 \tag{1.32}$$

对回路 2，有

$$U_{bc}=0, U_{cd}=I_3R, U_{de}=0, U_{eb}=-E_2+I_2r_2$$

$$U_{bc}+U_{cd}+U_{de}+U_{eb}=0$$

即

$$0+I_3R+0-E_2+I_2r_2=0 \text{ 或 } E_2=I_2r_2+I_3R \tag{1.33}$$

这个关系表明：沿电路中的任一回路绕行一周，回路中各段电压的代数和等于零，这就是基尔霍夫第二定律，简称 KVL，其数学表达式为

$$\sum U=0 \tag{1.34}$$

式中，如果所选的电压正方向与绕行方向一致，电压取正；如果所选正方向与绕行方向相反，则电压要取负号。

式（1.32）和式（1.33）表明了基尔霍夫第二定律的另一种表现形式：电路的任一回路中，各电势的代数和等于各电阻上电压的代数和，即

$$\sum E=\sum Ir \tag{1.35}$$

选用式（1.35）时，正方向与绕行方向一致的电势取正，反之取负；电流的正方向与绕行方向一致时 Ir 取正，反之取负。

1.5 复杂电路的分析方法

所谓简单电路，是指没有分支的电路，如图 1.3、图 1.8 所示，图 1.11 虽然具有三

个分支，但经过电阻并联计算，也可简化成无分支的电路，直接用欧姆定律求解。还有一类电路，如图 1.15、图 1.16 所示，就不能用串联、并联等值化简求解，这样的电路称为复杂电路。复杂电路的分析方法是指在已知电源电势（或电压）和电路参数（如电阻）的情况下，分析求解电路电流、电压和功率的方法。

复杂电路的计算方法很多，这里以基尔霍夫定律为基础，讨论几种求解电路的方法。

1.5.1 支路电流法

分析复杂电路的基本方法是支路电流法。这一方法以电路各支路的电流为未知数，按基尔霍夫定律列出足够的方程式联立求解。

【例 1.6】 在图 1.16 中，若 $r_1=r_2=0.5\Omega$，$R=10\Omega$，$E_1=E_2=10.25\text{V}$，求电流 I_1、I_2、I_3。

解 根据 KVL，可列出两个方程式

$$E_1-E_2=I_1r_2-I_2r_2 \quad ①$$

$$E_2=I_2r_2+I_3R \quad ②$$

还要根据 KCL，列出一个节点电流方程，对于节点 b，有

$$I_1+I_2=I_3 \quad ③$$

将电路参数代入方程式，可得

$$0.5I_1-0.5I_2=0$$

$$0.5I_2+10I_3=10.25$$

$$I_1+I_2=I_3$$

由式①可得：$I_1=I_2$；因此，由③式可得：$I_3=2I_2$

将结果代入式②可得

$$I_2=\frac{10.25}{0.5+20}=\frac{10.25}{20.5}=0.5(\text{A})$$

所以，$I_1=I_2=0.5$（A），$I_3=2I_2=1$（A）。

这实际上可视为是两个电源 E_1、E_2 并联向负载 R 供电的例子，r_1、r_2 分别是两个电源的内阻。因为两个电源的电势和内阻都相等，所以他们向负载提供的电流（包括功率）也相等。

用支路电流法求解电路的关键是要根据电路的节点数和回路数，根据 KCL 和 KVL 列出独立的节点电流方程和独立的回路电压方程。我们知道，节点是具有分支的连接点，根据这个定义，图 1.16 中只有 b、e 两个节点（b、c 其实为一个节点，d、e、f 也可合为一个节点），对节点 b 根据 KCL 写出一个节点电流方程后，再对节点 e 写出的节点电流方程就不独立了，因为它描述的仍然是 I_1、I_2、I_3 之间的关系。一般地，如果电路有 n 个节点，就只能写出 $n-1$ 个独立的节点电流方程。而对于一般的平面电路，能写出的独立回路电压方程个数等于其单孔回路数，即网孔数。如图 1.16 所示的电路，网孔数有两个，故可写出两个独立的回路电压方程。

【例 1.7】 对电路图 1.17 用支路电流法写出求解支路电流的方程组。

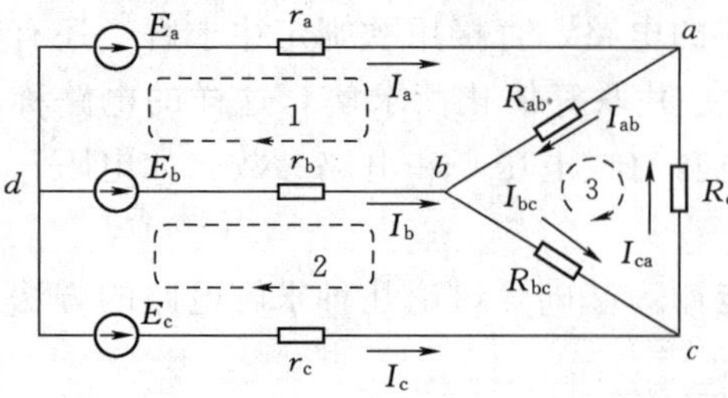

图 1.17　支路电流法的应用

解：电路有 a、b、c、ab、bc、ca 等 6 个支路，要求解的未知支路电流有 6 个。有 d、a、b、c 等 4 个节点，故可写出 3 个独立的节点电流方程；有网孔 3 个，故可按图中虚线所示的 1、2、3 三个回路写出 3 个独立的回路电压方程，建立六元一次方程组，对 6 个支路电流求解。

先对节点写电流方程

$$I_a + I_{ca} - I_{ab} = 0$$

$$I_b + I_{ab} - I_{bc} = 0$$

$$I_c + I_{bc} - I_{ca} = 0$$

再写回路电压方程

$$I_a r_a + I_{ab} R_{ab} - I_b r_b = E_a - E_b$$

$$I_b r_b + I_{bc} R_{bc} - I_c r_c = E_b - E_c$$

$$-R_{ab} I_{ab} - I_{ca} R_{ca} - I_{bc} R_{bc} = 0 \tag{1.36}$$

将电路参数代入方程组，即可求出各支路电流。

1.5.2　电压源与电流源的等效变换

前面讨论的电源都是电压源，具有电势 E 和内阻 r。在正常情况下，电压源的输出电势 E 是恒定的。在电路中还有另一种电源，称为电流源，它是由一个恒定电流源 I_S 与一个电导 g 的并联，如图 1.18（a）所示，虚线框内的电路就是一个电流源。

当外电路闭合时，电流源的输出电流为

$$I = \frac{\frac{1}{g}}{\frac{1}{g} + R} I_S = \frac{1}{\frac{1}{g} + R}\left(I_S \frac{1}{g}\right)$$

当外电路断开时，电流源的输出电压为

$$U_0 = I_S \frac{1}{g}$$

而对图 1.18（b）所示的电压源电路，外电流闭合时电压源的输出电流为

$$I = \frac{1}{r + R} E$$

外电路断开时输出电压 $U_0 = E$。

可见，如果用内阻 $r = 1/g$，电势 $E = I_S \cdot 1/g$ 的电压源代替图 1.18（a）所示的电流源，如图 1.18（b）所示，则图 1.18（b）所示电压源与图 1.18（a）所示的电流源对外电路的作用是相同的；同理，如果令 $I_S = E/r$、$g = 1/r$，图 1.18（b）所示电压源也可用图 1.18（a）所示的电流源代替，称这种电源的相互替代为电源的等效变换。

恒流源的特点是电源电流 I_S 的大小不随负载大小变化。半导体电路中，在一定条件

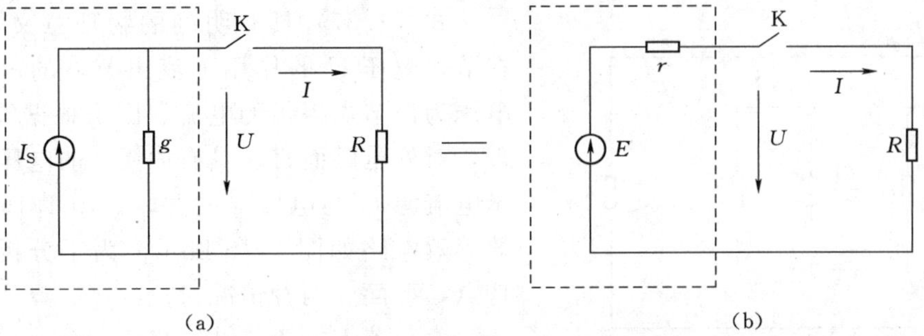

图 1.18　电流源与电压源的等效变换

$$E=I_S\frac{1}{g};\ r=\frac{1}{g}$$

下，晶体三极管放大电路可视为一个恒流源。因为在放大区内，集电极电流 $i_c=\beta i_b$，与负载大小无关。

【例 1.8】 已知电流源 $I_S=5A$，电导 $g=0.5S$，求等效电压源的电势 E 和内阻 r。

解
$$E=I_S\cdot 1/g=5\times1/0.5=5\times2=10(V)$$
$$r=1/g=2(\Omega)$$

应当注意，电源的等效替代只是对外电路来说的，在电源内部，是否等效就不一定了。例如在图 1.18（b）中，当外电路断开时，电压源电路的内部电流为零，而图 1.18（a）所示的电流源内部则有 5A 的电流通过电导 g，这个差别是很大的！

实际电源的内部都存在一定的电阻（或电导），当电压源的内阻为零时，称为理想电压源；当电流源的内电导为零（内阻为无穷大）时，称为理想电流源。所以，理想电压源电压为零时相当电源电路短路，理想电流源电流为零时相当电源电路开路。

1.5.3　节点电压法

用支路电流法求解电路时，方程组的方程个数等于支路数，当电路的支路较多时，方程组的求解变得比较复杂。在实际电路中，有一些支路多而节点少的电路，如图 1.16 中只有两个节点。节点电压法就是根据这一特点提出来的，其基本思想就是令电路中一个节点为参考点，其他节点对参考点的电压称为节点电压。根据基尔霍夫电压定律，当各节点电压指定后，各支路的电压是有关节点电压之差，这就有可能以节点电压为变量，根据基尔霍夫电流定律列出 $n-1$ 个方程来求解，此时的未知数就只有 $n-1$ 个。

【例 1.9】 图 1.16 所示的电路，根据节点电压法的思路，列出节点电流方程。

解　选节点 e 为参考点，设节点 b 的电压 U 为待求的节点电压，可得

$$I_1=\frac{E_1-U}{r_1},\ I_2=\frac{E_2-U}{r_2},\ I_3=\frac{U}{R}$$

故有

$$\frac{E_1-U}{r_1}+\frac{E_2-U}{r_2}=\frac{U}{R}\ \text{或}\ g_1(E_1-U)+g_2(E_2-U)=GU$$

式中：g_1、g_2、G 分别为 r_1、r_2、R 的电导。

将上式整理得

$$U(g_1+g_2+G)=E_1g_1+E_2g_2 \tag{1.37}$$

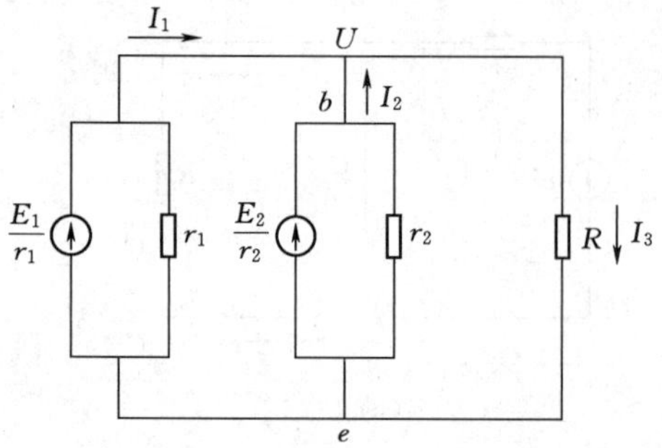

图 1.19 图 1.16 所示电路的等效电路

式(1.37)具有明确的物理意义，它表示：在节点电压 U 的作用下流出节点的电流等于各电源为该节点提供的电流。因为根据等效电源原理，对外电路而言，具有内阻 r 的电压源 E 相当于电流源 I_S 与电导 g 的并联。图 1.16 所示电路的等效电路如图 1.19 所示。为了分析该电路的特点，下面分两种情况讨论。

(1) 若 $E_1=E_2=10.25\text{V}$、$R=10\Omega$ 不变，r_1 变为 1Ω，r_2 变为 $1/3\Omega$。将电路参数代入式(1.37)，可以求得

$$U=\frac{E_1(g_1+g_2)}{g_1+g_2+G}=\frac{10.25(1+3)}{1+3+1/10}=10(\text{V})$$

$$I_1=(E_1-U)g_1=(10.25-10)\cdot 1=0.25(\text{A})$$

$$I_3=UG=\frac{10}{10}=1(\text{A})$$

$$I_2=I_3-I_1=1-0.25=0.75(\text{A})=3I_1$$

(2) 若 $E_1=10\text{V}$、$E_2=5\text{V}$，$R=10\Omega$ 不变，$r_1=r_2=1\Omega$。求 I_1、I_2、I_3。

由式(1.37)可得

$$U=\frac{E_1g_1+E_2g_2}{g_1+g_2+G}=\frac{10+5}{1+1+\frac{1}{10}}=7.143(\text{V})$$

$$I_1=(E_1-U)g_1=(10-7.143)\cdot 1=2.857(\text{A})$$

$$I_3=UG=\frac{7.143}{10}=0.743(\text{A})$$

$$I_2=I_3-I_1=0.7143-2.857=-2.147(\text{A})$$

I_2 为负表示电流是从 E_2 的正极流向负极，E_2 是一个反电势，没有输出功率，而是吸收功率。

用支路电流法时，要解三元一次方程组，用节点电压法时，只需求解一元一次方程。可见，对于此类型电路，节点电压法的优点是明显的。

从［例 1.9］还可看出，两个有内阻的电源并联向负载供电的某些特点：

(1) 两个电源并联的电路，电源电势相等，且电源内阻相等时，它们输出的输出电流是相等的。

(2) 当电源电势相等，但内阻不相等时，两个电源的输出电流会发生很大的不平衡，内阻小的电源比内阻大的电源的输出功率要大得多，会造成内阻小的电源过负荷，甚至发生故障。

(3) 当电源内阻相等而电源电压不相等时，电势低的电源不仅不能输出功率，还会吸收功率，这比第(2)种情况更严重，在实际系统中，后两种情况都是是应避免的，如两台变压器并联运行时。

(4) 当两电源内阻相等，电势大小相等，方向相反连接时（如图 1.16 中 E_2 的正极与

节点 e 相接），流经负载的电流为零，流经电源的电流为两倍的短路电路，是很危险的。发电机与系统并列时，若电压的极性接反就可能出现这种情况。

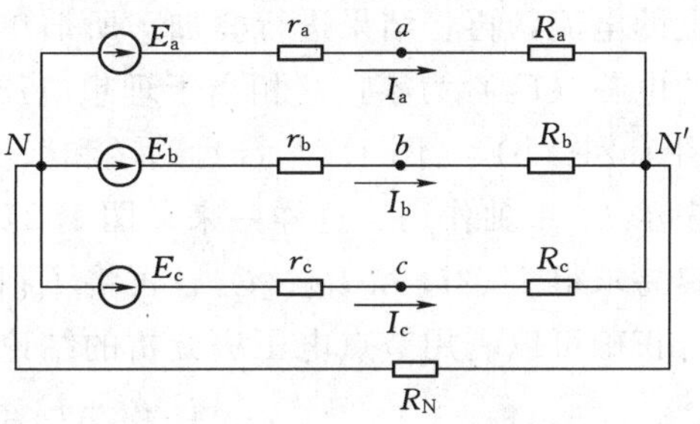

图 1.20　节点电压法的应用

【例 1.10】 对图 1.20 所示的电路写节点电压方程，若 $E_1=E_2=E_3=10\text{V}$，$R_a=R_b=R_c=10\Omega$，$r_a=r_b=r_c=0.1\Omega$，$R_N=10\Omega$，求节点电压和支路电流。当若 N 与 N' 之间的连线断开时，重新计算节点电压和支路电流。

解　取 N 点为参考点，设节点 N' 的电压为 U，根据节点电流方程式（1.36）可得

$$\frac{E_a-U}{r_a+R_a}+\frac{E_b-U}{r_b+R_b}+\frac{E_c-U}{r_c+R_c}=\frac{U}{R_N}$$

$$U=\frac{\dfrac{E_a}{r_a+R_a}+\dfrac{E_b}{r_b+R_b}+\dfrac{E_c}{r_c+R_c}}{\dfrac{1}{r_a+R_a}+\dfrac{1}{r_b+R_b}+\dfrac{1}{r_c+R_c}+\dfrac{1}{R_N}} \tag{1.38}$$

将电路参数代入方程得

$$U=\frac{3\times\dfrac{10}{10.1}}{\dfrac{3}{10.1}+\dfrac{1}{10}}=\frac{2.9703}{0.39703}=7.48(\text{V})$$

$$I_a=I_b=I_c=\frac{E-U}{r_a+R_a}=\frac{10-7.48}{10.1}=0.2495(\text{A})$$

$$I_{NN'}=\frac{U}{R_N}=\frac{7.48}{10}=0.748(\text{A})=3I_a$$

若 N 与 N' 之间的连线断开，则 R_N 趋于无穷大，则

$$U=\frac{3\times\dfrac{10}{10.1}}{\dfrac{3}{10.1}}=10(\text{V})$$

从而

$$I_a=I_b=I_c=I_{NN'}=0$$

这是一个特殊的电路，它的三个电源的内阻相等，三个负载电阻也相等。后面将要讨论，这种电路的电源有同一个节点（图中 N 点），称这种接法为星形接法，而三个负载也是星形接法。这时，只要三个电源电势大小相等、方向相同，且 N 与 N' 之间的连线断开，不管电势大小，其值是正是负，电路中都没有电流，请读者记住这个结论。

1.5.4　叠加原理

在实际电路中，往往含有多个独立电源，在一定条件下，每个用电设备上的电压和电流可看作是各个电源单独作用结果的叠加，称为叠加原理。对于某些电路利用叠加原理，可将复杂电路转化为简单电路进行计算。下面以图 1.16 所示的电路为例，分析叠加原理的应用。

为了分析方便，将图 1.16 重画在图 1.21（a）中。这是两个电源并联向负载 R 供电的情况。为了求得负载中的电流，根据叠加原理，可先分别计算 E_1、E_2 单独作用下负载

上的电流，再将结果进行叠加。所谓单独作用（如 E_1 作用而 E_2 不作用），就是使不作用的电势（E_2）为零，这相当于理想电压源短路。根据这一思路，可将图 1.21（a）等效成图 1.21（b）与图 1.21（c）的“和”。其中图 1.21（b）表示 E_1 单独作用，图 1.21（c）表示 E_2 单独作用。这样一来，图 1.21（b）、（c）所示电路都是简单电路，用欧姆定律很容易求得 I_1、I_2 和 I_{1R}、I_{2R}，再将 I_{1R} 和 I_{2R} 代数相加得到负载中的实际电流。这个思路是否正确可以利用节点电压法分析的结论来说明。由式（1.37）得

$$U=\frac{E_1g_1+E_2g_2}{g_1+g_2+G}$$

$$=\frac{1}{\dfrac{1}{r_1}+\dfrac{1}{r_2}+\dfrac{1}{R}}\left(\frac{1}{r_1}E_1+\frac{1}{r_2}E_2\right)$$

$$I=\frac{U}{R}$$

$$=\frac{r_1r_2R}{r_2R+r_1R+r_1r_2}\left(\frac{1}{r_1}E_1+\frac{1}{r_2}E_2\right)\frac{1}{R}$$

$$=\frac{r_2E_1}{(r_2+R)\dfrac{r_2R+r_1(R+r_2)}{r_2+R}}+\frac{r_1E_2}{(r_1+R)\dfrac{r_1R+r_2(R+r_1)}{r_1+R}}$$

$$=\frac{r_2}{r_2+R}\,\frac{E_1}{r_1+r_2//R}+\frac{r_1}{r_1+R}\,\frac{E_2}{r_2+r_1//R}$$

$$=\frac{r_2}{r_2+R}I_1+\frac{r_1}{r_1+R}I_2$$

$$=I_{1R}+I_{2R}$$

其中，$I_1=\dfrac{E_1}{r_1+r_2/\!/R}$；$I_2=\dfrac{E_2}{r_2+r_1/\!/R}$。而 I_{1R} 和 I_{2R} 分别是 I_1、I_2 在负载 R 上的并联分流。这与图 1.21（a）、（b）表达的意思是完全一致的。若 $E_1=E_2=10.25\text{V}$、$R=10\Omega$、$r_1=1\Omega$，$r_2=1/3\Omega$，代入计算式得

$$I_1=\frac{10.25}{1+\dfrac{10}{31}}=7.75(\text{A}),\qquad I_2=\frac{10.25}{\dfrac{1}{3}+\dfrac{10}{11}}=8.25(\text{A})$$

$$I_{1R}=\frac{\dfrac{1}{3}}{\dfrac{1}{3}+10}I_1=0.25(\text{A}),\quad I_{2R}=\frac{1}{1+10}I_1=0.75(\text{A})$$

$$I=I_{1R}+I_{2R}=1(\text{A})$$

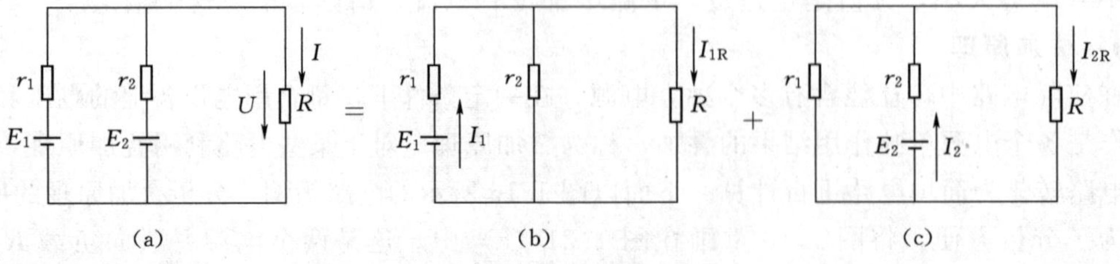

图 1.21　叠加原理的应用

与［例 1.9］的结果一致，分析表明：在线性电路中，任一支路的电压（或电流）等于电路中各电源单独作用下在此支路所产生的电压（或电流）的代数和，这是线性电路的一个重要性质，这一性质称为叠加原理。叠加原理是电力系统故障分析的基本理论依据之一。

应当注意，功率计算不能用叠加原理，以 R 上的功率为例，显然

$$P=I^2R=(I_{1R}+I_{2R})^2R\neq I_{1R}^2R+I_{2R}^2R$$

另外，用上述方法计算得到的电流 I_1，是否为电路中电压源 E_1 实际输出的电流？如果不是，如何应用本例的计算结果得到？请读者思考。

1.5.5　戴维南定理

在有些情况下，只需要计算复杂电路中的某一支路的电流，用前几节介绍的方法计算时，常常会计算一些不需要的电流。为使计算简单些，就可用戴维南定理。戴维南定理也称为等效电源定理，是一种将有源二端网络化简为等效电源的方法。

所谓有源二端网络，就是具有两个引出端的部分电路，且其中含有电源。若将图 1.16 所示的电路重画于图 1.22（a）中，虚线框内的部分就可看作一个二端网络，a、b 两个节点就是二端网络的两个端点。如果仅仅只是求流过电阻 R 的电流，就可利用戴维南定理。一般地，电路中任何一个具有两个端点的部分，相对电路的其余部分而言都可以称为二端网络，其中含有电源的如图 1.22（a）所示，称为有源二端网络，没有电源的，称为无源二端网络。有源二端网络的一般表示方法如图 1.22（b）所示。

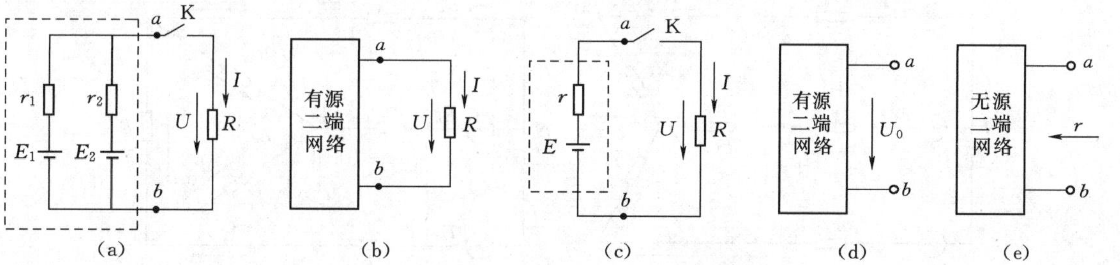

图 1.22　戴维南定理的表示

戴维南定理指出：任何一个线性有源二端网络，对外电路而言，都可以用一个电势为 E、内阻为 r 的电压源来等效代替，如图 1.22（a）可用图 1.22（c）来替代，变换前后网络端口的外特性不变，即外电路电阻 R 上的电流和电压保持不变。化简后等效电源的电势 E 等于二端网络的开路电压 U_0，即外电路负载断开后 a、b 两点间的电压，如图 1.22（d）所示，等效电源的内阻 r 为有源二端网络去掉电源（理想电压源短路、理想电流源开路）后所得到的无源网络的输入电阻，也就是对应无源网络 a、b 两点间的等效电阻，如图 1.22（e）所示。

下面以图 1.22（a）为例说明戴维南定理的应用。与［例 1.9］一致，仍取 $E_1=E_2=10.25\text{V}$、$R=10\Omega$、$r_1=1\Omega$，$r_2=1/3\Omega$。先求开路电压和输入电阻。当外电路断开时，有

$$U_0=\frac{E_1g_1+E_2g_2}{g_1+g_2}=E_1=10.25(\text{V})$$

$$r=\frac{r_1 r_2}{r_1+r_2}=0.25(\Omega)$$

求输入电阻时，二端网络内的电压源要短路，故 r 是 r_1、r_2 的并联。由图 1.22 (c) 所示电路，可得流过 R 的电流为

$$I=\frac{U_0}{r+R}=\frac{10.25}{0.25+10}=1(\mathrm{A})$$

于是，我们又一次得到了与［例 1.9］一致的结果。

1.5.6 电阻星形连接与三角形连接的等效变换

在电力系统中，由于某些需要，电源或负载有的接成星形，有的接成三角形。对于网络中的 a、b、c 三个节点，在星形接法中，各电阻的一端接在一个公共点，另一端分别接在 a、b、c 三个节点上，如图 1.23 (a) 所示，R_a、R_b、R_c 三个电阻就是用星形接法连接的；在三角形接法中，三个电阻分别接在每两个节点之间，如图 1.23 (b) 所示，R_{ab}、R_{bc}、R_{ca} 三个电阻采用的就是三角形接法。有时，为了电路分析计算方便，需要将这两种网络进行等效变换。所谓等效变换，就是要用三角形网络中的电阻 R_{ab}、R_{bc}、R_{ca} 代替星形网络中的电阻 R_a、R_b、R_c，将星形网络变成三角形网络；或者用星形网络中的电阻 R_a、R_b、R_c 代替三角形网络中的电阻 R_{ab}、R_{bc}、R_{ca}，将三角形网络变成星形网络，而变换前后网络的 a、b、c 三个节点的电压不变，通过节点流入网络的电流 I_a、I_b、I_c 不变。

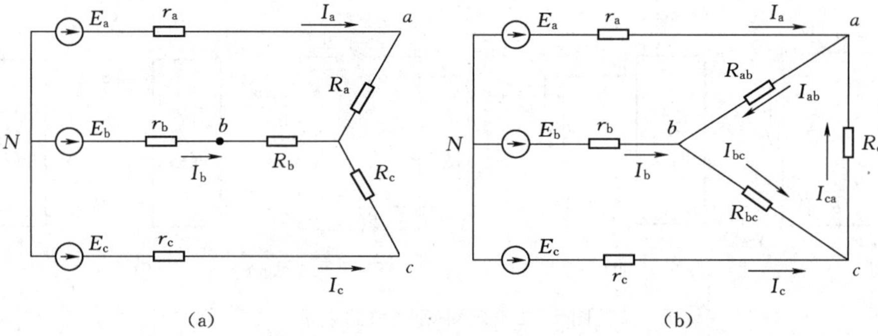

图 1.23 星形网络与三角形网络等效变换

(a) 星形负载网络；(b) 三角形负载网络

根据等效变换的条件，可以导出等值互换的计算公式。从星形网络看

$$U_{ab}=R_a I_a-R_b I_b,\ U_{bc}=R_b I_b-R_c I_c,\ U_{ca}=R_c I_c-R_a I_a \tag{1.39}$$

由式 (1.39)，且计及 $I_a+I_b+I_c=0$，可以得到

$$\left.\begin{aligned}I_a&=\frac{U_{ab}R_c-U_{ca}R_b}{R_aR_b+R_bR_c+R_cR_a}\\I_b&=\frac{U_{bc}R_a-U_{ab}R_c}{R_aR_b+R_bR_c+R_cR_a}\\I_c&=\frac{U_{ca}R_b-U_{bc}R_a}{R_aR_b+R_bR_c+R_cR_a}\end{aligned}\right\} \tag{1.40}$$

流入三角形网络的电流为

$$\left.\begin{aligned}I_a=I_{ab}-I_{ca}=\frac{U_{ab}}{R_{ab}}-\frac{U_{ca}}{R_{ca}}\\I_b=I_{bc}-I_{ab}=\frac{U_{bc}}{R_{bc}}-\frac{U_{ab}}{R_{ab}}\\I_c=I_{ca}-I_{bc}=\frac{U_{ca}}{R_{ca}}-\frac{U_{bc}}{R_{bc}}\end{aligned}\right\}\tag{1.41}$$

比较式(1.40)与式(1.41)的对应项可得

$$\left.\begin{aligned}R_{ab}=\frac{R_aR_b+R_bR_c+R_cR_a}{R_c}\\R_{bc}=\frac{R_aR_b+R_bR_c+R_cR_a}{R_a}\\R_{ca}=\frac{R_aR_b+R_bR_c+R_cR_a}{R_b}\end{aligned}\right\}\tag{1.42}$$

同理,也可将三角形网络等效成星形网络,由式(1.42)可以解得

$$\left.\begin{aligned}R_a=\frac{R_{ca}R_{ab}}{R_{ab}+R_{bc}+R_{ca}}\\R_b=\frac{R_{ab}R_{bc}}{R_{ab}+R_{bc}+R_{ca}}\\R_c=\frac{R_{bc}R_{ca}}{R_{ab}+R_{bc}+R_{ca}}\end{aligned}\right\}\tag{1.43}$$

特别地，如果 $R_a=R_b=R_c=R_Y$，$R_{ab}=R_{bc}=R_{ca}=R_\triangle$ 则有

$$R_\triangle=3R_Y$$

这个结论在三相对称电路计算中要用到。

复 习 思 考 题

1. 如习题图 1.1 所示，电路参数如图。求：①负载电阻上的电压和功率，导线上的电压损失和功率损失，电源的功率；②R 由 9Ω 变到 7Ω 时，上述各量变化多大？③当 CD 两点间和 AB 两点间分别发生短路时，电路中的短路电流有多大？

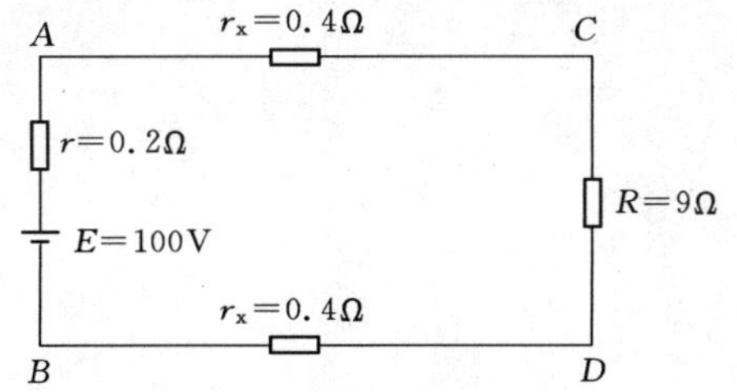

习题图 1.1

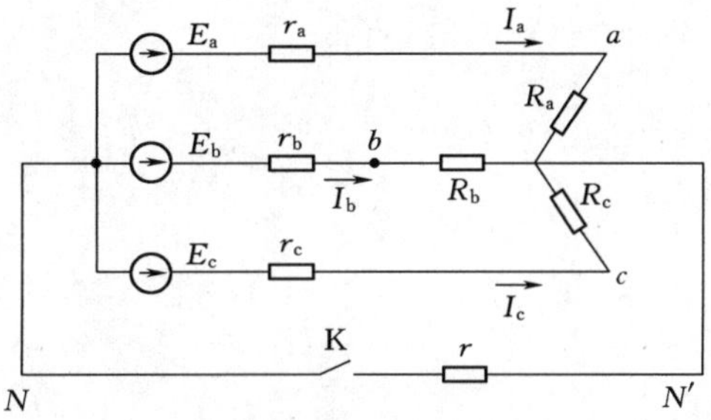

习题图 1.2

2. 如习题图 1.2 所示，$E_a=E_b=E_c=100\text{V}$，$r_a=r_b=r_c=r=0.5\Omega$，$R_a=R_b=R_c=10\Omega$。①当开关 K 断开时求 I_a、I_b、I_c；②当开关合上时，求 I_a、I_b、I_c；③当 E_a 变为

50V 时，重复上述计算。

3. 如习题图 1.3 所示，$E_1=100\text{V}$，$I_s=200\text{A}$，$r_1=r_2=0.5\Omega$，$R=10\Omega$。①求 I_1、I_2、I_3；②E_1变为 90V，其他参数不变，重求 I_1、I_2、I_3；③r_2 变为 1Ω 其他参数不变，重求 I_1、I_2、I_3；④比较在上述三种情况下，E_1、I_S 的输出功率；⑤用戴维南定理求上述三种电路参数下流过 R 的电流。

4. 用戴维南定理分别计算图 1.16 中流过电源 E_1 和 E_2 的电流。

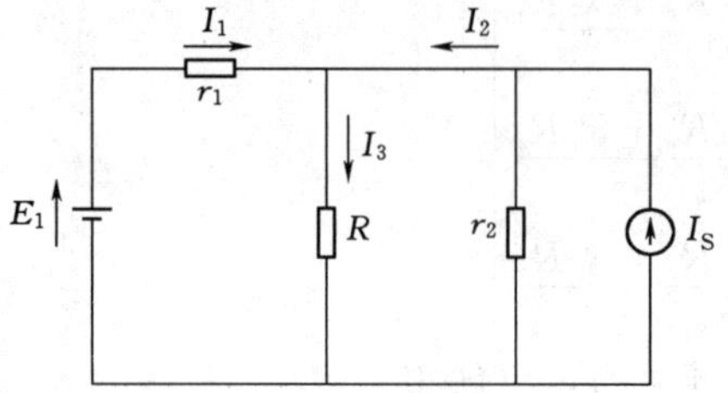

习题图 1.3

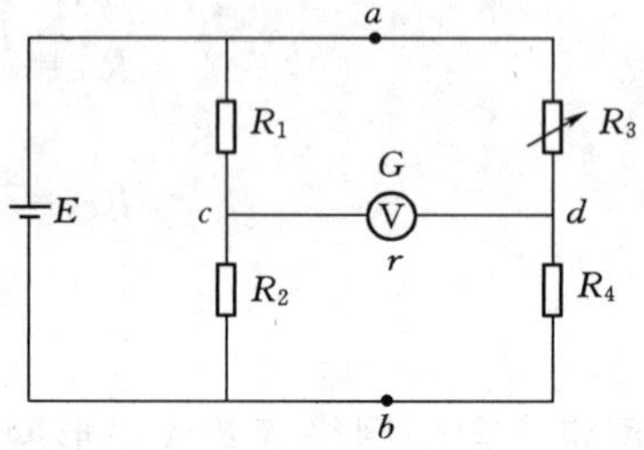

习题图 1.4

5. 如习题图 1.4 所示的电路称为电桥电路，R_1、R_2、R_3、R_4 称为桥臂电阻，桥的两个端点 a、b 间接有电压源 E，另两个端点 c、d 间接有检流计 G，其内阻为 r。①$E=10\text{V}$，$R_1=R_2=R_3=R_4=10\Omega$，$r=1000\Omega$，求电桥 c、d 间的电压 U_{cd}；②R_3 变为 5Ω，其他参数不变，求 U_{cd}；③R_1、R_2、R_3、R_4 之间具有什么关系时，电桥才能平衡，即 $U_{cd}=0$。

6. 结合图 1.16，试简述两个电源并联运行时应注意什么？为什么？

第2章　电　磁　感　应

生产中用到的大部分电气设备，如发电机、变压器、电动机、电磁式开关和保护用的继电器等，都是基于电磁感应原理工作的。电与磁的现象是密切相关的，有电流就有磁，有磁也伴随有电流。电与磁不但有联系，而且相互作用，电能与机械能互相转换就是通过电与磁之间的作用实现的。本章讨论电磁感应的基本知识，为后续章节研究电气设备的原理奠定必要的基础。

2.1　磁　　场

2.1.1　磁场和磁通密度

2.1.1.1　*磁场和磁力线*

磁铁周围有磁力作用的空间叫磁场。磁铁与磁铁或磁铁与铁块间的相互作用都是力的作用，这种力称为磁力。指南针总是一头指南、称为南极，用字母 S 表示，另一头指北，称为北极，用字母 N 表示。每块磁铁都有一个 N 极和一个 S 极。如果两块磁铁放在一起就会发现：同性磁极相互排斥，异性磁极互相吸引。

磁场虽然摸不着看不见，但它确实是客观存在的物质。为了直观了解磁场，常用磁力线来描绘它。为了用磁力线描绘磁场，规定放在磁场中某点的磁体 N 极受力的方向与该点磁力线的切线方向相一致。于是，磁力线的方向是由 N 极出来，进入 S 极。在磁铁内部，由 S 极到 N 极，形成闭合曲线，如图 2.1 所示。磁力线不能相交，如果相交说明在交点处有两个磁力作用方向，但磁力线是按合力方向描绘的，就是说，如果某点有磁力线通过，只能有一条，不会有两条。

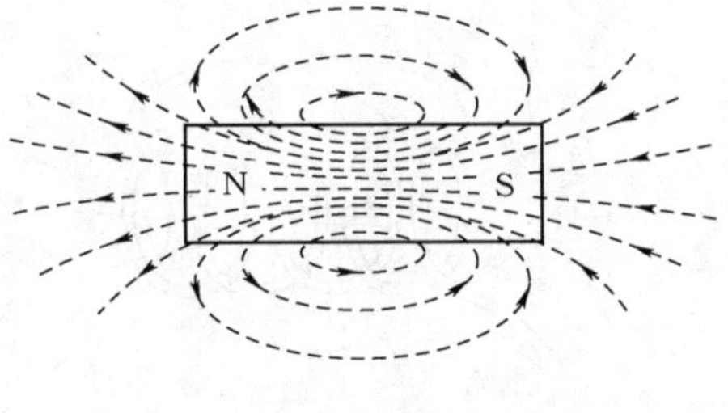

图 2.1　磁力线

在磁铁的两极处磁场最强，磁力线最密，远离磁极的地方磁场较弱，磁力线较稀疏。因此，磁力线不仅表示出磁场的方向，而且也直观地表示了磁场各处的强弱程度。在磁场中如果各处的磁力线疏密是一样的，则叫均匀磁场，否则叫非均匀磁场。

2.1.1.2　*电流的磁场*

如图 2.2 所示，把小磁针放在通电导体的附近，可以看到它受到作用力而偏转，这一现象揭示了通电导体的周围空间存在着磁场。人们通过大量的实验认识到，磁和电是紧密联系在一起的，一切电现象都是电荷运动（电流）的一种表现。不仅通电导线周围磁场是电流建立的，而且永久磁铁的磁场也是由分子电流建立的。

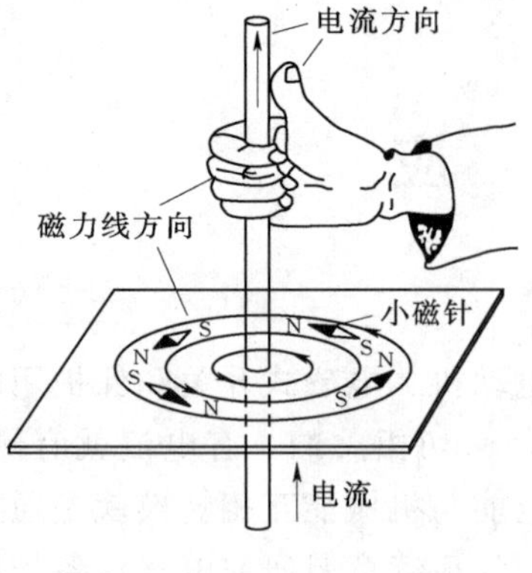

图 2.2　通电直导周围的磁场

1. 载流直导体产生的磁场

载流直导体产生的磁场的磁力线为一系列以导体为中心的同心圆，这些同心圆所在的平面与导体垂直，如图 2.2 所示。磁力线方向符合右手螺旋定则：用右手握着导线，大拇指伸直指向电流的方向，其余四指所指的就是磁力线方向。直导体的磁场方向常用图 2.3 所示的平面图表示：⊕号表示电流垂直于书面背离读者穿入；⊙号表示电流垂直于书面面向读者穿出。实验表明，电流越大，圆环（磁力线）越密，磁场越强。

2. 环形载流线圈产生的磁场

环形载流线圈产生的磁场的磁力线是一系列穿过线圈内孔的闭合回线，如图 2.4 所示。磁力线的方向符合右手螺旋定则：用右手握着通电线圈，使四指指向与环形电流方向一致，大拇指指的是磁场穿过线圈内孔的方向。在通电线圈的内部，磁力线由 S 极指向 N 极，在线圈外部，磁力线从 N 极出发，经外部空间回到 S 极，形成闭合曲线。

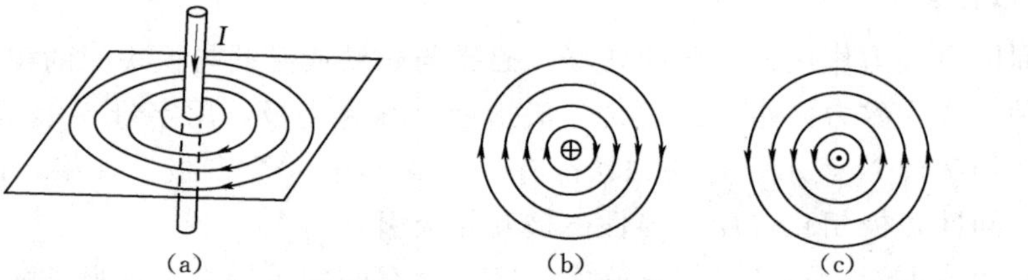

图 2.3　单一载流导体的磁力线

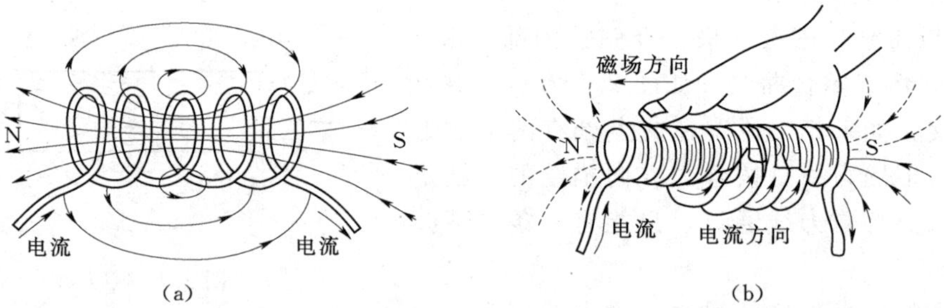

图 2.4　通电线圈的磁场

2.1.1.3　磁通密度

磁力线的方向和疏密程度分别表示磁场的方向和强弱，但单靠磁力线直观的分布图形来分析问题是不够的。为了计算电与磁之间的关系和从数值上衡量磁场的强弱程度，还必须明确磁通和磁通密度两个基本物理量。

磁通表示穿过磁场中某一截面 S 的磁力线的多少，用字母 Φ 表示。磁通的单位是 Wb（韦伯）。在磁场中，穿过某一截面的磁通量越大，则这个地方的磁场就越强；反之，穿过这个截面的磁通量越小，则磁场就越弱。换句话说，磁场的强弱可用磁通密度来衡量。

磁通密度又称为磁感应强度，它是个矢量，其方向与该处的磁场方向相同，其大小可用穿过该处与磁场方向垂直的单位面积上的磁通量来衡量，以 B 表示

$$B=\Phi/S \tag{2.1}$$

式中：S 为截面积；Φ 为垂直穿过截面 S 的磁通。

磁通密度的单位是 T（特斯拉），工程单位用 Wb/m^2（韦伯/米^2）表示，$1T=1Wb/m^2$。

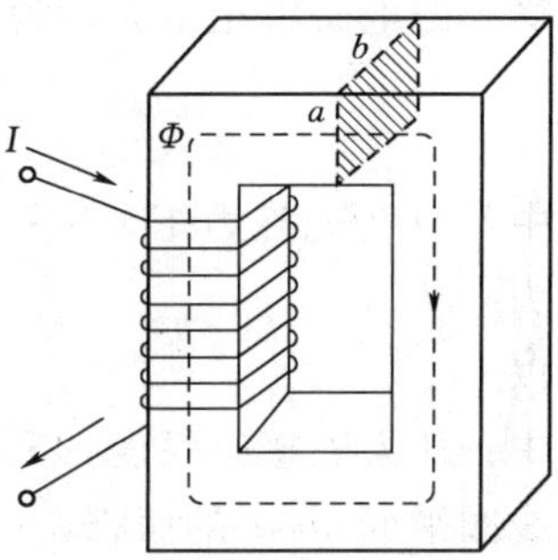

图 2.5　磁通

【例 2.1】 如图 2.5 所示，已知铁芯截面长宽尺寸 $a=4cm$，$b=5cm$，铁芯中的磁场是均匀的，并且磁感应强度是 1.2T，求铁芯中的磁通。

解　根据式（2.1）有

$$\Phi=BS=1.2\times0.04\times0.05=0.0024(Wb)$$

2.1.2　磁场对电流的作用

通有电流的导线放在磁场中就要受到力的作用，这个力称为电磁力。电动机通电能够转起来就是电磁力作用的结果。

2.1.2.1　载流直导体在均匀磁场中受到的电磁力

两块磁铁相互靠近时，同性磁极相互排斥，异性磁极互相吸引，这就是磁场的彼此作用。载流导体周围也存在着磁场，如果把载流导体放进另一个磁场里，也会产生相互作用力，这个力就是电磁力。

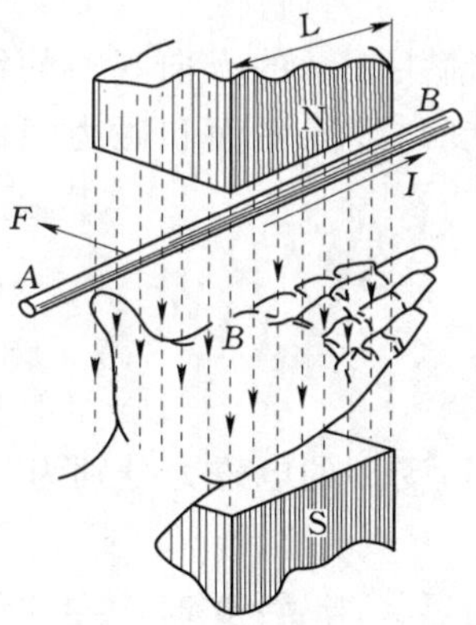

图 2.6　通电导体在磁场中受力

如图 2.6 所示，把一根导体 AB 放入磁场中，让导体和磁场方向垂直，没通电之前，导体不动。通上直流电以后，导体会朝着一定方向移动，这说明通电导体在磁场中会受到电磁力的作用。实验表明：电流 I 一定时，将导体与磁场方向垂直时，导线受到的电磁力 F 最大，且力的方向垂直于磁场和通电导体；若让通电导体和磁场方向平行，则受力为零。处于磁场中的直导线长度 L 越长、导线中的电流 I 越大、磁通密度 B 越大，导体所受电磁力 F 越大。用式表示为

$$F=BIL \tag{2.2}$$

式中：F 为电磁力，N；B 为磁感应强度，T；I 为电流，A；L 为导体与磁力线垂直的有效长度，m。

电磁力的方向可用左手定则判断：让磁力线垂直穿越掌心，四指指向电流 I 的方向，与四指垂直的大拇指所指方向即电磁力 F 的方向。

2.1.2.2　载流线圈在均匀磁场中受到的电磁力矩

1. 线圈平面 $abcd$ 与磁力线平行

如图 2.7（a）所示，电流自电源 E 的正极出发，经电刷进入线圈，经 $b\to c\to d\to a$，由电刷回到电源 E 负极，磁场方向与线圈平面 $abcd$ 平行，方向自左至右。线圈平面 $abcd$ 与磁力线平行时，磁场与导体的 ad 边和 bc 边垂直，用左手定则可以判定：ad 边受力 F_1 垂直向上，bc 边受力 F_2 垂直向下，在导体中的电流 I、磁感应强度 B 一定的情况下，线

圈受到的电磁力矩最大，为

$$M=N\left(F_1\frac{L_{dc}}{2}+F_2\frac{L_{dc}}{2}\right)=NF_1L_{dc}$$

式中：M 为电磁力矩，N·m；N 为线圈圈数，匝；$L_{dc}/2$ 为力臂长度，m。

因为
$$F_1=BIL_{ad}，F_2=BIL_{bc}，L_{bc}=L_{ad}$$

所以
$$M=NBIL_{ad}L_{dc}=NBIS \tag{2.3}$$

式中：B 为磁感应强度，T；I 为电流，A；L_{ad}、L_{dc} 分别为线圈长、短边的长度，m；S 为线圈平面 $abcd$ 的面积，m^2。

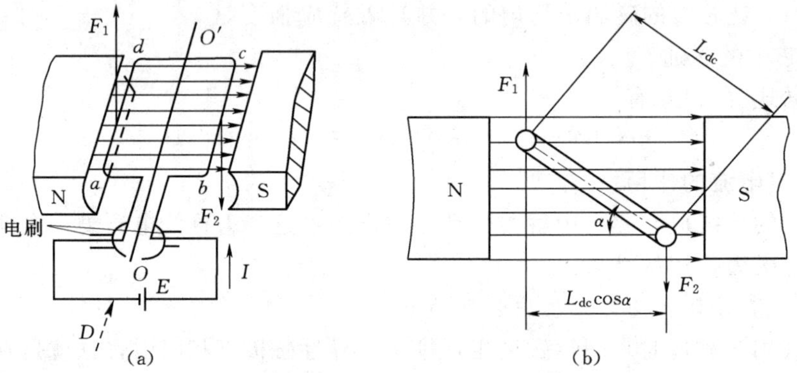

图 2.7　载流线圈的电磁力

2. 线圈平面与磁力线成 α 夹角

图 2.7（b）是图 2.7（a）导体线圈转过 α 角后，在 d 点沿箭头表示的方向观察的结果。由图 2.7（b）可知，导体线圈平面在磁场中的有效力臂长度与线圈平面和磁力线的夹角 α 有关，其有效力臂（折算到与电磁力 F 垂直）为

$$L=L_{dc}\cos\alpha$$

故力矩为

$$M=NBIL_{ad}\,L_{dc}\cos\alpha \tag{2.4}$$

当 $\alpha=90°$时，导体线圈平面与磁力线垂直，此时导体 ad 边、bc 边受到的电磁力分别为

$$F_1=BIL_{ad}，F_2=BIL_{bc}$$

此二力大小相等，方向相反，作用在一条直线上，故电磁力矩为零。当 $\alpha=0°$时，导体线圈平面与磁力线平行，电磁力矩最大，为图 2.7（a）所示的情况。在电磁力矩 M 的作用下，线圈平面将绕 OO'轴沿顺时针方向旋转。当 ad 边转到右边，bc 边转到左边时，线圈中的电流发生换向，即电流由 E 正极出发，经 $a\rightarrow d\rightarrow c\rightarrow b$ 回到负极，而电磁力仍然使线圈顺时针转动。这就是直流电动机的工作原理。

2.1.3　物质的磁化

2.1.3.1　磁化曲线与磁场强度

1. 磁化

把小刀在磁铁上磨几下就能吸引铁钉，磁铁能吸引铁块，通过铁块又能吸引铁钉。小刀和铁块这种能吸引铁钉的现象说明小刀和铁块已被磁化，即它们也像磁铁一样呈现出磁性。我们知道通电线圈能产生磁场，若在通电线圈中放置一个铁棒，可以使线圈周围的磁场大大加强。在线圈中放置木棒、铜棒或铝棒等非磁性物质时，却见不到这种效果。这说明铁磁性物质容易被磁化，非铁磁性物质很难被磁化。

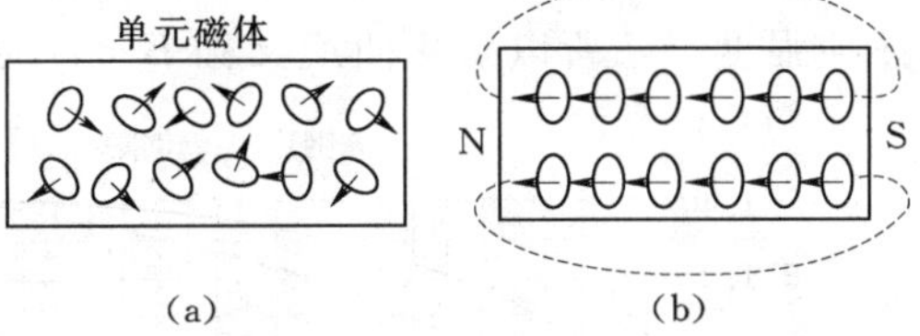

图 2.8 铁磁性物质的磁化

铁磁性物质为什么容易磁化呢？这是因为铁磁性物质内部有许多由于电荷运动形成的单元磁体。如图 2.8（a）所示，铁磁性物质未被磁化时，其单元磁体排列十分紊乱，所以它们的磁作用互相抵消，整体对外不显磁性。当有外界磁场作用时，单元磁体就按一定的方向排列，如图 2.8（b）所示，对外显示出磁性，即该物质被磁化。

2. 导磁系数

各种物质在相同的磁场中，其被磁化的程度不同，可以用导磁系数（又叫磁导率）来表示各种物质磁性能的好坏。实验测得真空的导磁系数是一个常数，用字母 μ_0 表示，且其值为

$$\mu_0 = 4\pi \times 10^{-7}\ \mathrm{H/m}$$

μ_0 是一个常数，若通常将物质的导磁系数记为 μ，则 μ 与真空的导磁系数 μ_0 之比称为该物质的相对导磁系数，用字母 μ_r 来表示。从相对导磁系数的大小可直接看出物质导磁性能的好坏。μ_r 越大，磁性越好，也就是越容易被磁化。

$\mu_r > 1$ 的物质称为顺磁性物质，$\mu_r < 1$ 的物质称为反磁性物质，$\mu_r \gg 1$ 的物质称为铁磁性物质。例如，空气的 $\mu_r = 1.000003$，铜的 $\mu_r = 0.999995$。非铁磁性物质的 μ_r 值接近于 1，所以实用计算时都取 $\mu_r = 1$。铁磁性物质的 μ_r 值很大，在几十到几千之间，并且随磁化程度而变化，它不是一个常数。

铁磁性物质广泛应用在电机、变压器等电气设备中，例如，在变压器线圈中放有铁芯，这样只要在线圈中通入不大的电流，就可产生足够强的磁场，使变压器有较高的效率。利用优质的铁磁性物质可以大大减小电机的重量和体积。

3. 磁场强度

为了使磁场的计算和对磁场的分析比较简单，常引用一个辅助量，称为磁场强度。磁场强度用字母 H 表示。磁场强度是一个矢量，其方向就是磁感应强度的方向，其大小等于磁感应强度与导磁系数之比，即

$$H = B/\mu \tag{2.5}$$

磁场强度的单位是 A/m，工程上常用较大的单位为 A/cm。1A/cm=100A/m。

2.1.3.2 磁化曲线

1. 磁化曲线

非铁磁性物质的 μ_r 接近于 1，而且是一个常数，所以根据式（2.5），可从已知 B 值求得 H 值，或已知 H 值求得 B 值。铁磁性物质的 μ_r 不是一个常数，它是随 H 的值变化的，虽然 H 与 B 的关系符合式（2.5），但因 μ 是未知数，无法根据式（2.5）进行计算。通常只能用测试方法作出各种铁磁性物质的 H 和 B 间的关系曲线，这种曲线称为磁化

曲线。

图 2.9（a）所示的是几种铁磁性物质的磁化曲线，横坐标为磁场强度 H，纵坐标为磁感应强度 B，所以磁化曲线又称 B—H 曲线。

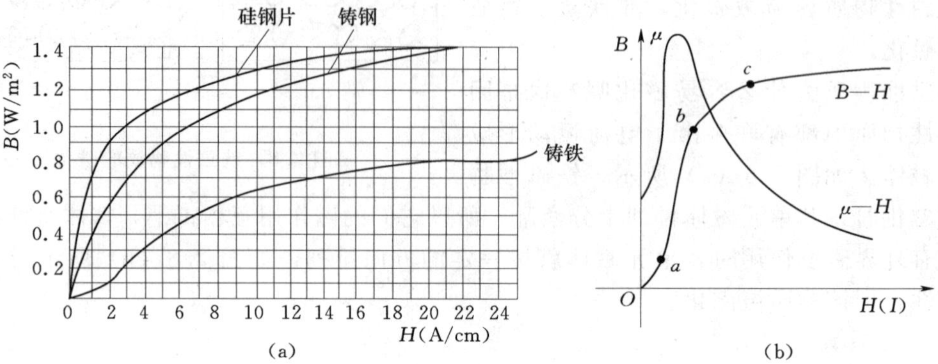

图 2.9　铁磁物质的磁化曲线

图 2.9（b）反映了几种磁性物质磁化曲线的特点，除磁场强度 H 和磁感应强度 B 皆较小的 Oa 段外，一般将曲线分为三段。

（1）ab 段接近于直线，B 与 H 成正比，B 随着 H 的增加而增加很快，这是因为单元磁体很快地转向外部磁场的方向。

（2）bc 段一般称为曲线的膝部，B 随着 H 的增加而缓慢地增加，这是因为大部分单元磁体已经转向外部磁场的方向，只有一小部分单元磁体随着 H 的增加转向外部磁场的方向。

（3）c 点以后，当 H 值增大时，B 值几乎不变，这种情况称磁场达到了磁饱和状态。这是因为绝大部分的单元磁体已经转向外部磁场方向了。

从磁化曲线可以看出，铁磁性物质的导磁系数不是常数。图 2.9（b）示出 μ 随 H 变化的曲线，从 μ—H 曲线上可见，μ 的值在接近饱和处最大，在进入饱和区后急剧下降。

利用磁化曲线可以进行磁场的有关计算。如已知 B 值后，可从曲线上查得对应的 H 值，反之，已知 H 值后，可从曲线上查得对应的 B 值。已知某状态的 B 值与 H 值后，可以计算出 μ 值。

2. 磁滞回线

在用实验作图 2.9 所示的磁化曲线时，磁场从 O 点开始逐渐增加，磁场的方向是不变的。如果磁场的大小和方向复变化时，则 B 随 H 变化的曲线，如图 2.10（a）所示。其中曲线 Oa 是起始磁化曲线。当 H 从 a 点逐渐减小时，B 不是沿曲线 Oa 减小，而是沿曲线 ab 逐渐减小。当 $H=0$ 时，B 仍有一定值 Ob，Ob 称为“剩磁”。当反向增加 H 时，B 沿曲线 bc 减小。当 H 增加到 c 点时，$B=0$，此时的 H 值（cO）称为“矫顽磁力”。继续按反向增加 H 值，B 沿着曲线 cd 向相反方向增加，直到 d 点。然后再减小 H 到零时，又出现一个剩磁（eO），再增加 H 正向到 f 时点，又出现一个矫顽磁力（Of），然后继续增加 H 值直到 a 点，形成了一个闭合曲线，称这个闭合曲线称为磁滞回线。

随着磁场强度大小和方向的变化，铁磁性物质内的单元磁体不断地转动，互相摩擦而造成发热损失，这种损失叫磁滞损失。实验证明磁滞损失的大小可用磁滞回线所围成的面积来表示，面积大，磁滞损失就大；面积小，磁滞损失就小。磁滞损失是电机运行时有损耗和发热的原因的之一。

铁磁材料可按其磁化的性质分成两类，即软磁材料和硬磁材料。软磁材料的剩磁和矫顽磁力都比较小，磁滞回线比较窄，磁滞损失小，导磁系数大，如图 2.10（b）所示，软磁材料是电机和电器中常用的材料，如硅钢片。硬磁材料的剩磁和矫顽磁力都比较大，磁滞回线比较宽，磁滞损失大，导磁系数小，如图 2.10（c）所示，硬磁材料常用做永久磁铁。

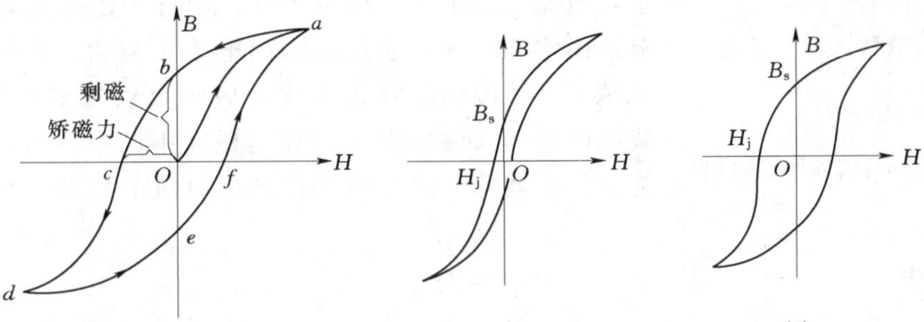

图 2.10　磁滞回线

2.1.4　磁路的基本概念

1. 磁路

很多电气设备，如发电机、变压器、电磁铁及磁电式仪表等，它们的工作都需要一个较强的磁场，且要求磁场中的磁通尽可能集中在一定的路径中通过。为了达到这个目的，常把铁磁性材料做成一定形状的铁芯，使磁通主要集中在一定的路径内，如图 2.11 所示。这种主要由铁磁物质组成的、能使磁通集中通过的路径称为磁路。磁路通常是由铁磁性材料和空气隙组成的。

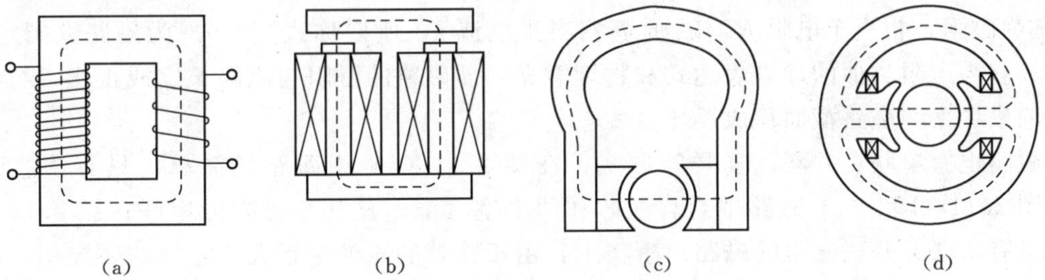

图 2.11　电气设备中的磁路

（a）变压器；（b）电磁铁；（c）仪表；（d）电机

集中在磁路中的磁通称为主磁通。虽然利用铁磁物质可把磁通尽量约束在磁路中，但与电路相比，漏磁远比漏电严重。不经过磁路的磁通称为漏磁通，在实际应用中，一般希望漏磁通越少越好，以致可忽略不计。

磁路有不分支的和分支的两种，图 2.11（a）、（b）、（c）分别表示变压器、电磁铁和磁电式仪表中的磁路，它们是不分支的，图 2.11（d）表示电机中的磁路，是有分支的。磁路是电气设备及电气仪表的重要组成部分。

2. 磁路欧姆定律

载流导体的周围存在着磁场。磁场的强弱除与电流的大小和线圈匝数的多少有关外，还与线圈内部及其周围物质的磁性有极大的关系。如图 2.12 所示，环形螺旋管线圈中的电流在管内产生磁场，管中磁路截面积处处相等，磁路长度按环的中心线长度 l 计算，线圈匝数为 N，电流为 I，磁路由同一材料构成。这里，电流 I 是用来产生磁场的，故称为励磁电流或激磁电流。由实验可知：通过线圈的电流 I 越大，产生的磁通 Φ 就越多，线圈的匝数 N 越多，磁通 Φ 也越多。把电流 I 和线圈匝数 N 的乘积 NI 看作是磁路中产生磁通的根源，称为磁势，就像电路中电势是产生电流的根源一样。磁势用符号 F 表示，即

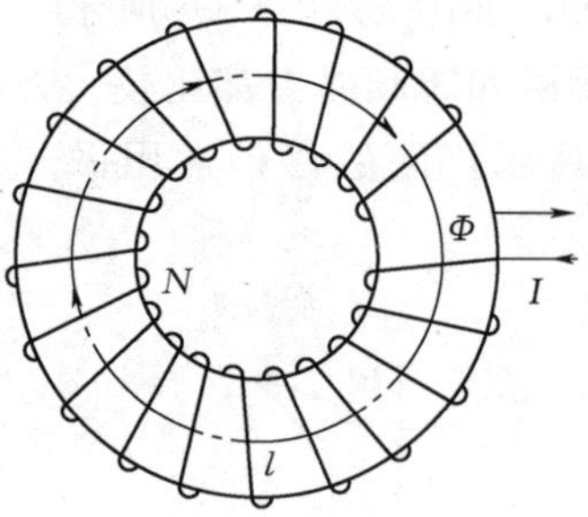

图 2.12　环形线圈中的磁场

$$F=NI \tag{2.6}$$

磁势的单位是安匝。

实验还表明：磁路中磁通 Φ 的多少与磁路材料的导磁率 μ 和线圈的截面 S 成正比，与线圈的长度 l 成反比，线圈磁路中的磁通量可用下列关系式表示

$$\Phi=NI\frac{\mu S}{l}=\frac{NI}{\dfrac{l}{\mu S}}=\frac{F}{\dfrac{l}{\mu S}} \tag{2.7}$$

令

$$R_{\mathrm{M}}=\frac{l}{\mu S} \tag{2.8}$$

得

$$\Phi=\frac{F}{R_{\mathrm{M}}} \tag{2.9}$$

式（2.9）与电路中的欧姆定律具有完全相同的形式，磁势 $F=NI$ 相当于电势 E，R_{M} 称为磁阻，相当于电阻 R，磁通 Φ 相当于电流 I，所以称式（2.9）为磁路欧姆定律。磁阻具有与电阻类似的计算表达式和物理意义，即磁路的磁阻与磁路长度成正比，与磁路材料的磁导率和磁路截面积成反比。

磁路也有串联、并联、复联等形式。在图 2.11（a）中磁路最简单，只有铁芯的磁阻；图 2.11（b）、（c）磁路中具有铁芯和两个空气隙，是几个磁阻的串联；图 2.11（d）则是具有串联、并联磁阻的磁路。事实上，由于铁芯的磁导率远大于空气的磁导率，气隙的磁阻远大于铁芯的磁阻，回路的磁势主要降落在气隙上。

磁感应强度 $B=\Phi/S$，由式（2.7）可得

$$B=\mu\frac{NI}{l}$$

由式（2.5）有

$$H=\frac{NI}{l}\text{ 或 }Hl=NI \tag{2.10}$$

所以，磁场强度 H 表示的是单位长度上的安匝数，在铁芯线圈的几何形状确定后，H 与励磁电流 I 成正比。在设备的（如变压器）的磁感应强度确定后，根据磁化曲线可以计算所需的安匝数或励磁电流。所以，对于给定的铁芯线圈，$B—H$ 曲线也就是 $B—I$ 的关系曲线，如图 2.9 所示。

$B=\mu NI/l$ 式还告诉我们，当励磁电流一定时，磁路的磁感应强度 B 与材料的导磁率和线圈匝数成正比，与磁路长度成反比。所以，变压器、电磁线圈等器件，总是希望采用高磁导率的材料，采用足够匝数的线圈，以在尽可能小的励磁电流作用下，建立足够强的磁场。同时，磁感应强度要求一定时，采用高磁导率的材料，还可减少线圈匝数，从而减小器件体积，提高器件使用效率。

从图 2.9 中已知，铁磁物质的磁导率 μ 在进入饱和区后急剧下降。H 增大时，B 几乎不变。根据磁路欧姆定律和式（2.10）可以看出：当铁磁物质处于磁饱和状态后，由于 μ 大大减小而使磁路磁阻显著增大，磁感应强度 B（或磁通量 Φ）稍微的增加需要的磁势（$F=NI$）将大幅度增加，也就是励磁电流 I 将大幅度增加。磁饱和特性对电机的特性有重大影响，读者在后面章节的学习中会逐渐体会到。

2.2 电磁感应原理

电流能够产生磁场，在一定条件下，磁场也能产生电流。当磁场强度变化或导体运动使导体与磁力线之间有相对切割运动时，导体中就会有电势产生。这种现象叫电磁感应，所获得的电势称为感应电势。如果连接导体成一个闭合回路，回路中就会有电流，这种电流称为感应电流。

2.2.1 感应电势的产生

感应电势分直导体的感应电势和线圈中的感应电势，下面分这两种情况来讨论。

2.2.1.1 直导体中的感应电势

如图 2.13 所示，在磁感应强度为 B 的匀强磁场中有一根长度为 l 的导线，导线以恒速 v 垂直于磁场作向右运动时，在导体内部就会产生感应电势。感应电势用字母 e 表示。实验表明，感应电势的大小与磁感应强度 B、导体在磁场中的长度 l、导体切割磁力线的速度 v 及方向有关。当 B 和 l 一定时，e 只与导体运动的速度及方向有关。当导体沿图 2.13 所示方向向右运动时，感应电势 e 的方向如图 2.13 所示；当导体向左运动时，e 的方向与图 2.13 所示方向相反；当导体平行于磁力线方向向上或向下运动、不切割磁力线时，感应电势为零。当导体垂直于磁场作切割磁力线运动时，磁场越强、切割速度越快、在磁场中的导体越长，感应电势越大。即

$$e=Blv \tag{2.11}$$

式中，B 的单位为 Wb/m；l 的单位为 m；v 的单位为 m/s。

如果导线的运动方向（速度 v' 的方向）与磁力线不是垂直的，也不是平行的，而是成 α 角度，则导体有相同距离的位移时，切割磁力线的条数减少了，则感应电势为

$$e=Blv'\sin\alpha \tag{2.12}$$

式中：$v'\sin\alpha$ 可理解为导体垂直于磁力线的运动速度。

实验表明，导体在切割磁力线过程中产生的感应电势的方向与磁通方向及导体运动方向有关，这个关系可用右手定则来记忆。如图 2.13 所示，设想将伸开的右手放在磁场中，让磁力线穿过手心，大拇指指向导体切割磁力线的运动方向，其余四指的指向就是导体中感应电势的方向。在发电机中，实际上是导体（称为定子）不动，磁场（称为转子）作圆周运动切割导体而产生感应电势，它与图 2.13 所示的作用效果是一致的，关键是导体要有切割磁力线的运动。

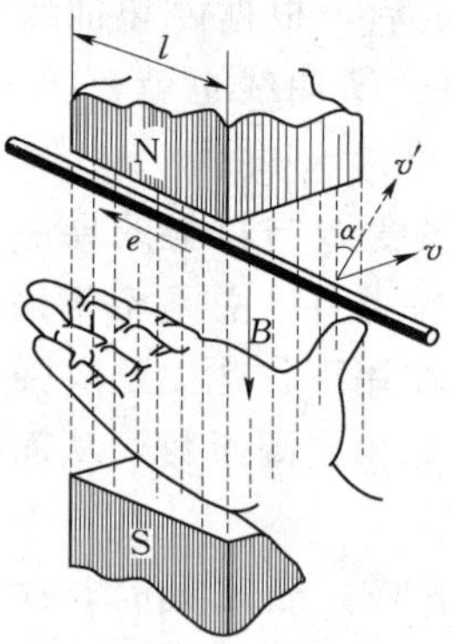

图 2.13　直导体中的感应电势

电磁感应现象与通电导体在磁场中受电磁力作用的现象有联系。实践证明，任何电荷或带电体在磁场中运动，或它不运动而磁场运动，磁场对它们都有电磁力作用。导体切割磁力线，即导体在磁场中运动，则其中自由电荷受电磁力的作用被推向导体的一端，导体的另一端便出现等量异号的电荷，结果在导体两端间建立了电位差，即产生了电势，这个电势就是感应电势。而感应电流在磁场中又要受到磁场力的作用，这个磁场力的方向可以用左手定则判定，它的方向就是企图阻止导体（或磁场）运动的方向，导体（或磁场）在外力作用下，克服这个阻力作切割磁力线运动产生感应电势（电流），就把外力作用的能量（如机械能）转化成电能。这就是发电机的基本工作原理。

2.2.1.2　线圈中的电磁感应

1. 感应电势的大小

理论和实验分析表明，不仅在导体切割磁力线时有电磁感应，穿越线圈的磁通量发生变化时也能产生感应电势。如图 2.14（a）所示，把线圈的两端连接一支检流计。将线圈上方的条形磁铁迅速插入线圈时，检流计的指针就会向左摆，显示线圈中的电流 i 是自 b 向 a，流入检流计的。当把磁铁迅速抽出来时，检流计指针又向右偏转，显示线圈中的电流 i 是自 a 向 b 的，如图 2.14（b）所示。磁铁在线圈中不动时，指针在零位，不偏转，说明此时线圈中的电流为 0。把磁铁倒过来迅速插入线圈，或从线圈抽出时，可以看到图 2.14（c）、（d）的情况。不论检流计的指针向哪个方向偏转，都说明只有当线圈中的磁通

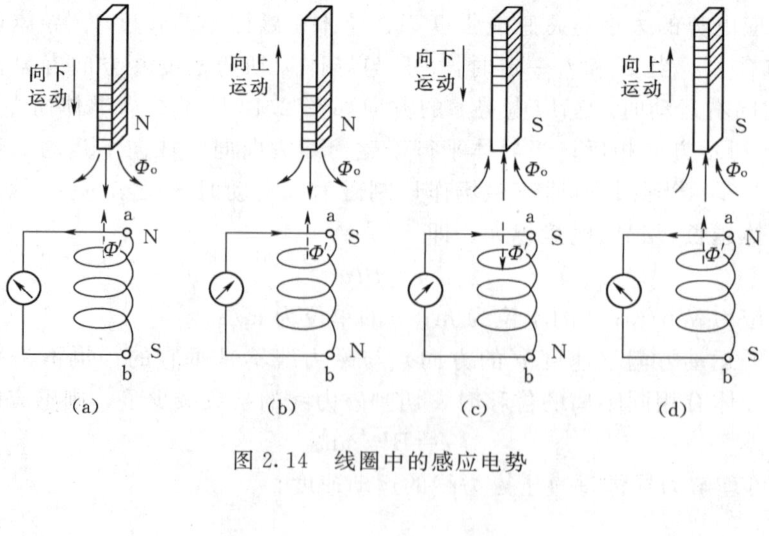

图 2.14　线圈中的感应电势

量发生变化时，线圈中才能产生感应电势。如果磁铁放在线圈中不动，即使线圈中有很强的磁通，只要磁通量不发生变化，就不可能产生感应电势。所以，线圈中的磁通量发生变化是产生感应电势的根本原因。

实验表明：磁铁插入或拔出的速度越快，则感应电势越大；如果保持速度一定，而使用磁性强的磁铁，则产生的感应电势也大；线圈的匝数越多，则产生的感应电势也越大。也就是说，感应电势的大小与线圈中磁通量随时间的变化率成正比，与线圈匝数成正比。

2. 感应电势的方向

那么，感应电势的方向是如何确定的呢？在图 2.14（a）中，当磁铁向下运动时，穿越线圈的磁通 Φ_0 增加，且方向向下，在线圈中产生感应电流 i 的方向由 b 向 a，根据电流的磁效应知道，感应电流 i 也要在线圈中产生磁通 Φ'。用右手定则可以看出，Φ' 的方向是向上的，即与磁铁磁通 Φ_0 方向相反；在图 2.14（b）中，当磁铁向上运动时，穿越线圈的磁通 Φ_0 减少，线圈感应电流 i 的方向由 a 向 b，电流 i 在线圈中产生磁通 Φ' 的方向是向下的，即与磁铁磁通 Φ_0 方向相同。在磁铁插入线圈的过程中，穿过线圈的磁通是由无到有，由少到多的增加过程，这个过程中产生的感应电流的磁通是阻碍线圈中磁通增加的，它的方向与外加磁通方向相反。而在磁铁离开线圈的过程中，穿过线圈的磁通是逐渐减少的过程，这个过程中产生的感应电流的磁通是阻碍线圈中磁通减少的，它的方向与外加磁通方向相同。这个规律可以用楞次定律来表述：线圈中感应电流所产生的磁通，总是企图阻止产生感应电势的原有磁通的变化，或者说感应电流所产生的磁通，总是企图保持线圈中的原有磁通不变。当磁通 Φ_0 要增加时，感应电流产生的新磁通 Φ' 就与 Φ_0 方向相反；当磁通 Φ_0 要减少时，感应电流产生的新磁通 Φ' 就与 Φ_0 方向相同。这个规律称为楞次定律。

根据楞次定律可以判定感应电势的方向。首先要确定引起感应电势的原因，磁通是增加还是减少；然后，根据楞次定律确定感应电流产生的磁通的方向；最后根据感应电流的磁通的方向，用右手定则确定感应电势的方向。如图 2.14（c）中，当磁铁向下运动时，穿越线圈的 Φ_0 增加，且 Φ_0 方向向上，Φ' 的方向就应向下，由右手定则可以确定感应电势的方向是由 a 指向 b。

3. 感应电势的公式

若选定的感应电势正方向与选定的磁通正方向符合右手螺旋定则，如图 2.15（a）所示，则感应电势的数学表达式为

$$e=-N\frac{\Delta\Phi}{\Delta t} \tag{2.13}$$

即感应电势的大小与线圈中磁通随时间的变化率成正比。式中，e 的单位为 V；N 为线圈匝数，Φ 为穿越线圈磁通量，是 Φ_0 与 Φ' 的合成值，Wb；时间 t 的单位为 s。

式（2.13）中 $\Delta\Phi/\Delta t$ 是用增量形式表示的磁通随时间的变化率，反映磁通随时间变化的快慢程度。若用微分形式表示，可用字符“d”代替“Δ”，式（2.13）可以写成

$$e=-N\frac{\mathrm{d}\Phi}{\mathrm{d}t} \tag{2.14}$$

当穿越线圈的磁通量增加时，$\mathrm{d}\Phi/\mathrm{d}t>0$，根据式（2.14），$e$ 为负，即 e 的方向与选定的正方向相反，如图 2.15（b）所示；当穿越线圈的磁通量减少时，$\mathrm{d}\Phi/\mathrm{d}t<0$，根据

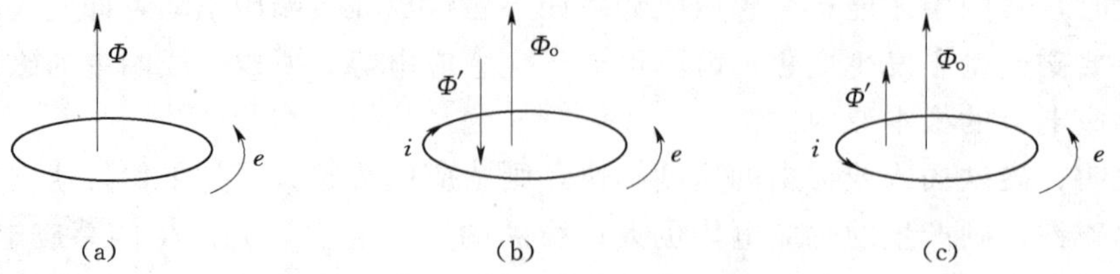

图 2.15　感应电势的正方向

(a) 感应电势的正方向；(b) $\frac{\Delta\Phi}{\Delta t}>0$，$e$ 为负；(c) $\frac{\Delta\Phi}{\Delta t}<0$，$e$ 为正

式（2.14），e 为正，即 e 的方向与选定的正方向一致，如图 2.15（c）所示。所以，式（2.14）中的负号是楞次定律的反映。

令 $\Psi=N\Phi$，称为磁链，表示穿越线圈各匝磁通的代数合，则式（2.14）可写成

$$e=-\frac{\mathrm{d}\Psi}{\mathrm{d}t} \tag{2.15}$$

实际上，当磁铁的 N 极向线圈里插时，感应电流就在线圈的上端建立一个 N 极来对抗，阻碍磁铁插入线圈，如图 2.14（a）所示。当磁铁的 N 极向线圈外抽出时，感应电流就在线圈的上端建立一个 S 极来对抗，阻碍磁铁从线圈抽出，如图 2.14（b）所示。总之，在产生感应电流的过程中，需要克服感应磁通的阻碍而做功，在做功过程中消耗的能量就转换为电能。这与图 2.13 所示的直导体中产生感应电流实现能量转换是一致的。

从上面的分析可以看出，闭合线圈内产生感应电流的根本原因是穿越闭合导体的磁通量随时间变化，如果穿越闭合导体的磁力线不随时间变化，闭合导体内的感应电势和电流等于零，相当于导体处于开路状态。作为一个特例，如果磁场是直流电流通过线圈产生的，则当线圈中的电流稳定后，回路中的感应电势也就消失了，如图 2.16 所示。这个概念在分析电机的过渡过程时十分重要，请读者记住这个结论。

2.2.2　自感与互感

1. 自感

从上一节分析知道，当外界原因使线圈中的磁通发生变化时，会在线圈中产生感应电势，如果磁通的变化是由通过线圈本身的电流变化产生的，情况又是怎样的呢？可以通过下面一个简单的实验来说明。

在图 2.16（a）中有两个同样功率的灯泡，接在两个直流电阻相同（R 与线圈的直流电阻相同）的支路中。在开关闭合的瞬间，和电阻串联的灯泡 HR_1 立刻就亮了，但是和线圈串联的灯泡 HR_2 不是立刻就亮，而是逐渐变亮。这是因为当开关闭合时，通过线圈的电流从无到有、磁通也从无到有发生了变化，变化着的磁通使线圈导线中产生了感应电动势。这个电势总是和电流变化同时产生，并且总是和电流的变化方向相反，电流只能逐渐增加，所以和线圈串联的灯泡 HR_2 不能立刻亮起来。经过一个短暂的过渡以后，通过线圈的电流达到了稳定值，线圈中的磁通不变了，感应电势也就消失了，通过灯泡的电流就达到了正常值，灯泡就正常地亮了。在图 2.16（b）中，原来开关在闭合状态，灯泡 HR 是亮的。把开关拉开的瞬间，灯泡不是立刻就灭，甚至先大亮一下，然后再逐渐熄

灭。这是因为在开关拉开的瞬间，通过铁芯线圈的电流发生了突变，变化着的磁通在线圈中产生了感应电势。在开关断开的瞬间，通过灯泡的电流是由这个感应电势来维持的，如果铁芯线圈两端的感应电势比电源电压还要高，则可明显地看到灯泡先大亮一下，然后才逐渐熄灭。

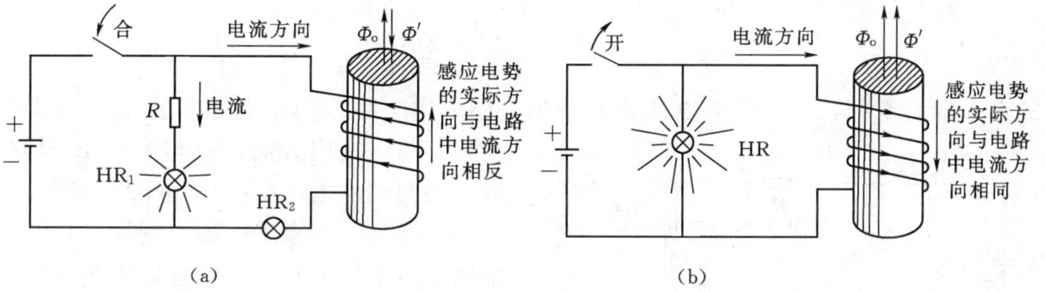

图 2.16 自感现象

(a) 开关闭合时；(b) 开关拉开时

上述电磁感应的现象，是由于通过线圈本身的电流发生变化而产生的，所以称为自感现象，它的感应电势叫自感电势，用字母 e_L 表示。自感电势的大小和方向也可用公式表示

$$e_L = -\frac{d\Psi}{dt} \tag{2.16}$$

线圈的磁链 Ψ 是由通过线圈的电流 i 产生的。当线圈中没有铁芯，即磁路磁阻为常数时，Ψ 与 i 成正比。Ψ 与 i 的比值称为自感系数，又叫电感，用字母 L 表示，即

$$L = \Psi / i \tag{2.17}$$

所以

$$d\Psi = L di$$

自感电势可以写成

$$e_L = -\frac{d\Psi}{dt} = -L\frac{di}{dt} \tag{2.18}$$

如果选择电流 i、自感电势 e_L 以及线圈两端的电压 u_L 正方向一致，有

$$u_L = L\frac{di}{dt} \tag{2.19}$$

式中，电流 i 的单位为 A，电感的单位为 H，时间 t 的单位为 s，电势的单位为 V。电感的单位还有 mH（毫亨）、μH（微亨）。

$$1H = 10^3 mH = 10^6 \mu H$$

电感的大小决定于线圈的几何尺寸、匝数和介质性质。空心线圈的电感是常数。当线圈中放有铁芯时，其电感值增大，而且电感一般不是常数，其值随铁芯饱和程度变化。

式（2.18）表明：自感电势的大小与电流随时间的变化率 di/dt 成正比，与线圈的电感 L 成正比。式中的负号表示自感电势应取与电流变化率相反的符号。当线圈中的电流增加时，di/dt 为正，则 e 为负，e 的方向与电流的方向相反；当线圈中的电流减少时，di/dt 为负，则 e 为正，e 的方向与电流的方向相同。

【例 2.2】 在图 2.17 所示的电路中，$E=250V$，$R=50\Omega$，$L=1H$。如果开关在 0.01s 内断开，求开关两触头之间的电压。

解　开关断开前电路中的电流为　　$i=\frac{E}{R}=5(\mathrm{A})$

断开瞬间电流的变化量为　　$\Delta i=0-5=-5(\mathrm{A})$

断开过程的时间为　　$\Delta t=0.02\mathrm{s}$

$$e_{\mathrm{L}}=-L\frac{\Delta i}{\Delta t}=-1\times\frac{0-5}{0.01}=500(\mathrm{V})$$

$$u_{\mathrm{k}}=E+e_{\mathrm{L}}=250+500=750(\mathrm{V})$$

开关断开瞬间，电路中的电流是减小的，感应电势的方向是企图阻止电流减小的方向，即与电流同方向，也与电势 E 同方向。故开关两端的电压 u_{k} 大于电源电压 E。

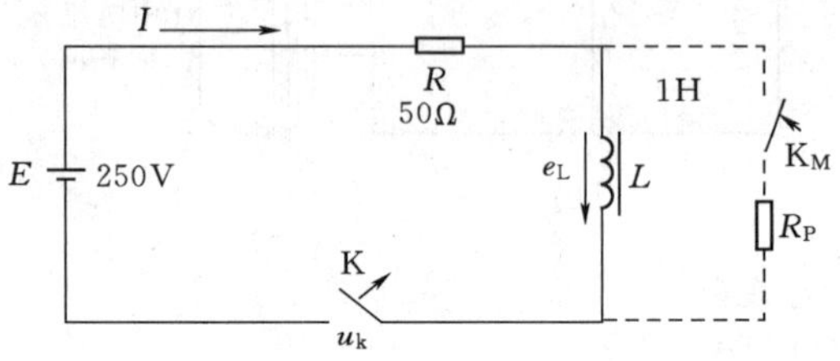

图 2.17　线圈自感电势

自感是一种常见现象。例如，拉开照明电路中的小闸刀开关时就有电火花出现，在发电机励磁回路打开之前要先并入灭磁电阻 R_{P}（图 2.17 中虚线部分所示，L 可视为励磁线圈的电感），以便将储存在励磁绕组中的磁能消耗在灭磁电阻 R_{P} 上。否则，这部分磁能可能引起较大的自感电势，在设备和开关两端形成很高的电压，开关断开瞬间在开关触点之间的空气隙产生强烈的电弧火花，造成开关和设备的损坏。

2. 磁场能量

在图 2.16（b）中，当开关 K 突然断开后，灯泡并不立即熄灭，还能有短时的发光，经过一小段时间才熄灭，灯泡发光表明有电流通过，这时电源已切断，显然电灯所吸收的电能必定是由线圈供给的。在开关闭合期间，线圈里通过一定的电流 I，线圈的周围就建立了磁场，磁场中储存着一定的磁场能，这种磁场能是由电源的电能转化来的。实验和理论分析证明，磁场能量与线圈电流的平方以及线圈的电感成正比，即

$$W_{\mathrm{L}}=\frac{LI^2}{2} \tag{2.20}$$

也就是说，通过线圈的电流越大，线圈的电感越大，磁场中储存的能量就越多。磁场能也和其他形式的能量一样，不能发生突变。由于磁场能与线圈电流的平方成正比，所以通过线圈的电流也不能突变，这是一个很重要的概念。在图 2.16 的实验中已经看到，在开关尚未拉开时，线圈电流为 I；在开关突然拉开一瞬间，流过线圈的电流要减小，根据楞次定律，线圈中的感应电势企图保持线圈中电流的大小和方向不变，这时线圈就如同电源，把线圈中储存的磁能转换成电能供给灯泡。当磁场能量消耗完时，线圈中电流衰减到 0，灯泡随之熄灭。

3. 互感

图 2.18 所示的电路中有两个线圈，接电源的线圈（1）叫一次线圈，接检流计的线圈（2）叫二次线圈。当合上或打开一次线圈（1）回路中的开关时，可以观察到接在二次线圈（2）回

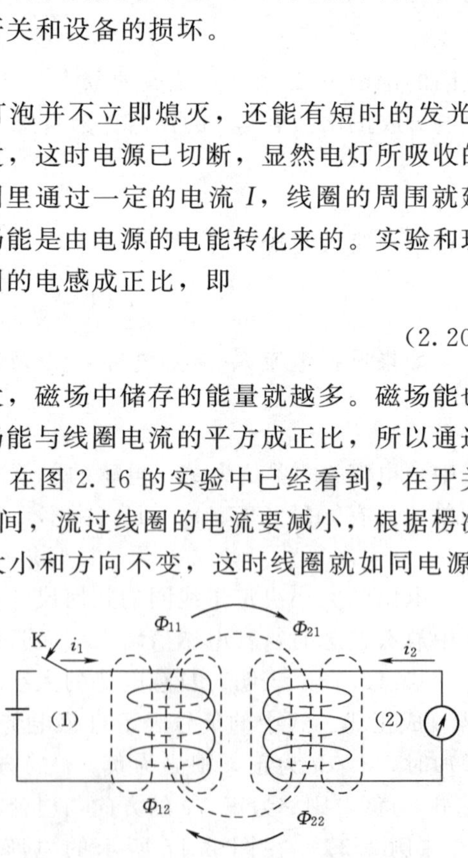

图 2.18　互感现象示意图

路中的检流计指针发生偏转。这个现象说明，当线圈（1）中的电流发生变化时，在它相邻近的线圈（2）中便产生感应电势和感应电流。这种现象称为互感现象，所产生的感应电势称为互感电势，互感电势用字母 e_M 表示。

两个线圈之间没有电的联系，为什么电能会由一次线圈转送到二次线圈呢？这是因为它们之间有磁的联系，这种磁的联系称为磁耦合。当一次线圈中有电流 i_1 通过时，它所产的磁通 Φ_{11} 必然有一部分要穿过二次线圈。穿过二次线圈的磁通用字符 Φ_{21} 表示（Φ_{21} 的下标第一个字母“2”表示交链线圈 2 的磁通，第二个字母“1”表示该磁通是电流 i_1 产生的）；同样，如果二次线圈中有电流 i_2 通过时，它产生的磁通 Φ_{22} 也会有一部分磁通要穿越一次线圈，穿过一次线圈的磁通用字符 Φ_{12} 表示。因此，i_1 的变化不仅在一次线圈内要产生自感电势，而且由于 Φ_{21} 的变化还要在二次线圈中产生感应电势 e_{21}。同理，i_2 的变化也要在一次线圈中产生感应电势 e_{12}，这种由于互相影响面产生的感应电势 e_{21}、e_{12} 称为互感电势。两个具有互感的线圈也称为耦合线圈。变压器、电压互感器和电流互感器等就是应用电磁耦合原理传送电能和信号的。

互感电势的大小不仅与 i_1、i_2 随时间的变化率有关，而且还与这两个线圈的结构及相对位置有关，表示这种结构和相对位置对互感电势大小影响的物理量称为互感系数，简称互感，用字母 M 表示。与自感相似，互感磁链（Ψ_{21}、Ψ_{12}）与产生这些磁链的电流（i_1、i_2）的比值，就是这两个线圈的互感，即

$$\left.\begin{aligned} M_{21}&=\frac{\Psi_{21}}{i_1}=\frac{N_2\Phi_{21}}{i_1}\\ M_{12}&=\frac{\Psi_{12}}{i_2}=\frac{N_1\Phi_{12}}{i_2}\end{aligned}\right\} \tag{2.21}$$

式中：M_{12} 为一次线圈对二次线圈的互感系数；M_{21} 为二次线圈对一次线圈的互感系数。

理论和实验表明，$M_{12}=M_{21}$，故可用 M 表示两个线圈之间的互感，M 的大小取决于两个线圈的尺寸、匝数、相对位置及介质的导磁系数。互感电势与自感电势有类似的数学表达式，即

$$\left.\begin{aligned} e_{21}&=-\frac{\mathrm{d}\Psi_{21}}{\mathrm{d}t}=-M\frac{\mathrm{d}i_1}{\mathrm{d}t}\\ e_{12}&=-\frac{\mathrm{d}\Psi_{12}}{\mathrm{d}t}=-M\frac{\mathrm{d}i_2}{\mathrm{d}t}\end{aligned}\right\} \tag{2.22}$$

4. 同名端

在式（2.22）中，互感电势的表达式是在 e_{21} 与 Φ_{21}（e_{12} 与 Φ_{12}）的正方向符合右手螺旋定则的条件下得出的。在图 2.19（a）中，一次线圈 N_1 有 A、X 两个输入端子，二次线圈 N_2 有 a、x 两个输入端子。输入电流 i_1 在一次线圈中产生自感电势 e_{11}，在二次线圈中产生互感电势 e_{21}，根据右手螺旋定则和一、二次线圈的绕向，可以确定 e_{11}、e_{21} 的正方向，如图 2.19 所示，且有

$$\left.\begin{aligned} e_{11}&=-\frac{\mathrm{d}\Psi_{11}}{\mathrm{d}t}=-L\frac{\mathrm{d}i_1}{\mathrm{d}t}\\ e_{21}&=-\frac{\mathrm{d}\Psi_{21}}{\mathrm{d}t}=-M\frac{\mathrm{d}i_1}{\mathrm{d}t}\end{aligned}\right\} \tag{2.23}$$

式中负号的含义是：当流入一次线圈的电流 i_1 增加时，e_{11}、e_{21}的实际方向与正方向相反。在图 2.19（b）中，由于二次线圈的绕向发生了变化，为使 e_{21}与 Φ_{21}的正方向符合右手螺旋定则，e_{21}的正方向与图 2.19（a）中不同，变为由 a 指向 x，箭头向下。在图 2.19（b）假定的正方向下，e_{11}、e_{21}具有与式（2.23）相同的表达式。

在研究自感电势时，只要选择 e 与 i 的正方向一致，式（2.18）总是可以满足的。但互感就不一样了，它的正方向与两个线圈的相对位置和线圈绕向有关。如图 2.19 所示，研究互感时，必须知道线圈绕向，这给电路作图带来很大不便。为了方便，常常不画线圈的绕向，而用一种标记来表示一次线圈和二次线圈绕向之间的关系，即所谓同名端法。其方法是：先用星号“*”或点号“·”来标记每个线圈的任意一个端钮，如图 2.19（a）中，用“*”号分别标在一次线圈的 A 端、二次线圈的 x 端；并假定有电流分别经标有“*”号的端子流入线圈，即有电流 i_1 经 A 端流入一次线圈、有电流 i_2 经 x 端流入二次线圈；再用右手螺旋法则判定，如果电流 i_1、i_2 产生的磁通在磁路中同方向，是相互增强的，则这两个带“*”的端钮 A、x 就称为同名端。显然，两个不带“*”的端钮 X 和 a 也互为同名端。在图 2.19（a）中，很容易看出，电流 i_1、i_2 产生的磁通在磁路中都是沿顺时针方向的，故端钮 A、x 确为同名端。如果先标记是端钮 A 与 a，则 i_2 经 a 端进入二次线圈产生的磁通在磁路中是沿逆时针方向的，电流 i_1、i_2 产生的磁通在磁路中的方向相反，是相互减弱的，故 A 与 a 不是同名端。用同样的方法，可以判定在图 2.19（b）中，端钮 A 与 a 互为同名端。

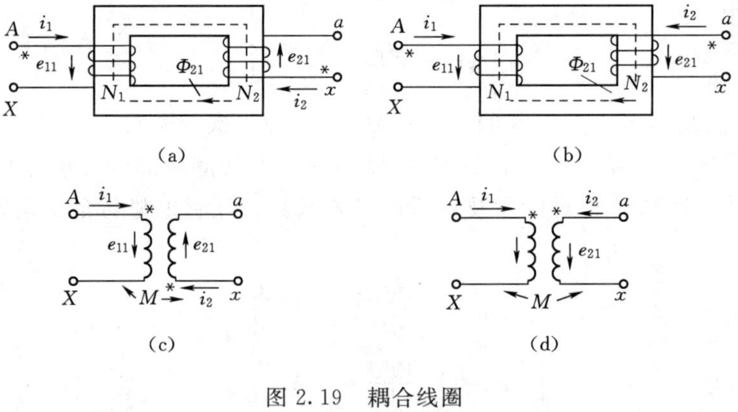

图 2.19　耦合线圈

如果选择引起互感的电流（如 i_1）与其产生的互感电势（如 e_{21}）的正方向对同名端取向一致时（都同时由同名端“流进”或同时由同名端“流出”，如 i_1 从 A 端流入线圈，它的互感电势 e_{21}由 x 端指向线圈内部），互感电势总是可以用式（2.23）来表达，即

$$\left.\begin{aligned} e_{21} &= -M\frac{\mathrm{d}i_1}{\mathrm{d}t} \\ e_{12} &= -M\frac{\mathrm{d}i_2}{\mathrm{d}t} \end{aligned}\right\} \tag{2.24}$$

两个具有电磁耦合的线圈，一旦结构、线圈绕向一定，同名端就确定了，互感电势的方向也就随之确定了。有了同名端后，在电路中就不必再画线圈的绕向了。可以用图 2.19（c）、（d）分别表示图 2.19（a）、（b）所示的电路模型。

【例 2.3】 标出图 2.20 中耦合线圈的同名端。

解 在图 2.20（a）中，如果假定电流 i_1、i_2 分别从端子 1、4 流入，则两电流的磁通方向均是自右至左，相互增强；假定电流 i_1、i_2 分别从端子 2、3 流入，则两电流的磁通方向均是自左至右，相互增强。故端子 1、4 是同名端，端子 2、3 也是同名端。同理可判图 2.20（b）中端子 1 与 3、2 与 4 分别是同名端。

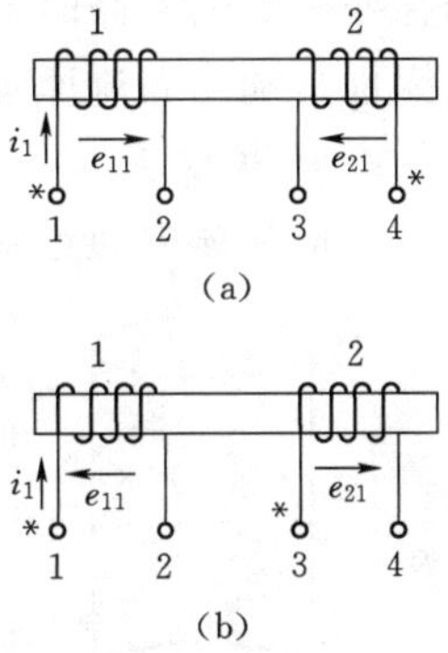

图 2.20　同名端

同名端还有一个判定方法：假定有一个随时间增大（如利用开关迅速闭合直流电源）的电流从一个线圈的某一端子流入，另一个线圈中流出感应电流的端子，与该流入激励电流的端子就是同名端。如图 2.19（a）中，在一次绕组上接上一个直流电源，让电流从 A 端流入，在电流从无到有的瞬间，磁路中的 Φ_{21} 是增大的。根据楞次定律，二次线圈中感应电势的方向就是企图阻碍 Φ_{21} 增加的方向，即感应电流的磁通在磁路中是逆时针传递的，根据图 2.4 所示的右手螺旋定则，二次线圈中的感应电流必然是从 a 端流入、x 端流出。这是一个很有实用价值的判别方法。同名端也称为同极性端，变压器、互感器的极性都可用该方法判定。读者可用该方法判定图 2.20 中耦合线圈的同名端。

同名端是电气运行中的一个很重要的概念。电气设备如变压器、互感器等同名端用错会导致设备损坏、保护拒动、误动等重大事故。

2.2.3 电磁感应现象及应用

1. 涡流

涡流是电磁感应的又一种现象。如图 2.21（a）所示，一个线圈套在整块的铁芯上，线圈中有电流 i。当电流 i 变化时，由这个电流产生的磁场也随之变化，变化的磁场穿过铁芯，因为铁芯也是导体，可以看成是由许多闭合回路组成的整体。变化的磁场在这些闭合回路中也会引起感应电势和电流，这些电流往往是以磁通的轴线为中心，分布呈漩涡形状，因此把它称为“涡流”。

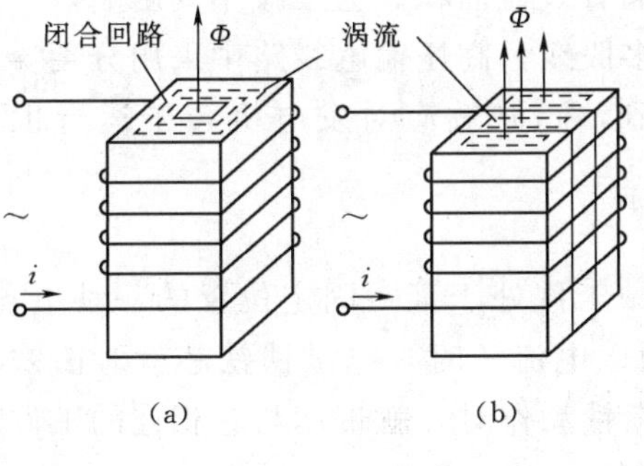

图 2.21　涡流

涡流通过铁芯的电阻使铁芯发热，造成能量损失，这种损失称为涡流损失。涡流损失使铁芯发热，引起铁芯的温度升高而影响电气设备的绝缘性能。涡流又与感应电流一样具有阻碍磁场变化的作用，削弱铁芯中的磁场强度，会使电机、电器等的效率降低，所以在电气设备中应尽量设法减小涡流。

为了减小涡流，电机和电器通常采用厚 0.35～0.5mm 的硅钢片叠成铁芯，如图 2.21（b）。由于硅钢片具有很高的电阻系数，铁芯叠片又彼此绝缘，使原来整块铁芯的感应电势被分散到每层硅钢片中去，每层硅钢片中的感应电势就都不大，同时感应电流被限制在许多很薄的硅钢片内，增大了回路的电阻，从而大大地减少了涡流，可使涡流损失限制在允许的范围之内。

涡流产生热损失是涡流有害的一面，但在一定的条件下，还可利用涡流有利的一面。如在变压器的检修时，可利用变压器铁芯中涡流发热来干燥变压器的线圈。又如，家用电磁锅也是利用涡流原理制成的。

2. 趋肤效应

一根导体中通过直流电流时，电流在导线的横截面上是均匀分布的，但通过交流电流时，则导线表面处电流密度大，导线内部和中心的电流密度小，这种现象称为趋肤效应，或称集肤效应。

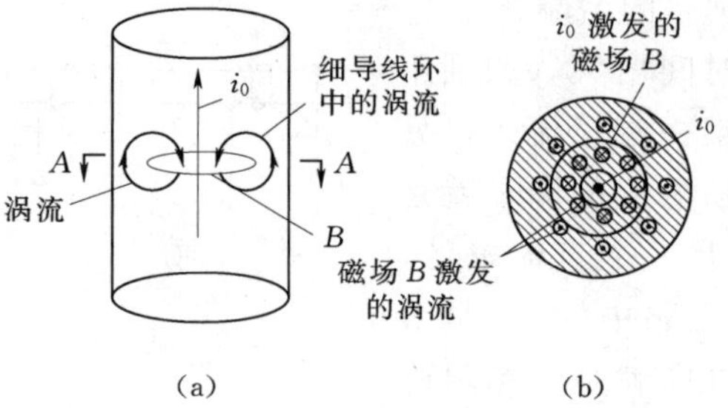

图 2.22　趋肤效应

(a) 立体示意图；(b) A—A 剖面示意图

趋肤效应是由于导体内部的涡流效应而产生的。为了解释趋肤效应，可以把导体设想成是由许多与导体轴线垂直的细导线环紧密结合组成的，如图 2.22 所示。导体中通过电流 i_0 时，在导线的内部和外部都要产生磁场 B，导线截面上磁力线是一个个同心圆环，图 2.22 只画出了其中的一根磁力线圆环。当导体中的电流 i_0 变化时，i_0 建立的磁场的强度也会随之变化，穿越细导线环的磁通量发生变化而在环内产生感应电流，即涡流。从导线截面上看［图 2.22 (b)］，当导体中电流 i_0 增加时，磁力线环内的感应电流方向与电流 i_0 的方向相反，磁力线环外的感应电流方向与电流 i_0 的方向一致。这就是说，涡流对磁力线环内的电流起阻碍作用，对磁力线环外的电流起增强作用。磁力线环是很多个同心圆，涡流也是分布在从导线轴心到表面整个截面上。涡流作用的结果是使导线对交变电流产生趋肤效应。

趋肤效应使电流集中于导体表面，减小了导体的有效截面积。为了减小其影响，导线的截面不宜做得过大，高频电路中采用空心导线和多股线，高压输电线路中采用分裂导线（每相采用几根相互隔离的导线）。以后还会分析到，趋肤效应对发电机转子运行也有影响。

3. 电磁铁

电磁铁是利用通电的铁芯线圈吸引衔铁来使机械工件处于某一固定位置的一种电器。图 2.23 所示为电磁铁原理示意图，当电磁铁线圈通以电流 I 时，电磁铁铁芯就对衔铁产生吸引力，使衔铁克服弹簧的作用力而向右移动。衔铁动作时，就带动与它相连的工件产生相应的位移。当电源断开时，电流消失，电磁铁的磁性随之消失，衔铁在弹簧力作用下被复原。

电磁铁在生产中有广泛的应用。例如，起重设备利用电磁吸盘可以提放钢材，电磁离合器可以用于调速。在采用变频调节前，锅炉给粉机转速就是利用电磁离合器控制的，电磁离合器线圈通以电流越大，给粉机转轴与电动机转轴之间的电磁耦合力矩越大，给粉机转速越快。此外，电气控制回路的接触器，保护用的常规继电器，都是电磁铁应用的例子。

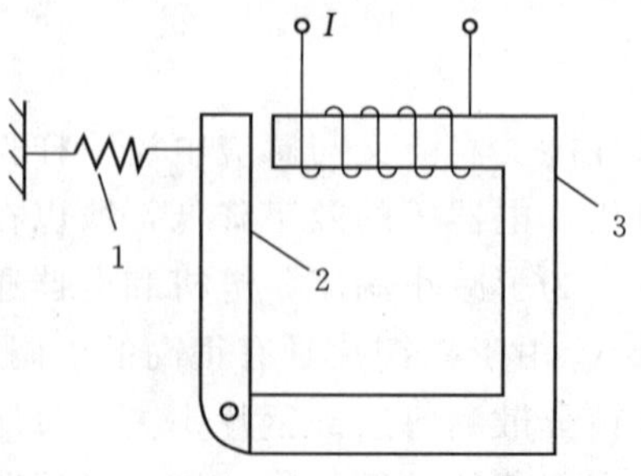

图 2.23　电磁铁

1—弹簧；2—衔铁；3—铁芯

4. 继电器

继电器是组成继电保护装置的基本元件。如图 2.24 所示，被保护电路中的电流 I 引入继电器的电磁铁线圈。在电路工作正常的情况下，流入继电器的电流较小，电磁铁的吸引力小于弹簧的反作用力，因而触点打开，继电器无信号输出。当电路发生短路故障时，正如［例 1.3］所指出的那样，短路电流可达正常工作电流的几十到几百倍。短路电流使电磁铁产生的吸引力大大于弹簧的反作用力，继电器动作，触点接通，电源开关的跳闸回路闭合，使电源开关自动跳闸，切断短路电流，从而达到保护的目的。

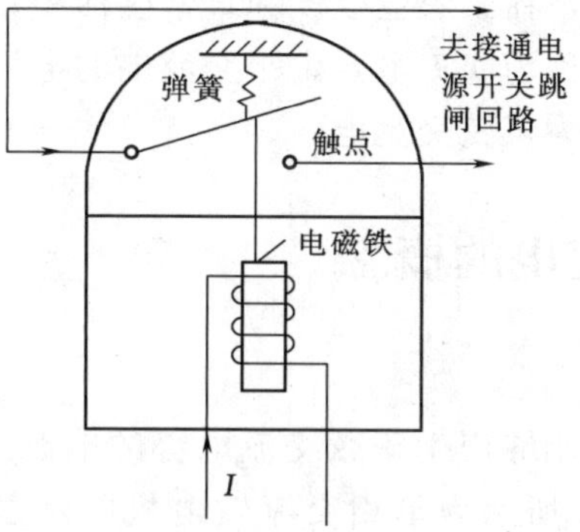

图 2.24　继电器

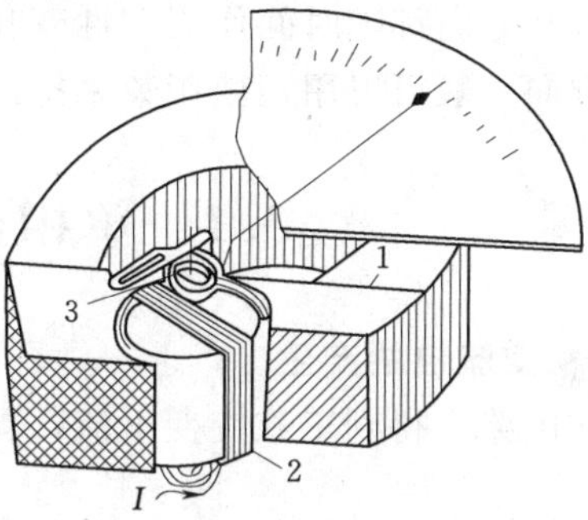

图 2.25　磁电式测量机构

1—永久磁铁；2—可转动的通电线圈；3—游丝

5. 磁电式仪表

根据载流线圈在磁场中受电磁力的原理，可以做成测量仪表。从式（2.4）可以看出，电磁力矩与流过线圈的电流成正比，如图 2.25 所示，将弹性元件（如仪表游丝）与线圈相连，用弹簧的弹力与该电磁力平衡。流过线圈的被测电流越大，电磁力矩越大，弹性元件的变形越大，线圈转动的角度越大。根据转角的大小就可知道被测电流的大小。

复习思考题

1. 有人说，动电可以生磁，动磁可以生电，这如何理解？
2. 什么是磁势？磁势与磁通及磁感应强度有何关系？
3. 磁感应强度与磁场强度有何区别和联系？铁磁物质的磁感应强度与励磁电流之间的关系有何特点？
4. 铁磁物质的磁导率对电气设备的结构有何影响？
5. 同一电气元件，其磁路的磁阻 R_m 与电路的电感 L 之间有何关系？
6. 闭合线圈内产生感应电流的根本原因是什么？线圈中有磁通穿过就有感应电势吗？
7. 结合楞次定律，谈谈你对式（2.19）和式（2.24）的理解。
8. 何谓“同名端”？有哪几种判别方法？
9. 简述几种电磁感应的应用。

第3章　单相正弦交流电路

从互感现象的讨论中已知，为了将电能从一次侧传递到二次侧，电源的电流必须是变化的。事实上，为了便于电能的传递、转换和使用，在工农业生产和日常生活中，广泛使用的是大小和方向都随时间作周期性变化的电流，称为交流电。由于交流电的电压、电流的大小和方向一般可以用正弦函数来描述，所以称为正弦交流电。

3.1　单相正弦交流电的概念

3.1.1　单相交流电的产生

为了在电路中得到正弦交变电流，首先应该有能够产生正弦交流电势的电源。图 3.1 所示为单相交流发电机的示意图。交流发电机的构造主要由不动部分（称为定子）和转动部分（称为转子）两部分所组成。通常把产生感应电势的线圈称为电枢，电枢可以是定子也可以是转子，如果电枢是转子，则产生磁场的磁极部分就是定子。实际上产生高电压的大容量发电机都是旋转磁极式的，即转子提供磁场，定子电枢中产生感应电势。转子由汽轮机或水轮机等动力机械拖动，通过发电机把机械能转化为电能。交流发电机是利用电磁感应的原理发电的，交流发电机产生的电势都按正弦规律变化。下面来看交流发电机的正弦电势是怎样产生的。

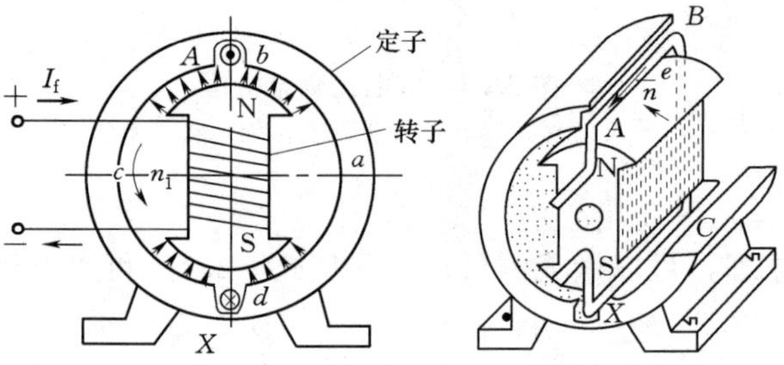

图 3.1　单相交流发电机示意图

图 3.1 中，转子是一个直流电磁线圈，称为励磁绕组，当励磁绕组中通以直流电流 I_f（称为励磁电流）时，就在转子周围建立起磁场，磁力线穿过定子而闭合。定子铁芯由硅钢片叠制而成，在定子铁芯内的圆周槽内装有很多匝导线，构成定子线圈，也称为定子绕组。图中只画出定子绕组的一匝线圈 AX，A 是线圈首端，X 是线圈的尾端。线圈有两条有效边 AB 和 CX，AB 在上部，CX 在下部，它们都垂直于纸面。由线匝 AB 与 CX 确定的平面称为线圈平面。当动力机械带动发电机转子沿逆时针方向以均匀转速 n 转动时，转子磁场磁力线将不断地切割定子线圈，便在定子线圈中产生感应电势 。在图 3.1 所示位置，线圈的两条有效边 AB 和 CX 垂直切割磁力线，AB 边的感应电势从纸面穿出，CX 边的感应电势穿入纸面，每边产生的感应电势大小相等，两个电势是同方向串联的，所以整个线圈中的感应电势为

$$e = 2Blv$$

发电机的定子线圈边的有效长度 l 和转子转动的相对速度 v 都是一定的，因此感应电势 e 的大小将随磁感应强度 B 的大小而变化。为了获得正弦电势，制造厂把磁极做成一定形状，使磁感应强度 B 在转子与定子之间的气隙按正弦分布：在磁极中心线（图中转子磁极 S 至 N 的连线）磁感应强度最大，从磁极中心向左、右两边，磁感应强度按正弦规律下降，在磁极中心线的垂直平分线上（图中水平位置），磁感应强度为零。这样，当转子磁极中心转动经过定子线圈平面（图 3.1 所示位置）时，定子线圈中的感应电势最大；当磁极中心转到水平位置时，定子线圈平面与转子磁极中心线垂直，定子线圈中的感应电势等于零。

假设时间 $t=0$ 时，转子磁极中心在水平位置，从水平位置开始，转子逆时针方向匀速转动，角速度是 ω（rad/s），经过时间 t 后，磁极转过的角度是 ωt，这时线圈中的感应电势 $e=2Blv\sin\omega t$。在图 3.1 中，磁极中心线与定子线圈平面处于平行位置，线圈垂直切割磁力线时，$\omega t=90°$，$\sin\omega t=1$，感应电势最大，用 E_m 表示，则 t 时刻的感应电势为

$$e=E_m\sin\omega t \tag{3.1}$$

式中：$E_m=2Blv$，e 称为电势的瞬时值；E_m 称为电势的最大值。

由式（3.1）可知，线圈中的感应电势是按正弦规律变化的。如果把定子线圈和电阻负载 R 连成闭合电路，则电路中就有感应电流 i，即

$$i=\frac{e}{R}=\frac{E_m}{R}\sin\omega t$$

式中，E_m/R 是电流的最大值，用 I_m 表示，则电流的瞬时值可用式（3.2）表示

$$i=I_m\sin\omega t \tag{3.2}$$

可见，感应电流 i 也是按正弦规律变化的，称为正弦交流电流。

除了用正弦函数式来表示交流电以外，还可以根据正弦交流电的瞬时值表达式，按一定比例逐点作出曲线图，如图 3.2 所示。为了使曲线与发电机状态相对应，图 3.2 中画出了一匝定子线圈和一对转子磁极。曲线横坐标表示不同的时刻 t（或角度 ωt），横坐标以上表示交流电沿正方向流动（示意电流从线圈 A 端穿出），横坐标以下表示交流电流 i 的负方向流动（示意电流从线圈 B 端穿出），纵坐标按一定比例表示交流电的大小。

假设转子磁极中心的初始位置在水平位，磁场方向自左至右（在图 3.1 中

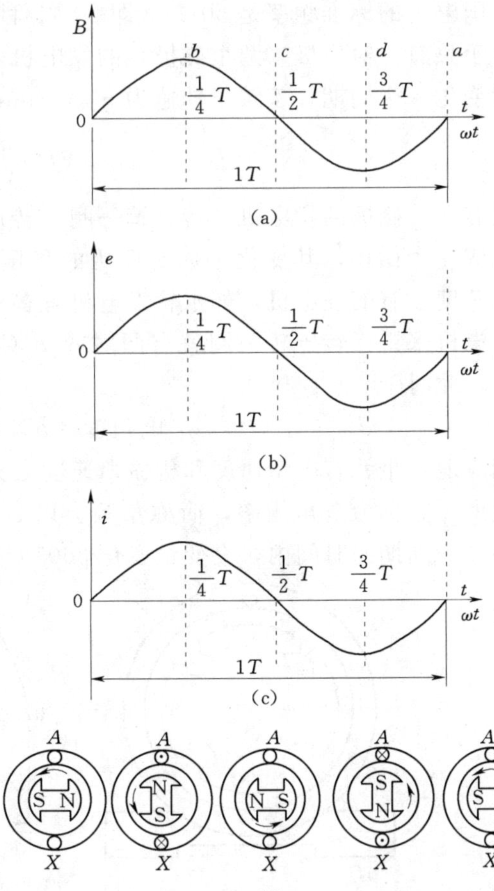

图 3.2 交流电的波形

N 极指向 a 点)，$t=0$ 时开始以角速度 ω 沿逆时针方向旋转，交流电压 e 和电流 i 就从零值开始向正方向增加，当磁极中心到达 b 点（$\omega t=90°$）时，交流电达到正的最大值；此后交流电开始减小，当磁极中心到达 c 点（$\omega t=180°$）时，交流电再次变到零；接着，磁极中心向下运动，交流电就从零值开始向负方向增加，当磁极中心到达 d 点（$\omega t=270°$）时，交流电变到负向最大值；最后，当磁极中心重新回到初始位置（a 点）时，交流电再次变到零，这就完成了一个周期的变化。转子每转过一周，交流电压 e 和电流 i 的大小和方向都改变两次，即经历一个周期，并恢复到开始时的状态，以后就这样周期性地重复以前的变化。可见，定子中感应电势随时间的变化与转子磁场在空间的变化是同步的，所以这种电机称为同步电机，原动机的转速 n_1 也称为同步转速。

3.1.2　交流电的频率和周期

交流电变化一周所用的时间称为周期，用字母 T 表示，单位为 s。在 1s 内交流电变化的周期数称为频率，用字母 f 表示，单位是赫兹，简称赫，用字母 Hz 表示，有时也用周/秒（称周波或周）表示频率的单位。频率 f 和周期 T 之间互为倒数的关系，即

$$f=\frac{1}{T} \quad 或 \quad T=\frac{1}{f} \tag{3.3}$$

我国电力的标准频率是 50Hz（即 50 周/秒），标准周期是 0.02s。

对于只有一对磁极（两个磁极）的发电机，如图 3.1 所示，转子每转一周，正弦交流电势就变化一个周期，若转子转速为 n_1（r/min），则发电机转速与频率的关系为

$$f=\frac{n_1}{60}$$

具有一对磁极的发电机，转子转一圈，转过的机械角度为 360°或 2π 弧度，则定子中电势完成一个循环，其变化一周所经历的角度亦为 360°，为了与机械角度相区别，此角称为电角度。有的发电机，如水轮发电机有多对磁极。对于两对磁极（图 3.3）或多对磁极的发电机来讲，转子转一圈就有两对或 p 对磁极转过定子线圈，电势就完成两个或 p 个循环，此时

$$电角度=p\times 机械角度$$

相应地，也就有电角速度和机械角速度之分。单位时间内交变量所完成的电角度称为电角速度，亦称为电角频率，简称角频。以后，交变量中所涉及的角速度都是指电角速度，即在一周期的时间内，交变量变化 360°（或 2π 弧度）电角度，所以，电角速度

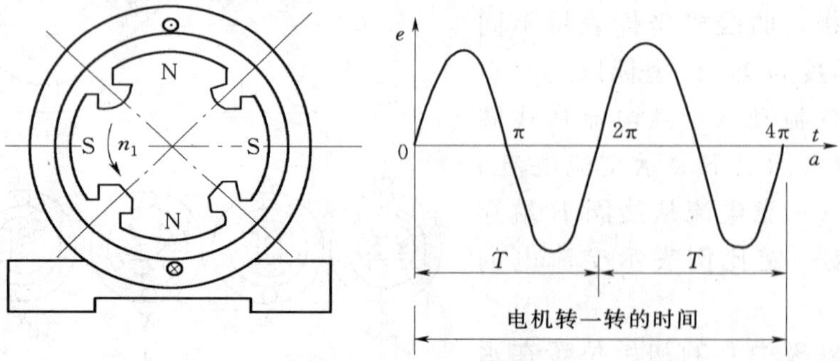

图 3.3　四极电机的频率

$$\omega=\frac{2\pi}{T}=2\pi f \tag{3.4}$$

这样，定子线圈中感应电势可表示为

$$e=E_m\sin\omega t=E_m\sin2\pi ft \tag{3.5}$$

对于具有 p 对磁极的发电机，转子每转一周，感应电势就要交变 p 个周期，当转子每分钟转 n_1 转时，交变电势的频率为

$$f=\frac{pn_1}{60} \tag{3.6}$$

在发电机输出电势的频率一定时，原动机转速越低，要求磁极对数越多。如汽轮发电机转速为 3000r/min，故只需一对磁极；而有的水轮机转速只有 125r/min，则需要 24 对磁极。

3.1.3　交流电的相位和相位差

1. 相位

发电机输出的交变电势是连续的，一般来说没有确定的起点和终点。为了研究各交流量之间的关系，选择一个计算时间的起点是必要的。在式（3.1）中，假定 $t=0$ 时，$\omega t=0$。即在初始位置时，磁极中心与水平线 ac 的夹角为零（磁极中心与图 3.1 所示的位置垂直），导体 AX 不切割磁力线，感应电势为零。在图 3.4（a）中，$t=0$ 时磁极中心不在水平位置，而是与水平线成夹角 φ_1，于是导线 AX 中的感应电势为 $E_m\sin\varphi_1$，若转子以此为起点开始运行，则感应电势随时间的变化规律为

$$e_1=E_m\sin(\omega t+\varphi_1) \tag{3.7}$$

式中，$\omega t+\varphi_1$ 是个电角度，是时间的函数，感应电势瞬时值 e_1 的大小和方向均由它决定。所以，$\omega t+\varphi_1$ 是一个表示交流电变化进程的量，称为相位（或相角）。如果时间变化，相位就变化，电势也跟着变化。计时开始时（$t=0$ 的瞬间）的相位称为初相位（角），简称初相。所以，式（3.7）中的 φ_1 就是初相位。初相位 φ_1 决定计时开始时电势值。在 $t=0$ 时，有

$$e_1\big|_{t=0}=e_{10}=E_m\sin\varphi_1$$

e_1 的随时间变化的规律如图 3.4（c）所示。

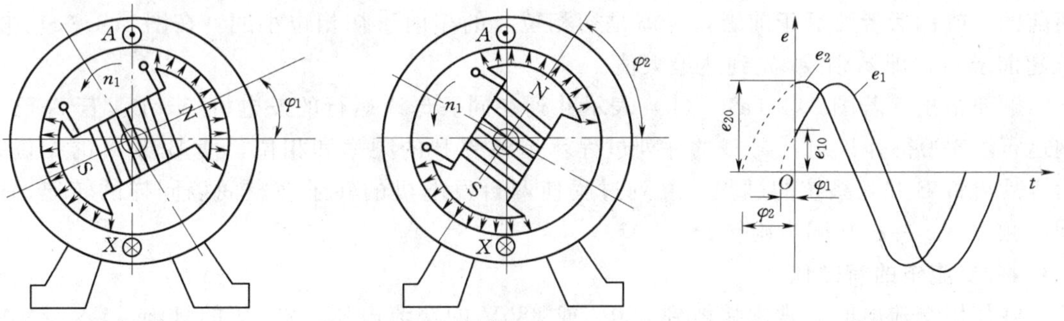

图 3.4　正弦量的相位差

在交流电路中，常常有两个及以上同频率的交流量。图 3.4（b）表示与图 3.4（a）结构和转速完全相同的发电机，不同的只是转子的初始位置。在图 3.4（b）中，磁极中

心的初始位置不是水平位置，而是与水平线成夹角 φ_2，于是导线 AX 中的感应电势为

$$e_2=E_m\sin(\omega t+\varphi_2)$$

e_2 的随时间变化的规律也表示在图 3.4（c）中。

从图 3.4 中可以看出，虽然两个感应电势具有相同的最大值 E_m，但在 $t=0$ 时，e_{10} 小于 e_{20}，即在同一瞬时感应电势的数值却不相同，而且 e_2 比 e_1 先到达最大值（或零值）。这是因为激励电势的两个转子线圈所在空间的初始位置不同，反应在电势解析式中就是函数 sin 后面的电角度 $\omega t+\varphi_1$ 和 $\omega t+\varphi_2$ 不同，即表示正弦量变化的进程的相位不同而引起的。因为 $\varphi_2>\varphi_1$，$t=0$ 时图 3.4（b）所示的发电机转子磁极中心距定子线圈 AX 较近，所以 $e_{20}>e_{10}$，且 e_2 比 e_1 先达到最大值。

2. 相位差

在图 3.4 中，同一时刻两个电势具有不同的值，是两个电势的相位不同造成的。在同频率的正弦量中，把两个交流电势 e_2 与 e_1 的相位之差称为 e_1 与 e_2 的相位差，即

$$\Delta\varphi=(\omega t+\varphi_2)-(\omega t+\varphi_1)=\varphi_2-\varphi_1 \tag{3.8}$$

两个正弦量的相位差即为两正弦量初相位之差。虽然相位是时间的函数，但相位差则是不随时间变化的常数。不同的发电机产生的感应电势之间具有相位差，同一发电机中，安装在不同位置的定子线圈（如 A、B、C 三相线圈）内的感应电势间也具有相位差。由于这三相定子线圈之间的相对位置是固定的，其感应电势的相位差也是固定的。

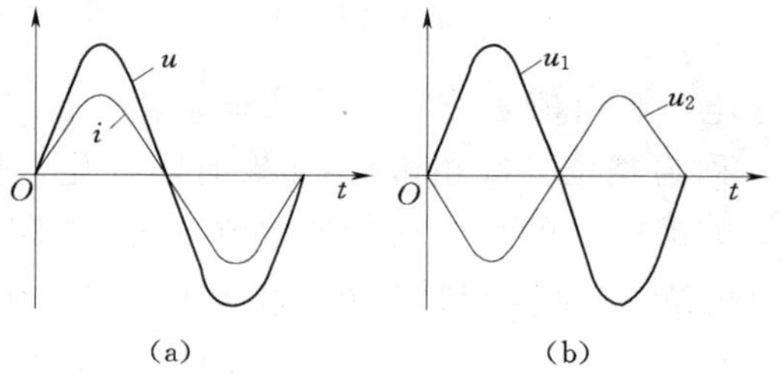

图 3.5　正弦量的同相和反相

如果两同频率正弦量的初相位相等，相位差为零，就称它们同相位，即它们同时到达正（或负）最大值，同时到达零值。如图 3.5（a）所示，称正弦量 u 与 i 同相位。如果它们的相位差等于 $\pm n\pi$（180°，n 为奇数），则称它们是反相的，即它们在任意瞬间方向总是相反的，如图 3.5（b）所示，称正弦量 u_1 与 u_2 反相。如果两个正弦量的相位不同，相位差不等于零，则称先到达最大值的正弦量比后到达同方向最大值的正弦量是超前的，或称后者滞后于前者，也就是初相位大的超前于初相位小的。在图 3.4（c）中，e_2 超前于 e_1，即 e_2 比 e_1 先到达最大值。

顺便指出：若图 3.4（a）、（b）表示并列在同一母线运行的发电机 A、B。若 A 已并网运行，B 为待并机组，则 B 的并列过程就是调节 B 的频率和相位，使 B 与 A 的相位差为零后再将 B 并入系统的过程。并列过程使两台发电机的转子在空间以同样的转速、同样的相位（$\varphi_1=\varphi_2$）同步旋转。

3.1.4　交流电的有效值

在使用交流电时，常常接触到 220V 或 380V 的交流电压、220V 的灯泡、5A 或 10A 的保险丝等。因为交流电压或电流的瞬时值是不断变化的，我们所说的电压、电流大小，其实指的就是交流电的有效值。

图 3.6（a）表示灯泡 A 接在直流电源上，当灯泡 A 中有直流电流流过时，它就发光。将同样的一个灯泡 B 接在交流电源上，如图 3.6（b）所示，当灯泡中通过交流电流

时，也要发光。如果两个灯泡的亮度一样，那么，这时的交流电流 i 从发热的效果看和直流电流 I 是等效的。把这时的直流电流 I 称为交流电流 i 的有效值。

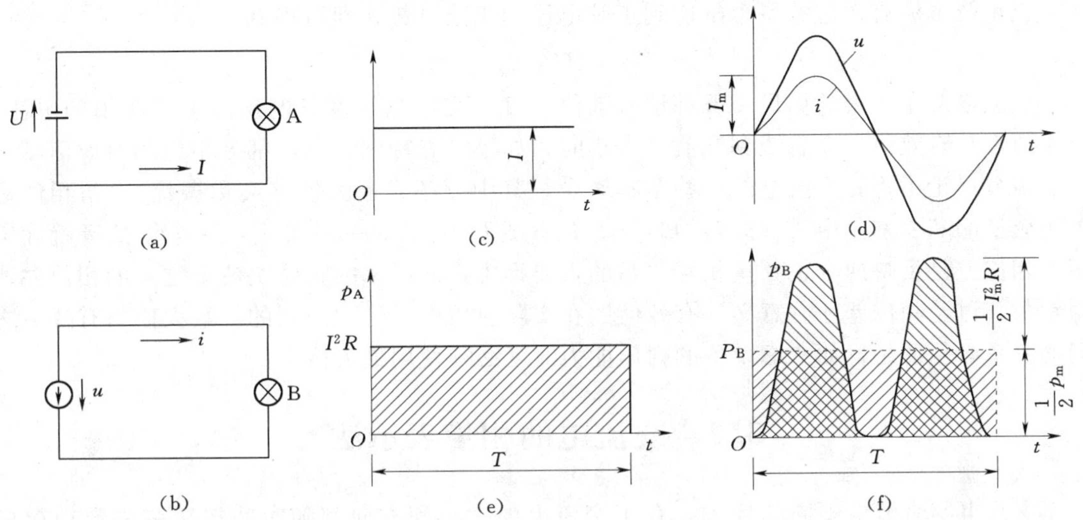

图 3.6 交流量的有效值

在时间 T 内，灯泡 A 所消耗的电能为

$$W_A = P_A T = I^2 R T$$

W_A 的大小可用图 3.6（e）中阴影部分的面积表示。

在图 3.6（b）中，虽然电压 u 和电流 i 的大小和方向都是随时间变化的，时正时负，但由式（3.1）和式（3.2）可知，电阻上电压和电流是同相位的，它们同时为正、同时为负，其积恒为正，如图 3.6（d）、（f）所示，功率 $p_B = ui = U_m I_m \sin^2 \omega t$，曲线 p_B 与横轴所包围的阴影面积，代表灯泡 B 在时间 T 内（即一个周期内）所消耗的电能 W_B。从图 3.6（f）中可以看出曲线 p_B 的平均高度为

$$P_B = \frac{P_m}{2} = \frac{U_m I_m}{2} = \frac{I_m^2 R}{2}$$

矩形面积（$P_B T$）等于曲线 p_B 和横轴所包含的阴影面积。也就是说，灯泡 B 在 T 时间内所消耗的电能为

$$W_B = P_B T = \frac{I_m^2 R T}{2}$$

两个灯泡的亮度相同，他们消耗的电能应相同，即

$$W_A = W_B$$

也就是

$$I^2 R = \frac{I_m^2 R}{2}$$

所以

$$I_m = \sqrt{2} I = 1.414 I \text{ 或 } I = \frac{1}{\sqrt{2}} I_m = 0.707 I_m \tag{3.9}$$

这就是说，正弦电流的有效值等于最大值的 0.707 倍；正弦电流的最大值等于有效值的$\sqrt{2}$倍或 1.414 倍。

把正弦电流有效值的概念推广到正弦电压和正弦电势，即可得到

$$U_m=\sqrt{2}U,\ E_m=\sqrt{2}E \tag{3.10}$$

交流电测量仪表的标尺一般都按有效值刻度。交流电气设备的铭牌上所给出的电流、电压值都是有效值。今后谈到交流量大小时，如果没有特别指出，都是指它的有效值。

本节讨论了正弦交流电的一些基本概念，其中频率、最大值（又称振幅）、初相位称为正弦量的三要素，由式（3.7）知：ω、I_m（或 U_m）和 φ 一旦确定，一个正弦量就确定了。相位差是反映两个正弦量相互关系的重要标志，同频率的正弦交流量之间的相位差才为常数，讨论相位差才有意义。有效值的在实际应用中是经常遇到的。最大值与有效值之间的关系必须清楚，如考虑设备的耐压能力时就必须使用最大值。

3.2　交流电的相量表示法

交流电与直流电不同的地方，在于交流电的大小和方向都随时间按正弦函数规律变化。前面已经介绍了两种表示交流电的方法，即正弦函数表达式和正弦曲线。但是采用这两种方法进行交流电路的分析和计算都很麻烦。还有两种比较简便的方法，也能表示出正弦交流量的三要素，即相量表示法和复数表示法。相量表示法是分析交流电路的一种重要方法，是电气运行分析的重要工具。下面来分析为什么相量可以代表正弦交流量，以及怎样用它对交流量进行分析和运算。

3.2.1　正弦函数的相量表示

1. 相量表示法

正弦量的相量，实际上是用旋转矢量来表示的。这个旋转矢量的长度为正弦量的振幅，其初始位置（$t=0$ 时）与横轴正方向的夹角为正弦量的初相角，并以正弦量的角频率 ω 逆时针方向旋转，这样，正弦量的瞬时值（电压 e 或电流 i），就可以用旋转矢量于该瞬时在纵轴上的投影来表示，如图 3.7 所示。这种旋转矢量称为相量，正弦量的这种表示法叫相量表示法，一般用符号 $\dot{I}_m$、$\dot{U}_m$、$\dot{E}_m$ 分别表示电流、电压、电势的相量，以示与力学中向量的区别。

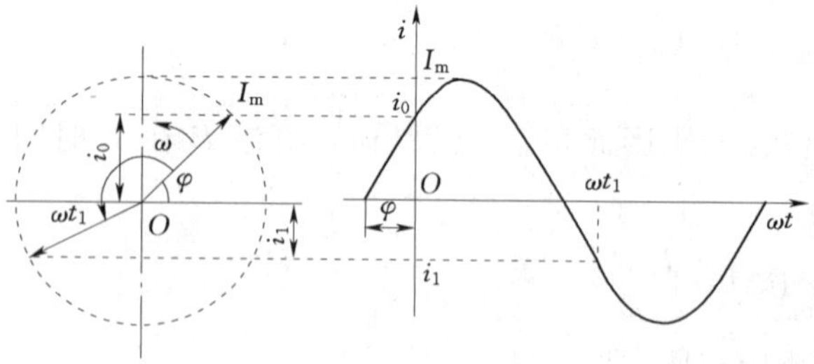

图 3.7　正弦电流的相量表示

显然，相量 $\dot{I}_m$ 以角频率 ω，从 φ 开始旋转后，其任意瞬时在纵轴上的投影 $i=I_m\sin(\omega t+\varphi)$正是三角函数的解析式。由此可以清楚地看到：一个相量和一个正弦型函数有一一对应的关系，这就是用相量表示正弦量的基础。

用图 3.7 的方法去画相量仍然很繁琐，对于任一正弦量 $i=I_m\sin(\omega t+\varphi)$，通常只用其初始位置的相量 $\dot{I}_m$ 来表示正弦型函数，它的长度等于正弦型函数的幅值 I_m，它与横轴

正方向夹角等于初相位 φ。同时，因为 $I_m=\sqrt{2}I$，为了方便，也可用长度为有效值的相量 $\dot{I}$ 表示，如图 3.8 所示。同理，电压、电势也可用长度为有效值的相量 $\dot{U}$、$\dot{E}$ 表示。对于同频率的各正弦量，它们的角频率是相等的，其相对位置（相位差）在任何瞬间都是不变的，所以图 3.8 中没有画出角频率 ω。虽然画出的相量 $\dot{I}$ 不动，但我们应意识到，$\dot{I}$ 是以角频率 ω 绕 O 点逆时针方向旋转的相量。若画出的是多个相量，则它们是绕 O 点逆时针同步旋转的相量。在画相量图时，为了方便，常以初相位为零的正弦交流量作为参考相量，把它画在横轴的正方向上。

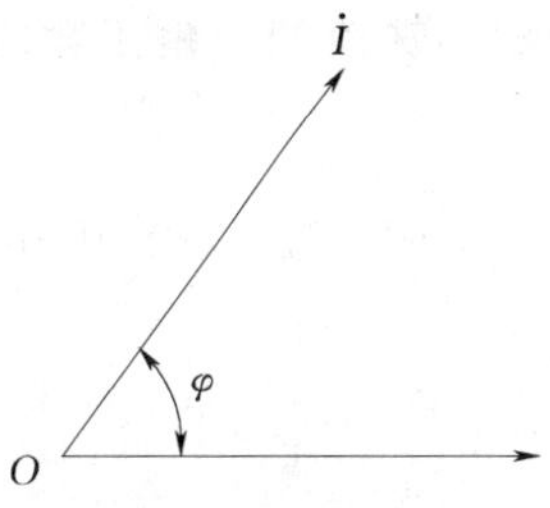

图 3.8 正弦量的相量

应该指出，只有同频率的正弦量在旋转过程中相互位置不会发生变化，才能用相量图计算，相量不能表示非正弦量。相量表示法是借用矢量法把三角函数的运算转化为几何作图运算，然后再回到正弦函数的瞬时表达式。

2. 相量的合成与分解

用相量进行正弦量之间的计算，其合成与分解与力学中矢量的算法完全相同，可用平行四边形法或三角形法。如图 3.9（a）所示，设有两相量 $\dot{I}_1$、$\dot{I}_2$，初相角分别为 $\varphi_1=0°$，$\varphi_2=60°$。为了求其"和"，可以 O 点为起点，在横轴上按比例画出 $\dot{I}_1$，再以 O 点为起点，与横轴成 φ_2 夹角，以同样的比例画出 $\dot{I}_2$，然后以这两个相量为边，作平行四边形，其对角线代表 $\dot{I}_1$ 与 $\dot{I}_2$ 相量和，为相量 $\dot{I}$。显然，$\dot{I}_2$ 超前 $\dot{I}_1 60°$，在绕 O 点同步旋转时，$\dot{I}_2$ 与 $\dot{I}_1$ 的相对位置（相位差 φ_2）是不会改变的。其相量和 $\dot{I}$ 的大小也不会改变。

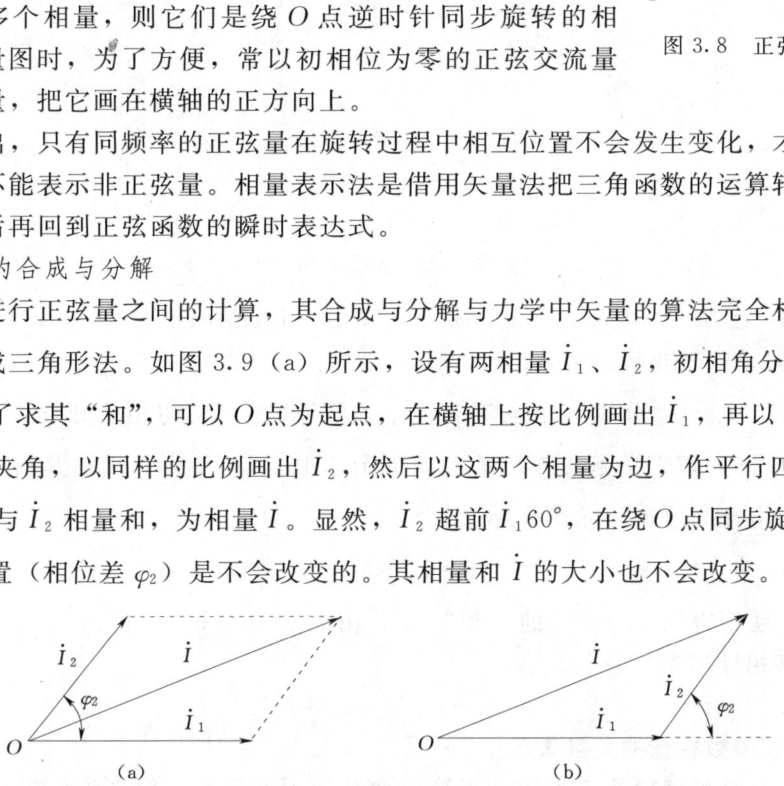

图 3.9 相量的合成

也可用三角形法求出：以 O 为起点，画出相量 $\dot{I}_1$，再在 $\dot{I}_1$ 的末端按 $\dot{I}_2$ 的方向、大小画出相量 $\dot{I}_2$，连 O 点与相量 $\dot{I}_2$ 的终点，合成相量 $\dot{I}$，如图 3.9（b）所示。

【例 3.1】 用相量法计算三相输电线两线之间的电压 u_{AB}。已知：$u_A=220\sqrt{2}\times\sin100\pi t(\mathrm{V})$，$u_B=220\sqrt{2}\sin(100\pi t-120°)(\mathrm{V})$，$u_{AB}=u_A-u_B=220\sqrt{2}\sin100\pi t-220\sqrt{2}\sin(100\pi t-120°)(\mathrm{V})$。

解 用 $\dot{U}_A$ 表示 u_A 的相量，其初相位为零，用 $\dot{U}_B$ 表示 u_B 的相量，其初相位为 φ_2 为 $-120°$，$\dot{U}_A$、$\dot{U}_B$ 分别表示在图 3.10（a）中，u_{AB} 的相量可用 $\dot{U}_{AB}$ 表示，则

$$\dot{U}_{AB}=\dot{U}_A-\dot{U}_B$$

根据相量合成的三角形法则，很容易画出相量 $\dot{U}_{AB}$。这是一个顶角为 120°的等边三角形。根据特殊角的三角函数值可知，$\dot{U}_{AB}$的大小为 $\dot{U}_A$（或 $\dot{U}_B$）的$\sqrt{3}$倍，初相角为 30°。所以

$$u_{AB}=\sqrt{3}\times 220\sqrt{2}\sin(100\pi t+30^\circ)\ (\mathrm{V})$$

从图 3.10（a）中还可以看出，$\dot{U}_{AB}$超前 $\dot{U}_A$ 30°。

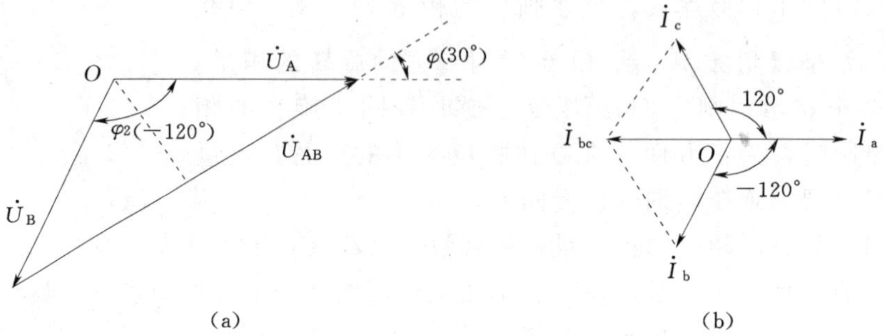

图 3.10　相量运算

【例 3.2】 已知三相电流 $i_a=I_m\sin\omega t$（A），$i_b=I_m\sin(\omega t-120^\circ)$（A），$i_c=I_m\sin(\omega t+120^\circ)$（A）。求三相电流和 $i_0=i_a+i_b+i_c$。

解　用 $\dot{I}_a$、$\dot{I}_b$、$\dot{I}_c$ 分别表示电流 i_a、i_b、i_c 的相量，其初相位分别为 $\varphi_a=0$，$\varphi_b=-120^\circ$，$\varphi_c=120^\circ$，以 O 为起点作相量 $\dot{I}_a$，如图 3.10（b）所示，根据其初相位，可画出 $\dot{I}_b$、$\dot{I}_c$。三相电流的“和”可表示为

$$\dot{I}_0=\dot{I}_a+\dot{I}_b+\dot{I}_c$$

用平行四边形法则得到 $\dot{I}_b$ 与 $\dot{I}_c$ 的“和”$\dot{I}_{bc}$，由图 3.10（b）可见，$\dot{I}_{bc}$与 $\dot{I}_a$ 大小相等，方向相反，其相量和为 0。所以

$$i_0=i_a+i_b+i_c=0$$

3.2.2　正弦型函数相量的复数表示

相量表示法是把繁琐的三角运算用简单的几何关系代替，但必须作出相量图。若用复数表示相量，即可用复数的代数运算代替相量的几何关系。因此，在复杂的交流电路计算中，都采用复数运算。

1. 相量的复数表示法

复数是在数的发展过程中逐步被认识的，它在电工中得到广泛运用。复数的一般表示式为：$\dot{A}=a+\mathrm{j}b$。数学上虚单位用 i 表示，电工技术中为避免与电流混淆，故用 j 表示。a 是复数的实部，b 为复数的虚部，而 $\mathrm{j}=\sqrt{-1}$叫虚单位。复数可用复平面上的点来表示，如图 3.11 所示，横轴为实轴，纵轴为虚轴。若复数 $\dot{A}=a+\mathrm{j}b$，则其长度 OA 称为 $\dot{A}$ 的模。$\dot{A}$ 在实轴上的投影为复数实部 a，在虚轴上的投影为虚部 b，且与实轴夹角 φ 称为幅

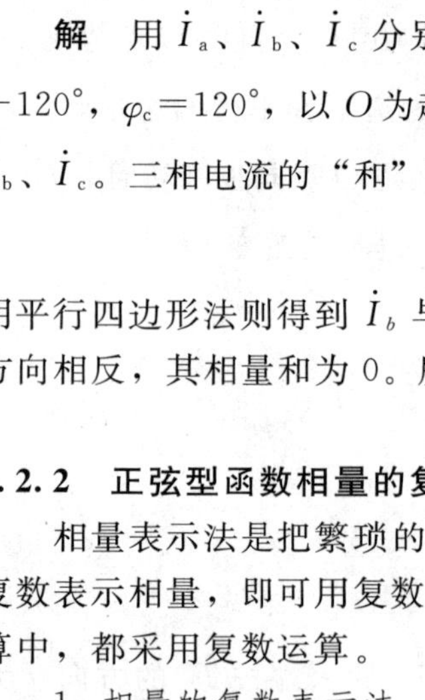

图 3.11　相量的复数表示

角，则

$$A=\sqrt{a^2+b^2}，a=A\cos\varphi，b=A\sin\varphi，\varphi=\arctan\frac{b}{a}$$

当用三角函数表示复数时，可写成

$$\dot{A}=A(\cos\varphi+\mathrm{j}\sin\varphi) \tag{3.11}$$

因为

$$\mathrm{e}^{\mathrm{j}\varphi}=\cos\varphi+\mathrm{j}\sin\varphi$$

所以，复数 $\dot{A}$ 可以表示成

$$\dot{A}=A\mathrm{e}^{\mathrm{j}\varphi} \tag{3.12}$$

在电工中，为了书写方便，常把指数式简化写成极坐标形式，即

$$\dot{A}=A\angle\varphi \tag{3.13}$$

三角表示式和代数表示式常用于复数和差运算，指数式常用于积商运算。

2. 复数运算

复数运算必须遵循以下基本法则：

(1) 若 $\dot{A}=a_1+\mathrm{j}b_1$，$\dot{B}=a_2+\mathrm{j}b_2$，则 $\dot{A}\pm\dot{B}=(a_1\pm a_2)+\mathrm{j}(b_1\pm b_2)$。

(2) $\dot{A}\dot{B}=AB\mathrm{e}^{\mathrm{j}(\varphi_A+\varphi_B)}=AB\angle\varphi_A+\varphi_B$

(3) $\dfrac{\dot{A}}{\dot{B}}=\dfrac{A}{B}\mathrm{e}^{\mathrm{j}(\varphi_A-\varphi_B)}=\dfrac{A}{B}\angle\varphi_A-\varphi_B$

【例 3.3】 用复数运算方法求［例 3.1］中的 u_{AB} 和［例 3.2］中的 i_0。

解

(1) 求 u_{AB}。

$$\dot{U}_A=220\sqrt{2}\angle 0°(\mathrm{V})，\dot{U}_B=220\sqrt{2}\angle -120°(\mathrm{V})$$

$$\begin{aligned}\dot{U}_A-\dot{U}_B&=220\sqrt{2}-220\sqrt{2}[\cos(-120°)+\mathrm{j}\sin(-120°)]\\&=220\sqrt{2}(1+0.5+\mathrm{j}\sqrt{3}/2)=220\sqrt{2}\left(\frac{3}{2}+\mathrm{j}\frac{\sqrt{3}}{2}\right)\\&=220\sqrt{2}\times\sqrt{3}\angle\arctan\frac{\sqrt{3}}{3}=220\times\sqrt{2}\times\sqrt{3}\angle 30°(\mathrm{V})\end{aligned}$$

所以

$$u_{AB}=220\sqrt{2}\sqrt{3}\sin(100\pi t+30°)(\mathrm{V})$$

(2) 求 i_0。

$$\begin{aligned}\dot{I}_0&=\dot{I}_a+\dot{I}_b+\dot{I}_c=I_m+I_m[\cos(-120°)+\mathrm{j}\sin(-120°)]+I_m[\cos120°+\mathrm{j}\sin120°]\\&=I_m\left[1+\left(-\frac{1}{2}-\mathrm{j}\frac{\sqrt{3}}{2}\right)+\left(-\frac{1}{2}+\mathrm{j}\frac{\sqrt{3}}{2}\right)\right]\\&=I_m\left[1-\frac{1}{2}-\frac{1}{2}+\mathrm{j}\left(-\frac{\sqrt{3}}{2}+\frac{\sqrt{3}}{2}\right)\right]=0\end{aligned}$$

所以

$$i_0=0$$

【例 3.4】 已知：$i_1=\sqrt{2}6\sin(\omega t+30°)\mathrm{A}$，$i_2=\sqrt{2}4\sin(\omega t+60°)\mathrm{A}$，求 $i=i_1+i_2$。

解：i_1 和 i_2 的相量分别为：$\dot{I}_1=6\angle 30°$（A），$\dot{I}_2=4\angle 60°$(A)

$$\dot{I}=\dot{I}_1+\dot{I}_2=6\angle 30°+4\angle 60°=(5.19+j3)+(2+j3.46)$$
$$=7.19+j6.46=9.67\angle 41.9°(A)$$

所以 $$i=i_1+i_2=\sqrt{2}9.67\sin(\omega t+41.9°)(A)$$

可以看出，相量图形象直观，一般用在电路的定性分析；复数运算简单准确，宜用于定量计算。这两种方法在电气运行分析中会经常用到。

3.3　纯电阻、电感、电容电路

电阻、电感、电容是对交流电路性质起决定作用的三个基本元件。本节逐一讨论只用单一元件的交流电路的基本规律，后几节再讨论几种元件组合的电路。

3.3.1　纯电阻电路

所谓纯电阻电路，就是电感和电容相对于电阻来说比较小，可以忽略不计，因而认为只有电阻存在的电路，如图 3.12（a）所示。白炽灯、电烙铁和电炉的电阻丝在工频下可以认为是纯电阻。

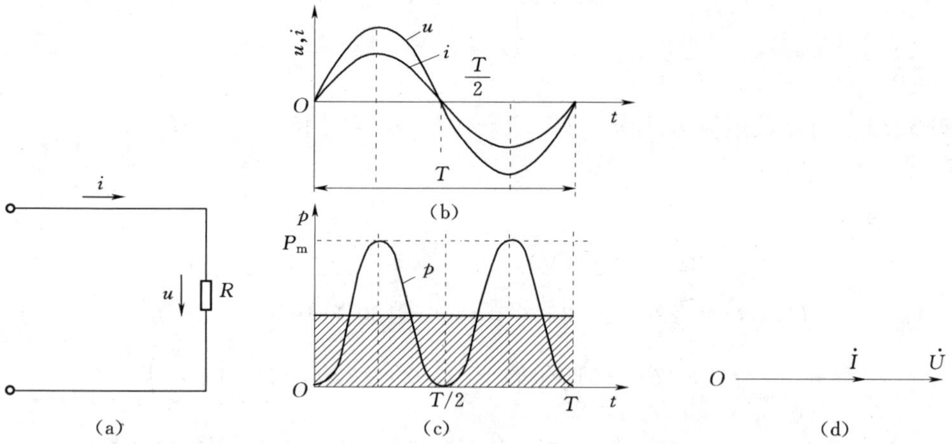

图 3.12　纯电阻电路

1. 电阻中电压和电流关系

在纯电阻电路中，如果以电流为参考正弦量，并设初相角为零，即

$$i=I_m\sin\omega t$$

根据欧姆定律，电阻 R 两端的电压为

$$u=iR=I_mR\sin\omega t=U_m\sin\omega t \tag{3.14}$$

电压 u 为与电流 i 同频率同相位的正弦量，其最大值为

$$U_m=I_mR$$

将上式两端各除以$\sqrt{2}$得有效值为

$$U=IR \tag{3.15}$$

由此可见，在纯电阻电路中，电流和电压之间的大小关系，不论用瞬时值、最大值、还是用有效值来表达，都符合欧姆定律，电压与电流同相位，如图 3.12（b）所示。

用相量表示电压与电流的关系为

$$\dot{U}=R\dot{I} \tag{3.16}$$

如图 3.12（d）所示，$\dot{U}$ 与 $\dot{I}$ 的相位差为零。

2. 电阻上的功率

由于电压 u 和电流 i 都是随时间变化的，所以电路中任意瞬时的功率也是随时间变化的。瞬时功率 p 可用电压瞬时值与电流瞬时值的乘积来计算，即

$$p=ui=U_{\mathrm{m}}I_{\mathrm{m}}\sin^2\omega t=\frac{U_{\mathrm{m}}I_{\mathrm{m}}}{2}(1-\cos2\omega t)=UI(1-\cos2\omega t) \tag{3.17}$$

由式（3.17）可知，纯电阻电路的瞬时功率的数值在 0 与 $2UI$ 之间以电流的两倍频率而变化，其变化曲线如图 3.12（c）所示。由于电压和电流同相，它们在每一瞬时总是取同一方向，所以瞬时功率始终是正值。正的功率表示电路从电源吸收功率，也就是电阻总是不断地从电源吸收电能。

一般说电阻电路的功率都是指瞬时功率的平均数值，也称为有功功率，就是瞬时功率在一个周期内的平均值，用大写字母 P 表示，根据图 3.12（c），可以用作图法求得。

$$P=\frac{1}{2}P_{\mathrm{m}}=\frac{1}{2}U_{\mathrm{m}}I_{\mathrm{m}}=UI \tag{3.18}$$

所以，电阻电路的有功功率等于电阻中电流有效值与其电压有效值的乘积。因为

$$U=IR$$

所以

$$P=I^2R=\frac{U^2}{R} \tag{3.19}$$

纯电阻电路中有功功率的公式与直流电路中功率的公式在形式上完全一样。所不同的是在交流电路中所指的是平均功率与电压、电流有效值间的关系。纯电阻电路中有功功率的单位为 W 或 kW。

3.3.2 纯电感电路

1. 电感中电压和电流关系

纯电感电路如图 3.13（a）所示，当电路中通以交流电流

$$i=I_{\mathrm{m}}\sin\omega t$$

时，在线圈中便产生与电流同相的交变磁通，$\Phi=\Phi_{\mathrm{m}}\sin\omega t$，这个交变磁通在线圈中产生自感电势

$$e_{\mathrm{L}}=-\frac{\mathrm{d}\Phi}{\mathrm{d}t}=-L\frac{\mathrm{d}i}{\mathrm{d}t}$$

电感两端的电压

$$\begin{aligned}u_{\mathrm{L}}&=-e_{\mathrm{L}}=L\frac{\mathrm{d}i}{\mathrm{d}t}\\&=\omega LI_{\mathrm{m}}\cos\omega t=U_{\mathrm{m}}\sin(\omega t+90°)\end{aligned} \tag{3.20}$$

可见，u_{L} 是一条与正弦函数 i 同频率的函数曲线。当 $t=0$，u_{L} 为最大值，而电流 i 要等到 $t=t_1$，即 $\omega t=T/4=90°$时才达到最大值。所以 u_{L} 比 i 相位超前 90°。电压的最

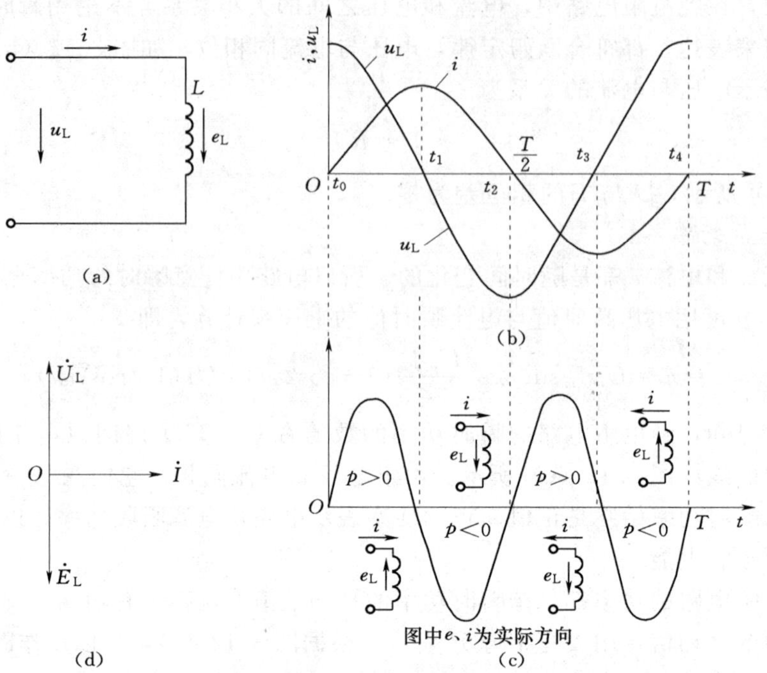

图 3.13　纯电感电路

大值

$$U_m=\omega LI_m \tag{3.21}$$

将式（3.21）两端各除以$\sqrt{2}$得有效值

$$U=\omega LI \text{ 或 } I=\frac{U}{\omega L} \tag{3.22}$$

这就是说，在纯电感电路中，电压有效值（或最大值）与电流有效值（或最大值）之比为 ωL。当电压一定时，ωL 越大，电流越小。在这一点上 ωL 上与电阻相似，具有阻碍电流的性质。所以，称 ωL 为电感的电抗，简称感抗，用 X_L 表示，即

$$X_L=\omega L=2\pi fL \tag{3.23}$$

它的单位和电阻一样，也是 Ω。

由式（3.23）可知，感抗 X_L 和电感 L 与频率 f 成正比。这是因为线圈的电感越大，产生自感电势的能力越强，对电流的限制作用越大，所以感抗 X_L 越大；频率越高，电流的变化率（$\mathrm{d}i/\mathrm{d}t$）越大，通过线圈的磁通的变化率（$\mathrm{d}\Phi/\mathrm{d}t$）越大，自感电势越大，因而感抗 X_L 越大。所以，感抗 X_L 对高频电流的限制作用大，对直流则相当于短路。

从图 3.13（b）中的电压、电流曲线可清楚地看出，电压在相位上比电流超前 90°，用复数表示电压与电流的关系为

$$\dot{U}_L=\mathrm{j}X_L\dot{I}\text{，}\dot{E}_L=-\mathrm{j}X_L\dot{I} \tag{3.24}$$

一个相量乘以 j，相当于将该相量逆时针旋转 90°。同理，一个相量乘以 −j，相当于将该相量顺时针旋转 90°。

2. 电感的功率

瞬时功率 $p=u_{L}i$，可由图 3.13（b）所示的电流、电压曲线作出瞬时功率的变化曲线，如图 3.13（c）所示。从曲线可以看出：瞬时功率的变化频率是电流频率的两倍。在第一个 1/4 周期内（t_0-t_1 期间），电流的绝对值是增加的，u_L 与 i 的同时为正，自感电势 e_L 与 i 的方向相反，电源要克服反电势去做功，功率为正。在第 2 章曾经讨论过，线圈中的磁场能量与线圈中电流的平方成正比，见式（2.20）。电流增加，磁场能增加，所以线圈从电源吸收能量，并不像电阻那样消耗电能，而是转变为磁场能，储存在线圈中。在第二个 1/4 周期内（t_1-t_2 期间），电流的绝对值是减少的，u_L 与 i 取值相反，自感电势 e_L 与 i 的方向相同，自感电势的作用是阻止电流减小，这时线圈吸收的功率是负值，即线圈向外输出能量。这一阶段，随着电流逐渐减小，线圈中的磁场能量逐渐减少，线圈将释放出能量，还给了电源。在第三和第四个 1/4 周期内的情况与第一、第二个 1/4 周期类似，只是电流、电压的方向同时改变了而已。由于功率曲线正、负半周期完全对称，在交流电源和电感线圈之间进行着周期性的能量交换。所以纯电感电路的平均功率为零，说明纯电感电路是不消耗功率的。实际上

$$p=u_{L}i=U_{m}I_{m}\cos\omega t\sin\omega t=U_{m}I_{m}\frac{\sin2\omega t}{2}$$

$$=UI\sin2\omega t \tag{3.25}$$

所以，瞬时功率是一个时间的正弦函数，其频率为电流频率的两倍。电流的每个周期内两次从电源吸收功率，两次向电源释放功率，纯电感元件的平均功率为零。纯电感元件虽然不消耗能量，但瞬时功率仍然存在，每个周期内还要占用电源的功率两次，并且这种功率也是依靠电源的作用，在电路中来回传递的。把电感占用的瞬时功率的最大值称为无功功率（简称无功），用 Q_L 表示，根据定义，由式（3.25）可得

$$Q_{L}=p_{max}=UI=I^{2}X_{L}=\frac{U^{2}}{X_{L}} \tag{3.26}$$

无功功率与有功功率不一样，不是实际消耗能量的速率，而是交换能量的速率。它的单位虽也是伏安之积，为了区别，不用瓦特而用"乏尔"，简称"乏（var）"。较大的单位为千乏，1 千乏（kvar）$=10^3$ 乏（var）。

无功功率可以用仪表测量出来，它是客观存在的。电感吸收功率时，要求电源输出功率，所以无功的存在占用了电源设备的容量、用电设备的容量和电力导线的截面，这是不利的一面；但是无功不等于无用，实际上没有它是不行的，它可以用来建立磁场。从后面的内容中我们将会明白：没有它，变压器就不能实现电—磁—电的转换过程；没有它，就不能建立旋转磁场，异步电动机就不能转动等。所以电力系统必须保证有足够的无功功率才能保证正常运行。另外，由于电感线圈在交流电路中虽然能像电阻那样起限流作用，但又不像电阻那样消耗功率，所以也常用在电路中作限流设备，如日光灯镇流器就是个电感线圈，它在日光灯点燃后就是起限流作用的。

3.3.3 纯电容电路

3.3.3.1 电容器和电容

被绝缘物质隔开的两个导体的组合，称为电容器，用符号 C 表示。构成电容器的绝

缘物质（如空气、纸、云母、陶瓷、塑料薄膜等）简称电容器的介质，组成电容器的导体称为电极，简称极。根据制造材料和用途的不同，电容器有很多形式和种类，它们都是储存电荷的容器，在电力系统和电子线路中都有广泛的应用。

电容器储存电荷的能力用电容器的容量即电容来表示。使电容器带电的过程称为充电，例如，将电容器的两个极接到直流电源上，如图 3.14（a）所示，将开关 K 合向 1，可观察到：在开关合上的瞬间，检流计指针由中间零位向右有一个很大的偏转，然后逐渐回到零位，这说明电源向电容器充电。检流计指针向右偏转，说明电荷涌入极板，在电路中形成电流、指针回到零位说明极板已充足电荷，充电过程终止。电荷的迁移是由于电源力的作用，使一个正电荷迁移到极板 a，则极板 b 必然失去一个正电荷而带上一个负电荷，两极板所带的电荷符号相反，数量相等。

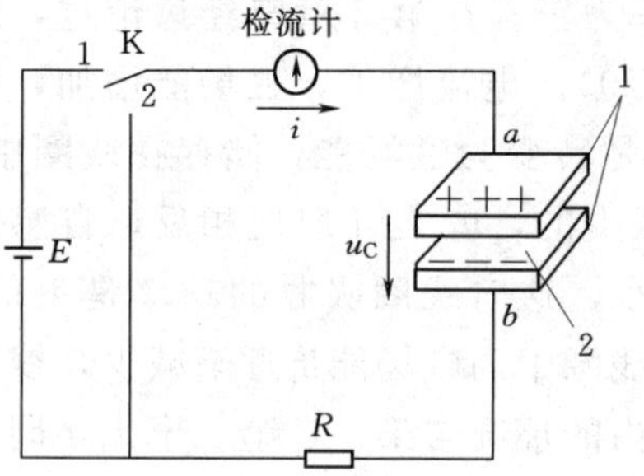

图 3.14　电容充、放电示意图
1—金属板；2—绝缘介质

实验表明：电容器每一极板上的电量 q 与加到极板间的电压 U 成正比，即

$$q=CU$$

式中的比例系数 C 叫电容量，简称电容，即

$$C=\frac{q}{U} \tag{3.27}$$

电容 C 代表电容器容纳电荷的本领。实验表明：两极板间的距离越近、电极的相对面积越大、两极间的介质介电常数越大，则电容量越大。在数值上，如果电容器两极板间的电压是 1V，每一极板上容纳的电量是 1C，则该电容器的电容就等于 1 法拉，简称法，用字母 F 表示。因为法拉这个单位太大，所以常用小单位微法（μF），皮法（pF）表示，$1F=10^6\mu F=10^{12}pF$。

为了了解电容的特性，下面进一步分析电容器的充、放电过程。如图 3.14（a），当开关 K 合向位置 1 时，在电源的作用下，正电荷从电源正极涌向极板 a，与此同时，极板 b 上也聚积了等量的负电荷，两极板间形成一个以 a 为高电位、b 为低电位的电压 u_c。只要直流电源电压 $E>u_c$，电源就继续向电容器充电，电荷在导线上移动形成电流，直到 $u_c=E$ 为止。充电结束后，电路中的电流为零，表现出电容器的隔直流作用。根据 $q=CU$，对应于电容电压 u_c，极板上就会带有一定量的电荷 q，极板间的电场中便会储存一定的能量。电容电压升高，极板上的电荷增多，电场能量就增加。

与电容器充电过场相反，使电容器极板失去电荷的过程称为放电，例如，将 K 由 1 点转接到 2 点时，检流计的指针突然向与充电过程相反的方向（向左）偏转，然后逐渐回到零位。这个过程称为电容器的放电过程。电容器放电时，两极上的正负电荷中和，电容器所储存的电能消耗在电阻 R 上变为热能。电荷中和结束后，电流就消失了。

如果把电容器接入交流电路，由于电源电压的大小和方向不断地变化，电容器也就跟着不断地充、放电，因为极板所储存的电荷的数量和符号不断改变，所以在电路中形成大小和方向随时间变化的电流，即交流电流。必须说明：这个电流是电容器反复充、放电形成的，不是电荷通过电容器极板间的介质而形成的。如果在 Δt 时间内，电容器极板上的电荷的变化量为 Δq，则电路中的电流为

$$i=\frac{\Delta q}{\Delta t} \tag{3.28}$$

因为 $q=Cu_C$，所以 $\Delta q=C\Delta u_C$，故式（3.28）可写成

$$i=C\frac{\Delta u_C}{\Delta t} \text{ 或 } i=C\frac{du_C}{dt} \tag{3.29}$$

式（3.29）是分析电容电路的一个基本公式，它说明电容电路中的电流与电容器两极板之间的电压随时间的变化率成正比。在图 3.14（a）中，随着充电过程的进行，当电容器两极板之间的电压等于电源电压 E 时，两极板间电压不随时间变化，即 $\Delta u_C/\Delta t=0$，电路中就没有电流了。

3.3.3.2 电容器的串联和并联

在实际工作中，如果一只电容器的电压或者电容量不能满足要求时，可将几只电容器串联或并联使用。因此要进行电容器的串联、并联计算。

1. 电容器的串联

与电阻串联类似，把几个电容器极的首尾相接，连成一串，称为电容器的串联。图 3.15（a）是 C_1 和 C_2 两个电容器串联的电路。当电路接通直流电源电压 U 时，两个电容器的外侧极板就有等量异号的电荷 q 出现，两个互相连接的内侧极板，由于静电感应，也会带有等量异号电荷 q，这样，所有串联电容器的两极极板上都出现了数值相等而符号相反的电荷。因此串联时极板间的电压，取决于电容器的电容 C_1、C_2，即

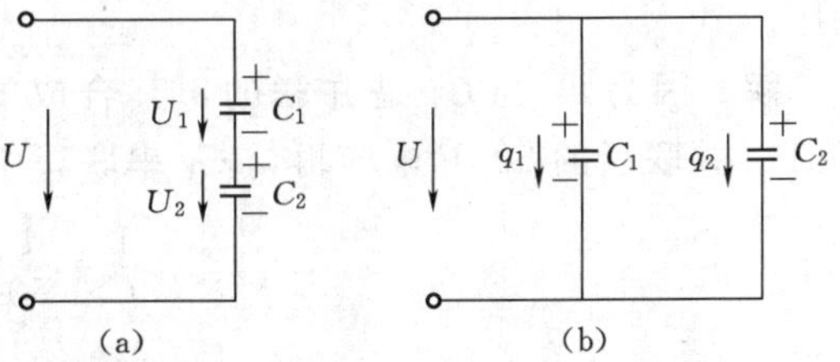

图 3.15　电容的串联、并联

$$U_1=\frac{q}{C_1},\ U_2=\frac{q}{C_2}$$

而总电压

$$U=U_1+U_2=q\left(\frac{1}{C_1}+\frac{1}{C_2}\right)$$

因此，电容器串联使用时，相当于电容器的耐压能力提高了。如果用 C 表示串联电容的等值电容，则

$$C=\frac{q}{U}=\frac{1}{\frac{1}{C_1}+\frac{1}{C_2}} \text{ 或 } \frac{1}{C}=\frac{1}{C_1}+\frac{1}{C_2} \tag{3.30}$$

可见，电容器串联时，总电容的倒数等于各电容的倒数之和，因此，电容器串联使用时，相当于增大了两极间的距离，总电容小于每个电容器的电容。

2. 电容器的并联

把几个电容器的正极与正极连在一起，负极与负极也连在一起，称为电容器的并联。图 3.15（b）是两个电容 C_1 和 C_2 的并联电路。接通直流电源电压 U，充电结束后，各电容器两极间的电压相同，各电容器极板上的电荷量为

$$q_1 = C_1 U$$
$$q_2 = C_2 U$$

而总电荷量 q 为两者之和，即

$$q = q_1 + q_2 = (C_1 + C_2)U$$

如果用 C 表示并联电容器的等值电容，则

$$C = \frac{q}{U} = C_1 + C_2 \tag{3.31}$$

可见，电容器并联时，总电容等于各并联电容器的电容之和。电容器并联之后，相当于增大了两极的面积，总电容大于每个电容器的电容，但耐压能力不变。

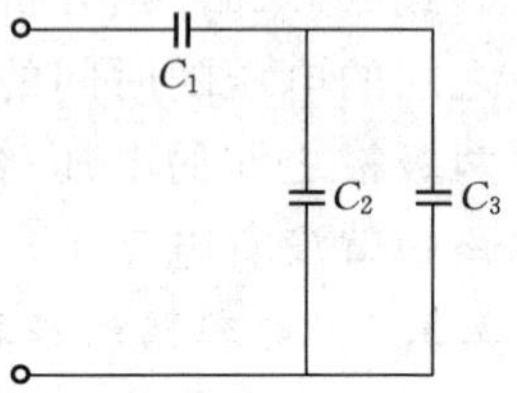

图 3.16　电容的混联

【例 3.5】 由三只电容器组成混联电路，如图 3.16 所示。已知 $C_1 = 50\mu F$，$C_2 = C_3 = 25\mu F$，它们的额定工作电压都是 50V。试计算由这三只电容器组成的电容器组的总电容和最大工作电压。

解　因为 C_2 与 C_3 是并联的，其合成的电容可以直接相加，即 $C_2 + C_3 = 25 + 25 = 50\mu F$。并联后的 $50\mu F$ 电容再与 C_1 串联，由式（3.30）可得

$$\frac{1}{C} = \frac{1}{50} + \frac{1}{50} = \frac{2}{50}$$

所以

$$C = 25(\mu F)$$

因为 C_2 与 C_3 并联后的电容为 $50\mu F$，与 C_1 的电容量相等，所以串联后每只电容器分配的电压也必然相等，因此电容器组的最大工作电压为 $50+50=100V$。若 C_1 也为 $25\mu F$，则总电容和最大工作电压各为多少，请读者思考。

必须指出，除专门制造的作为电容器使用的电容外，任意两相互绝缘的导体之间或导体与大地之间都存在着电容。在电力系统设备中，实际上到处都存在着电容，如电力线路的导线与导线之间或导线与大地之间，发电机、变压器各绕组之间或绕组与大地之间，中间夹以空气或其他绝缘介质，都构成电容器，如图 3.17 所示。这种电容器的两极分布在较长的线路或绕组之中，常称为分布电容，其数值不大，但在一些特殊情况下，对电力系统运行会产生不可忽视的影响。所以研究电容的特性，对电气运行分析，具有重要的意义。

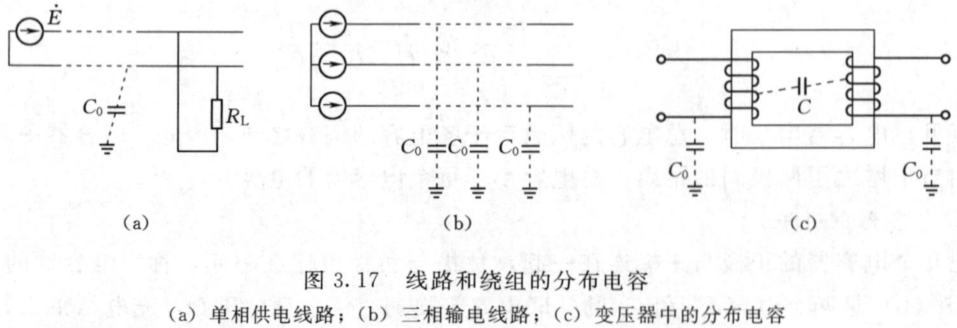

图 3.17　线路和绕组的分布电容

（a）单相供电线路；（b）三相输电线路；（c）变压器中的分布电容

3.3.3.3 纯电容电路

只有电容的电路称为纯电容电路。由于电容器的介质是绝缘的，在直流电源作用下，只是在充、放电过程的瞬间电路中才出现电流，在一般情况下如同电路断开一样，没有电流。但在交流电源的作用下，随时间变化的交变电压使电容器反复进行着充、放电，从而在电路中产生了电流。图 3.18（a）所示就是纯电容交流电路，下面分析这种电路的基本规律。

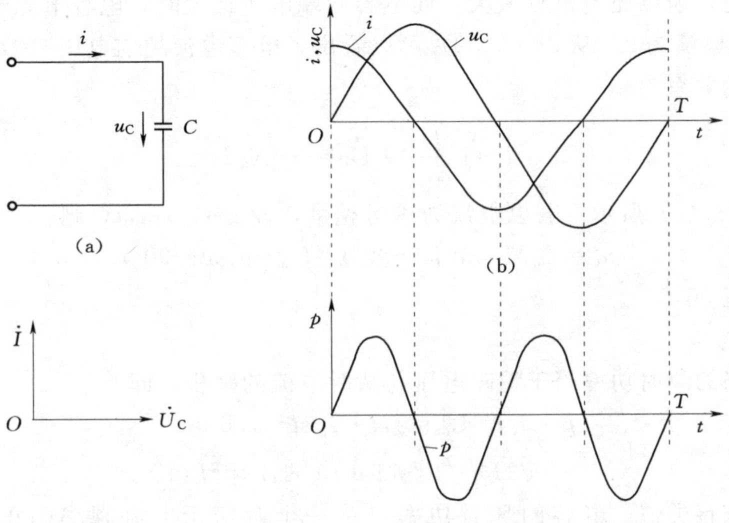

图 3.18 纯电容电路

1. 电流与电压的关系

在纯电容电路中，电流与电压所必须遵循的规律是：电流与电压随时间的变化率成正比，即

$$i=C\frac{\mathrm{d}u_C}{\mathrm{d}t}$$

电容两端电压与电容电流的关系与通过电感的电流与两端的电压的关系类似，若加在电容两端的电压为

$$u_C=U_m\sin\omega t$$

与式（3.20）对比可以得到

$$i=\omega CU_m\cos\omega t=I_m\sin(\omega t+90°) \tag{3.32}$$

式中 $I_m=\omega CU_m$，为电容电流的最大值，将其两边同除以$\sqrt{2}$得到电流的有效值为

$$I=\omega CU \text{ 或 } I=\frac{U}{\frac{1}{\omega C}}=\frac{U}{X_C} \tag{3.33}$$

式中，$X_C=1/\omega C$ 称为电容的电抗，简称容抗，表示电容阻止电流通过的性质。从式（3.33）可以看出，纯电容电路的电流和电压有效值之间的关系也具有直流电路欧姆定律的形式，即纯电容电路中电流有效值等于电容器两端电压的有效值 U 除以容抗 X_C。电容

越小，容抗越大，在一定电压下电流就越小。可以这样理解：电容 C 越小，电压变化量一定时需要储存（或释放）的电荷越少，充放电的电流就越小，表现在电路上就是容抗越大。而电压的频率越高，电压变化越快，单位时间内储存（或释放）的电荷越多，电容电流越大，即容抗越小，所以电容对高频电流的阻抗很小。

如图 3.18（b）所示，当电容两端电压为 0 时，电容电流最大；而当电容两端电压最大时，电容电流为 0。这不难理解，电容两端电压为 0 时，极板上没有电荷，电源很容易为电容输送电荷，所以充电电流最大；而电容两端电压最大时，电容上充电已满，电压变化率为 0，所以电流为 0。从式（3.32）可以看出，电容电流超前电压 90°，用相量表示电容电压与电流的关系为

$$\dot{I}=\mathrm{j}\frac{\dot{U}_C}{X_C} \text{ 或 } \dot{U}_C=-\mathrm{j}X_C\dot{I} \tag{3.34}$$

相量图如图 3.18（c）所示。若以电流为参考相量，设 $i=I_m\sin\omega t$，则

$$u_C=I_mX_C\sin(\omega t-90°)=U_m\sin(\omega t-90°)$$

即电压滞后电流 90°。

2. 电容的功率

纯电容电路的瞬时功率等于瞬时电压与瞬时电流的乘积，即

$$\begin{aligned}p&=u_Ci=U_m\sin\omega t\cdot I_m\sin(\omega t+90°)\\&=\sqrt{2}I\times\sqrt{2}U\sin\omega t\cdot\cos\omega t=UI\sin2\omega t\end{aligned}$$

可见，与电感类似，电容的瞬时功率也是一个两倍于电流频率的正弦函数，如图 3.18（c）所示。当电容器充电时，从电源吸收电能变为电场能，储存于电容器中，瞬时功率为正值，当电容器放电时，放出储存于电容器中的电能，还送给电源。由瞬时功率曲线可以看出，瞬时功率的平均值也为零，即纯电容电路只进行能量交换，并不消耗功率。但电容器与电源进行能量交换也要占用电源的容量，电容器占用的瞬时功率的最大值也称为无功功率，用 Q_C 表示，即

$$Q_C=U_CI=I^2X_C=\frac{U_C^2}{X_C} \tag{3.35}$$

当 I 的单位为 A、X_C 的单位为 Ω 时，Q_C 的单位为 var。

3.4　电阻、电感、电容串联电路

3.4.1　电阻、电感串联电路

电阻和电感串联的电路，简称 R、L 串联电路。因为线圈导线实际上是存在电阻的，将线圈接在交流电路中时，它的等值电路就相当于电阻和电感的串联电路，如图 3.19（a）所示。有时将线圈视为纯电感，只是在线圈的电阻相对于电感较小，为了分析方便的一种处理方法。

1. 电压与电流的关系、阻抗

当电路两端加以正弦电压时，在电路中产生正弦电流

$$i=I_m\sin\omega t$$

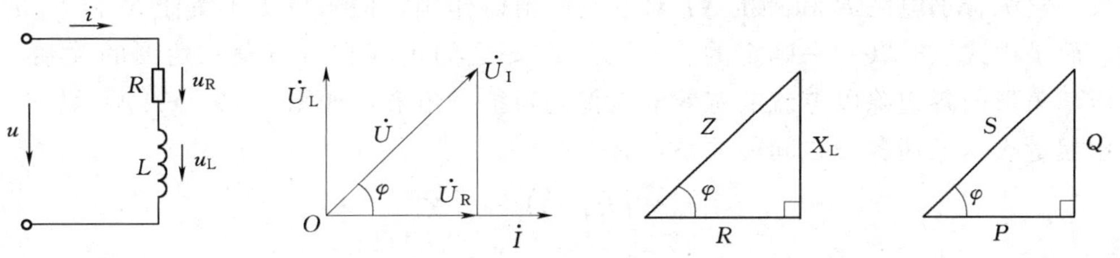

图 3.19 R、L 串联电路

这个电流在电阻 R 上产生一个与它同相位的电压

$$u_R = iR = I_m R\sin\omega t$$

在电感上则将产生一个超前于电流 90°的正弦电压

$$u_L = I_m X_L \sin(\omega t + 90°)$$

电路端电压 u 的瞬时值应等于电阻电压降 u_R 与电感电压降 u_L 之和，即

$$u = u_R + u_L = I_m R\sin\omega t + I_m X_L \sin(\omega t + 90°)$$

由于 u_R、u_L 都是同频率的正弦量，只是相位不同，所以可以应用相量或复数进行加减。图 3.19（b）所示为 R、L 串联电路的相量图。以电流为参考向量，$\dot{U}_R$ 与电流 $\dot{I}$ 同相，$\dot{U}_L$ 超前于电流 $\dot{I}$ 90°。将 $\dot{U}_R$ 与 $\dot{U}_L$ 相加，合成相量即为总电压 $\dot{U}$。由于 $\dot{U}_R$ 与 $\dot{U}_L$ 相互垂直，所以总电压的有效值为

$$U = \sqrt{U_R^2 + U_L^2} = \sqrt{(IR)^2 + (IX_L)^2} = I\sqrt{R^2 + X_L^2} = Iz$$

或

$$I = \frac{U}{z} = \frac{U}{\sqrt{R^2 + X_L^2}} \tag{3.36}$$

可见，电路端电压的有效值与电流有效值成正比，其比值 $z = \sqrt{R^2 + X_L^2}$ 具有阻碍电流的作用，称为电路的阻抗。在相量图中，总电压 $\dot{U}$、电阻上电压 $\dot{U}_R$ 与电感上电压 $\dot{U}_L$ 所构成的直角三角形称为电压三角形。从图 3.19（b）中还可以看出电压与电流的相位关系，总电压 $\dot{U}$ 超前电流 $\dot{I}$ 一个 φ 角，其大小可以从下列关系中求出：

因为

$$\cos\varphi = \frac{U_R}{U} = \frac{R}{z}$$

所以

$$\varphi = \arccos\frac{U_R}{U} = \arccos\frac{R}{z}$$

或

$$\tan\varphi = \frac{U_L}{U_R} = \frac{X_L}{R}$$

$$\varphi = \arctan\frac{U_L}{U_R} = \arctan\frac{X_L}{R}$$

上式说明，电压与电流的相位差 φ 角的大小是由负载阻抗的电感与电阻的比值决定的。当 $R \gg X_L$ 时，$z \approx R$，$\varphi \approx 0°$，$\dot{U}$ 与 $\dot{I}$ 几乎同相，接近于纯电阻电路。当 $R \ll X_L$ 时，$z \approx X_L$，$\varphi \approx 90°$，电路接近于纯电感电路。电路的阻抗 z 只与电路参数（R、L）和电源频

率有关，它综合了电阻 R 和感抗 X_L 对电流的阻碍作用。但阻抗 z 不等于 R 和 X_L 的代数相加，而是由式（3.36）来确定的。R、X_L 与 z 之间也存在着直角三角形的关系，只要将电压三角形的各边除以电流的有效值就得到阻抗三角形，如图 3.19（c）所示。

用相量表示上述各量之间的关系，有

$$\dot{U}_R=\dot{I}R,\quad \dot{U}_L=\mathrm{j}\dot{I}X_L$$

$$\dot{U}=\dot{U}_R+\dot{U}_L=\dot{I}(R+\mathrm{j}X_L)=\dot{I}Z=\dot{I}z\angle\varphi \quad 或 \quad \dot{I}=\frac{\dot{U}}{z}\angle-\varphi \tag{3.37}$$

式中，$Z=R+\mathrm{j}X_L=z\angle\varphi=z\cos\varphi+\mathrm{j}z\sin\varphi$，是一个复数，称为电路的复阻抗，用大写字母 Z 表示，小写字母 z 是阻抗 Z 的模。式（3.37）表明：复数电压与复数电流成正比，其比值 Z 为电路的复阻抗。这就是复数形式的欧姆定律。

2. 电阻、电感中的功率

在 R、L 串联电路中，既有在电阻上消耗的有功功率 P_R，又有在电感上交换的无功功率 Q_L，其有功功率就等于电阻上消耗的有功功率，即

$$P=P_R=U_RI=I^2R=\frac{U_R^2}{R}$$

由电压三角形可知

$$U_R=U\cos\varphi$$

所以

$$P=P_R=U_RI=UI\cos\varphi \tag{3.38}$$

电路中的无功功率就等于电感中的无功功率，能量交换只存在于电源与电感之间，其交换的最大功率为

$$Q=U_LI$$

由电压三角形可知

$$U_L=U\sin\varphi$$

所以，由电压三角形得

$$Q=U_LI=UI\sin\varphi \tag{3.39}$$

直流电路中的功率就等于总电压与总电流的乘积。在交流电路中端电压的有效值与总电流有效值的乘积一般来说不表示电路消耗的功率，只在形式上与电路的功率相似，而且具有功率的单位。因此将 UI 称为视在功率或表观功率，用 S 表示，即

$$S=UI \tag{3.40}$$

为了与有功功率相区别，其单位用 VA（伏安）表示。较大的单位为 kVA（千伏安）。$1\mathrm{kVA}=10^3\mathrm{VA}$。在交流电路中，有功功率小于视在功率，有功功率与视在功率之比称为功率因数，用 $\cos\varphi$ 表示，即

$$\cos\varphi=\frac{P}{S}$$

因此，φ 角又叫功率因数角。从电压三角形或阻抗三角形中可见，$\cos\varphi$ 可表示为

$$\cos\varphi=\frac{U_R}{U}=\frac{R}{z} \tag{3.41}$$

电路中的视在功率、有功功率和无功功率间也存在着直角三角形的关系。只要将电压

三角形的各边同乘以电流的有效值就得到功率三角形，如图 3.19（d）所示。功率三角形与阻抗三角形一样，只表示 P、Q、S 间的计算关系，不表示相量。由功率三角形可知

$$S=\sqrt{P^2+Q^2},\ P=S\cos\varphi,\quad Q=S\sin\varphi \tag{3.42}$$

$$\varphi=\arctan\frac{Q}{P}$$

【例 3.6】 已知日光灯镇流器的感抗 $X_L=520\Omega$，灯管的电阻 $r=300\Omega$，它们串联在 220V 的电源上。求电流 I、电流滞后于电压的相位角 φ，及 U_R、U_L。并画出相量图。

解 此电路为 R、L 串联电路，其阻抗

$$z=\sqrt{R^2+X_L^2}=\sqrt{300^2+520^2}=600(\Omega)$$

$$I=U/z=220/600=0.366(\text{A})$$

电流滞后于电压的相位角为

$$\varphi=\arctan\frac{X_L}{R}=\arctan\frac{520}{300}=60^\circ$$

灯管电压 $U_R=IR=0.366\times300=110(\text{V})$

镇流器电压 $U_L=IX_L=0.366\times520=190(\text{V})$

由［例 3.6］可见，灯管电压有效值与镇流器电压有效值之算术和为 300V，不等于电源电压 220V。因为 $\dot{U}_R$ 与 $\dot{U}_L$ 之间的相位差为 90°，它们有效值之间的关系应满足电压三角形，即

$$U=\sqrt{110^2+190^2}=220(\text{V})$$

相量图如图 3.20 所示。

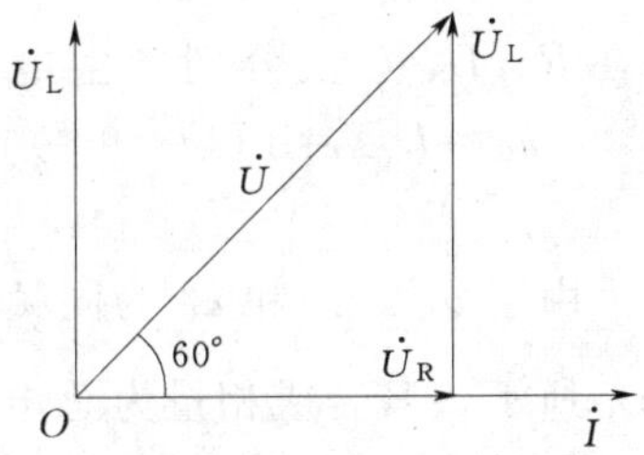

图 3.20 ［例 3.6］相量图

【例 3.7】 交流接触器线圈电阻为 580Ω，接到 380V、50Hz 的交流电源上，测得线圈中的电流为 56mA。求线圈的电感 L、阻抗 z、功率因数角 φ。若接触器误接到 380V 直流电源上，电流有多大？

解

$$U_R=IR=56\times10^{-3}\times580=32.5(\text{V})$$

$$U_L=\sqrt{U^2-U_R^2}=\sqrt{380^2-32.5^2}=378(\text{V})$$

$$X_L=\frac{U_L}{I}=378/0.056=6750(\Omega)$$

$$L=\frac{X_L}{\omega}=\frac{\left(\frac{U_L}{I}\right)}{\omega}=\frac{U_L}{(2\pi fI)}=\frac{378}{(2\times3.14\times50\times56\times10^{-3})}=21.5(\text{H})$$

$$z=\sqrt{R^2+X_L^2}=\sqrt{580^2+6750^2}=6776(\Omega)$$

$$\varphi=\arctan\frac{X_L}{R}=\arctan\frac{6750}{580}=85^\circ6'$$

若把交流接触器误接到 380V 直流电源上，则 $X_L=2\pi fL=0$，通过线圈的电流为

$$I=\frac{U}{R}=\frac{380}{580}=0.655(\text{A})=655(\text{mA})$$

是交流电流的 11.7 倍，可能烧坏线圈。

3.4.2 电阻、电感、电容串联电路

图 3.21（a）所示为电阻 R、电感 L 和电容 C 串联的电路。

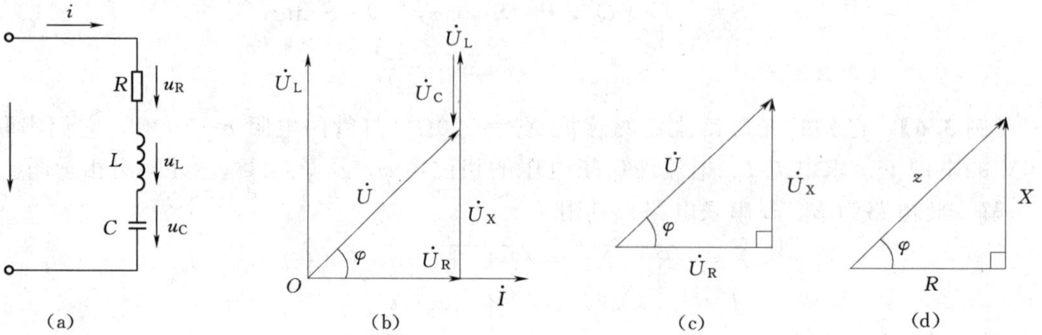

图 3.21　R、L、C 串联电路

1. 电压与电流的关系

因为是串联电路，只有一个电流流过 R、L 和 C，为了分析方便，仍选择电流作参考相量。假定电路中流有正弦电流

$$i=I_m\sin\omega t$$

则在 R、L、C 上分别产生电压降 u_R、u_L 和 u_C，且 $u_R=I_mR\sin\omega t$，$u_L=I_mX_L\sin(\omega t+90°)$，$u_C=I_mX_C\sin(\omega t-90°)$。电路中任一瞬间总电压 u 等于各段电压之和，即

$$u=u_R+u_L+u_C$$

由于 u_R、u_L 和 u_C 为同频率的正弦量，因此可用相量或复数表示。相量图如图 3.21（b）所示，其合成相量为总电压 $\dot{U}$，即 $\dot{U}=\dot{U}_R+\dot{U}_L+\dot{U}_C$。由相量图可知，感抗压降 $\dot{U}_L$ 与容抗压降 $\dot{U}_C$ 的方向相反，其相位差为 180°，故可直接相减，它们的差为

$$\dot{U}_X=\dot{U}_L-\dot{U}_C$$

$\dot{U}_X$ 为总电压 $\dot{U}$ 的无功分量，称为电路的电抗压降，它与 $\dot{U}_R$ 及 $\dot{U}$ 组成电压三角形，如图 3.21（c）所示（图中假定 $X_L>X_C$）。由电压三角形可求得总电压的有效值为

$$U=\sqrt{U_R^2+(U_L-U_C)^2}=\sqrt{(IR)^2+(IX_L-IX_C)^2}=I\sqrt{R^2+(X_L-X_C)^2}$$
$$=Iz$$

电路中的电流为

$$I=\frac{U}{z}=\frac{U}{\sqrt{R^2+(X_L-X_C)^2}}=\frac{U}{\sqrt{R^2+\left(\omega L-\frac{1}{\omega C}\right)^2}} \tag{3.43}$$

z 为电路中的阻抗。电压与电流的相位关系由相量图可知，其相位差 φ 为

$$\varphi=\arctan\frac{U_L-U_C}{U_R}=\arctan\frac{X_L-X_C}{R} \tag{3.44}$$

φ 称为 R、L、C 串联电路的阻抗角，也就是功率因数角。

用复数表示为

$$\dot{U}=\dot{U}_R+\dot{U}_L+\dot{U}_C=\dot{I}(R+jX_L-jX_C)$$

$$=\dot{I}[R+\mathrm{j}(X_L-X_C)]=\dot{I}(R+\mathrm{j}X)=\dot{I}Z$$

这一表达式是任一支路的电压、电流关系的通式，即是欧姆定律的复数形式。其中

$$Z=R+\mathrm{j}X=z\angle\varphi$$

为 R、L、C 串联电路的复阻抗。

2. 阻抗三角形及阻抗的三种性质

电路的阻抗仍等于电路电压与电流有效值之比，即

$$z=\frac{U}{I}=\sqrt{R^2+(X_L-X_C)^2} \tag{3.45}$$

它与 R、L 串联电路的阻抗具有相同的性质。也是只与电路参数和电源频率有关，与电压和电流的大小无关。由于感抗压降 U_L 与容抗压降 U_C 可直接相减，X_L 与 X_C 也可直接相减，其值为

$$X=X_L-X_C$$

X 称为电路的电抗，它与 R 和 z 组成阻抗三角形，如图 3.21（d）所示。

由于电源频率和电路参数的不同，电路可呈现以下不同的性质。

（1）当 $X_L>X_C$ 时，电路的性质主要由电感 L 所决定，电路为电感性。此时电路的电抗压降 $U_X=U_L-U_C$ 及电抗 $X=X_L-X_C$ 均为正，阻抗角 φ 也为正，即总电压超前于电流。如图 3.21（b）所示。

（2）当 $X_L<X_C$ 时，电容在电路中起决定作用，电路呈现电容性。此时电路中的电抗为负，阻抗角 φ 也为负，即电流超前于总电压。图 3.22 是 $X_L<X_C$ 时的向量图、电压三角形及阻抗三角形。

（3）当 $X_L=X_C$ 时，电路呈现电阻性，称为谐振电路。谐振电路的特性留待下一节讨论。

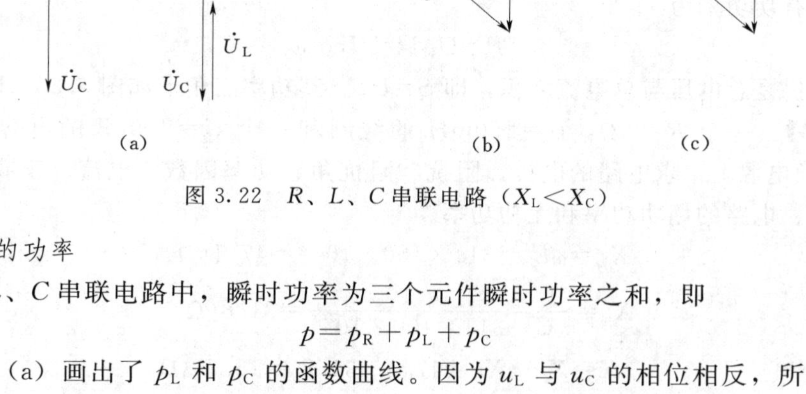

图 3.22 R、L、C 串联电路（$X_L<X_C$）

3. 电路的功率

在 R、L、C 串联电路中，瞬时功率为三个元件瞬时功率之和，即

$$p=p_R+p_L+p_C$$

图 3.23（a）画出了 p_L 和 p_C 的函数曲线。因为 u_L 与 u_C 的相位相反，所以 p_L 和 p_C

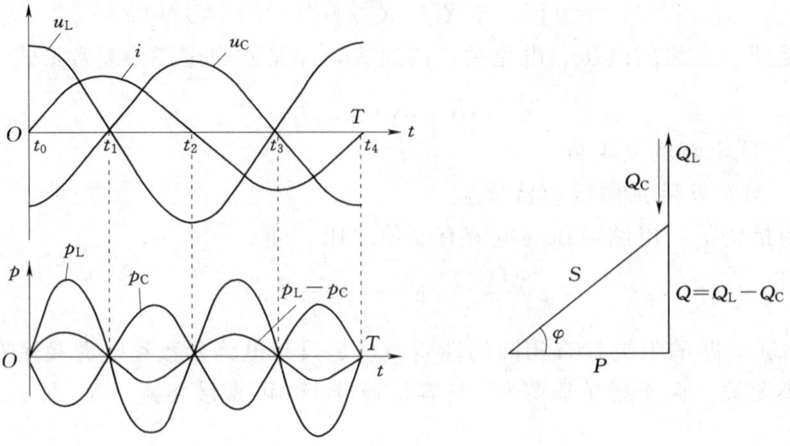

(a)　　　　　　　　(b)

图 3.23　R、L、C 串联电路功率

在任何瞬间符号都是相反的，即 p_L 为正时，p_C 为负，反之亦然。从功率曲线上可以看，当电流的绝对值增加时（$t_0\sim t_1$，$t_2\sim t_3$），电感线圈吸收电能以磁场能量（$W_L=LI^2/2$）储存在线圈中，p_L 为正。但此时电容上电压的绝对值在减少，即电容器处在放电状态，其电场能量（$W_C=CU^2$）逐渐减小，p_C 为负。这说明线圈吸收能量时电容器在放出能量，电感与电容之间存在着能量交换。在 $X_L>X_C$ 时，磁场能量的增加，一部分靠着电场能量的减少来供给，不足部分则由电源供给。当电流的绝对值减小时（$t_1\sim t_2$，$t_3\sim t_4$），电容上的电压 u_C 在增加，电场能量增加而磁场能量减少。同样可认为：磁场能量的减少，一部分供电场能量的增加，剩余的部分还给电源。当 $X_L<X_C$ 时，与上述情况相似。

这样，在 R、L、C 串联电路中，既存在着电源与电路间的能量交换，也存在着电感与电容间的能量交换。例如，在电力系统中，感性负载所需的无功可由电源供给一部分，也可在负载处装电容器补偿一部分。电路的无功功率为

$$Q=Q_L-Q_C=I(U_L-U_C)=I^2(X_L-X_C)=I(IX)=IU_X=UI\sin\varphi$$

当 $X_L>X_C$ 时，Q 为正，表示负荷消耗无功；当 $X_L<X_C$ 时，Q 为负值，表示负荷输出无功功率（电路中的电容提供无功功率）。

虽然 R、L、C 串联电路是三个元件所构成的电路，但是消耗有功功率的只有电阻。所以电路的有功功率为

$$P=U_R I=UI\cos\varphi$$

而视在功率仍是总电压与总电流之积，即 $S=UI$。其功率三角形如图 3.23（b）所示。

【例 3.8】 一个 $R=5\Omega$，$L=150\text{mH}$ 的线圈和一个 $C=100\mu\text{F}$ 的电容串联，接到 220V 的工频电源上，求电路的电抗、阻抗、阻抗角、功率因数、电流、线圈的电压、电容器的电压、电路的用功功率和无功功率。

解

$$X_L=\omega L=314\times150\times10^{-3}=47.1(\Omega)$$

$$X_C=\frac{1}{\omega C}=\frac{1}{314\times100\times10^{-6}}=31.8(\Omega)$$

$$X=X_L-X_C=47.1-31.8=15.3(\Omega)$$

$$z=\sqrt{R^2+X^2}=\sqrt{5^2+15.3^2}=16.1(\Omega)$$

$$\varphi=\arctan\frac{X}{R}=\arctan\frac{15.3}{5}=79.1°，\cos\varphi=\cos79.1°=0.31$$

$$I=\frac{U}{z}=\frac{220}{16.1}=13.7(\mathrm{A})$$

$$U_R=IR=13.7\times5=68.5(\mathrm{V})$$

$$U_L=IX_L=13.7\times47.1=645(\mathrm{V})$$

$$U_{RL}=\sqrt{68.5^2+645^2}=648(\mathrm{V})$$

$$U_C=IX_C=13.7\times31.8=436(\mathrm{V})$$

$$P=UI\cos\varphi=220\times13.7\times0.31=939(\mathrm{W})$$

或

$$P=I^2R=(13.72)^2\times5=939(\mathrm{W})$$

$$Q=UI\sin\varphi=220\times13.7\times\sin71.90=2870(\mathrm{var})$$

或

$$Q=I^2X=(13.72)^2\times15.3=2870(\mathrm{var})$$

虽然电源电压只有220V，但电感上的电压为648V（含电阻），电容上的电压为436V，其大小都超过电源电压。这就是说，在R、L、C串联电路中，单个元件上的电压都有可能超过电源电压，这一点请读者注意。

3.5 电路的谐振

谐振是发生在具有电感和电容的电路中的一种特殊情况。在一定条件下，电路的端电压和总电流同相位的现象称为谐振。谐振在无线电技术上得到广泛应用，但电力系统中的谐可能会引发故障，是应避免发生的，这也是研究谐振的目的。

3.5.1 串联谐振

从图3.21中可以看出，在R、L、C串联电路中，当电感上的电压与电容上的电压相等时，电路的功率因数角$\varphi=0$，总电压和电流同相位，这种情况称为串联谐振，又称电压谐振。

1. 串联谐振条件

在R、L、C串联电路中，为了达到谐振，必须使电路的$X_L=X_C$即

$$\omega L=\frac{1}{\omega C}\text{ 或 }\omega=\omega_0=\frac{1}{\sqrt{LC}} \tag{3.46}$$

这就是电压谐振的条件。

由此可见，电路谐振与否与电路的参数和电源频率有关。当电路参数一定时，调节电源的频率，满足式（3.46）即可达到谐振；若电源的频率一定时，调节电路的电感或电容值，或因电路参数（L或C）发生变化，亦可达到谐振。

当电路的参数L和C一定时，能使电路发生谐振的频率，叫电路的谐振频率，以f_0表示，因为

$$\omega_0L=\frac{1}{\omega_0C}\text{ 或 }\omega_0=\frac{1}{\sqrt{LC}}$$

所以
$$f_0=\frac{1}{2\pi\sqrt{LC}} \tag{3.47}$$

2. 谐振的特点

当电路满足谐振条件时，电抗 $X=X_L-X_C=0$，阻抗 $z=\sqrt{R^2+(X_L-X_C)^2}=R$，电路的阻抗最小，而电流

$$I=\frac{U}{z}=\frac{U}{R}$$

电路中的电流达到最大值。它在电阻上产生的电压降为

$$U_R=IR=U$$

即电阻上的电压等于电源电压，而且与电流同相位。

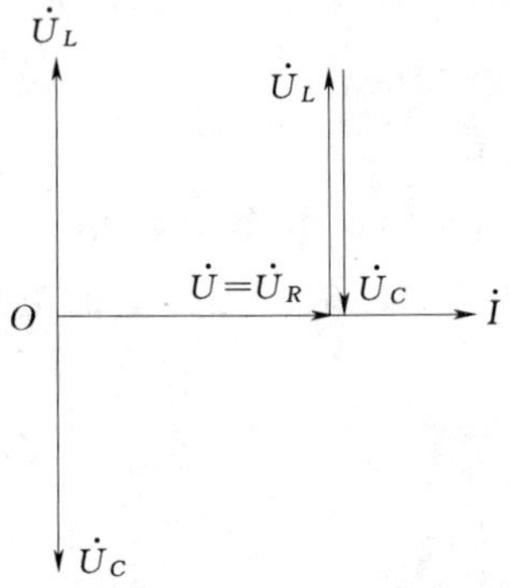

图 3.24　串联谐振

由于电感上的电压降 $\dot U_L$ 超前于电流 $\dot I$ 90°，电容上的电压 $\dot U_C$ 滞后于电流 $\dot I$ 90°。$\dot U_L$ 与 $\dot U_C$ 相位相差 180°，所以在谐振时 $\dot U_L$ 与 $\dot U_C$ 大小相等方向相反。电压谐振时的相量图如图 3.24 所示。

当 X_L、X_C 比 R 大很多时，在电感和电容上的电压降将比电源电压大很多。这样，电容器和电感线圈的绝缘可能被击穿。因此，在电气运行中要注意防止谐振时或接近谐振时所产生的过电压对电气设备的危害，这在后面还要分析。

3.5.2　并联谐振

为了分析并联谐振电路的特点，先分析 R、L、C 并联电路中电压与各并联支路电流之间的关系。

1. R、L、C 并联电路

在图 3.25 (a) 所示的并联电路中，有

$$\dot I_R=\frac{\dot U}{R}$$

$$\dot I_L=\frac{\dot U}{jX_L}=-j\frac{\dot U}{X_L}$$

$$\dot I_C=\frac{\dot U}{-jX_C}=j\frac{\dot U}{X_C}$$

以电源电压为参考相量，则 $\dot I_R$ 与 $\dot U$ 同相，$\dot I_L$ 滞后 $\dot U$ 90°，$\dot I_C$ 超前 $\dot U$ 90°，按此关系画出相量图，如图 3.25 (b) 所示（假定 $X_L<X_C$）。由相量图可得电路总电流为

$$\dot I=\dot I_R+\dot I_L+\dot I_C=\dot U\left[\frac{1}{R}-j\left(\frac{1}{X_L}-\frac{1}{X_C}\right)\right]$$

其有效值为

$$I=\sqrt{I_R^2+(I_L-I_C)^2} \tag{3.48}$$

电流与电压之间的相位差为

$$\varphi=\arctan\frac{I_L-I_C}{I_R}$$

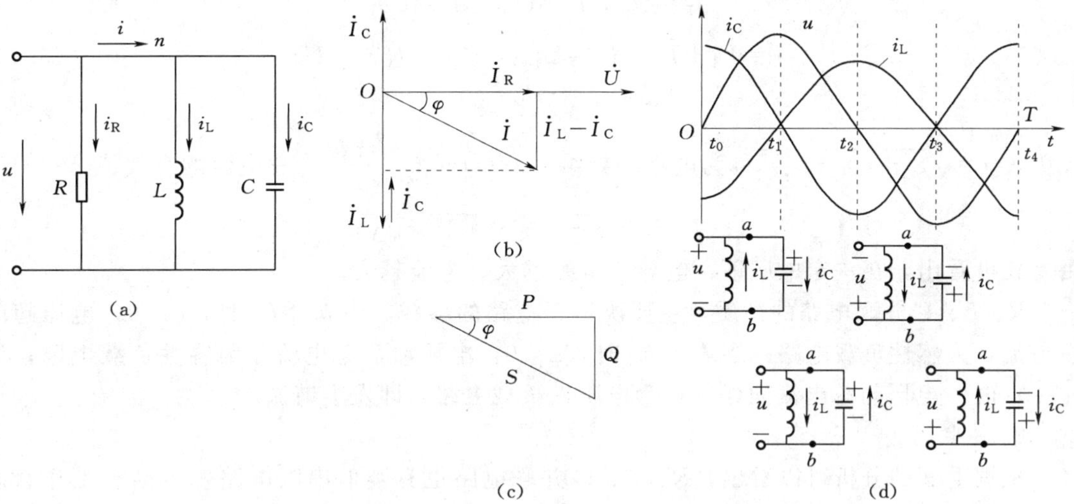

图 3.25 R、L、C 并联电路

由 $\dot{I}$、($\dot{I}_L-\dot{I}_C$) 和 $\dot{I}_R$ 组成的三角形叫电流三角形，不难看出，将图 3.25（b）所示的电流三角形的各边同乘电压有效值 U，便可得到功率三角形，如图 3.25（c）所示。由此可以得到并联电路的功率为

$$P=UI\cos\varphi$$

$$Q=UI\sin\varphi$$

$$S=UI$$

L、C 并联电路电压、电流的波形如图 3.25（d）所示。t_0 时刻，电压 u 为 0，电容上的电场能量（$Cu^2/2$）为 0，电感上的磁场能量（$Li^2/2$）最大。$t_0\sim t_1$ 期间，i_L 的绝对值是减少的，i_L 与 u 取值相反，实际方向由 b 向 a，功率为负，即电感释放磁场能量。这段时间电容处于充电状态，电场能量是增加的，充电电流 i_C 的实际方向由 a 向 b。考察图 3.25（a）中的节点 n，在 $t_0\sim t_1$ 期间，电容电流 i_C 为电源提供的电流 i 与电感电流 i_L [注意 i_L 的实际方向与图 3.25（a）中的参考方向相反] 之和；i_C 与 u 取值相同，功率为正，即电容吸收功率，建立电场能。t_1 时刻，电场能达最大值，磁场能变为 0，电感将磁场能传递给了电容，电场能的一部分是电感输送的。$t_1\sim t_2$ 期间，i_L 与 u 取值相同，功率为正，电感吸收功率建立磁场能；i_C 与 u 取值相反，功率为负，电容释放电场能。考察图 3.25（a）中的节点 n，在 $t_1\sim t_2$ 期间，电感电流 i_L 为电源提供的电流 i 与电容电流 i_C [注意 i_C 的实际方向与图 3.25（a）中的参考方向相反] 之和。电容将电场能传递给了电感，磁场能的一部分是电容输送的。所以，在 L、C 电路中，电场能和磁场能是相互补充的，不足部分由电源提供。若 i_C 与 i_L 的大小相等（方向相反），则任意时刻都无需电源为 L、C 电路输送功率。$t_2\sim t_3$、$t_3\sim t_4$ 期间 L、C 电路的能量传递，留给读者分析。

在并联电路中，为了方便，常将阻抗转换成另一种形式，即 $g=1/R$、$b_L=1/X_L$、$b_C=1/X_C$，$b=b_L-b_C$。其中 g 称为电导，b 称为电纳，b_L 叫电感电纳，简称感纳，b_C 叫电容电纳，简称容纳。于是，并联电路中各支路电流及总电流可表示成

$$I_R = Ug\,,\ I_L = Ub_L\,,\ I_C = Ub_C$$

$$\dot{I} = \dot{I}_R + \dot{I}_L + \dot{I}_C = \dot{U}[g - j(b_L - b_C)] = \dot{U}Y \tag{3.49}$$

$$Y = y \angle(-\varphi)$$

式中，$y = \sqrt{g^2 + (b_L - b_C)^2}$称为电路的导纳，$\varphi = \arctan\dfrac{b_L - b_C}{g}$，总电流的有效值

$$I = U\sqrt{g^2 + (b_L - b_C)^2} = Uy$$

由上式可看出，在一定电压下，电导、电纳越大，电流越大。

R、L、C 并联电路的性质，主要决定于电路的参数。当 $b_L > b_C$ 时，$\varphi > 0$，电压超前总电流，为感性负载电路；当 $b_L < b_C$ 时，$\varphi < 0$，电压滞后总电流，为容性负载电路；当 $b_L = b_C$ 时，电压与总电流同相位，为电阻性负载电路，即发生谐振。

2. 并联谐振

根据上面的分析可以看出，R、L、C 并联电路也有类似串联电路发生谐振工作状态的性质。在感性负载与容性负载所组成的并联电路中，如果电流的感性分量 I_L 与容性分量 I_C相等，两者可互相补偿，或者说电源电压与总电流同相时，就称为并联谐振。并联谐振也称电流谐振。

在并联电路中，如果能满足 $b_L = b_C$，则 $Y = g$，总电流与电源电压同相，电路达到谐振状态。所以，并联谐振的条件是

$$\omega_0 L = \frac{1}{\omega_0 C}$$

即

$$\omega_0 = \frac{1}{\sqrt{LC}},\ f_0 = \frac{1}{2\pi\sqrt{LC}}$$

并联谐振时与串联谐振时的 f_0 相同。

并联谐振时的特点是：

(1) 由于 $b_L = b_C$，$b = 0$，$y = g$，电路的导纳最小，即并联谐振电路呈现出高阻抗。这是因为，此时 $\dot{I}_L = -\dot{I}_C$，它们大小相等，方向相反，向电源吸收的无功电流等于零，就像电路中不存在电感和电容一样，电路的导纳 $Y = g + jb = g$ 为最小，故电路中的电流最小（仅电阻 R 从电源吸收电流），$I = Uy = Ug$，因而阻抗最大。

(2) 由于 $y = g$ 是最小的，$I = Uy$ 也是最小的，在 $b_L = b_C \gg g$ 的情况下，电感和电容的电流要远大于总电流。所以，当电力系统中发生并联谐振时，流过电气设备的电流就可能会大于正常运行时的电流，引起电气设备过负荷，严重时也会引发事故。

(3) 谐振时只存在着电感 L 与电容 C 之间的能量交换，而电感、电容与电源之间不存在着能量交换。也就是电感中的磁场能量与电容器中的电场能量自行补偿，电源不向负载电路提供无功功率，即图 3.25 (a) 中的电源电流 i 为 0。

【例 3.9】 图 3.25 (a) 所示的 R、L、C 并联电路，$R = 1000\Omega$、$L = 10\text{mH}$、$C = 1\mu\text{F}$。试求电路的谐振频率。如电源电压 $U = 220\text{V}$，求谐振时各支路电流及总电流。

解　谐振频率为

$$f_0 = \frac{1}{2\pi\sqrt{LC}} = \frac{1}{6.28\sqrt{10\times10^{-3}\times1\times10^{-6}}} \approx 1592(\text{Hz})$$

支路电流为

$$I_R=\frac{U}{R}=\frac{220}{1000}=0.22(\mathrm{A})$$

$$I_L=\frac{U}{2\pi f_0 L}=\frac{220}{6.28\times1592\times10\times10^{-3}}\approx2.2(\mathrm{A})$$

$$I_C=U\omega C=U\times2\pi f_0 C=220\times6.28\times1592\times1\times10^{-6}\approx2.2(\mathrm{A})$$

电路的总电流为

$$I=I_R=0.22(\mathrm{A})$$

3.6 功率因数的提高

3.6.1 提高功率因数的意义

电气设备的容量是用它的额定电压和额定电流的乘积，即视在功率来表征的。它综合反映设备所能承受的绝缘强度、电磁力强度和热稳定强度。但是，在交流电路中，设备的输入、输出功率却不像在直流电路那样，功率等于电流与电压的乘积。交流电路中的有功功率 $P=UI\cos\varphi$，也就是说 P 不仅与 UI 有关，还与功率因数 $\cos\varphi$ 有关。因此，为了充分利用设备的容量，就要求提高功率因数。

例如，在输电线路中，同一电压下输送同样有功功率 P，通过输电线的电流 $I=P/(U\cos\varphi)$，与负载的功率因数 $\cos\varphi$ 成反比。在输送同样有功功率的情况下，如果功率因数低，则通过输电线路的电流就大，消耗在线路电阻 R_X 上的功率（I^2R_X）也大，即输电线路的损失大。

另外，从发电设备的利用率来看，如果一台发电机在额定电压和额定电流的情况下工作，它发出的有功功率 $P=UI\cos\varphi$，与功率因数成正比。功率因数越低，在相同的电流下发电机输出的有功功率 P 就越小，发电设备的装机容量就得不到充分利用。因为发电机绕组的发热量与发电机电流的平方成正比，电流过大就会超过发电机的热稳定强度。例如，一台发电机的容量为 75000kVA，若负载的功率因数 $\cos\varphi=1$，则发电机能输出 75000kW 的有功功率，若负载的功率因数降为 $\cos\varphi=0.7$，则在同样的电流下发电机只能输出 $75000\times0.7=52500$（kW）的有功功率。

可见，$\cos\varphi$ 的提高意味着输电线路损失的减少和发电设备利用率的提高，具有很大的经济意义。

3.6.2 提高功率因数的方法

电路的功率因数只与负载的性质（φ 角）有关。例如，白炽灯、电炉等纯电阻负载的 $\cos\varphi$ 为 1.0，而纯电感与纯电容性负载的 $\cos\varphi$ 为 0。其他负载的功率因数介于 1 与 0 之间。在电力系统中，一般情况下多为感性负载，如感应电动机等。

感性负载需要一个滞后于电压的电流，即具有无功分量的电流。功率因数 $\cos\varphi$ 低是因为负载所需的无功电流所致。提高功率因数的有效措施是在感性负载附近并联一个电容器（组），则感性负载所需的滞后的无功电流就由电容器超前的无功电流来补偿。这样就减少了电源无功电流的负担和输电线路无功功率的传输。于是，电路的功率因数得到了提高。下面通过具体的例子来说明提高电路功率因数的方法。

【例 3.10】 在 50Hz、380V 的电路中，接有 $\cos\varphi_1$ 为 0.6 的感性负载，负载的功率 $P=20\text{kW}$。试求电路中的电流。如果在负载的两端并联电容值为 $374\mu\text{F}$ 的一组电容器，问线路的电流和整个电路的功率因数变为多大？

解 如图 3.26 所示，在电容器并联以前，电路中的负荷电流为

$$I_{RL}=\frac{P}{U\cos\varphi_1}=\frac{20000}{380\times0.6}=87.7(\text{A})$$

若设电源电压 $\dot{U}$ 为参考相量，即 $\dot{U}=U\angle0°$。因 $\cos\varphi_1=0.6$，所以电流 $\dot{I}_{RL}$ 滞后于电压 $\dot{U}$ 的角度为

$$\varphi_1=\arccos0.6=53.1°$$

所以
$$\dot{I}_{RL}=87.7\angle-53.1°$$

接入电容之后，电路中的总电流为 $\dot{I}=\dot{I}_{RL}+\dot{I}_C$，感性负载取用的电流 $\dot{I}_{RL}$ 仍维持电容接入前的数值，而电容所取用的电流为

$$\dot{I}_C=\frac{\dot{U}}{-\text{j}X_C}=\frac{U\angle0°}{X_C\angle-90°}=\omega CU\angle-90°=314\times374\times10^{-6}\times380\angle-90°$$

$$=44.6\angle90°$$

电路的总电流为

$$\begin{aligned}\dot{I}&=\dot{I}_{RL}+\dot{I}_C=87.7\angle-53.1°+44.6\angle90°\\&=52.62-\text{j}70.13+\text{j}44.6=52.62-\text{j}25.53\\&=58.5\angle25.8°\end{aligned}$$

电流 $\dot{I}$ 滞后于电压 $\dot{U}$25.8°，整个电路的功率因数为 $\cos\varphi=\cos(-25.8°)=0.9$。

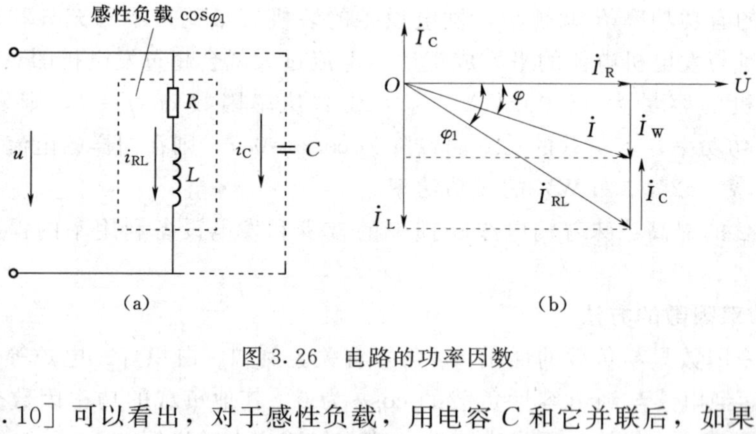

图 3.26　电路的功率因数

从［例 3.10］可以看出，对于感性负载，用电容 C 和它并联后，如果电容值的大小选得合适，整个电路的功率因数可以提高到我们所希望的数值。它的原理可用相量图加以说明：在图 3.26（b）所示的相量图中，$\dot{I}_{RL}$ 代表负载电流，在并联电容器之前，电路中的总电流就是流向负载的电流。并联电容 C 之后，增加了一个超前于电压 90°的电流分量 $\dot{I}_C$，这时电路中的总电流不再是 $\dot{I}_{RL}$ 了，而是 $\dot{I}=\dot{I}_{RL}+\dot{I}_C$。如果把负载电流 $\dot{I}_{RL}$ 分成有功

分量 $\dot{I}_R$ 和无功分量 $\dot{I}_L$，由于 $\dot{I}_L$ 滞后于电压 90°，正好与 $\dot{I}_C$ 相减，从而减小了电路总电流中的无功分量，使得整个电路的功率因数得到提高，也减小了流过输电线路的电流。这种提高功率因数的方法主要是利用了电容中电流 $\dot{I}_C$ 超前电压 90°，与负载电流的无功分量 $\dot{I}_L$ 方向相反、可以相互补偿的性质。

功率因数的提高还可从无功功率的补偿的角度来说明。并联电容之前，由于 $\cos\varphi$ 低，电路消耗的无功功率大。并联电容后，电容“产生”了一定的无功功率，从而补偿了感性负载所消耗的部分无功功率，或者说由于电容中的电场能量与电感中的磁场能量相互交换，电容吸收的容性无功抵消了电感吸收的部分感性无功，从而减少了电源向该电动机电路提供的无功功率，因此使电路功率因数得到提高。

必须指出，电路的功率因数的提高并不是负载本身的功率因数有何改变。实际上电容接入前和接入后，在忽略线路导线阻抗压降时，负载取用的电流、有功功率和无功功率都没有任何改变，负载的工作状态不受任何影响。

【例 3.11】 设有一台 10kW 的单相感应电动机，功率因数是 0.6，接至 220V、50Hz 的电源。如果将功率因数提高到 0.9，问应并联多大电容的电容器？（电路同图 3.26）。

解 第一个支路为感应电动机，首先求出感应电动机中的电流 I_{RL} 为

$$I_{RL}=\frac{P}{U\cos\varphi_1}=\frac{10000}{220\times0.6}=75.8(\text{A})$$

也就是并联电容器以前的线路电流，其中无功电流分量为

$$I_L=I_{RL}\sin\varphi_1=75.8\times\sqrt{1-0.6^2}=60.6(\text{A})$$

再求并联电容器后的总电流为

$$I=\frac{P}{U\cos\varphi}=\frac{10000}{220\times0.9}=50.5(\text{A})$$

并联后总电流的无功分量为

$$I_W=I\sin\varphi=50.5\times\sqrt{1-0.9^2}=22.1(\text{A})$$

从图 3.26 的相量图可知，电容电流为

$$I_C=I_L-I_W=60.6-22.1=38.5\ (\text{A})$$

因为 $I_C=U\omega C=U2\pi fC$，所以

$$C=\frac{I_C}{2\pi fU}=\frac{38.5}{314\times220}=557\times10^{-6}\ (\text{F})$$

3.7 一阶电路的暂态过程

从第 2 章的分析中我们知道，当白炽灯与电感线圈串联的电路接上直流电源时，白炽灯有一个由暗逐渐变亮、再达到稳定亮度的过程；电阻与电容串联的电路接上直流电源瞬间，电容上的电压由零逐渐上升到电源电压值，电路中的电流由最大值变到零，然后状态稳定不变。这说明，电路在电源接通（或断开）时，电路从一种稳定状态到另一种稳定状态中间需要有一个过渡过程，这个过渡过程就称为暂态过程。

暂态过程是由于物质具有的能量不能跃变所造成的。当外部条件改变使物质具有的能量发生变化时，能量的积累或衰减是需要一定时间的。例如，水的内能不能突变，日常生活中烧开水，水温不可能在瞬间由常温跳跃到 100℃。同理，电路中之所以有过渡过程，是因为电源的功率为有限值。在电路中，电感电流的建立和电容两端电压的建立必然伴随着磁场能量和电场能量的变动。如果流过电感的电流 i_L 能从 0 直接跃变到稳态值，意味着磁场能量（$W_L=LI^2$）有跃变，这意味着电源的输出功率为无穷大。因为功是电源在一段时间内输出的能量，$A=pt$。磁场能量的建立是电源做功的结果，W_L 一定时，建立磁场的时间 t 越小，说明电源的输出功率 p 越大。如果 i_L 跃变，说明建立磁场的时间 t 趋于 0，必然要求电源的输出功率 p 为无穷大。这实际上是不可能的。同理，如果电容上电压能由 0 跃变到稳态值，电源提供的充电电流应为无穷大，这同样是不可能的。

为叙述方便，称使电路进入暂态过程的电路状态变化为换路。电路换路瞬间，电感中的电流不能突变，电容两端的电压不能突变，用数学符号记为

$$i_L(0_+)=i_L(0_-)\ ,\ u_C(0_+)=u_C(0_-) \tag{3.50}$$

式中：$i_L(0_-)$、$u_C(0_-)$ 分别表示换路前瞬间通过电感的电流和电容两端的电压；$i_L(0_+)$、$u_C(0_+)$ 分别表示换路后初始瞬间通过电感的电流和电容两端的电压。

式（3.50）是分析电路过渡过程的重要依据，称为换路定则。

本节先分析 R、C 电路接通直流电源的充、放电过程，然后讨论 R、L 电路接通直流和交流电源的暂态过程。

3.7.1 R、C 串联电路的暂态过程

1. R、C 电路的放电过程

如图 3.27 所示的 R、C 电路中，当开关 K 未推向触点 2 之前，是与触点 1 接通的。电容已被充过电，电容上电压 $u_C=E$。$t=0$ 时刻，开关 K 与触点 2 闭合。下面分析 $t\geqslant0$ 时电容上电压的变化规律。

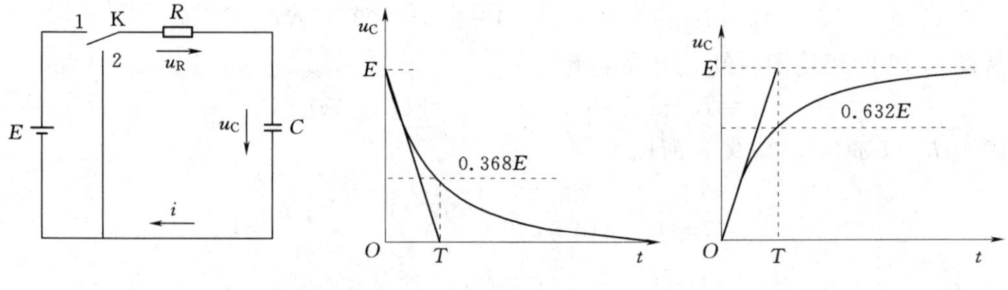

图 3.27 R、C 电路的暂态过程

(a) R、C 电路；(b) R、C 电路放电过程曲线；(c) R、C 电路充电过程曲线

根据基尔霍夫电压定律，可列出 $t\geqslant0$ 时的电压方程

$$iR+u_C=0$$

而电容电路中的电流为

$$i=C\frac{\mathrm{d}u_C}{\mathrm{d}t}$$

故上式可写成

$$RC\frac{\mathrm{d}u_C}{\mathrm{d}t}+u_C=0 \tag{3.51}$$

这是一个一阶微分方程，用数学上解微分方程的方法可得到方程（3.51）的解为

$$u_C=A\mathrm{e}^{-\frac{1}{RC}t}$$

式中：A 为待定常数。

根据换路定则，开关 K 与触点 2 闭合后初始瞬间电容上的电压等于换路前瞬间的电压，即 $u_C(0_+)=u_C(0_-)=E$，将其带入上式得

$$u_C(0_+)=A\mathrm{e}^{-\frac{0}{RC}}=E$$

即 $A=E$，于是

$$u_C=E\mathrm{e}^{-\frac{1}{RC}t}=E\mathrm{e}^{-\frac{1}{T}t} \tag{3.52}$$

式中，$T=RC$，称为 R、C 电路的时间常数。注意，式中的“E”只能理解成电容上的初始电压，其大小等于电源电压，而不是一个电源。

式（3.52）表示的是一个衰减指数函数，如图 3.27（b）所示。$t=0$ 时电容两端的电压最高，等于换路前的电源电压，以后 u_C 随时间逐步衰减到零。当时间 $t=T$ 时，$u_C=E\mathrm{e}^{-1}=0.368E$。可见 T 为电容上电压衰减到初始值的 36.8%所需的时间。从理论上讲，电路只有经过 $t=\infty$ 的时间才能进入稳态。但是，指数曲线开始衰减很快，而后逐渐缓慢，当时间 $t=3T$ 时，$u_C=E\mathrm{e}^{-3}=0.05E$，当时间 $t=5T$ 时，$u_C=E\mathrm{e}^{-5}=0.007E$。工程上，当 $t=3T\sim5T$ 时，就可认为暂态过程已经结束了。所以，时间常数 T 越小，暂态过程时间越短。时间常数 T 是电路电阻 R 与电容 C 的乘积，物理意义十分明确。充（放）电压一定时，电容 C 越大，极板上需要储存（或释放）的电荷越多，充（放）的时间越长；而电阻 R 越大，充（放）电电流越小，充（放）的时间也越长，暂态过程时间越长。

2. RC 电路的充电过程

如图 3.27 所示的 R、C 电路中，设 $t<0$ 时开关 K 与触点 2 是接通的。电容已被放电，电容上电压 $u_C=0$。$t=0$ 时刻，开关 K 与触点 1 闭合。下面分析 $t\geqslant0$ 时电容上电压的变化规律。根据基尔霍夫电压定律有

$$u_R+u_C=E$$

而 $i=C\frac{\mathrm{d}u_C}{\mathrm{d}t}$，$u_R=Ri$，把它们代入上式得

$$RC\frac{\mathrm{d}u_C}{\mathrm{d}t}+u_C=E \tag{3.53}$$

这是一个一阶非齐次微分方程，用数学分析方法可以知道，它的解为

$$u_C=E+A\mathrm{e}^{-\frac{1}{RC}t}$$

其中，A 为待定常数。由于 $u_C(0_+)=u_C(0_-)=0$，将 $t=0$ 时电路的状态代入上式得

$$u_C(0)=E+A\mathrm{e}^{-0}=E+A=0$$

即

$$A=-E$$

所以
$$u_C=E(1-e^{-\frac{1}{T}t})\tag{3.54}$$
式中，$T=RC$，为 R、C 电路的时间常数。充电电流为
$$i=C\frac{du_C}{dt}=\frac{E}{R}e^{-\frac{1}{T}t}\tag{3.55}$$

电容电压 u_C 和电流 i 的数学表达式中都含有衰减指数 $e^{-\frac{1}{T}t}$，i 是随时间逐步衰减到零的，而 u_C 以 0 为起点，逐步上升到稳态值 E，如图 3.27（c）所示。由式（3.54）可知，当时间 t 趋于无穷大时，衰减指数项为 0，
$$u_C=u_C(\infty)=E\tag{3.56}$$

实际上从微分方程式（3.53）中也可以直接看出，因为 t 趋于无穷大时，电容上电压已经稳定，不随时间变化，即 $du_C/dt=0$，故可得到同样的结论。式（3.56）是式（3.54）的第一项，称为微分方程的特解。在这里，特解就是电路在稳定状态下的解。而式（3.54）的第二项 $Ee^{-\frac{1}{T}t}$，与式（3.52）是相同的，也是微分方程（3.51）的解，称为微分方程的通解，可见，通解是电路在没有输入时的解，代表的是电路的暂态过程。微分方程的解为通解与特解之和。

3.7.2　*R*、*L* 串联电路的暂态过程

1. R、L 电路与直流电源接通时的暂态过程

如图 3.28 所示，把 R、L 串联电路接到直流电源，电源电压为 E，根据基尔霍夫定律有
$$L\frac{di}{dt}+Ri=E \text{ 或 } \frac{L}{R}\frac{di}{dt}+i=\frac{E}{R}\tag{3.57}$$

这也是一个一阶非齐次微分方程，与式（3.53）具有相同的形式，与 R、C 电路的解类比，R、L 电路的解为
$$i=\frac{E}{R}+Ae^{-\frac{R}{L}t}$$
显然，电路接通前，电路中电流 $i=0$，以 $t=0$ 为计时起点，则 $i(0_+)=i(0_-)=0$，所以
$$i(0_+)=\frac{E}{R}+Ae^{-0}=0$$
即
$$A=-\frac{E}{R}$$
于是有
$$i=\frac{E}{R}(1-e^{-\frac{1}{T}t})\tag{3.58}$$
式中，$T=L/R$，为 R、L 电路的时间常数。电感上的电压为
$$u_L=L\frac{di}{dt}=Ee^{-\frac{t}{T}}\tag{3.59}$$
电感电压随时间变化的曲线如图 3.28（b）所示。

显然，式（3.58）也是由通解和特解组成的。当 $t\to\infty$ 时，$i=i(\infty)=E/R$ 为微分方程的特解，即电流的稳态分量。而通解为 $i(\infty)e^{-\frac{R}{L}t}$ 为电流的暂态分量。在 R、L 电路接通直流电源的过渡过程中，电流随时间变化的曲线如图 3.28（c）所示。在暂态过程的初

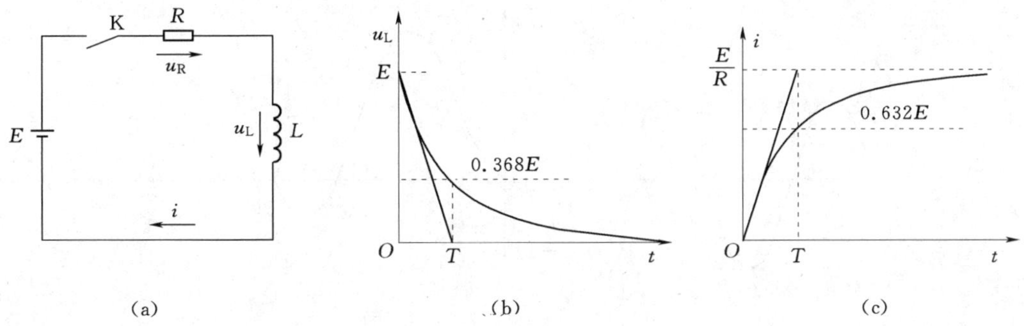

图 3.28 R、L 电路与直流电源接通时的暂态过程
(a) R、L 电路；(b) 电感电压曲线；(c) 电感电流曲线

始阶段，电流虽小，但变化速度很快，电感的作用是企图阻止电流的增加，反电势（自感电势）有较大的值。随着时间的推移，电路中的电流越来越大，但变化率越来越小，电感上电压越来越小，电阻上电压越来越大，最后电阻上电压等于电源电压，电路达到稳态。电路的时间常数（$T=L/R$）对暂态过程的影响可以这样理解：在电源电压和电路电阻一定时，稳态电流一定，L 越大，动态过程储存的磁场能量越大；在电源电压一定时，R 越小，稳态电流越大，动态过程储存的磁场能量越大，所以暂态过程时间就越长。

2. R、L 电路与交流电源接通时的暂态过程

R、L 电路与正弦交流电源接通时，其微分方程（3.57）变为

$$L\frac{\mathrm{d}i}{\mathrm{d}t}+Ri=E_m\sin(\omega t+\alpha_0) \tag{3.60}$$

这是一个一阶非齐次微分方程，其解仍由通解和特解两部分组成。α_0 为电路接通时的初相角。用数学方法可求出微分方程的解，即

$$i=I_m\left[\sin(\omega t+\alpha_0-\varphi)-\sin(\alpha_0-\varphi)e^{-\frac{t}{T}}\right] \tag{3.61}$$

式中，$I_m=\dfrac{E_m}{\sqrt{R^2+(\omega L)^2}}$为稳态分量的最大值；$\varphi$ 为 R、L 电路的阻抗角，$\varphi=\arctan\dfrac{\omega L}{R}$，$T$ 为 R、L 电路的时间常数，$T=L/R$。

为分析方便可将电流表示成稳态分量与暂态分量之和，即 $i=i'+i''$。$i'=I_m\sin(\omega t+\alpha_0-\varphi)$，称为稳态分量；$i''=-I_m\sin(\alpha_0-\varphi)e^{-\frac{t}{T}}$称为暂态分量。可以看出，与接通直流电源一样，电流的暂态分量也是按指数规律衰减的。但不同的是，指数前面的系数不仅与输入电源电压的大小有关，还与接通时电压的初相位 α_0 有关，也就是与开关合上的时刻有关。下面分析两种极端情况。

（1）开关合瞬间 $\alpha_0=\varphi$。这种情况下，$i''=I_m\sin(\alpha_0-\varphi)e^{-\frac{t}{T}}=-I_m\sin0^\circ e^{-\frac{t}{T}}=0$，即暂态分量为零，电路中的电流为 $i=I_m\sin\omega t$。这说明，在这种情况下电路不出现暂态过程，合上开关后电路即进入稳定状态，如图 3.29（a）所示。

（2）合上开关瞬间 $\alpha_0=\varphi\pm\pi/2$。这种情况下

$$i''=-I_m\sin(\alpha_0-\varphi)e^{-\frac{t}{T}}=-I_m\sin\left(\pm\frac{\pi}{2}\right)e^{-\frac{t}{T}}=\mp I_m e^{-\frac{t}{T}}$$

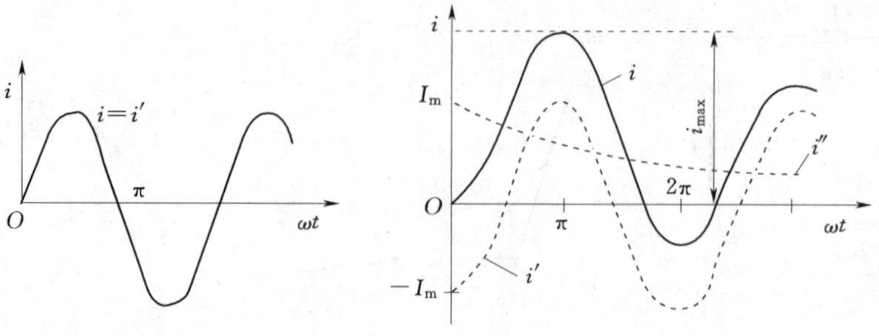

(a)　　　　　　(b)

图 3.29　R、L 电路与正弦交流电源接通时的暂态过程

(a) $\alpha_0=\varphi$；(b) $\alpha_0=\varphi-\pi/2$

所以，电路中的电流为

$$i=I_m\left[\sin\left(\omega t\pm\frac{\pi}{2}\right)\mp e^{-\frac{t}{T}}\right]$$

此时，暂态分量中指数函数的系数为最大值。当 $\alpha_0=\varphi-\pi/2$ 时，暂态分量为 $I_m e^{-\frac{t}{T}}$。如果电路的时间常数 T 足够大，则电流的暂态分量随时间衰减较慢。从曲线上看，在 $t=0$，$i'(0)=-I_m$，如果仅有稳态分量，意味着换路时流过电感的电流将发生突变，这是不可能的，必须有个暂态分量 $i''(0)=I_m$ 来与之平衡，以保证 $i(0_+)=i(0_-)=0$。这个现象可以用楞次定律来解释。合开关前电路中的电流为 0，合后瞬间电感中的感应电势必然企图维持电流为 0 不变。根据楞次定律，电感中的感应电势必然要产生一个与稳态分量大小相等，方向相反的暂态分量来与之平衡，以保证合闸瞬间流过电感的电流不变。合闸后，稳态分量按正弦规律变化，暂态分量按指数规律衰减。时间常数 T 越大，暂态分量衰减越慢。当稳态分量达到（正向）最大时，稳态分量与暂态分量之和就大于稳态分量的最大值。时间常数 T 越大，暂态分量衰减越慢，过电流越严重。

在开关合上后经历半个周期的时间，即 $t=\pi/\omega$ 时，

$$i=i_{max}=I_m\left(\sin\frac{\pi}{2}+e^{-\frac{\pi}{T\omega}}\right)=I_m(1+e^{-\frac{1}{2Tf}})\approx 2I_m \tag{3.62}$$

当指数函数 $e^{-\frac{1}{2fT}}\approx 1$ 时，暂态过程中的最大电流 i_{max} 几乎为稳态电流最大值 I_m 的两倍，因而出现了“过电流”现象，如图 3.29（b）所示。

可见，R、L 电路与交流电源接通时的暂态过程，暂态电流的大小不仅与电路参数有关，还与开关接通的时刻有关。显然，“过电流”也伴随着“过电压”，暂态电流比稳态电流大，电阻上的电压（Ri_{max}）也比稳态电压高。由于发电机、变压器等电气设备的绕组都可看成是 R、L 串联电路，R、L 电路在过渡过程中的上述特点对于后面电机暂态过程的分析具有重要意义，这是本节研究电路暂态过程的目的。

复习思考题

1. 交流发电机的基本原理是怎样的？转子铁芯表面磁感应强度分布有何规律？

2. 什么是正弦量的有效值、角频率、初相角、相位差？

3. 试绘制一表格，分别列出 R、L、C 电路及 R、L、C 串联电路的阻抗、电压与电流的相位差、相量图、有功功率、无功功率、视在功率、功率因数。

4. 谐振有何特点？串联谐振与并联谐振有何不同？电力系统中串联谐振和并联谐振各有何危害？

5. 简述 L、C 并联电路中电场能和磁场能的交换过程。

6. 电容补偿为何能提高功率因数？试分别从相量分析和能量交换的角度说明之。

7. R、C 电路和 R、L 电路的时间常数如何计算？试通过分析两种电路的过渡过程，说明时间常数大小对暂态过程的影响。

8. R、L 串联电路在合闸瞬间为何会出现过电流？每次合闸都会出现吗？为什么？

9. 习题图 3.1 是同步发电机等效电路。$\dot{E}_0$ 为发电机的空载电势，$\dot{U}$ 为发电机的输出电压，$\dot{I}$ 为发电机输出电流，$X_t=10\Omega$ 称为发电机的同步电抗（感性），$Z_L=10\Omega$ 为发电机的负载阻抗。

（1）若 $\dot{E}_0=141.2\angle 0°$，求输出电压 $\dot{U}$、输出电流 $\dot{I}$、发电机输出有功功率、无功功率和功率因数，并画出相量图。

（2）在 $Z_L=10+j4.58\Omega$ 和 $Z_L=10-j4.58\Omega$ 两种情况下，若要保持输出电压 $\dot{U}$ 的大小不变（与 $Z_L=10\Omega$ 时相等），求 E_0 为多少？并重新计算以上各量，画出两种情况下的相量图。

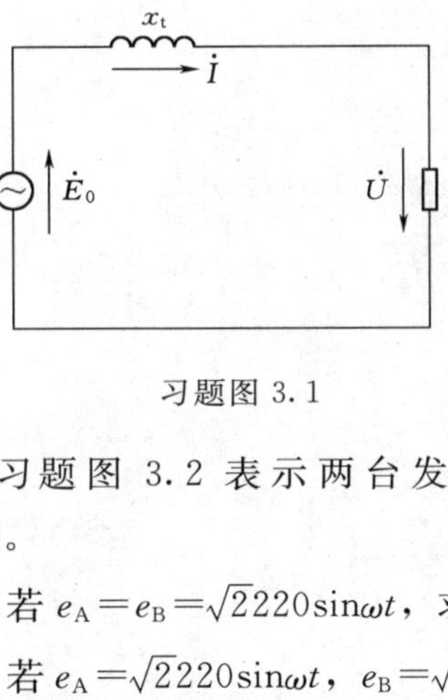

习题图 3.1

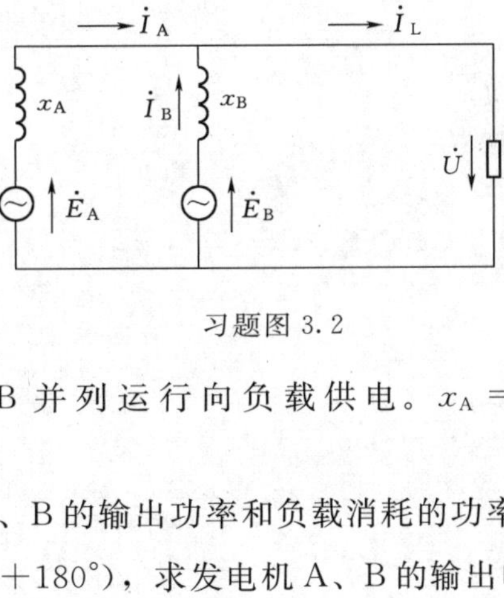

习题图 3.2

10. 习题图 3.2 表示两台发电机 A、B 并列运行向负载供电。$x_A=x_B=5\Omega$，$R_L=10\Omega$。

（1）若 $e_A=e_B=\sqrt{2}220\sin\omega t$，求发电机 A、B 的输出功率和负载消耗的功率。

（2）若 $e_A=\sqrt{2}220\sin\omega t$，$e_B=\sqrt{2}220\sin(\omega t+180°)$，求发电机 A、B 的输出电流、输出功率、及负载消耗的功率。

（3）根据计算结果分析若两发电机输出电势相位不同是否能正常运行。

11. 习题图 3.3 是变压器的等效电路，$r_1=r_2=1.21\Omega$，$x_1=x_2=14.45\Omega$，$r_m=1439.3\Omega$，$x_m=14161.3\Omega$。

（1）若电源电压 $U_1=110/\sqrt{3}$kV，负载阻抗 $Z_L=\infty$，求变压器的空载电流 $\dot{I}_0$（负载开路时的 I_1）、励磁电势 $\dot{E}$ 及输出电压 $\dot{U}_2$，画出相量图。

（2）若负载短路，即 $Z_L=0$，计算变压器的短路电流 $\dot{I}_1$，画出相量图（可以忽略阻抗 r_m+jx_m）。

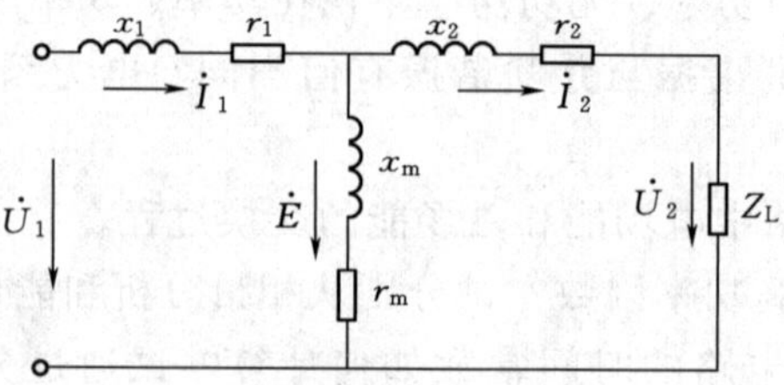

习题图 3.3

第 4 章　三 相 交 流 电 路

第 3 章讨论的是单相交流电，实际上，电能的生产、输送和分配普遍采用的是三相交流电。在低压配电线路中的单相交流电只是三相交流电中的一相。之所以广泛采用三相交流电，是因为它与单相相比具有明显的优点。例如，制造三相发电机、变压器等设备要比同容量的单相设备节省材料；输送三相电能比输送单相电能节省材料，并且损失小；三相交流电流可以建立旋转磁场，因此可以制造性能较好、构造简单、使用方便的异步电动机。分析单相交流电是分析三相交流电的基础，单相电路分析的有关方法、结论同样适用于三相电路。本章在第 3 章的基础上，讨论三相交流电使用的有关特殊问题。

4.1　三 相 交 流 电 路 原 理

4.1.1　三相交流电的产生

三相交流电源是由三相交流发电机产生的，图 4.1（a）所示为三相交流发电机的示意图。三相交流发电机定子槽中比单相交流发电机增加了两组产生交变电势的绕组。三个绕组完全一样，并在空间位置上互差 120°，则当原动机带动转子磁场旋转时，即可得到三相交变电势。这样的发电机就是三相交流发电机。

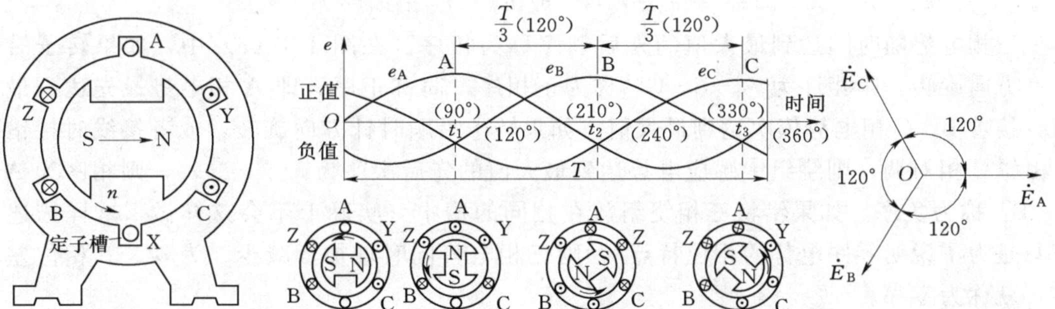

图 4.1　三相交流电的产生

在图 4.1（a）中，A—X、B—Y、C—Z 表示绕在定子上的三个绕组，放在空间互差 120°的三组定子槽中。每一个绕组为一相，即 A 相、B 相和 C 相。每相有两个端头，分别用 A、B、C 作为首端，用 X、Y、Z 作为尾端。规定电势的正方向从尾端经绕组指向首端。转子磁场沿逆时针方向匀速转动时，依次在 A、B、C 三相绕组中产生感应电势 e_A、e_B、e_C。假定 $t=0$ 前，转子磁极中心在水平位置，磁场方向自左至右，如图 4.1（a）所示。$t=0$ 时转子开始逆时针方向以角频率 ω 旋转，A 相绕组中的感应电势与单相发电机一样，从 0 开始增加，当 $t=T/4$，即 $\omega t=90°$（图中 t_1 位置）时，磁极中心经过 A 相绕组，A 相电势 e_A 首先从零上升到正的最大值；再经过 1/3 周期，$\omega t=90°+120°=210°$（图中 t_2 位置）时，磁极中心经过 B 相绕组，B 相电势 e_B 也上升到正的最大值；再经过 1/3 周期，$\omega t=90°+240°=330°$（图中 t_3 位置）时，磁极中心经过 C 相绕组，C 相电势 e_C 上升到正的最大值，图 4.1（b）所示为三相电势的变化规律和相互关系。如图 4.1（b）所示，三相电势的频率相同、最大值相等、相位互差 120°，这样的三相电势叫作三相对称电势。可见，三相交流电压的变化规律与单相交流电的变化规律相同。

如果以图 4.1（a）中转子所处的位置为计时起点，则三相对称电势的瞬时值可表示为

$$\left.\begin{aligned} e_A&=E_m\sin\omega t\\ e_B&=E_m\sin(\omega t-120°)\\ e_C&=E_m\sin(\omega t-240°)=E_m\sin(\omega t+120°)\end{aligned}\right\}\tag{4.1}$$

它们的相量表达式为

$$\dot{E}_A=E\angle 0°$$

$$\dot{E}_B=E\angle -120°$$

$$\dot{E}_C=E\angle -240°$$

图 4.1（b）、（c）所示为对称三相电势的曲线和相量图。从图 4.1（b）可以看出，对于对称三相电势（或电压、电流），在任一时刻正电势值的和一定等于负电势的和，三相电势的代数和等于零。例如在 $\omega t=90°$时，A 相电势是正的最大值，B、C 相电势各是负的 1/2 最大值。即

$$e_A+e_B+e_C=0 \text{ 或 } \dot{E}_A+\dot{E}_B+\dot{E}_C=0$$

三相电势随时间达到最大值的先后顺序称为相序。在图 4.1（a）中，如果转子沿逆时针方向旋转，则相序为 A—B—C，称为正相序，简称正序。即 A 相电势最先达到最大值，接着 B、C 相电势依次达到最大值。如果转子沿顺时针方向旋转，或者接线时接错把 B 相与 C 相对调，则绕组中感应电势达到最大值的先后次序为 e_A、e_C、e_B，则相序为 A—C—B，称为负序。如果错将三相绕组放在相同的槽中（实际上不会这样做，这样描述仅仅只是为了说明零序电势的相位特点），则三相电势同时增加、减少、为零，其相位差为零，就称为零序。

在正常情况下，发电机的三相电势都是正序的。在三相绕组中，把哪一个绕组当作 A 相绕组是无关紧要的，但只要把 A 相绕组确定之后，B、C 相也就随之确定了。确定方法是：产生比 e_A 滞后 120°电势的那个绕组就是 B 相，其感应电势即 e_B；产生比 e_B 滞后 120°电势的那个绕组则为 C 相，其感应电势即 e_C，不可混淆。发电机的相序确定了以后就不得再改变。通常在发电机出口或配电室的母线上涂漆，用黄、绿、红三种颜色分别表示 A、B、C 三相。

4.1.2　三相电源绕组的连接

三相电势中的每一相都可以与负载连接成一个独立的供电系统，但这就需要六根输电导线，很不经济。所以三相电源的 A、B、C 三相绕组并不是互不相连单独对外供电的，

而是按一定方式连接成为一体对外供电。连接方法有两种：一种是星形（简记为 Y）接法；另一种是三角形（简记为△，或 d 连接）接法。究竟采用哪一种连接方法，要根据电网要求和负载的额定电压来定。

1. 星形接法

如图 4.2 所示，把三相电源的三相绕组的末端 X、Y、Z 接在一点，并用 N 表示，而把首端 A、B、C 分别引出，就是星形接法。

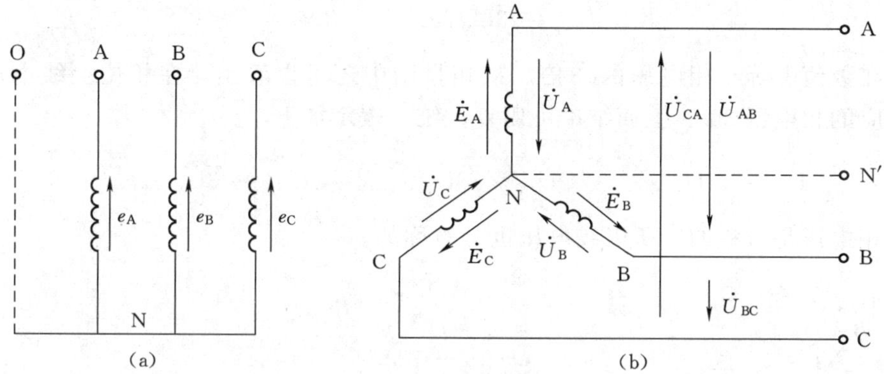

图 4.2 电源绕组的 Y 形连接

电路中的 N 点称为中性点或零点。根据实际需要，在有些情况下要从中性点引出导线，这根导线称为中线或零线。从绕组的首端引出的导线称为端线或火线。有中线的三相电路为三相四线制。无中线的三相电路（包括下面要介绍的三角形连接在内）为三相三线制。

对照图 4.2，把三相绕组中的感应电势 e_A、e_C、e_B 称为相电势，对应的相量为 $\dot{E}_A$、$\dot{E}_B$ 和 $\dot{E}_C$。把三相绕组的首端与末端之间（即端线与中线间）的电压称为相电压，用 u_A、u_B、u_C 表示，对应的相量为 $\dot{U}_A$、$\dot{U}_B$、$\dot{U}_C$，相电压的正方向规定为由其首端到末端（中线）。三相对称的相电压的效值是相等的，并用 U_p 表示，则有

$$U_p = U_A = U_B = U_C$$

三相绕组的首端与首端之间（即端线之间）的电压称为线电压，用 u_{AB}、u_{BC}、u_{CA} 表示，对应的相量为 $\dot{U}_{AB}$、$\dot{U}_{BC}$、$\dot{U}_{CA}$。线电压的正方向按其下标字母的顺序规定。如 u_{AB} 的正方向是由端线 A 指向端线 B。

三相对称的线电压的有效值用 U_l 表示，则

$$U_l = U_{AB} = U_{BC} = U_{CA}$$

下面来讨论三相电源绕组星形连接时线电压和相电压之间的关系。按图 4.2 所示的电压的正方向，根据基尔霍夫第二定律有

$$u_{AB} = u_A - u_B \quad 或 \quad \dot{U}_{AB} = \dot{U}_A - \dot{U}_B$$

$$u_{BC} = u_B - u_C \quad 或 \quad \dot{U}_{BC} = \dot{U}_B - \dot{U}_C$$

$$u_{CA} = u_C - u_A \quad 或 \quad \dot{U}_{CA} = \dot{U}_C - \dot{U}_A$$

上式表明，三相电源绕组按星形连接时，其线电压等于所对应的两个相电压的相量差。按图 4.3（a)，根据相量相减的方法，把相量 $\dot{U}_B$ 反转 180°，得到 $-\dot{U}_B$ 再与相量 $\dot{U}_A$ 相加，即得相量 $\dot{U}_{AB}$。从相量图中可以看出线电压和相电压的有效值间的关系为

$$U_{AB}=2U_A\cos 30°=2U_A\times\sqrt{3}/2=\sqrt{3}U_A$$

同理可得

$$U_{BC}=\sqrt{3}U_B,\ U_{CA}=\sqrt{3}U_C$$

即线电压在数值上等于相电压的$\sqrt{3}$倍。从相量图中还可以看出，在相位上线电压分别超前其所对应的相电压 30°。上面结论可用复数统一表示如下

$$\dot{U}_{AB}=\sqrt{3}\dot{U}_A\angle 30°,\ \dot{U}_{BC}=\sqrt{3}\dot{U}_B\angle 30°,\ \dot{U}_{CA}=\sqrt{3}\dot{U}_C\angle 30° \quad (4.2)$$

由于相电压是对称的，所以线电压也是对称的。

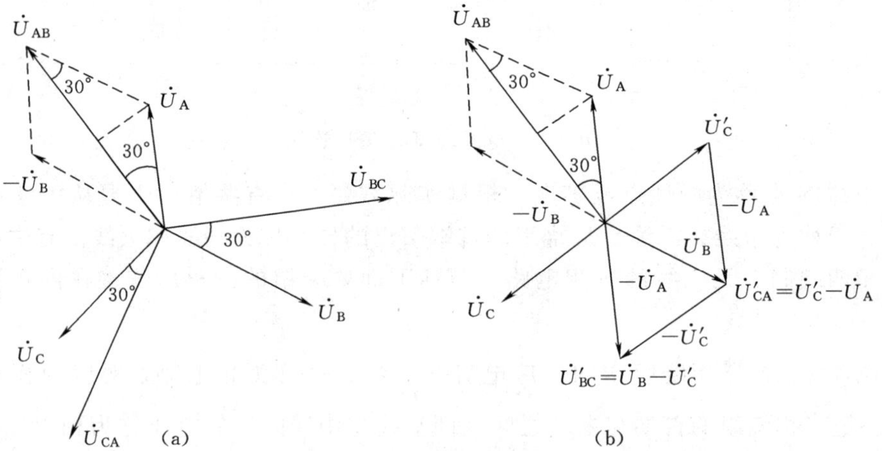

图 4.3　三相绕组星形连接时的电压相量图

当电源三相绕组按星形连接时，如果其中某一相（或两相）接反，则三相的相电压与线电压都不对称。例如，如果 C 相反接，即首端 C 与尾端 Z 颠倒，相量图如 4.3（b）所示，则 $\dot{U}_C$ 变为 $\dot{U}'_C$，与 $\dot{U}_C$ 相差 180°，相应地，线电压 $\dot{U}_{BC}$ 和 $\dot{U}_{CA}$ 变为 $\dot{U}'_{BC}$ 和 $\dot{U}'_{CA}$，相位发生了很大变化，有效值都降低$\sqrt{3}$倍，在数值上等于相电压。所以，三相电路中，要特别注意端线的极性，如果接错可能会产生很严重的后果。

2. 三角形接法（d 连接）

如图 4.4（a）所示，将电源的三相绕组的每一相末端与下一相首端依次相接，即 X 接 B，Y 接 C，Z 接 A，构成一个闭合回路，再由三个连接点引出端线，这就是三角形接法。从图 4.4（b）中可见，三角形接法只能是三相三线制。

三相电源的三相绕组接成三角形会不会发生短路？从形式上看，电源的三相绕组接成三角形如图 4.5（a）所示的三个相等的直流电源接成三角形一样，将在闭合回路中有着值为 $3E$ 的电势作用，造成电源短路，这当然是不允许的。但与直流电势不同，对称的三

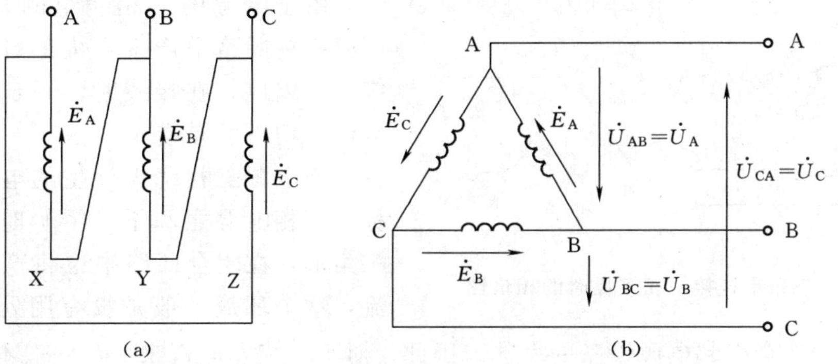

图 4.4　三相电源绕组的三角形连接

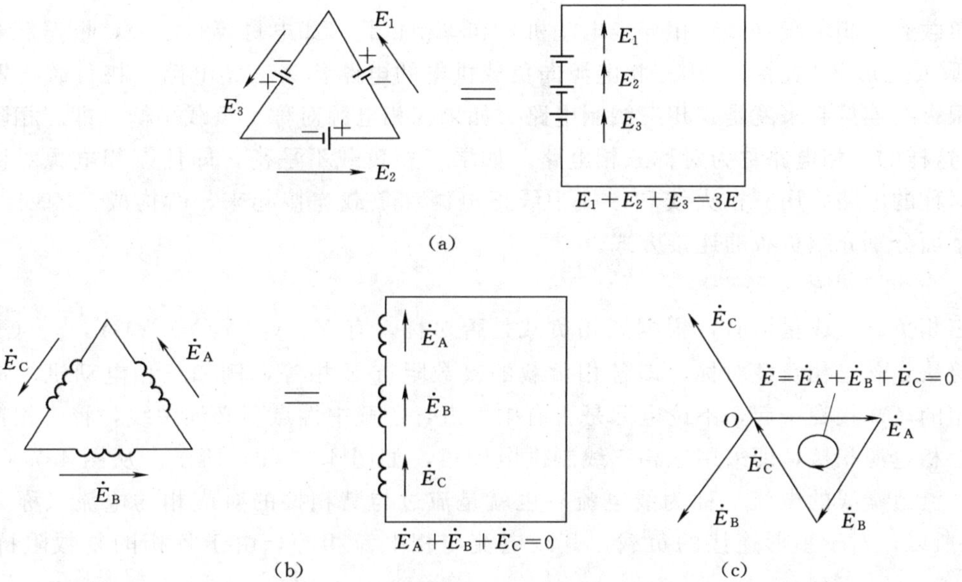

图 4.5　三角形连接的三相电压相量和

相电势，虽然幅值大小相等，但在相位上彼此相差120°，正如4.1.1中看到的，它们在任一时刻瞬时值的和都等于零，如图4.1（b）所示。无疑，三相对称电压的相量和也等于零，如图4.5（b）、（c）所示。由此可知，对于产生三相对称电势的电源，其三相绕组是可以按三角形连接的。

由图4.4（b）中可见，电源三相绕组按三角形连接时，端线直接引出了相电压，所以线电压与相电压是相等的，即

$$\dot{U}_{AB}=\dot{U}_A,\ \dot{U}_{BC}=\dot{U}_B,\ \dot{U}_{CA}=\dot{U}_C$$

电源的三相绕组按三角形连接时，如果一相反接，则闭合回路中的总电压就不再等于零。从图4.6可见，如果C相绕组接反，这时回路中的总电压等于两倍的负$\dot{U}_C$，即

$$\dot{U}_A+\dot{U}_B+(-\dot{U}_C)=-2\dot{U}_C$$

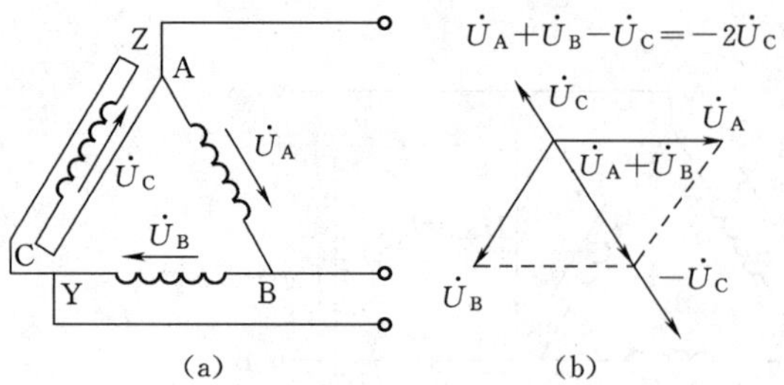

图 4.6　三角形连接一相接反时的相量图

由于电源的三相绕组的内阻抗很小，所以会在回路中产生很大的环流，将烧毁绕组。因此，在接线时，一定要注意接线极性，切不可弄错。

当电源三相绕组产生的电势不严格对称（三相电势之和不为零）时，如果接成三角形，在闭合回路中也将产生一定的环流，这个环流一般是没有用处的，不仅白白损失能量，还会引起电源设备的发热。因此，对于三相发电机来说，一般不采用三角形接线。

4.1.3　三相负载的连接

负载有三相负载（如三相异步电动机）和单相负载（如电灯等）之分，根据需要可接成 Y 形或△形（d 连接）。用三相电源向负载供电的电路称为三相电路。将负载与发电机用三根火线连接起来就是三相三线制电路。如果三相电源对称、负载平衡（即三相阻抗相等），这样的三相电路称为对称三相电路。如果三相负载不平衡，即使三相电源对称，也是不对称的电路。用三根火线和一根中线把电源和负载连接起来，就构成三相四线制电路。下面分别介绍负载的连接方式。

1. 三相负载的星形连接

三相负载接成星形时，根据三相负载是否对称，有 Y，y（Y/Y）和 Y，y_0（Y/Y_0）两种接法。若三相负载对称，即各相负载的复数阻抗 Z 相等，例如三相电动机，将其三相绕组的尾端接在一起，不论电源是否有中性点，负载中性点不必加中线，将三相首端分别与三相电源相接，即采用三相三线制供电即可，如图 4.7（a）所示。从图 4.7（b）中可见，流过端线的电流（称为线电流）也就是流过与其相接的对应相的电流（称为相电流）。所以，对于星形连接的负载，其线电流与相电流相等，由于各相的复数阻抗 Z 相等，且电源电压又是对称的，电源侧的线电压 $\dot{U}_{AB}$、$\dot{U}_{BC}$、$\dot{U}_{CA}$ 幅值相等，相位互差 120°。所以，负载各相承受的电压 $\dot{U}_A$、$\dot{U}_B$、$\dot{U}_C$ 彼此对称，流过的电流 $\dot{I}_A$、$\dot{I}_B$、$\dot{I}_C$ 也彼此对

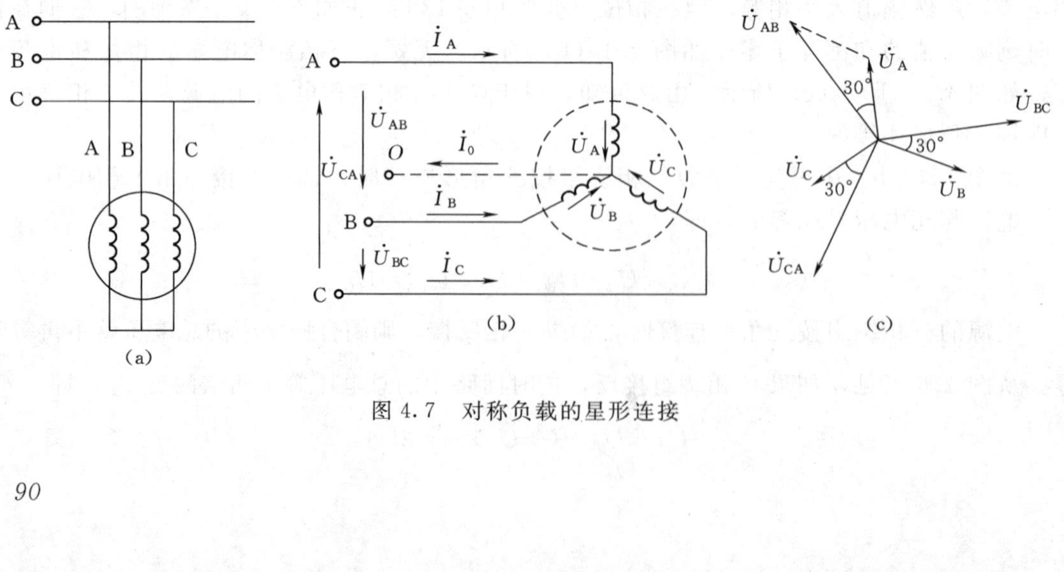

图 4.7　对称负载的星形连接

称。这样，就可以进一步得到如下结论：

(1) 对称的三相负载，每相负载承受的电压是电源（线）电压的 $1/\sqrt{3}$，即

$$U_A=\frac{U_{AB}}{\sqrt{3}},\ U_B=\frac{U_{BC}}{\sqrt{3}},\ U_C=\frac{U_{CA}}{\sqrt{3}} \tag{4.3}$$

每相负载承受的电压与电源侧线电压之间的大小和相位关系如图 4.7（c）所示。

(2) 由于各相电流对称，即线电流对称，所以三个线电流的相量和等于零，即

$$\dot{I}_A+\dot{I}_B+\dot{I}_C=\dot{I}_0=0$$

也就是说，如果设中线（如果电源也是星形接线），则流过中线的电流为零。所以，当对称的三相负载作星形连接时，就不必设中线。

应当指出，并不是所有三相电动机都可以接成星形，而是要看电源电压和电动机本身的额定电压两者是否相符。例如，电源电压为 380V，电动机铭牌上标明“380V，△”，就不能接成星形。

2. 三相负载的三角形连接

三相负载作三角形连接是把三相负荷首尾依次相接，然后再把 A、B、C 三相电源火线与三个结点相接即可，如图 4.8（a）所示。

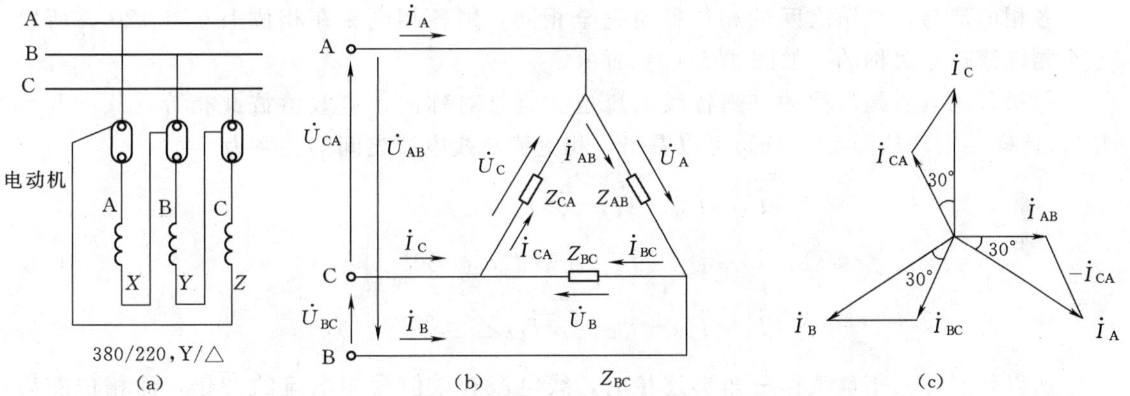

图 4.8 三相负载的三角形连接

三相负载作三角形连接，使每相负载直接承受电源的线电压，即

$$\dot{U}_A=\dot{U}_{AB},\ \dot{U}_B=\dot{U}_{BC},\ \dot{U}_C=\dot{U}_{CA}$$

所以，负载对称与否并不影响三相负载的正常工作。应当注意，并不是任何负载都可接成三角形，这要看负载的额定电压是否与电源的线电压相符，相符者可以，否则不可以。例如，当电源电压是 380V 时，电机铭牌上标明为“380/220V，Y/△”就不能接成三角形，对于额定电压为 220V 的电灯负载也同样不能接成三角形。只有电机铭牌标明为“380V，△”才可以。如果电源电压为 220V，则只有“380/220V，Y/△”的电机和 220V 的电灯等才可以接成三角形。

(1) 相电流与线电流的关系。当电源线电压和各相负载复数阻抗已知时，各相电流为

$$\dot{I}_{AB}=\frac{\dot{U}_A}{Z_{AB}}=\frac{\dot{U}_{AB}}{Z_{AB}}$$

$$\dot{I}_{BC}=\frac{\dot{U}_B}{Z_{BC}}=\frac{\dot{U}_{BC}}{Z_{BC}}$$

$$\dot{I}_{CA}=\frac{\dot{U}_C}{Z_{CA}}=\frac{\dot{U}_{CA}}{Z_{CA}}$$

相电流的正方向选为：A 到 B、B 到 C、C 到 A。相电流与线电流的关系根据基尔霍夫第一定律有

$$\dot{I}_A=\dot{I}_{AB}-\dot{I}_{CA}$$
$$\dot{I}_B=\dot{I}_{BC}-\dot{I}_{AB}$$
$$\dot{I}_C=\dot{I}_{CA}-\dot{I}_{BC}$$

这表明，在三角形连接的负载中，线电流等于和它相连的两个相电流的相量差。对于三相对称负载（$Z_{AB}=Z_{BC}=Z_{CA}=Z$），又由于电源的三相电压是对称的，所以三个相电流的有效值均相等，即

$$I_{AB}=I_{BC}=I_{CA}=\frac{U_A}{Z}$$

各相电流与相电压之间的相位差也完全相同，则各相电流在相位上互差 120°，所以三个相电流也是对称的，如图 4.8（c）所示。

如果各相电流是对称的，则各线电流也一定是对称的，有效值彼此相等（$I_A=I_B=I_C$），这样一来，从图 4.8（c）可以看出，相电流与线电流之间的关系为

$$\left.\begin{aligned}\dot{I}_A&=\dot{I}_{AB}-\dot{I}_{CA}=\sqrt{3}\dot{I}_{AB}\angle{-30^\circ}\\\dot{I}_B&=\dot{I}_{BC}-\dot{I}_{AB}=\sqrt{3}\dot{I}_{BC}\angle{-30^\circ}\\\dot{I}_C&=\dot{I}_{CA}-\dot{I}_{BC}=\sqrt{3}\dot{I}_{CA}\angle{-30^\circ}\end{aligned}\right\}\tag{4.4}$$

所以，对称三相负载作三角形连接时，线电流有效值为相电流的$\sqrt{3}$倍，而相位滞后相电流 30°。

（2）星形—三角形变换。在电路计算中，若考虑线路阻抗影响，三角形连接的三相负载电路直接计算是比较麻烦的，常用的方法是把三角形电路变为等值星形电路，然后再按星形电路计算方法来计算比较简便。如图 4.9（a）所示的三角形连接的电路，按照 1.5.6 节介绍的方法，利用式（1.43），把三角形电路各边的阻抗 Z_{AB}、Z_{BC}、Z_{CA}化为图 4.9（b）中的等值星形各支路的阻抗 Z_A、Z_B、Z_C 的变换公式如下

$$\left.\begin{aligned}Z_A&=\frac{Z_{AB}Z_{CA}}{Z_{AB}+Z_{BC}+Z_{CA}}\\Z_B&=\frac{Z_{AB}Z_{BC}}{Z_{AB}+Z_{BC}+Z_{CA}}\\Z_C&=\frac{Z_{CA}Z_{BC}}{Z_{AB}+Z_{BC}+Z_{CA}}\end{aligned}\right\}\tag{4.5}$$

如果各相负载对称，即 $Z_{AB}=Z_{BC}=Z_{CA}$，则可变为对称的等值星形，即 $Z_A=Z_B=Z_C$，对应关系为 $Z_Y=Z_\triangle/3$ 。

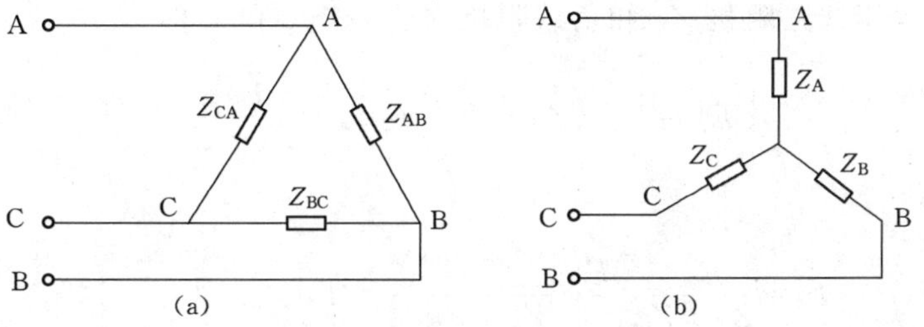

图 4.9　星形—三角形等效变换

从上面的分析可以看出，三相负载的接线方法要根据电源电压和负载的额定电压来确定。如果负载的额定电压等于电源的相电压，则三相负载应接成 Y 形。如果负载的额定电压等于电源的线电压，则每相负载应跨接在电源的端线之间，即接成△形。单相负载可根据它本身的额定电压等于电源电压的原则，接在相电压上（火线与零线之间）或接在线电压上（火线与火线之间）。单相负载不易做到三相负载平衡，但应尽力把负载均匀分配在三相上，以使三相负载阻抗尽可能平衡。

4.2　三相电路的分析计算

三相电路有对称三相电路和非对称三相电路两种。所谓对称三相电源，是指电源的三相电势是对称的，而且内阻抗也相等。所谓对称三相负载，是指负载的每相复阻抗都相等。一般三相电动机、三相变压器都可看成是对称三相负载。对称三相电路就是由对称三相电源和对称三相负载所组成的三相电路。如果线路的阻抗不能忽略，还要求线路的三个复阻抗相等。对称三相电路是复杂正弦电流电路的一种类型，因此可以用以前讨论过的复杂电路的各种计算方法去解决。在本节中，着重研究对称三相电路有什么特点，以便利用这些特点来简化计算。但要注意，三相电路中只要任何一部分不对称，它就是不对称三相电路。

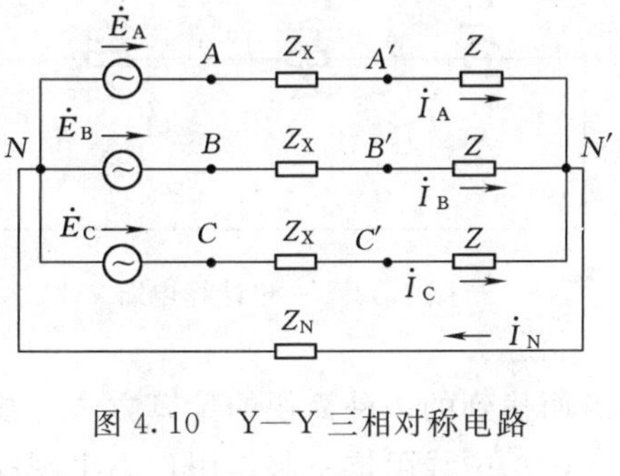

图 4.10　Y—Y 三相对称电路

4.2.1　对称三相电路的分析方法

1. 简单对称三相电路的分析计算

图 4.10 所示电路为星形连接的三相对称电源和星形连接的对称负载组成的对称三相电路，是在考虑了线路的阻抗 Z_X 后得到的最简单的 Y—Y 系统。设 N 点为参考节点，根据节点电压法，参照式（1.38），可得

$$\dot{U}_{N'N}=\frac{\dfrac{\dot{E}_A}{Z_A+Z_X}+\dfrac{\dot{E}_B}{Z_B+Z_X}+\dfrac{\dot{E}_C}{Z_C+Z_X}}{\dfrac{3}{Z_X+Z}+\dfrac{1}{Z_N}}=\frac{\dfrac{\dot{E}_A+\dot{E}_B+\dot{E}_C}{Z+Z_X}}{\dfrac{3}{Z_X+Z}+\dfrac{1}{Z_N}}\tag{4.6}$$

因为三相负载对称，$Z_A=Z_B=Z_C=Z$，三相电势对称，$\dot{E}_A+\dot{E}_B+\dot{E}_C=0$，所以 $\dot{U}_{N'N}=0$，即 N 与 N' 点同电位，流过中线的电流为 0。因此，对于单独一相，如 A 相，电源两端的电位升高等于线路阻抗 Z_X 和负载阻抗 Z 上的电压降，即

$$\dot{E}_A=\dot{I}_A(Z_X+Z) \quad 或 \quad \dot{I}_A=\frac{\dot{E}_A}{Z_X+Z}$$

同理，有

$$\left.\begin{aligned}\dot{I}_B&=\frac{\dot{E}_B}{Z_X+Z}=\frac{\dot{E}_A\angle{-120^\circ}}{Z_X+Z}=\dot{I}_A\angle{-120^\circ}\\ \dot{I}_C&=\frac{\dot{E}_C}{Z_X+Z}=\frac{\dot{E}_A\angle{-240^\circ}}{Z_X+Z}=\dot{I}_A\angle{-240^\circ}\end{aligned}\right\} \tag{4.7}$$

可见相电流是对称的，中线电流将为零，即 $\dot{I}_N=\dot{I}_A+\dot{I}_B+\dot{I}_C=0$，各相电流既然对称，负载端的相电压也是对称的，即

$$\left.\begin{aligned}\dot{U}_{A'N'}&=\dot{I}_AZ\\ \dot{U}_{B'N'}&=\dot{I}_BZ=\dot{I}_AZ\angle{-120^\circ}=\dot{U}_{A'N'}\angle{-120^\circ}\\ \dot{U}_{C'N'}&=\dot{I}_CZ=\dot{I}_AZ\angle{-240^\circ}=\dot{U}_{A'N'}\angle{-240^\circ}\end{aligned}\right\} \tag{4.8}$$

由于相电压对称，线电压也是对称的。从上面讨论中可以得出：

（1）从式（4.6）可以看出，三相 Y—Y 连接电路中，三相对称的必要条件是三相电势对称，且三相阻抗相等。由于三相电势和负载的对称性，各相的电压和电流也都对称。所以，只要求得其中一相电压、电流（如 A 相），则其他两相（如 B、C 相）就可以根据其对称关系，直接写出。

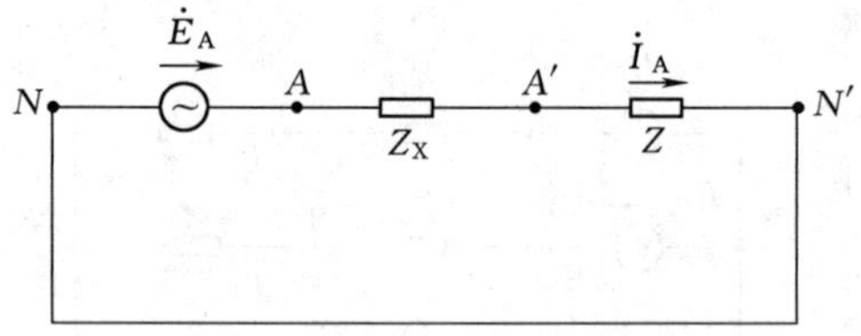

图 4.11　一相计算电路

（2）由 $\dot{U}_{N'N}=0$ 而导出的式（4.7）表明，各相电流仅由各相的电势和各相阻抗决定，好像各相之间彼此互不相关。这就是说，在对称 Y—Y 三相电路中，各相的计算具有独立性。如计算 A 相，则可画出单独的 A 相计算电路，如图 4.11 所示。这样一来，三相电路的计算就可以归结为一相来计算。这就是根据对称性特点而找到的一种简便的计算方法。显然，这种计算方法的条件是 N 点和 N' 点等电位。

（3）中线阻抗不起作用，不出现在一相计算电路中，这一点在画一相计算电路时应特别注意。

图 4.12（a）的对称 Y—△系统，不能直接应用上述归结为一相的计算方法，但是，如果把三角形负载用一个等值的星形负载来替代，则图 4.12（a）可以化成图 4.12（b），这样仍然可以应用归结为一相的计算方法来进行。当求得等值星形负载［即图 4.12（b）］中的电流、电压后，就可以应用三角形连接中电流和电压的相值与线值之间的关系，反过来求得原三角形连接中的电流和电压。

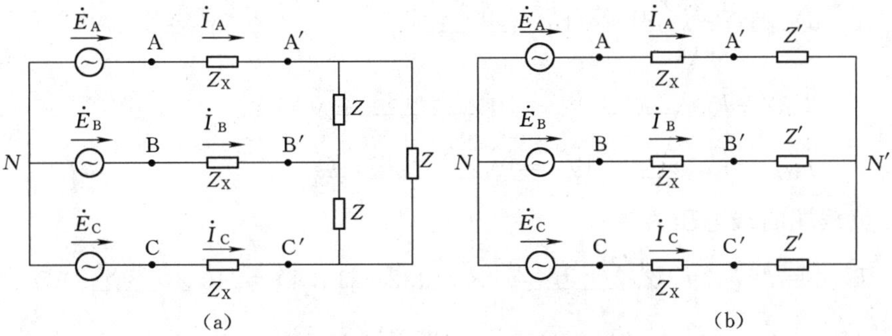

图 4.12 对称三角形电路的等值变换

【例 4.1】 一个对称三角形负载的每相复阻抗为 $Z=19.2+j14.4\Omega$，经过复阻抗为 $Z_X=3+j4\Omega$ 的线路与线电压为 380V 的对称电源连接，求负载端的线电压、线电流和相电流。

解 因为是对称三相电路，故可化为一相的计算方法求解。首先，把三角形负载化为等值星形负载，则图 4.13（a）即可化成图 4.13（b），其中负载的 Y 等效阻抗 $Z'=Z/3$。取出 A 相画成一相计算电路，得图 4.13（c）。

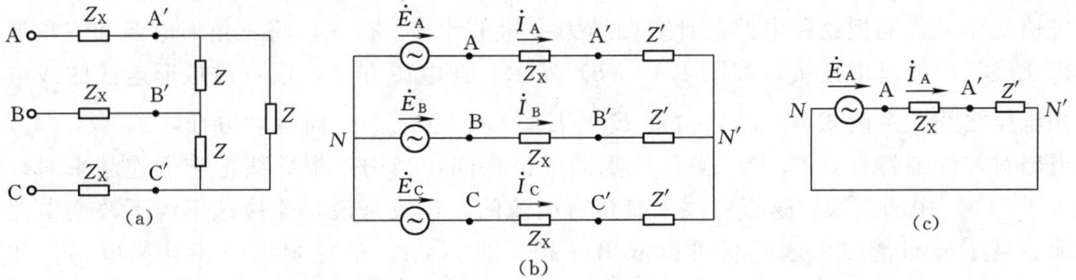

图 4.13 三相对称电路计算

根据图 4.13（c），设 $\dot{E}_A$ 为参考量，即 $\dot{E}_A=220\angle 0^\circ$ V，而等值星形负载为

$$Z'=\frac{Z}{3}=\frac{19.2+j14.4}{3}=6.4+j4.8(\Omega)$$

所以

$$\dot{I}_A=\frac{\dot{E}_A}{Z_X+Z}=\frac{220\angle 0^\circ}{(3+j4)+(6.4+j4.8)}$$

$$=\frac{220\angle 0^\circ}{9.4+j8.8}=17.1\angle -43.2^\circ\text{(A)}$$

根据对称性，可直接写出其他两个线电流

$$\dot{I}_B=\dot{I}_A\angle -120^\circ=17.1\angle -120^\circ-43.2^\circ=17.1\angle -163.2^\circ\text{(A)}$$

$$\dot{I}_C=\dot{I}_A\angle -240^\circ=17.1\angle -283.2^\circ=17.1\angle 76.8^\circ\text{(A)}$$

线电流既已求得，则根据对称三角形接法中线电流和相电流的关系，参考式（4.4），可得原三角形负载中的相电流为

$$\dot{I}_{A'B'}=\frac{\dot{I}_A}{\sqrt{3}}\angle 30^\circ=10\angle 30^\circ-43.2^\circ=10\angle -13.2^\circ\text{(A)}$$

$$\dot{I}_{B'C'}=\dot{I}_{A'B'}\angle -120^\circ=10\angle -133.2^\circ\text{(A)}$$

$$\dot{I}_{C'A'}=\dot{I}_{A'B'}\angle -240^\circ=10\angle 106.8^\circ\text{(A)}$$

三角形负载端的线电压为

$$\dot{U}_{A'B'}=\dot{I}_{A'B'}Z=10\angle -13.2^\circ\times(19.2+j14.4)=240\angle 23.8^\circ\text{(V)}$$

$$\dot{U}_{B'C'}=\dot{U}_{A'B''}\angle -120^\circ=240\angle -96.2^\circ\text{(V)}$$

$$\dot{U}_{C'A'}=\dot{U}_{A'B'}\angle -240^\circ=240\angle 143.8^\circ\text{(V)}$$

电源电势为220V，电源侧采用星形连接，电源线电压为380V，但负载上的压降为240V。由此可见，由于线路阻抗的电压降，负载端的线电压并不等于电源的线电压，特别是在线电流很大时，这种负载端电压的下降更为严重，不能不引起注意。

2. 复杂对称三相电路分析的一般步骤

对于比较复杂的对称三相电路，利用Y—△的等值互换，最终仍能归结为一相来计算。设有图4.14（a）所示的对称三相电路，其中电源和负载都为三角形连接，经过一定的等值变换，仍能把这种电路的计算归结为一相来计算。首先，将三角形电源和三角形负载都化成等值的星形连接，如图4.14（b）所示。在电源方面，按对称星形连接的线电压和相电压之间关系由式（4.2），可得 $\dot{E}_A=\dot{E}_{AB}/(\sqrt{3}\angle 30^\circ)$。而负载方面，$Z_4'=Z_4/3$。根据电路对称性的特点，$N$、$N_1$、$N_2$ 三点的电位相同，当用一根导线把它们连起来时，如图4.14（b）中的虚线，这根中线上是没有电流的，也就是说，连接这根线不改变电路的电流、电压分布情况。这样就可以取出一相，如A相，单独画出一相计算电路，如图4.14（c）所示。A相的电流、电压算出后，则其他两相的电流、电压就可以求得。

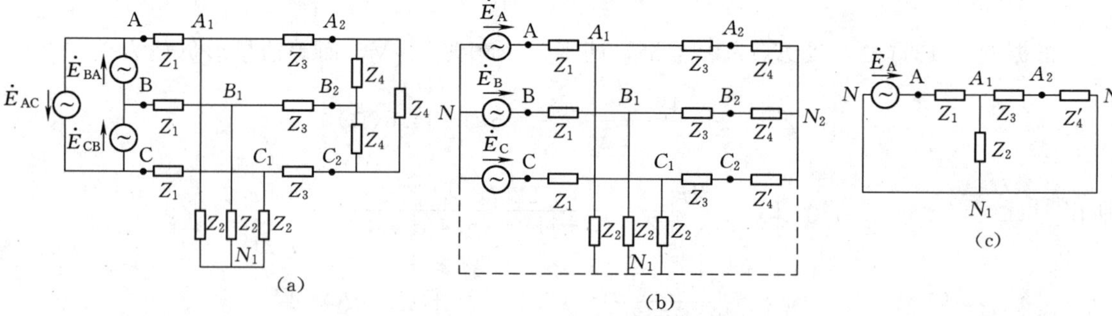

图 4.14　复杂对称三相电路及其一相计算电路

归纳起来，分析计算对称三相电路的一般方法和步骤如下：

（1）把电路中所有的三角形连接的电源和负载用等效星形连接的电源和负载代替。

（2）把所有中性点用虚设的、阻抗为0的中线连接起来，将对称三相电路化为等效的Y—Y系统。

（3）利用归结为一相的计算方法，画出一相计算电路，并计算出一相参数。

(4) 一相的电流、电压求出后，根据对称关系直接获得其他两相的电流、电压。

(5) 根据△和 Y 连接的等值变换关系和对称关系，求出原电路的电流和电压。

4.2.2　不对称三相电路的概念

在三相电路中，当三相电势或电压不对称，或者三相负载的阻抗不相等，或者三相线路的阻抗不相同时，电路中的各相电流一般是不对称的，这种电路称为不对称三相电路。显然，不对称三相电路不能直接应用上节所述的归结为一相的计算方法，而要用其他方法计算。例如，4.3 节要讨论的对称分量法。在本节中只是一般性地分析由于负载不对称而引起的特殊情况。

实际运行的电网是很复杂的，对于低压电力系统，随着用户的用电情况不同，各相负载就会不相等，如图 4.15 (a) 所示的灯泡负载。

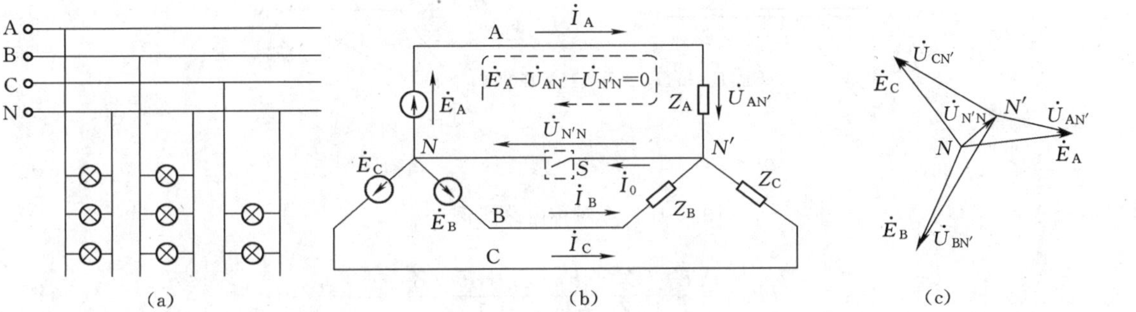

图 4.15　不平衡负载的星形连接

灯泡负载是一种不对称负载，也称为不平衡负载，接成星形时必须设中线，即采用三相四线制，在三相四线制中，由于负载不平衡，三相电流的相量和不等于零，设中线就是作为三相公共回路的，其中流有电流 $\dot{I}_N=\dot{I}_A+\dot{I}_B+\dot{I}_C$。或者说，设中线是把三相分为三个单相，使之互不影响。三相不平衡负荷如果作星形接线而不设中线，或设中线由于某种原因断开了，将引起各相电压的不对称，有的高，有的低，一相负载变动将要影响其他相。

可以从两个特殊的情况开始来认识中线的作用。首先，假设中线断开或不设中线，同时一相负载为零，即一相处于开路状态。例如，在图 4.16 (a) 中的 A 相断路时，则 B、C 两相负载相当于串联跨接在线电压 $\dot{U}_{BC}$上。此刻如果这两相负载相等，并且都是照明负载（电阻性），则每相的电压为线电压的一半，如果线电压为 380V，则每相电压为 190V。如果两相负载不等，则负载小的（电阻大）那一相电压要高于 190V，负载大的（电阻小）那一相电压要低于 190V。

其次，当中线断开或不设中线时，若一相负载发生短路，如图 4.16 (b) 中的 A 相短路，则 B、C 两相都承受着线电压，即 B 相承受线电压 U_{AB}，C 相承受线电压 U_{CA}，比正常时承受的电压高$\sqrt{3}$倍。

事实上，上述结论可以利用节点电压方程导出。对于 4.15 (b) 所示的电路。设以 N 点为参考节点，根据节点电压法，在中线断开时有

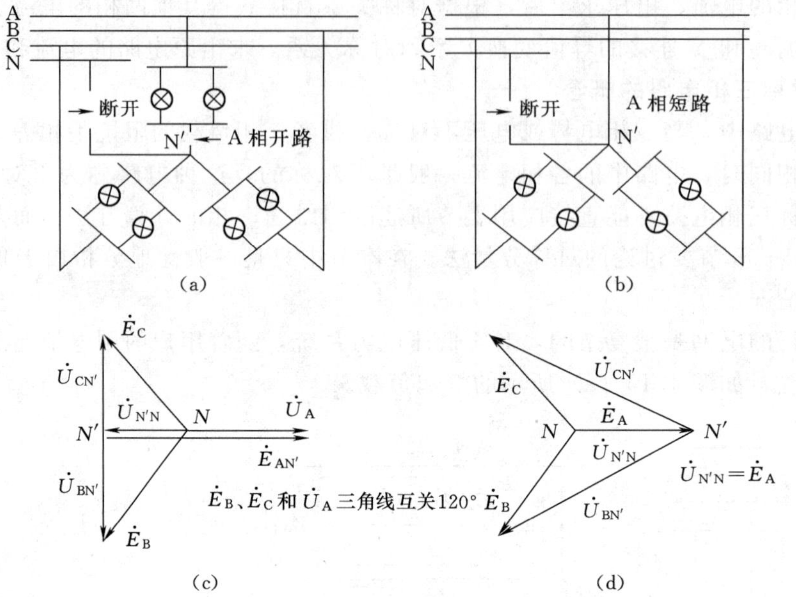

图 4.16　不对称电路实例

$$\dot{U}_{N'N}=\frac{\dot{E}_A/Z_A+\dot{E}_B/Z_B+\dot{E}_C/Z_C}{1/Z_A+1/Z_B+1/Z_C} \tag{4.9}$$

第一种情况，A 相断线，可设 $Z_B=Z_C=Z$，Z_A 趋于无穷大，于是式（4.9）可写成

$$\dot{U}_{N'N}=\frac{\dfrac{1}{Z}\left(\dfrac{\dot{E}_A Z}{Z_A}+\dot{E}_B+\dot{E}_C\right)}{\dfrac{1}{Z}\left(\dfrac{Z}{Z_A}+1+1\right)}=\frac{\dfrac{\dot{E}_A Z}{Z_A}+\dot{E}_B+\dot{E}_C}{\dfrac{Z}{Z_A}+2}$$

当 Z_A 趋于无穷大时，有

$$\left.\begin{aligned}
&\dot{U}_{N'N}=\frac{\dot{E}_B+\dot{E}_C}{2}=-\frac{\dot{E}_A}{2}\\
&\dot{U}_{AN'}=\dot{E}_A-\dot{U}_{N'N}=\frac{3\dot{E}_A}{2}\\
&\dot{U}_{BN'}=\dot{E}_B-\dot{U}_{N'N}=\dot{E}_A\angle-120^\circ+\dot{E}_A/2=-\mathrm{j}\frac{\sqrt{3}}{2}\dot{E}_A\\
&\dot{U}_{CN'}=\dot{E}_C-\dot{U}_{N'N}=\dot{E}_A\angle-240^\circ+\dot{E}_A/2=\mathrm{j}\frac{\sqrt{3}}{2}\dot{E}_A
\end{aligned}\right\} \tag{4.10}$$

由于 A 相无电流，在断开处两端有 1.5 倍相电压，而 B 相和 C 相负载上的电压大小相等，为 0.5 倍线电压，相位相差 180°，如图 4.16（c）所示。

第二种情况，A 相短路，可设 $Z_B=Z_C=Z$，Z_A 趋于 0，于是式（4.9）可写成

$$\dot{U}_{N'N}=\frac{\dfrac{1}{Z_A}\left(\dot{E}_A+\dfrac{\dot{E}_B Z_A}{Z}+\dfrac{\dot{E}_C Z_A}{Z}\right)}{\dfrac{1}{Z_A}\left(1+\dfrac{Z_A}{Z}+\dfrac{Z_A}{Z}\right)}$$

当 Z_A 趋于 0 时，有

$$\left.\begin{aligned}&\dot{U}_{N'N}=\dot{E}_A\\&\dot{U}_{BN'}=\dot{E}_B-\dot{U}_{N'N}=\dot{E}_B-\dot{E}_A=-\dot{E}_{AB}=\sqrt{3}\dot{E}_A\angle-150^\circ\\&\dot{U}_{CN'}=\dot{E}_C-\dot{U}_{N'N}=\dot{E}_C-\dot{E}_A=\dot{E}_{CA}=\sqrt{3}\dot{E}_A\angle150^\circ\end{aligned}\right\}\tag{4.11}$$

没有中线的情况下，若一相发生短路，另外两相负载上的电压为正常情况的$\sqrt{3}$倍，如图 4.16（d）所示。

由上面这两个特殊情况的分析可以认识到，在发生短路或者断线时，无中线就会导致各相电压不对称，影响各相负载的正常工作，甚至因电压升高而损坏设备。鉴于此，在三相四线制中的中线是不设开关和保险丝的，并且应当保证有一定的机械强度，以防断开。

上述只是两个特例。更一般的情况是负载既没有断开，也没有短路，只是负载不平衡，如图 4.15（b）所示。在不接中线的情况下。从式（4.9）可以看出，当负载不对称时，即使电源的电势 $\dot{E}_A$、$\dot{E}_B$、$\dot{E}_C$是对称的，但$\dot{U}_{N'N}$不等于零，即 N 点和N'点电位不同，因而负载的相电压$\dot{U}_{AN'}$、$\dot{U}_{BN'}$、$\dot{U}_{CN'}$就不对称了，这从图 4.15（c）的相量关系看得很清楚。这种负载中性点 N'和电源中性点 N 的电位不重合的现象称为负载中性点的位移。在中点位移较大时，势必引起负载中有的相电压过高，有的相电压过低。这对负载运行很不利。例如，对于照明负载，灯泡的额定电压是一定的，某一相电压过高，就会烧毁灯泡，某一相电压过低，则灯泡亮度不足。

在图 4.15 中，如果接上中线（即 S 闭合），当中线阻抗忽略不计时，则 N 和 N'点的电位就相同了，即 $\dot{U}_{N'N}=0$，这时负载各相电压和相应的电源电压相等。当电源相电压对称时，则负载相电压也对称。所以，中线的作用就是星形连接的不对称负载的各相电压对称。当有中线存在，且线路阻抗很小可以忽略时，则各相负载无论平衡与否，各相电压均对称。这样的三相四线制电路仍属于简单电路，可直接用欧姆定律进行计算。如已知电源电压和各相阻抗即可分别求出各相电流。取各相电流的相量和，就得到中线电流为

$$\dot{I}_N=\dot{I}_A+\dot{I}_B+\dot{I}_C$$

各相电流与中线电流的正方向如图 4.15（b）所示。

上面讨论是假设中线阻抗忽略不计的理想情况。实际上，中线阻抗总不可能为零，当中线中有电流流过时，就会产生电压降，势必也会引起中点位移。这就是应尽量使三相负载对称运行的原因。例如，在安装一幢三层楼房的照明时，通常是将一～三层楼的灯泡分别接到 A、B、C 三相上去，其目的也是为了尽量使三相负载对称运行，使各层楼灯泡承受的电压接近相等。

【例 4.2】 在图 4.15（b）中，$\dot{E}_A=220\angle0^\circ$（V），$Z_A=5\Omega$，$Z_B=10\Omega$，$Z_C=20\Omega$。

（1）试求线电流及中线电流，并画出电流相量图。

（2）若中线断开，求 $\dot{U}_{N'N}$及三相电流。

解 （1）虽然负载不对称，由于中线存在各相工作互不影响，可以分别计算各相电流，即

$$\dot{I}_A=\frac{\dot{E}_A}{Z_Z}=\frac{220\angle 0^\circ}{5}=44\angle 0^\circ(\text{A})$$

$$\dot{I}_B=\frac{\dot{E}_B}{Z_B}=\frac{220\angle -120^\circ}{10}=22\angle -120^\circ(\text{A})$$

$$\dot{I}_C=\frac{\dot{E}_C}{Z_C}=\frac{220\angle 120^\circ}{20}=11\angle 120^\circ(\text{A})$$

$$\dot{I}_N=\dot{I}_A+\dot{I}_B+\dot{I}_C=44\angle 0^\circ+22\angle -120^\circ+11\angle 120^\circ=29\angle -19^\circ(\text{A})$$

图 4.17 所示为三相电流及中线电流的相量图。

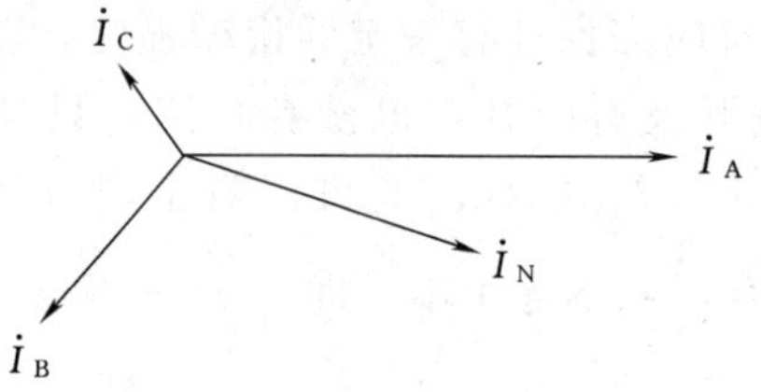

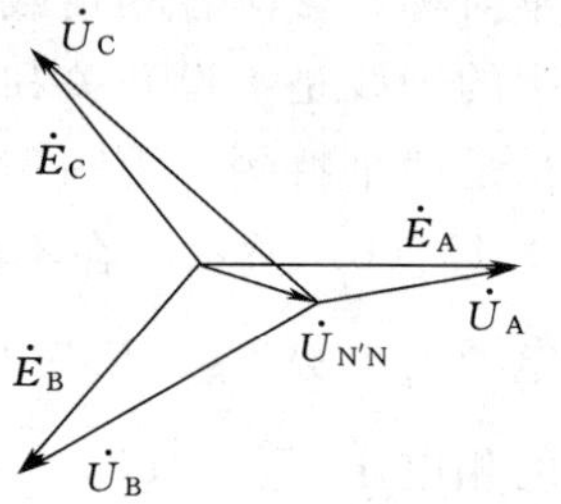

图 4.17　不对称电路的电流电压

(a) 中线接通时的电流；(b) 中线断开时的电压

(2) 当中线断开时，由式 (4.9) 得

$$\dot{U}_{N'N}=\frac{\dot{E}_A Y_A+\dot{E}_B Y_B+\dot{E}_C Y_C}{Y_A+Y_B+Y_C}=\frac{220/5\angle 0^\circ+220/10\angle 120^\circ+220/20\angle -120^\circ}{1/5+1/10+1/20}$$

$$=78.6-\text{j}27.217=83.2\angle -19.1^\circ(\text{V})$$

$$\dot{I}_A=\frac{\dot{E}_A-\dot{U}_{N'N}}{Z_A}=\frac{220-78.6+\text{j}27.217}{5}=\frac{144\angle 10.9^\circ}{5}=28.8\angle 10.9^\circ(\text{A})$$

$$\dot{I}_B=\frac{\dot{E}_B-\dot{U}_{N'N}}{Z_B}=\frac{-220(0.5+\text{j}0.866)-78.6+\text{j}27.217}{10}=24.95\angle -139.16^\circ(\text{A})$$

$$\dot{I}_C=\frac{\dot{E}_C-\dot{U}_{N'N}}{Z_C}=\frac{220(-0.5+\text{j}0.866)-78.6+\text{j}27.217}{20}=14.4\angle 130.9^\circ(\text{A})$$

显然，由于中性点位移，导致各相负载上电压不对称，如图 4.17 (b) 所示，所以电流也不对称。

4.2.3　三相电路的功率

1. 三相电路的平均功率

三相电源输出的平均功率，或者三相负载吸收的平均功率都等于它们各相的平均功率之和，即

$$P=P_A+P_B+P_C=U_A I_A\cos\varphi_A+U_B I_B\cos\varphi_B+U_C I_C\cos\varphi_C \tag{4.12}$$

式中：U_A、U_B、U_C、I_A、I_B、I_C 分别为 A、B、C 各相负载上的相电压和通过各相负载的相电流；φ_A、φ_B、φ_C 分别为各相负载上的相电压 U_p 与相电流 I_p 之间的相位差 φ。

在对称三相制电路中，由于各相电压和各相电流的有效值均相等，而且各相电压、电

流之间的相位差也相等，因而各相的平均功率相等，这时三相电路的平均功率式（4.12）表示为

$$P=3U_{p}I_{p}\cos\varphi \tag{4.13}$$

若用线电压和线电流来表示三相功率，则可写成

$$P=\sqrt{3}U_{l}I_{l}\cos\varphi \tag{4.14}$$

式中：U_{l}、I_{l} 分别为线电压和线电流；φ 仍然为相电压与相电流之间的相位差，它决定于负载的阻抗，而与负载的连接法无关。

与式（4.13）相比，$U_{l}I_{l}$ 是 $U_{p}I_{p}$ 的$\sqrt{3}$倍。这是因为，负载采用 Y 连接时，相电流等于线电流，线电压是相电压的$\sqrt{3}$倍。同样，三相电路的无功功率等于各相无功功率之和，即

$$\begin{aligned}Q&=Q_{A}+Q_{B}+Q_{C}\\&=U_{A}I_{A}\sin\varphi_{A}+U_{B}I_{B}\sin\varphi_{B}+U_{C}I_{C}\sin\varphi_{C}\\&=3U_{p}I_{p}\sin\varphi\\&=\sqrt{3}U_{l}I_{l}\sin\varphi\end{aligned} \tag{4.15}$$

而视在功率则应为

$$S=\sqrt{P^{2}+Q^{2}} \tag{4.16}$$

2. 三相电路的瞬时功率

正弦电流电路中瞬时功率的表示式为

$$\begin{aligned}p=ui&=[\sqrt{2}U\sin\omega t][\sqrt{2}I\sin(\omega t-\varphi)]\\&=2UI[\sin^{2}\omega t\cos\varphi+\sin\omega t\cos\omega t\sin\varphi]\\&=UI[(1-\cos2\omega t)\cos\varphi+\sin2\omega t\sin\varphi]\\&=UI\cos\varphi-UI\cos(2\omega t-\varphi)\end{aligned}$$

其中前面一项是平均功率，后面一项是以两倍于电源频率而交变着的功率。对于对称三相电路来说，各相的瞬时功率为

$$p_{A}=u_{A}i_{A}=\sqrt{2}U_{A}\sin\omega t\sqrt{2}I_{A}\sin(\omega t-\varphi)=UI[\cos\varphi-\cos(2\omega t-\varphi)]$$

$$\begin{aligned}p_{B}=u_{B}i_{B}&=\sqrt{2}U_{B}\sin(\omega t-120^\circ)\sqrt{2}I_{B}\sin(\omega t-120^\circ-\varphi)\\&=UI[\cos\varphi-\cos(2\omega t-240^\circ-\varphi)]\end{aligned}$$

$$\begin{aligned}p_{C}=u_{C}i_{C}&=\sqrt{2}U_{C}\sin(\omega t-240^\circ)\sqrt{2}I_{C}\sin(\omega t-240^\circ-\varphi)\\&=UI[\cos\varphi-\cos(2\omega t-480^\circ-\varphi)]\end{aligned}$$

三相瞬时功率之和为

$$\begin{aligned}p&=p_{A}+p_{B}+p_{C}\\&=3UI\cos\varphi-UI[\cos(2\omega t-\varphi)+\cos(2\omega t-240^\circ-\varphi)+\cos(2\omega t-480^\circ-\varphi)]\\&=3UI\cos\varphi\end{aligned} \tag{4.17}$$

式中，后面三项由于对称关系，其和为 0。

式（4.17）表明：对称三相电路的瞬时功率是一个常量，其值等于平均功率。这是对称三相电路的一种很好的性质，习惯上把这种特性称之为瞬时功率的平衡，或平衡制。这

种特性反映到三相发电机或三相电动机的运行上，就使电机转轴所受到的转矩平稳，没有振动。这也是三相制的优点之一。显然，对单相电动机来说，情况就不是这样，由于它的瞬时功率以两倍电源频率而脉动着，所以有不良的振动。

3. 三相功率的测量

对于三相三线系统，不论对称或不对称，测量三相功率使用二瓦特计法，如图 4.18 所示。下面讨论这种测量方法的正确性。

先假设负载是星形连接，由此，三相瞬时功率可写成

$$\begin{aligned}p&=p_A+p_B+p_C\\&=u_Ai_A+u_Bi_B+u_Ci_C\end{aligned}$$

在三相三线制中，根据基尔霍夫电流定律，有 $i_A+i_B+i_C=0$，即 $i_C=-(i_A+i_B)$，将此代入上式并整理得

$$p=(u_A-u_C)i_A+(u_B-u_C)i_B=u_{AC}i_A+u_{BC}i_B$$

当电路是正弦电流时，按求平均功率的方法，将上式瞬时功率取一个周期的平均值即得三相平均功率

$$P=U_{AC}I_A\cos\varphi_1+U_{BC}I_B\cos\varphi_2 \tag{4.18}$$

式中：φ_1 和 φ_2 分别为 $\dot{U}_{AC}$ 与 $\dot{I}_A$ 之间、$\dot{U}_{BC}$ 与 $\dot{I}_B$ 之间的相位差。

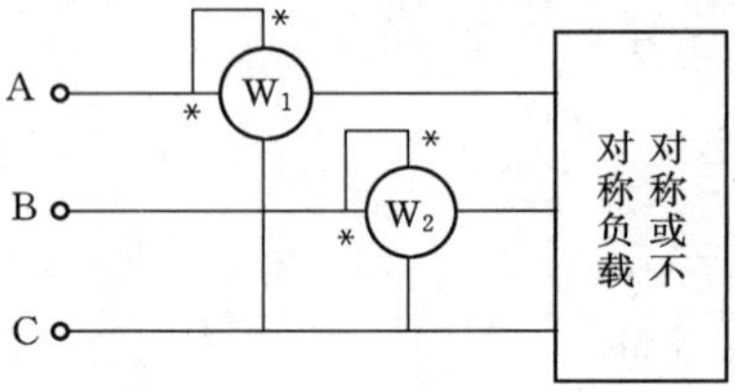

图 4.18　三相功率的测量

显然，图 4.18 所示的两个瓦特计的接法正是满足了这个式子的要求，因而，这两个瓦特计读数的代数和就是三相的总功率。每个瓦特计中有一个电压线圈和一个电流线圈，两个线圈的始端标有“*”号，表示这两端应接在电源的同一端。否则，电流（或电压）的相位接反，可能引起指针反偏转，以至不能读出功率的正确数值。

上面的说明虽是从星形连接出发，但最后的表示式却仅与线电压、线电流有关，因此，二瓦特计法也适用于三角形连接。

对于三相四线制，除对称运行外，不能用二瓦特计法来测量三相功率，因为这时 $i_A+i_B+i_C\neq0$。

【例 4.3】 工业上用的三相电阻炉常常利用改变热电阻丝的接法来控制功率，达到调节炉内温度的目的。今有一台三相电阻炉，其每相电阻 $R=8.68\Omega$。试问：

（1）在 380V 线电压下，三角形和星形连接时各从电网取用多少功率？

（2）在 220V 线电压下，三角形连接的功率是多少？

解

（1）接成三角形时，线电流等于$\sqrt{3}$倍相电流。

相电流为　$I=\dfrac{U}{R}=\dfrac{380}{8.68}=43.8(\text{A})$

线电流为　$I_l=\sqrt{3}I=1.732\times43.8=75.8(\text{A})$

功率为　$P=\sqrt{3}U_lI_l\cos\varphi=1.732\times380\times75.8\times1.0=50(\text{kW})$

接成星形时，线电流等于相电流，但相电压为线电压的$1/\sqrt{3}$倍，所以电流为

$$I=I_l=\frac{\frac{380}{\sqrt{3}}}{8.68}=25.3(\text{A})$$

功率为　　$P=\sqrt{3}\,U_1I_1\cos\varphi=1.732\times380\times25.3\times1.0=16.7(\text{kW})$

(2) 线电压220V时，三角形负载中的相电流为

$$I=\frac{220}{8.68}=25.3(\text{A})$$

线电流为　　$I_1=\sqrt{3}I=43.8(\text{A})$

功率为　　$P=\sqrt{3}U_1I_1\cos\varphi=1.732\times220\times43.8\times1.0=16.7(\text{kW})$

由［例4.3］可见：

(1) 在线电压不变时，一个负载从三角形连接改成星形连接，相电压和相电流都为原来的$1/\sqrt{3}$，所以功率减少为原来的1/3。

(2) 只要每相负载所承受的相电压相同，则不管这个负载接成星形还是三角形，其相电流和功率均相等。在实际中，有些三相用电器的名牌上写220V/380V—△/Y，是指这个用电器可在线电压220V下接成三角形，或者在线电压380V下接成星形，就能保证两种接法时每相负载的两端的电压不变，从而使负载消耗的功率相等。

4.3　对称分量法及其应用

三相发电机产生的三相电势一般是对称的。发电机运转在对称三相电路中，通过对称三相电流时，三相电源内部压降可用三个对称的内阻抗电压代替。若系统发生异常和短路故障，通过不对称三相电流时，其内部的压降则不能用一组对称的内阻抗压降代替。这样，发电机输出的三相电势就不再是对称电势。三相变压器、三相电动机也是这样，它们处在不对称三相电压作用之下，或负载阻抗不对称时，三相电流也不是对称的。这时，归结为一相进行电路计算的方法就不适用了。因而需要用到一些特殊的分析方法，如广泛采用的对称分量法，本节简要介绍该方法的基本知识。需要说明的是，对于单元机组运行值班员来说，重要的不是要进行短路计算，而是要通过下面的分析，理解不对称短路电路的特点，便于进行电气事故分析。

4.3.1　三相电压和电流的对称分量

1. 对称分量

对称分量法就是把加在电机上的不对称电压或通过电机的不对称电流分解为几组对称的电压或电流，称之为对称分量。在每组对称分量的作用下，电机的阻抗又可用一组对称的阻抗等效代替。根据叠加原理，求出各对称分量单独作用的结果后，再把这些结果叠加起来，从而得到不对称电路的解。下面先介绍对称分量的概念，4.3.2讨论用对称分量法计算电路。

几组相序相同的对称三相正弦量相加的结果是一组同相序的对称三相正弦量。要把一组不对称的三相正弦量分解为几组对称的正弦量，则这几组对称三相正弦量的相序必然是

不同的。对称三相正弦量的条件，除了频率相同、有效值相同外，还有一个条件是相位一个比一个顺次超前（或滞后），且相位差相同。所以，正如 4.1 节中所讲述的，一共有三种相序的对称正弦量：一种是 A 相比 B 相超前 120°、B 相比 C 相超前 120°、C 相也比 A 相超前 120°，相序为 A—B—C，这样的相序叫正序；另一种是 A 相比 B 相滞后 120°（即超前 240°）、B 相比 C 相滞后 120°、C 相比 A 相滞后 120°，相序为 A—C—B，这样的相序称为负序；一种是 A 相比 B 相超前 0°、B 相比 C 相超前 0°、C 相比 A 相超前 0°，即三者同相，这样的相序称为零序。

几组不同相序的对称三相正弦量相加的结果是一组不对称三相正弦量。任意一组不对称的三相正弦量都可以分解为三组对称正弦量，也就是可以把一组不对称三相正弦量看成三组对称三相正弦量的叠加。这三组对称三相正弦量称为原来的一组不对称三相正弦量的对称分量。这三组对称分量中，一组是正序，称为正序分量；一组是负序，称为负序分量；还有一组是零序，称为零序分量。

一组不对称的三个相量电流（或电压）$\dot{I}_A$、$\dot{I}_B$、$\dot{I}_C$，如图 4.19（a）所示，可以分解成相序不相同的三组对称分量：正序分量 $\dot{I}_{A1}$、$\dot{I}_{B1}$、$\dot{I}_{C1}$，如图 4.19（b）所示；负序分量 $\dot{I}_{A2}$、$\dot{I}_{B2}$、$\dot{I}_{C2}$，如图 4.19（c）所示；零序分量 $\dot{I}_{A0}$、$\dot{I}_{B0}$、$\dot{I}_{C0}$，如图 4.19（d）所示；则原有不对称的三个相量就可以表示成

$$\left.\begin{aligned}\dot{I}_A&=\dot{I}_{A0}+\dot{I}_{A1}+\dot{I}_{A2}\\\dot{I}_B&=\dot{I}_{B0}+\dot{I}_{B1}+\dot{I}_{B2}\\\dot{I}_C&=\dot{I}_{C0}+\dot{I}_{C1}+\dot{I}_{C2}\end{aligned}\right\}\tag{4.19}$$

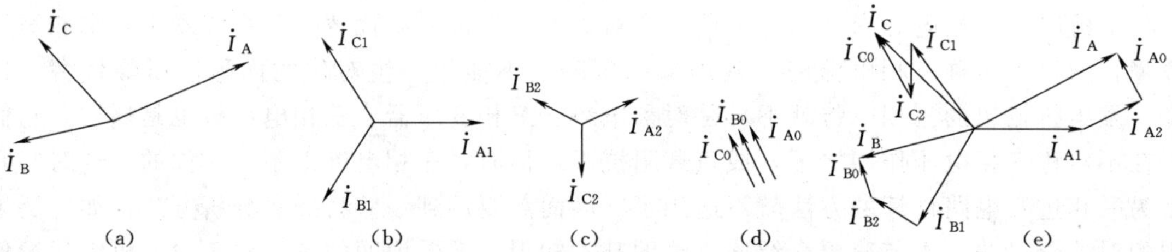

图 4.19　不对称的三个相量及其对称分量

可见，一组不对称的三个相量，可以看作是三组对称分量的合成，如图 4.19（e）所示。

用 A 相作为基准相，并引入一个运算符号‘α’，称为算子，它是一个复数，模为 1，幅角为 120°，即

$$\alpha=1\angle 120°=-1/2+\mathrm{j}\frac{\sqrt{3}}{2}$$

将任一相量乘以 α 时，就相当于将该相量沿正的方向（逆时针方向）旋转 120°，而乘 α^2 就相当于将该相量沿负的方向（顺时针方向）旋转 120°，即

$$\alpha^2=1\angle -120°=-1/2-\mathrm{j}\frac{\sqrt{3}}{2}$$

所以 $$1+\alpha+\alpha^2=0$$

由于 α^3 相当于把一个相量逆时针旋转 360°，故 $\alpha^3=1$。

利用运算符号后，便可将各相用的正序、负序、零序分量用 A 相的对称分量来表示。如 $\dot{I}_{B1}=\dot{I}_{A1}\angle{-120°}=\alpha^2\dot{I}_{A1}$，$\dot{I}_{C1}=\dot{I}_{A1}\angle{120°}=\alpha\dot{I}_{A1}$，则式（4.19）可以写成

$$\left.\begin{aligned}\dot{I}_A&=\dot{I}_{A0}+\dot{I}_{A1}+\dot{I}_{A2}\\ \dot{I}_B&=\dot{I}_{A0}+\alpha^2\dot{I}_{A1}+\alpha\dot{I}_{A2}\\ \dot{I}_C&=\dot{I}_{A0}+\alpha\dot{I}_{A1}+\alpha^2\dot{I}_{A2}\end{aligned}\right\}\tag{4.20}$$

而对称分量也可以由三个不对称相量求得。将式（4.20）三个方程相加得

$$\dot{I}_{A0}=\frac{\dot{I}_A+\dot{I}_B+\dot{I}_C}{3}\tag{4.21}$$

将式（4.20）中 I_B 乘 α、式（4.20）中 I_C 乘 α^2，再与式（4.20）中 I_A 相加得

$$\dot{I}_{A1}=\frac{\dot{I}_A+\alpha\dot{I}_B+\alpha^2\dot{I}_C}{3}\tag{4.22}$$

将式（4.20）中 I_B 乘 α^2、式（4.20）中 I_C 乘 α^2，再与式（4.20）中 I_A 相加得

$$\dot{I}_{A2}=\frac{\dot{I}_A+\alpha^2\dot{I}_B+\alpha\dot{I}_C}{3}\tag{4.23}$$

可见，应用对称分量法时，仅需计算某一相（如基准相即 A 相）的对称分量 $\dot{I}_{A0}$、$\dot{I}_{A1}$、$\dot{I}_{A2}$，便能求得到其他对称分量。根据式（4.20）可以把三组对称分量合成为一组不对称相量，而根据式（4.21）～式（4.23）则可以把一组不对称相量分解成三组对称分量。它们是用对称分量法分析计算中经常要用到的基本公式。式（4.20）、式（4.21）～式（4.23）是用电流的形式表示的，三相不对称电压的分解方法、方程组形式与电流方程式完全一样，只要把其中的电流符号用电压取代即可。

【例 4.4】 根据［例 4.2］的数据计算：

（1）将中线接通时三相不对称电流分解成三组对称分量，并画出相量图。

（2）当中线断开时，求零序电流分量。

解

（1）根据式（4.21）～式（4.23）可求出 A 相电流的正序、负序、零序分量为

$$\dot{I}_{A1}=\frac{\dot{I}_A+\alpha\dot{I}_B+\alpha^2\dot{I}_C}{3}=\frac{44+22+11}{3}=25.7\angle{0°}\ (A)$$

$$\dot{I}_{A2}=\frac{\dot{I}_A+\alpha^2\dot{I}_B+\alpha\dot{I}_C}{3}=\frac{44+22\angle{-240°}+11\angle{240°}}{3}=9.7\angle{19.1°}\ (A)$$

$$\dot{I}_{A0}=\frac{\dot{I}_A+\dot{I}_B+\dot{I}_C}{3}=\frac{44\angle{0°}+22\angle{-120°}+11\angle{120°}}{3}=9.67\angle{-19°}\ (A)$$

比较［例 4.2］可知，零序电流 $\dot{I}_{A0}$ 的大小是中线电流 $\dot{I}_N$ 大小的 1/3。

根据正序、负序、零序分量 A、B、C 三相电流的相位关系，可以画出正序、负序、零序分量的相量图，如图 4.20（a）、（c）所示。将正序、负序、零序分量 A、B、C 三相

电流分别相量相加（如 $\dot{I}_{A}=\dot{I}_{A1}+\dot{I}_{A2}+\dot{I}_{A0}$），可以还原图 4.17 所示的一组非对称电流，如图 4.20（d）所示，利用式（4.20）可以得到同样的结果。

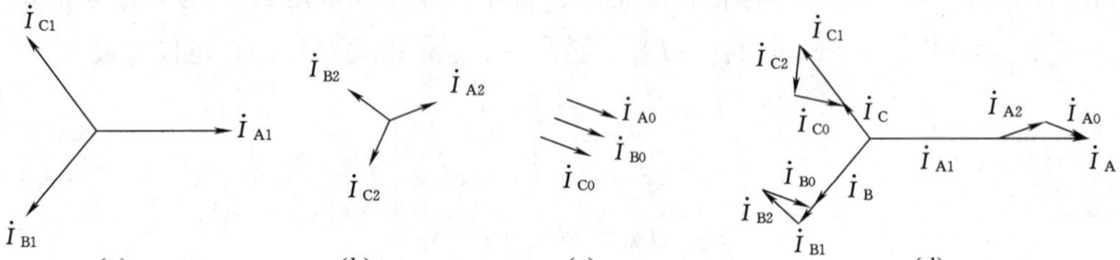

图 4.20　不对称相量分解成对称分量

（2）根据式（4.21）和［例 4.2］的计算结果可得

$$
\begin{aligned}
\dot{I}_{A0}&=\frac{\dot{I}_{A}+\dot{I}_{B}+\dot{I}_{C}}{3}\\
&=\frac{28.8\angle 10.9^{\circ}+24.85\angle -139.16^{\circ}+14.4\angle 130.9^{\circ}}{3}\\
&=0
\end{aligned}
$$

可见，当中线断开时，尽管三相电流不对称，仍然没有零序电流，利用式（4.23），可以计算出电路中的负序电流。

由图 4.19 和图 4.20 可以看出：三相正序分量的相量和为零，三相负序分量的相量和也为零，只有三相零序分量的相量和不为零。可见，正序分量和负序分量都是对称而且平衡的系统，零序分量也是对称的，但不是平衡的系统。必须指出，这里讨论的正序、负序、零序各分量与 4.1.1 中讲述的实质上是一致的。4.1.1 中讲述可以改变发电机接线或结构来产生正序、负序、零序电压，这虽然在实际应用中是不必要的，但它能形象地描绘出各序电压（或电流）的基本特征。这里讨论的是为了便于计算不对称电路，把一组不对称的三相电压（或电流）分解成对称的正序、负序和零序电压（或电流）。

2. 三相电流和电压对称分量的有关性质

（1）线电流。因为一组不对称三相正弦量的零序分量等于这组正弦量之和的 1/3，如果这组正弦量之和等于零，那么这组不对称三相正弦量中不含有零序分量。

在三相三线制电路中，因为 $\dot{I}_{A}+\dot{I}_{B}+\dot{I}_{C}=0$，所以，不对称的线电流中不含有零序分量。而线电流对称就表示只有正序分量。这样，三相三线制电路中，如果线电流不对称，那么线电流中一定含有负序分量。设中线电流 $\dot{I}_{N}=\dot{I}_{A}+\dot{I}_{B}+\dot{I}_{C}$，由式（4.21）得三相四线制电路的中线电流为

$$\dot{I}_{N}=3\dot{I}_{A0} \tag{4.24}$$

三相四线制电路中，当线电流之和不等于零时，中线中有电流，而三个线电流的正序分量在中线中抵消，负序分量也在中线中抵消，中线电流中只含有线电流的零序分量，且是零序分量的三倍。所以，可以认为中线是线电流中零序分量的通路。

（2）线电压。由于线电压 $\dot{U}_{AB}$、$\dot{U}_{BC}$、$\dot{U}_{CA}$ 在电路中的路径（A—B—C—A）形成一个

闭合回路，如图 4.8（b），所以，无论是三相三线制电路还是三相四线制电路，都有 $\dot{U}_{AB}+\dot{U}_{BC}+\dot{U}_{CA}=0$。因此，在线电压中不含有零序分量，如果线电压不对称，可以认定在线电压中含有负序分量。

4.3.2 对称分量法分析不对称的三相电路

在三相电路中，三相电源电势 $\dot{E}_A$、$\dot{E}_B$、$\dot{E}_C$ 一般是对称的。由于系统发生接地或相间短路故障，就出现了阻抗不对称的情况。由于负载阻抗不对称，流过发电机的三相电流 $\dot{I}_A$、$\dot{I}_B$、$\dot{I}_C$ 就不对称，电流在电源内部的阻抗压降不对称，三相电压 $\dot{U}_A$、$\dot{U}_B$、$\dot{U}_C$ 也不对称。正序、负序和零序电流流过发电机时，发电机的内阻抗是不一样的。也就是说，发电机的阻抗也可以分正序阻抗、负序阻抗和零序阻抗。下面讨论用对称分量法分析计算阻抗不对称三相电路的基本方法。

如图 4.21（a）所示电路，三相电源电势对称，并设 $\dot{E}_A=E\angle 0°$，已知发电机本身的各序阻抗分别为 Z_1、Z_2、Z_0。为了求得发电机三相电压 $\dot{U}_A$、$\dot{U}_B$、$\dot{U}_C$ 和三相电流 $\dot{I}_A$、$\dot{I}_B$、$\dot{I}_C$，先把不对称电压 $\dot{U}_A$、$\dot{U}_B$、$\dot{U}_C$ 分解为正序、负序和零序三组对称分量，就可以把不对称的三相电路分解成正序、负序和零序三组对称电路。对于正序、负序和零序三组对称电路，可以采用 4.2 的方法，归结为一相计算电路。设 $\dot{U}_A=\dot{U}_{A0}+\dot{U}_{A1}+\dot{U}_{A2}$，$\dot{I}_A=\dot{I}_{A0}+\dot{I}_{A1}+\dot{I}_{A2}$，得到正序、负序、零序三组对称电路的单线图，如图 4.21（b）～（d）所示。由于发电机电势是对称的，所以电势只有正序分量，没有负序分量和零序分量。从单线图中可以分别得到

$$\left.\begin{aligned}\dot{E}&=\dot{I}_{A1}Z_1+\dot{U}_{A1}\\0&=\dot{I}_{A2}Z_2+\dot{U}_{A2}\\0&=\dot{I}_{A0}Z_0+\dot{U}_{A0}\end{aligned}\right\}\tag{4.25}$$

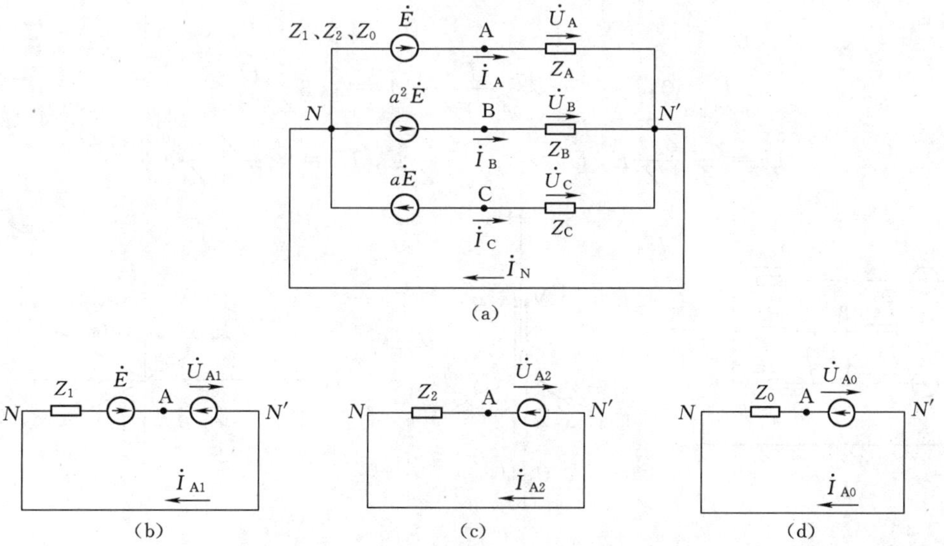

图 4.21 对称分量法应用于不对称负载电路

电势对称的三相发电机在各种不对称情况下运行时，总满足式（4.25），其中的 $\dot{U}_{A0}$、$\dot{U}_{A1}$、$\dot{U}_{A2}$、$\dot{I}_{A0}$、$\dot{I}_{A1}$、$\dot{I}_{A2}$ 是待求的未知数，这三个式子称为基本方程式。待求的未知数共有六个，基本方程式只有三个，还缺少的三个方程式。这三个方程式要根据不对称短路的类型，由其边界条件得到，称为辅助方程式。把三个基本方程式和三个辅助方程式联立，就能先解出 $\dot{U}_{A0}$、$\dot{U}_{A1}$、$\dot{U}_{A2}$、$\dot{I}_{A0}$、$\dot{I}_{A1}$、$\dot{I}_{A2}$，再按式（4.20）得到 $\dot{U}_A$、$\dot{U}_B$、$\dot{U}_C$ 和 $\dot{I}_A$、$\dot{I}_B$、$\dot{I}_C$，对称分量法就是这样计算阻抗不对称三相电路的。以下根据短路的类型，通过几个实例来说明。

1. 两相短路

如图 4.22（a）所示电路中，发电机的三相电势对称，$\dot{E}_A=\dot{E}$，发电机的各序阻抗分别为 Z_1、Z_2、Z_0。发电机出口发生 B、C 两相短路故障。试求故障点的短路电流 $\dot{I}_B$、$\dot{I}_C$，以及故障时的三相电压 $\dot{U}_A$、$\dot{U}_B$、$\dot{U}_C$。设 $\dot{U}_A=\dot{U}_{A0}+\dot{U}_{A1}+\dot{U}_{A2}$，$\dot{I}_A=\dot{I}_{A0}+\dot{I}_{A1}+\dot{I}_{A2}$，基本方程为式（4.25）。相对于故障相的电流而言，非故障相的电流很小。所以，在计算电力系统短路电流时，为简化计算，可将非故障相的电流视为零。并在此简化假设的条件下，列出三个辅助方程式。按照本例的故障情况，可得

$$\dot{I}_A=0,\ \dot{I}_B+\dot{I}_C=0,\ \dot{U}_B=\dot{U}_C$$

利用式（4.21）～式（4.23）可得

$$\dot{I}_{A0}=0,\ \dot{I}_{A1}+\dot{I}_{A2}=0,\ \dot{U}_{A0}=0,\ \dot{U}_{A1}=\dot{U}_{A2}$$

利用上述结果和式（4.25），可以求得

$$\dot{I}_{A0}=0,\ \dot{I}_{A1}=\frac{\dot{E}}{Z_1+Z_2},\ \dot{I}_{A2}=-\frac{\dot{E}}{Z_1+Z_2} \tag{4.26}$$

$$\dot{U}_{A1}=\frac{Z_2}{Z_1+Z_2}\dot{E},\ \dot{U}_{A2}=\frac{Z_2}{Z_1+Z_2}\dot{E} \tag{4.27}$$

从而得到

$$\dot{I}_A=0,\dot{I}_B=-\mathrm{j}\sqrt{3}\frac{\dot{E}}{Z_1+Z_2},\ \dot{I}_C=\mathrm{j}\sqrt{3}\frac{\dot{E}}{Z_1+Z_2} \tag{4.28}$$

$$\dot{U}_A=\frac{2Z_2}{Z_1+Z_2}\dot{E},\ \dot{U}_B=-\frac{Z_2}{Z_1+Z_2}\dot{E},\ \dot{U}_C=-\frac{Z_2}{Z_1+Z_2}\dot{E} \tag{4.29}$$

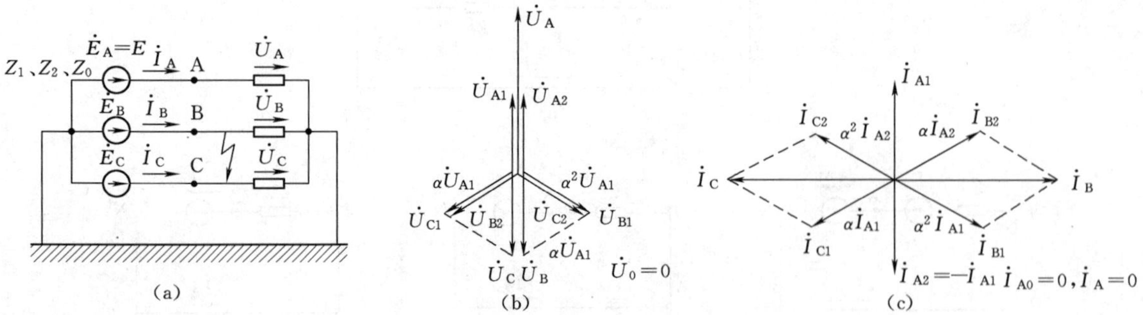

图 4.22　两相短路

根据所得，可以作出电力系统两相短路故障时，故障点的电流相量图和电压相量图，分别如图 4.22（b）、（c）所示。在图 4.22（b）中，先以任意假定一个方向画出正序分量相量 $\dot{U}_{A1}$，以 $\dot{U}_{A1}$ 为参考，根据正序对称关系画出 $\dot{U}_{B1}$、$\dot{U}_{C1}$；再根据 $\dot{U}_{A2}=\dot{U}_{A1}$，画出 $\dot{U}_{A2}$，并根据负序对称关系画出 $\dot{U}_{B2}$、$\dot{U}_{C2}$；然后根据式（4.19）画出 $\dot{U}_{B}$、$\dot{U}_{C}$。在图 4.22（c）中，先画出正序分量相量 $\dot{I}_{A1}$、根据正序对称关系画出 $\dot{I}_{B1}$、$\dot{I}_{C1}$；再根据 $\dot{I}_{A2}=-\dot{I}_{A1}$ 画出 $\dot{I}_{A2}$，并根据负序对称关系画出 $\dot{I}_{B2}$、$\dot{I}_{C2}$，然后相量相加画出 $\dot{I}_{B}$、$\dot{I}_{C}$。当然，也可以按照式（4.20）中 $\dot{I}_{B}=\dot{I}_{A0}+a^2\dot{I}_{A1}+a\dot{I}_{A2}$，用旋转对称分量的方法将 $\dot{I}_{A1}$ 顺时针旋转 120°，将 $\dot{I}_{A2}$ 逆时针旋转 120°，然后相量相加得到 $\dot{I}_{B}$，用类似的方法可以得到 $\dot{I}_{C}$。

从上面的分析中可以看出，电力系统两相短路的故障电流中没有零序分量，这是因为故障电流只在两相之间，没有流入大地。

2. 单相接地短路

图 4.23（a）所示电路中，发电机的三相电势对称，$\dot{E}_{A}=\dot{E}$，发电机本身的各序阻抗为 Z_1、Z_2、Z_0。发电机出口发生 A 相接地短路故障。试求故障点的短路电流 $\dot{I}_{A}$。

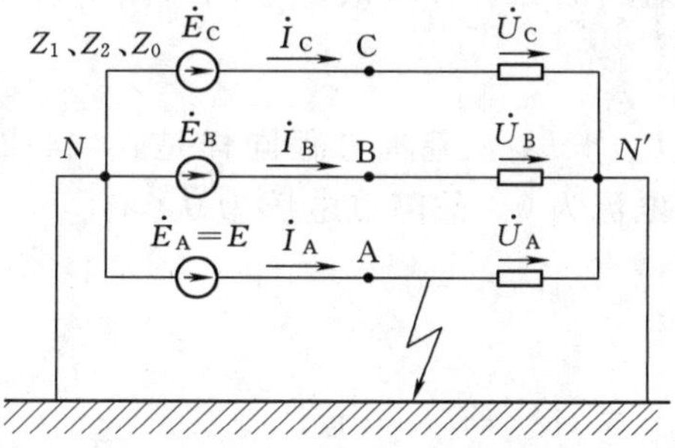

（a）

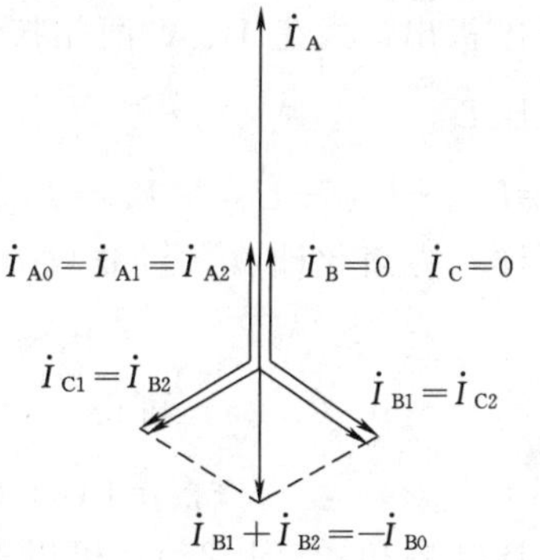

（b）

图 4.23　单相接地短路

设 $\dot{U}_{A}=\dot{U}_{A0}+\dot{U}_{A1}+\dot{U}_{A2}$，$\dot{I}_{A}=\dot{I}_{A0}+\dot{I}_{A1}+\dot{I}_{A2}$，基本方程仍为式（4.25）。

与两相短路一样，为简化计算，设非故障相电流为 0，同时设故障点电压为 0，有

$$\dot{U}_{A}=0,\dot{I}_{B}=0\ ,\dot{I}_{C}=0$$

利用式（4.21）～式（4.23）可得

$$\dot{U}_{A0}+\dot{U}_{A1}+\dot{U}_{A2}=0,\ \dot{I}_{A0}=\dot{I}_{A1}=\dot{I}_{A2}$$

利用上述结果和式（4.25），可以求得

$$\dot{I}_{A1}=\dot{I}_{A2}=\dot{I}_{A0}=\frac{\dot{E}}{Z_1+Z_2+Z_0} \tag{4.30}$$

故障相的电流为

$$\dot{I}_{A}=3\dot{I}_{A1}=\frac{3\dot{E}}{Z_1+Z_2+Z_0} \tag{4.31}$$

系统单相接地短路时的电流相量图如图 4.23（b）所示。图中，先画出 $\dot{I}_{A1}$、$\dot{I}_{A2}$、$\dot{I}_{A0}$，再由 $\dot{I}_A=3\dot{I}_{A1}$ 画出 $\dot{I}_A$。然后按 B、C 相正序、负序、零序分量与 $\dot{I}_{A1}$、$\dot{I}_{A2}$、$\dot{I}_{A0}$ 的关系画出各序分量，最后再按式（4.19）将 B 相正序、负序、零序分量相加可得 $\dot{I}_B=0$。类似可得 $\dot{I}_C=0$。

从上面的分析可以看出，中性点接地系统中发生单相接地故障时，故障电流中含有正序分量，负序分量和零序分量，中线中流过三倍的零序电流。如果在电源的中线上接有零序电流互感器，就可以通过互感器的二次线圈把这个零序电流送到继电器，使之在发生接地故障时动作，这就是“零序保护”。所以零序保护能反映系统中的接地故障。

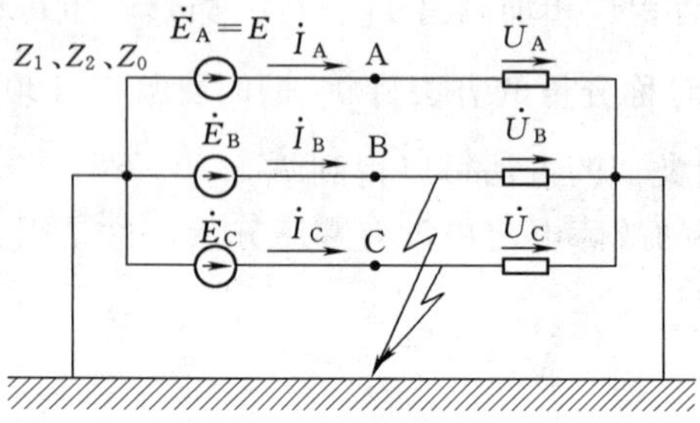

图 4.24　两相接地短路

3. 两相接地短路

图 4.24（a）所示电路中，发电机的三相电势对称，$\dot{E}_A=\dot{E}$，发电机本身的各序阻抗为 Z_1、Z_2、Z_0。发电机出口发生 B、C 两相接地短路故障。试求故障点的短路电流 $\dot{I}_B$、$\dot{I}_C$ 以及非故障相电压 $\dot{U}_A$。

设 $\dot{U}_A=\dot{U}_{A0}+\dot{U}_{A1}+\dot{U}_{A2}$，$\dot{I}_A=\dot{I}_{A0}+\dot{I}_{A1}+\dot{I}_{A2}$，基本方程同样是式（4.25）。与单相接地短路一样，为简化计算，设非故障相电流为 0，故障点电压为 0，有

$$\dot{I}_A=0,\ \dot{U}_B=0,\ \dot{U}_C=0$$

利用式（4.21）～式（4.23）可得

$$\dot{I}_{A1}+\dot{I}_{A2}+\dot{I}_{A0}=0,\ \dot{U}_{A1}=\dot{U}_{A2}=\dot{U}_{A0}$$

利用上述结果和式（4.25），可以求得

$$\dot{I}_{A1}=\frac{\dot{E}}{Z_1+Z_2/\!/Z_0},\ \dot{I}_{A0}=\frac{Z_2}{Z_2+Z_0}\dot{I}_{A1} \tag{4.32}$$

$$\dot{I}_B=\left(\alpha^2-\frac{Z_2+\alpha Z_0}{Z_2+Z_0}\right)\dot{I}_{A1}$$

$$\dot{I}_C=\left(\alpha-\frac{Z_2+\alpha^2 Z_0}{Z_2+Z_0}\right)\dot{I}_{A1}$$

故障点电压的对称分量为

$$\dot{U}_{A1}=\dot{U}_{A2}=\dot{U}_{A0}=\dot{I}_{A1}(Z_2/\!/Z_0)$$

非故障相电压为

$$\dot{U}_A=3\dot{U}_{A1}=3\dot{I}_{A1}(Z_2/\!/Z_0)$$

与单相接地短路类似，中性点接地系统中发生两相接地故障时，故障电流含有正序分量，负序分量和零序分量。流入大地中电流为

$$\dot{I}_N=\dot{I}_B+\dot{I}_C=-\frac{3Z_2}{Z_2+Z_0}\dot{I}_{A1}=3\dot{I}_{A0} \tag{4.33}$$

4.3.3 对称分量法小结

1. 对称分量法

(1) 任何一组不对称三相正弦量都可以分解为正序（A—B—C）、负序（A—C—B）和零序（相位差为零）三组对称分量。

(2) 三相三线制电路的线电流中不含零序分量。三相四线制中，中线是零序电流的通路，中线电流等于线电流零序分量的三倍，线电压中不含零序分量。

(3) 对称分量法的实质是利用叠加原理，把一组不对称电压（电流）分解为三组对称电压（电流），把一个不对称电路处理为三个对称电路的叠加，从而解决电机在不对称运行情况下的分析计算问题。

2. 系统短路的特点

对称分量法主要用于电力系统短路故障分析，电力系统典型短路故障有单相接地短路、两相短路、两相接地短路和三相对称短路。用对称分量法求解不对称电路时，对于各种短路故障的基本方程式（4.25）是一样的，只要根据故障的特点，利用式（4.21）～式（4.23），找出对称分量之间的关系，先求出对称分量，就可求出不对称电路的解。各种非对称短路的特点如下：

(1) 单相接地短路故障时，故障电流含有正序分量、负序分量和零序分量。

(2) 两相短路故障时，故障电流含有正序分量和负序分量、不含零序分量。

(3) 两相接地短路故障时，故障电流含有正序分量、负序分量和零序分量。

所以，系统发生不对称短路时，故障电流中就会有负序分量，发生接地短路，故障电流中就会有零序分量。系统短路产生零序分量有一个前提，那就是系统中性点必须直接接地，或者通过接地阻抗接地，零序电流是从电网流入大地的电流。发生不对称短路时，越接近故障点，三相电压的不对称程度越大，故负序电压和零序电压的数值在故障点处最大。至于三相对称短路，由于三相电路仍然对称，稳态过程可与正常运行一样，可归结为一相计算。

对称分量法是分析计算电力系统短路的基本方法。在电气运行中，主要是要理解上述分析得到的结论，理解不同类型的短路与各序分量之间的关系。在后续内容中，将利用这些结论分析、解决电气运行中的问题。例如，接地故障会有零序分量，利用这一特点可以构成零序保护（或称接地保护）；非对称短路会有负序分量，负序电流对电机运行的影响是发电机运行要研究的课题。同时，系统短路总是有负序分量出现，故可以把出现负序分量作为系统出现异常和故障的信号。至于电力系统的短路计算，已超出本书的范围，不作进一步讨论。

4.4 电力系统中性点接地方式

4.4.1 中性点接地的方式

通过前面的分析我们知道：三相三线制正弦交流电路线电流中没有零序电流分量；中线是零序电流的通道。在实际系统中，图4.15中的中线是通过电源和负载两侧中性点 N 和 N' 与大地连接来实现的，如图4.25（a）所示。如果中性点 N 不接地，则 $Z_0=\infty$，发生单相接地时系统中没有故障电流。所以，中性点是否接地对电力系统运行影响很大，必须进行研究。

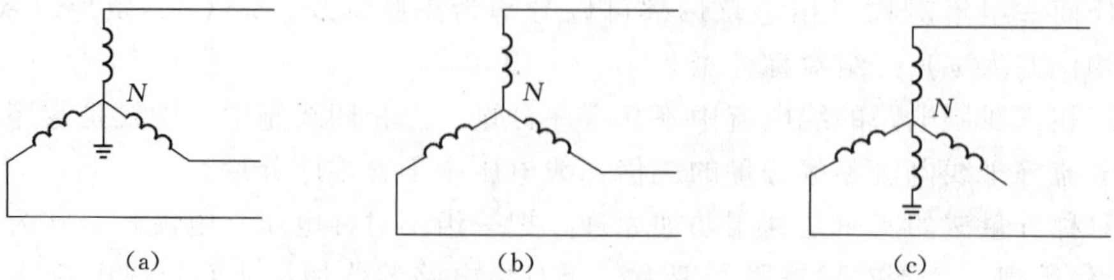

图 4.25　中性点接地方式

(a) 中性点接触；(b) 中性点绝缘；(c) 中性点经消弧线圈接地

电力系统中的三相交流发电机、变压器接成星形绕组的公共点称为电力系统的中性点。中性点与大地之间的电气连接方式称为电力系统的中性点接地方式。电力系统中性点接地方式大体可分三种：

(1) 中性点直接与接地装置连接，称为中性点直接接地系统。这种系统中，发生单相接地时短路电流很大，所以称为大接地电流系统，如图 4.25 (a) 所示。

(2) 中性点不接地系统，如图 4.25 (b) 所示，即中性点与大地是绝缘的系统。

(3) 中性点经消弧线圈接地，或经电阻接地的系统。这种接法比中性点直接接地的接地电流小，所以也叫小接地电流系统，如图 4.25 (c) 所示。中性点不接地系统和小接地电流系统都称为中性点非直接接地系统。

电力系统采用何种接地方式对电气设备及线路绝缘水平、输电线杆塔空气间隙有很大的影响，如中性点直接接地系统的绝缘水平比中性点非接地系统的要求要低得多，绝缘子片数可以减少，杆塔空气间隙也可以减小，这对运行与检修是有很大影响的。中性点接地方式对邻近通信的影响也有很大差别，中性点直接接地系统的电磁影响比中性点非接地系统要严重得多。

按照我国的技术经济政策，各种额定电压的电力系统其中性点接地方式一般是：

(1) 110kV 及以上电压等级的电力系统采用直接接地方式。

(2) 63kV 电压等级的电力系统，采用消弧线圈接地方式。

(3) 35kV 电压等级的电力系统，采用不接地方式，或经消弧线圈接地方式。凡接地电流不超过 10A 的 35kV 电力系统，采用不接地方式。

(4) 10kV、6kV 电压等级的电力系统，一般采用不接地方式。

由于电缆的接地电容电流是同样长度架空线路的 25～30 倍，在 6～63kV 系统中，因采用电缆线路，接地电容电流较大时，宜采用中性点经电阻系统。目前，在 600MW 及以上容量发电机组的 6kV 厂用电系统中，多采用中性点经电阻接地方式。

4.4.2　中性点不接地系统

根据基尔霍夫第一定律，一个电路中如果只有一点与大地相接，这个电路中是没有电流经接地点流入大地的。因此，中性点不接地系统发生一点接地时，不应有电流经接地点流入大地。但是，实际的三相输电线路与大地之间存在分布电容［如图 3.17 (b) 所示］。由于电路的对称性，三相接地电容大小相等，可等效成星形连接的三相对称电容性负载，而大地也可以看成是该负载的中性点 N'，如图 4.26 所示。三相对称电压 $\dot{U}_A$、$\dot{U}_B$、$\dot{U}_C$ 作用于三相对称电路，N 与 N' 等电位，即 $\dot{U}_{NN'}=0$。所以，正常运行时各相对地电压等于相电压，即 $\dot{U}_{AN'}=\dot{U}_A$，$\dot{U}_{BN'}=\dot{U}_B$，$\dot{U}_{CN'}=\dot{U}_C$ 也是对称的。三相对地电容电流为

$$\left.\begin{aligned}\dot{I}_A&=\frac{\dot{U}_A}{-\mathrm{j}x_C}=\omega C\dot{U}_A\angle 90^\circ\\ \dot{I}_B&=\omega C\dot{U}_B\angle 90^\circ\\ \dot{I}_C&=\omega C\dot{U}_C\angle 90^\circ\end{aligned}\right\}\tag{4.34}$$

三相对地电容电流也是对称的。电容电流的相位分别超前相电压 90°，其相量和为零，如图 4.26（b）所示。所以，流入大地的总电流为 0。

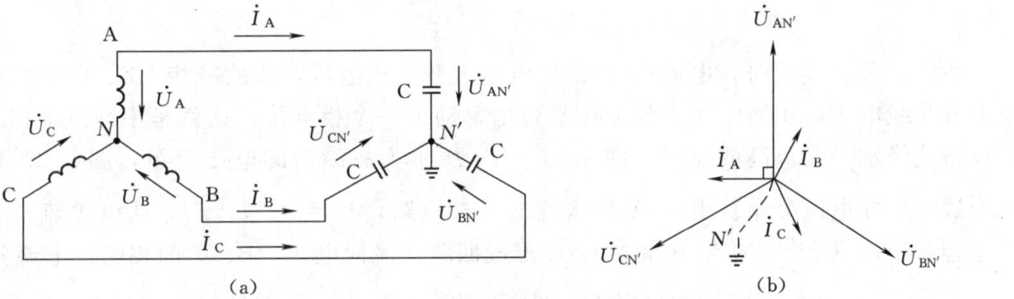

图 4.26　中性点不接地系统

（a）电路图；（b）相量图

图 4.26 所示的不接地系统，三相对称分布电容的作用，好像增加了一组中点接地的对称星形容性负载，使 N 与大地（N'）等电位，中性点 N 为地电位。这样，不仅三相线电压、相电压对称，三相对地电压也对称。值得注意的是，由于 N 并未直接接地，N 点这个“地”是实际上是一个“虚地”。当三相对地分布电容的对称性被破坏时，中性点 N 就不是“地”电位了。

图 4.27（a）所示中性点不接地系统发生 A 相接地，图中虚线表示大地中的“导线”，

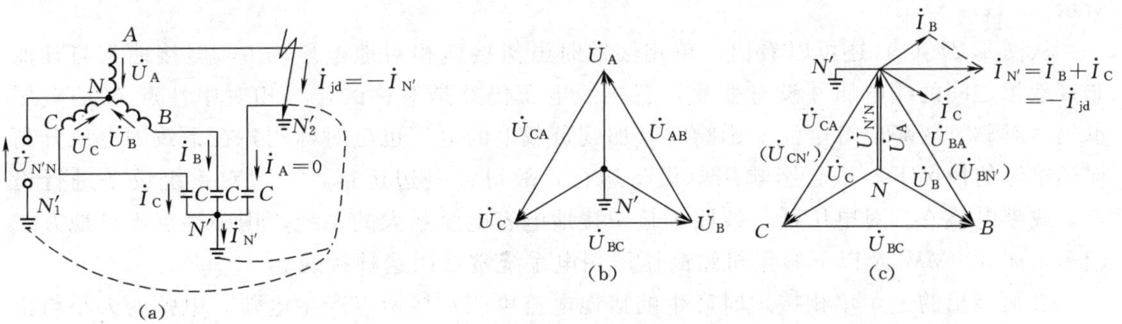

图 4.27　中性点不接地系统单相接地

（a）故障示意图；（b）故障前的相量图；（c）故障后的相量图

N_2'表示故障接地点，N_1'表示电源处的接地点，未与电源中性点 N 相接，N'是三相对地电容的接地点，大地中的“导线”就是土壤，其截面积为“无穷大”。故可忽略接地电阻，N'、N_1'、N_2'可看成是经土壤连在一起的一个点。当 A 相发生接地时，A 相对地电容被短路。A 点和 N'等电位，A 点被强制为地电位（或者说故障相对地电压为 0），即

$$\dot{U}_{\mathrm{AN'}}=0$$

从端点 B 经电源向 A 相接地点 N_2'看，B 相对地电压为 B 相电压与 A 相电压之差。同理，C 相对地电压为 C 相电压与 A 相电压之差，即

$$\dot{U}_{\mathrm{BN'}}=\dot{U}_{\mathrm{B}}-\dot{U}_{\mathrm{A}}=\dot{U}_{\mathrm{BA}}=\sqrt{3}\dot{U}_{\mathrm{B}}\angle{-30^\circ}$$

$$\dot{U}_{\mathrm{CN'}}=\dot{U}_{\mathrm{C}}-\dot{U}_{\mathrm{A}}=\dot{U}_{\mathrm{CA}}=\sqrt{3}\dot{U}_{\mathrm{C}}\angle{30^\circ}$$

大地 N'与电源中性点 N 之间的电压为

$$\dot{U}_{\mathrm{N'N}}=\dot{U}_{\mathrm{A}}$$

所以，A 相接地时，电源中性点 N 电压上升为相电压，非故障相（B、C 相）对地电压上升为线电压，相当于将三相电压平行地移动了一个相电压。这就是中性点不接点系统对设备绝缘水平要求高的原因。图 4.27（b）所示为故障前的电压分布，图 4.27（c）所示为故障后的电压分布。由于 A 相接地电容被短路，$\dot{I}_{\mathrm{A}}=0$，$\dot{I}_{\mathrm{B}}$、$\dot{I}_{\mathrm{C}}$ 从电源流出，经接地电容、接地点 N'、N_2'和 A 相端点 A 形成回路，流回电源。B、C 两相电容电流分别为

$$\dot{I}_{\mathrm{B}}=\dot{U}_{\mathrm{BN'}}\mathrm{j}\omega C=\sqrt{3}U_{\mathrm{B}}\omega C\angle{-30^\circ+90^\circ}=\sqrt{3}\omega C\dot{U}_{\mathrm{B}}\angle{60^\circ}$$

$$\dot{I}_{\mathrm{C}}=\sqrt{3}\dot{U}_{\mathrm{C}}\omega C\angle{30^\circ+90^\circ}=\sqrt{3}\omega C\dot{U}_{\mathrm{B}} \tag{4.35}$$

与式（4.34）比较可知，B、C 两相对地电容电流是 A 相接地前的$\sqrt{3}$倍，故障点总的接地电流为

$$\dot{I}_{\mathrm{jd}}=-\dot{I}_{\mathrm{N'}}=-(\dot{I}_{\mathrm{B}}+\dot{I}_{\mathrm{C}})=-3\omega C\dot{U}_{\mathrm{A}}\angle{-90^\circ} \tag{4.36}$$

其大小为 I_{B} 和 I_{C} 的$\sqrt{3}$倍，而与式（4.34）比较可得，故障点总的接地电流是正常时一相对地电容电流的 3 倍。由于 $\dot{I}_{\mathrm{B}}$ 与 $\dot{I}_{\mathrm{C}}$ 大小相等，$\dot{I}_{\mathrm{B}}$ 超前 $\dot{U}_{\mathrm{B}}30^\circ$，$\dot{I}_{\mathrm{C}}$ 与 $\dot{U}_{\mathrm{B}}$ 同相，先画 $\dot{I}_{\mathrm{B}}$ 与 $\dot{I}_{\mathrm{C}}$，再求相量和，得到 $\dot{I}_{\mathrm{N'}}$，由此画出 A 相接地的电压、电流相量图如图 4.27（c）所示。

从图 4.27（c）还可以看出，单相接地时虽然接地相对地电压为 0，但接地相与其他非接地相之间的线电压并没有变化，三相线电压仍然是对称的，三相对中性点 N 的电压也仍然对称。忽略电容电流的影响时，加到负载上的电压也是对称的，在不致因电压升高损坏绝缘的情况下，不会影响用电设备运行，故可以一边运行，一边对系统设备进行检查，或带电检修。对电压低、线路不长、接地电容电流不大的系统，用中性点不接地方式较多，如 300MW 及以下容量机组高压厂用电系统常采用这种接线。

必须指出的是，单相接地时产生的接地电流可能在接地点产生电弧，电弧的大小与接地电流成正比。当接地电流较小时（如小于 5A），则电流过 0 值时电弧会自动熄灭，所以故障能自动消失，不致停电。即使发生击穿绝缘的永久性故障，因接地电容电流很小，也不会停电。但当接地电流较大（30A 以上）时，将形成稳定的电弧，造成持续性的电弧

接地，强烈的电弧会烧坏电弧附近的设备，甚至可能导致多点接地，引发严重事故。当接地电流大于5A、小于30A时，可能形成不稳定的间歇性电弧接地，呈现熄灭与重燃交替出现的情况，这往往是由于系统中电感和电容的能量进行激烈地交换，即形成谐振所致。这种间歇性电弧会引起较严重的过电压，造成相对地电压进一步升高，当某处存在绝缘薄弱点时，可能会发生绝缘击穿引起更严重的短路。所以，单相接地故障查找的时间一般不得超过2h，否则应停电检修。

4.4.3　中性点经消弧线圈接地或经电阻系统

随着系统容量的增大，电网额定电压的提高，中性点接地电流也随之增大。这时即使发生瞬时接地，接地电容电流的电弧也可能不会自动熄弧，产生弧光接地过电压而威胁系统安全。在电压较高、线路较长、接地电流大于10A时，为减小接地电流，可采用中性点经消弧线圈接地，如图4.28所示。

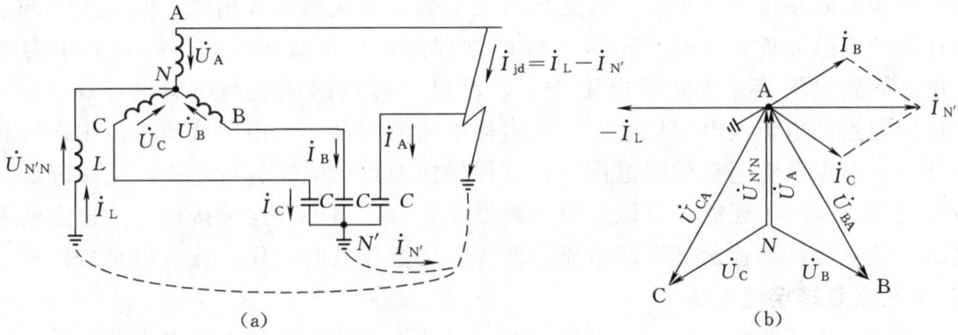

图4.28　中性点经消弧线圈接地

(a) 电流分布图；(b) 故障相量图

消弧线圈是一个带铁芯的电抗线圈，外形好像一个单相变压器。为避免磁饱和，维持通过线圈的电流与所加电压成正比，并保持有效的消弧作用，铁芯柱中留有很多间隙，间隙中填以绝缘板，线圈有若干个分接头，用此可调整线圈圈数以改变电感电流。消弧线圈附有二次线圈，可测量电流、电压，以便监视或用于继电保护。

系统正常运行时，三相电压、电流对称，中性点N的电压基本上为0，流过消弧线圈的电流为0。发生单相接地如A相接地故障时，中性点发生位移，流过消弧线圈的电流不为0。所以，此时流过故障点的除接地电容电流外，还有消弧线圈电感电流$\dot{I}_L$。由图4.28（a）可知，电感电流为

$$\dot{I}_L=\frac{\dot{U}_{N'N}}{j\omega L}=\frac{\dot{U}_A}{\omega L}\angle -90^\circ$$

流过接地点的电流为

$$\dot{I}_{jd}=\dot{I}_L-\dot{I}_{N'}=\frac{\dot{U}_A}{\omega L}\angle -90^\circ-3\dot{U}_A\omega C\angle -90^\circ \tag{4.37}$$

由于电感电流$\dot{I}_L$滞后于电压$\dot{U}_A$ 90°，所以$\dot{I}_L$与$\dot{I}_{N'}$（即$\dot{I}_B+\dot{I}_C$）同方向，若适当调整$\dot{I}_L$，使其等于$\dot{I}_{N'}$，就可以互相抵消，使流过故障点的电流$\dot{I}_{jd}$为0，电弧自动熄灭。考察

式（4.37），若选择 $3\omega C=1/(\omega L)$，则 $I_L=I_{N'}$，就可以使通过接地点的电流等于零。这种情况称为全补偿。电压、电流相量图如图 4.28（b）所示。所谓全补偿，即接地电容电流全部被消弧线圈的电感电流补偿。选择全补偿似乎是一种理想的方式，但因为系统三相不可能完全对称，正常运行时中性点有电压，当 $3\omega C=1/(\omega L)$时容易产生串联谐振，使中性点电压大为升高，这是不允许的。

如果使 $3\omega C>1/(\omega L)$，这样，$I_L<I_C$，为欠补偿。这样一来，当线路进行切换操作，切除部分线路后，对地电容 C 减小，又可能使系统变为全补偿，所以一般采用 $3\omega C<1/(\omega L)$，即 $I_L>I_C$，称为过补偿，这样，发生单相接地时，流过故障点的是部分电感电流。

当接地电容较大时，用消弧线圈进行补偿比较困难，且电感电容电路还存在谐振的可能性。随着配电网络中使用电缆线路的比例越来越高，发电机组厂用电系统越来越庞大，中性点经电阻接地的系统得到比较广泛的应用。

中性点经电阻接地的接地方式看起来与经消弧线圈接地方式相似，但性质不同。消弧线圈接近于纯电感元件，其感性电流与接地电容的容性电流相位差 180°，对电容电流起补偿作用；而经电阻接地方式以电阻为主，流过中性点的电流与电容电流接近 90°相位差，流过接地点的电流是电容性电流与电阻性电流的相量和。由于接地电流中含有较大的电阻性分量，对振荡有明显的阻尼作用，可促使接地点的电弧自行熄灭，从而降低弧光间歇接地过电压，同时，还能可靠地避免出现谐振条件。另外，这种接地方式也能使系统快速检测出接地故障，如检测到零序电流，使保护装置能及时动作，或发出预告信号。

4.4.4　中性点直接接地系统

110kV 及以上系统，如 220kV、330kV、500kV 系统都采用中性点直接接地方式。发生单相接地故障时，系统中性点保持原位，流过故障点的电流为单相接地短路电流，如图 4.23 所示。比正常运行大很多的短路电流将使继电保护立即动作切除故障，这样跳闸几率比上述两种接地方式的系统高，影响了供电的可靠性。为了弥补这一缺陷，系统中广泛采用自动重合闸装置。该装置一般从发生瞬时接地故障引起开关跳闸到重新合闸的时间为 0.5～1s，若为瞬时接地故障，则开关跳闸后电弧自动熄灭，故障消除，重合闸装置使开关再次合上，不影响供电；如遇永久性故障，则重合后继电保护再次动作切除故障，发生这种情况必须待检修后才能再次送电。

中性点直接接地的主要优点是在单相接地时，非故障相的对地电压为仍相电压，可以降低对设备的绝缘水平的要求，从而降低造价。额定电压越高，由降低设备绝缘水平而减少的费用越多。所以，高压、超高压系统用直接接地系统是经济的。同时，电压越高线路也越可靠，高压线不易短路或断线，线间距离大，不易受鸟害，耐电压水平也高，再辅以自动重合闸，运行的可靠性就大大提高。

4.5　三相电路中的高次谐波

前几节讨论的三相电路都是正弦交流电路，其电压、电流的波形是时间的正弦函数，这是理想的情况。由于铁磁物质的非线性特性、设备制造工艺的限制等原因，实际电气设备中的电压和电流都不完全是正弦型的，或者说，电路中含有非正弦周期分量。非正弦周期分量在电路中的数值不大，但会对电气设备的运行特性产生某些不利影响。所以，研究非正弦周期分量的特性也很有必要。

4.5.1 非正弦周期量的分解

图 4.29 (a) 是一个直流电源和一个正弦信号源串联起来后与一个电阻相接的电路。该电路的总电势为

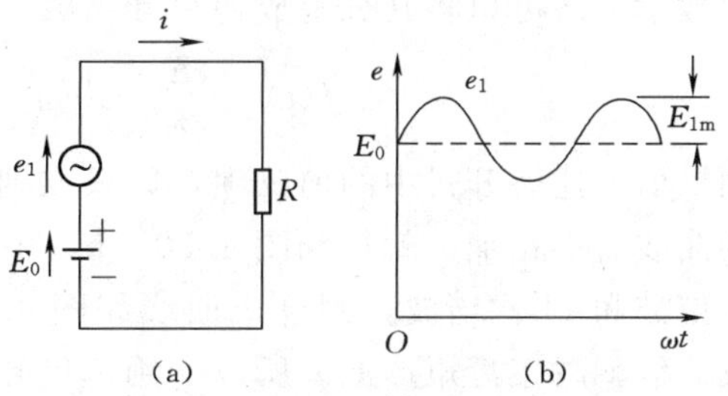

图 4.29 非正弦周期电路

(a) 电路图；(b) 波形图

$$e = E_0 + e_1 = E_0 + E_{1m}\sin\omega t$$

其波形如图 4.29 (b) 所示，显然 e 不是正弦波。因此电路中的电流为

$$i = \frac{e}{R} = \frac{E_0}{R} + \frac{E_{1m}}{R}\sin\omega t$$

也不是正弦波。

既然如此，那么反过来，一个非正弦周期量是否也能分解成正弦分量和直流分量呢？这个问题在数学上的回答是肯定的。傅里叶定理指出：如果周期函数 $f(\omega t)$ 在一个周期内只包含有限个最大值和最小值，以及有限个第一类间断点，则该函数可以展开为傅里叶三角级数，即

$$\begin{aligned} f(\omega t) &= A_0 + A_{1m}\sin(\omega t + \phi_1) + A_{2m}\sin(2\omega t + \phi_2) + A_{3m}\sin(3\omega t + \phi_3) + \cdots \\ &= A_0 + \sum_{k=1}^{\infty} A_{km}\sin(k\omega t + \varphi_k) \end{aligned} \tag{4.38}$$

式中，A_0 为不随时间变化的常数，称为恒定分量，是周期函数 $f(\omega t)$ 在一个周期内的平均值；第二项 $A_{1m}\sin(\omega t + \varphi_1)$ 的频率 ω 与非正弦周期函数 $f(\omega t)$ 的频率相同，称为基波或一次谐波；其余各项的频率为 $f(\omega t)$ 频率的整数倍，称为高次谐波，如 $k=2$、3、…的各项，分别称为 2 次谐波、3 次谐波等。

例如，图 4.30 所示的矩形波，在一个周期内的函数表达式为

$$f(t) = E_m (0 \leqslant t \leqslant T/2)$$

$$f(t) = -E_m (T/2 \leqslant t \leqslant T)$$

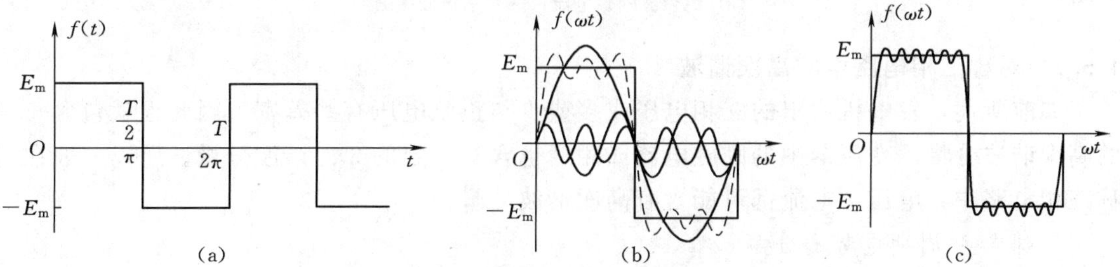

图 4.30 非正弦周期信号的分解与合成

(a) 矩形波；(b) 谐波合成示意图；(c) 谐波合成示意图

用数学方法可以将其分解成傅里叶级数

$$f(t)=\frac{4E_m}{\pi}\left[\sin\omega t+\frac{1}{3}\sin3\omega t+\frac{1}{5}\sin5\omega t+\cdots\right]$$

如果取上述展开式中的前三项，即只取到 5 次谐波，分别画出基波、3 次谐波、5 次谐波的曲线后再相加，就得到图 4.30（b）中虚线所示的合成曲线。如果再增加 7 次谐波、9 次谐波和 11 次谐波，则合成曲线如图 4.30（c）所示。可见，谐波的项数取得越多，合成曲线就越接近矩形波。所以，用傅里叶级数来分解非正弦周期函数，实际上就是用与非正弦周期函数同频率的正弦基波和一系列正弦高次谐波来逼近原来的非正弦周期函数，取用的高次谐波项数越多，展开式就与原函数越接近。

在电气工程上，表示一个非正弦周期信号一般总是只取展开式的前几项就认为精度已足够了。由于展开式是用正弦函数表达的，可以用前几章介绍的正弦交流电路的分析方法来分析非正弦周期信号作用下电路的工作状态。后面的章节将会分析：由于变压器铁芯具有饱和特性，当外加正弦电压使铁芯接近饱和时，励磁电流 i_0 将成为尖顶波，如图 4.31（a）所示，而尖顶波可看成是基波 i_{01} 与 3 次谐波 i_{03} 的合成。如果励磁电流中没有 3 次谐波，则它建立的磁通 ϕ 为平顶波，平顶波也可以分解成基波 ϕ_1 和 3 次谐波 ϕ_3，如图 4.31（b）所示，它将在变压器的二次绕组中感应出基波电势和 3 次谐波电势。比较 3 次谐波 i_{03} 和 ϕ_3，它们在相位上相差 180°，所以与相应的基波合成后，一个是尖顶波，一个是平顶波。

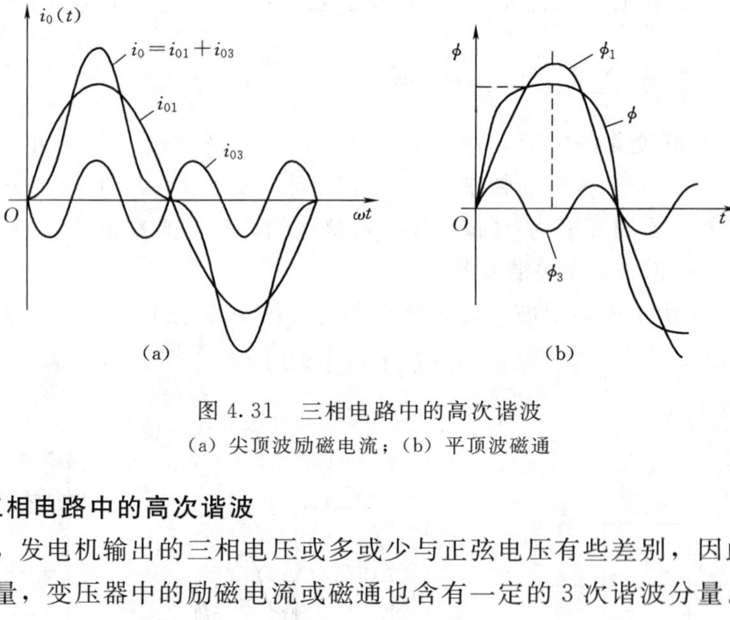

图 4.31 三相电路中的高次谐波

（a）尖顶波励磁电流；（b）平顶波磁通

4.5.2 对称三相电路中的高次谐波

如前所述，发电机输出的三相电压或多或少与正弦电压有些差别，因此也就包含一定的高次谐波分量，变压器中的励磁电流或磁通也含有一定的 3 次谐波分量。所以一般在对称三相电路中，电压、电流都可能含有高次谐波分量。

1. 非正弦周期电势的分解

对于对称的三相电路来说，三个对称的但非正弦的相电势在时间上依次相差 1/3 周期，但其变化规律则相似，如果 A 相电势可表示为

$$e_A=e(t)$$

则 B、C 相电势可分别表示为

$$e_B = e\left(t-\frac{T}{3}\right),\ e_C = e\left(t-\frac{2T}{3}\right)$$

如果把 e_A 展开成傅里叶级数，则有

$$e_A = E_{1m}\sin(\omega t+\phi_1) + E_{3m}\sin(3\omega t+\phi_3) + E_{5m}\sin(5\omega t+\phi_5) + \cdots$$

则 B、C 相电势的展开式分别为（注意 $\omega T = 2\pi$）

$$\left.\begin{aligned} e_B &= E_{1m}\sin[\omega(t-T/3)+\phi_1] + E_{3m}\sin[3\omega(t-T/3)+\phi_3] + E_{5m}\sin[5\omega(t-T/3)+\phi_5] + \cdots \\ &= E_{1m}\sin(\omega t-2\pi/3+\phi_1) + E_{3m}\sin(3\omega t+\phi_3) + E_{5m}\sin(5\omega t-4\pi/3+\phi_5) + \cdots \\ e_C &= E_{1m}\sin[\omega(t-2T/3)+\phi_1] + E_{3m}\sin[3\omega(t-2T/3)+\phi_3] \\ &\quad + E_{5m}\sin[5\omega(t-2T/3)+\phi_5] + \cdots \\ &= E_{1m}\sin(\omega t-4\pi/3+\phi_1) + E_{3m}\sin(3\omega t+\phi_3) + E_{5m}\sin(5\omega t-2\pi/3+\phi_5) + \cdots \end{aligned}\right\} \tag{4.39}$$

根据正弦函数的周期性质，由展开式可以看出：基波、7 次谐波等分别是对称的三相电势，其相序是正序的；3 次谐波、9 次谐波等的 A、B、C 三相电势彼此同相位，是零序对称电势；而 5 次谐波、11 次谐波等也分别是对称三相电势，其相序是负序的。所以，三相对称非正弦周期量可分解成频率不同的正序分量、负序分量和零序分量。

2. 对称三相电路中的 3 次谐波

4.5.1 中已经述及，在电、磁量中存在高次谐波。事实上，对电气设备运行影响最大的是 3 次谐波。所以，在电气运行分析中，最值得关注的也是 3 次谐波。由式（4.39）可知三相 3 次谐波电势为

$$\left.\begin{aligned} e_{3A} &= E_{3m}\sin(3\omega t+\phi_3) \\ e_{3B} &= E_{3m}\sin(3\omega t+\phi_3) \\ e_{3C} &= E_{3m}\sin(3\omega t+\phi_3) \end{aligned}\right\} \tag{4.40}$$

因为三相 3 次谐波电势大小相等、相位相同，所以 3 次谐波具有零序性质。该三相电势作用于图 4.32 所示的 Y—Y 系统，很容易得到系统中的零序电流为

$$\dot{I}_{03} = \frac{\dot{I}_N}{3} = \frac{\dot{E}_3}{Z+3Z_N} \tag{4.41}$$

若电路无中线，即中线上开关 S 断开，则 $z_N = \infty$，$\dot{I}_{03} = 0$。电路中的电流为零。这就是说，3 次谐波电势不能在对称三相三线制电路中产生电流，这与［例 1.10］的结论是一致的。3 次谐波电流不能在三相三线制对称电路中流过，这是电气运行分析中要用的一个重要概念。

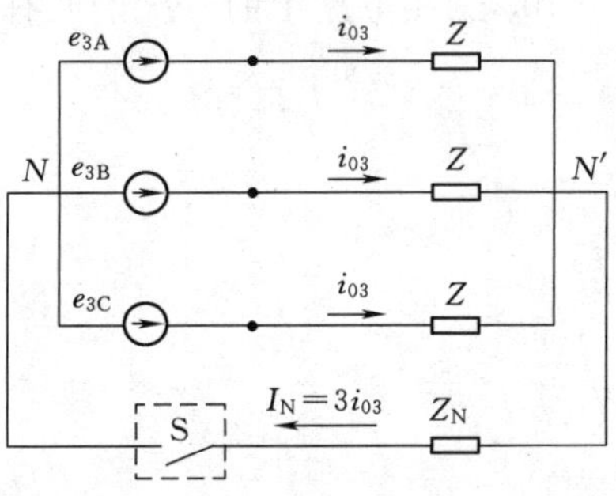

图 4.32　Y—Y 连接时的三次谐波

当三相电源连成三角形（图 4.33）时，3 次谐波

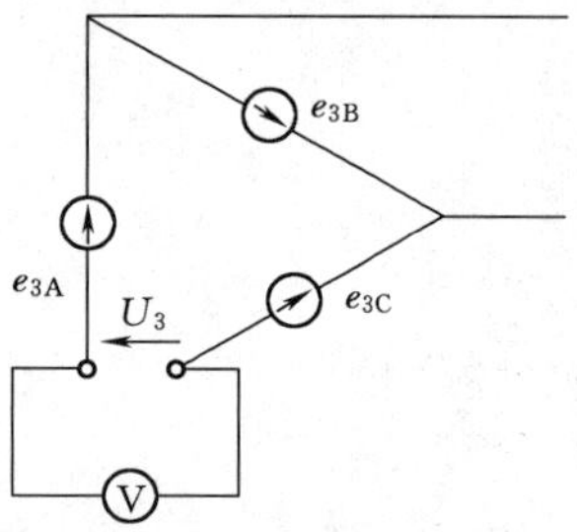

图 4.33　三角形连接的电源中 3 次谐波

电势沿电源回路之和将不等于零（因为它们是同相的），而等于每相谐波电势的 3 倍。若将回路开断，接入一支电压表，其读数 U_3 为 3 次谐波相电压 E_3 的 3 倍。

零序电势将在电源回路中产生环通电流，设每相绕组对 3 次谐波的阻抗为 z_{n3}，则 3 次谐波的环通电流的有效值为

$$I_3=\frac{3E_3}{3z_{n3}}=\frac{E_3}{z_{n3}} \tag{4.42}$$

此电流分量在电源每相内阻抗上的电压降恰好等于每相电势的 3 次谐波分量，所以线电压中就不含有 3 次谐波。在三相发电机的三相交流电势中，总难免有少量 3 次谐波，由于电源内阻抗小，较小的三次谐波电势也会在电源回路中产生较大的环流，引起设备发热，故发电机一般不接成三角形。

复 习 思 考 题

1. 三相电势的相序与定子三相绕组的位置及转子的转向有何关系？正序、负序、零序电势之间的相位关系如何？它们与定子绕组的位置有何关系？

2. 电源采用三角形接法和星形接法时，线电势与相电势的关系有何不同？试用相量图说明之。

3. 负载采用三角形接法和星形接法时，相电势与线电势、相电流与线电流的关系有何不同？试用相量图说明之。

4. 三相电路可简化为一相计算的条件是什么？三相对称电路有何特点？

5. 无中线时，三相电路一相负载短路和一相负载开路有何不同？中线有何作用？

6. 对称分量法的实质是什么？三相电压、电流与它的正序、负序、零序分量的关系如何？

7. 两相短路、单相接地、两相接地短路的故障电流各含有哪些故障分量？

8. 中性点不接地系统发生单相接地时，其分布电容电流与正常时相比有何不同？该系统发生单相接地时为何能继续运行？应注意什么？

9. 中性点运行方式对电气设备绝缘水平要求有何影响？为什么？为什么电压 110kV 及以上的系统都采用直接接地？

10. 三相电路中的三次谐波有何特点？为什么发电机不采用三角形连接？

第5章 电子技术初步

电子技术的应用给工业生产和人民生活带来深刻的影响。当前，以电子技术为基础的各种测量、驱动、控制器件和计算机，广泛应用于发电机组保护与运行监控中。由于篇幅限制，本章仅对与电气运行有关的电子技术基本知识作初步介绍。

5.1 基本电子器件

5.1.1 半导体二极管

电子电路中使用的半导体（或称晶体）是在纯净的半导体材料（硅、锗）中掺入极少量的杂质制成的。例如，在纯净的硅中掺入极少量的磷，就形成N型半导体——电子型半导体；掺入极少量的硼，就形成P型半导体——空穴型半导体。这是因为硅是四价元素，它的最外层有4个电子，而磷的最外层有5个电子，每当掺入一个磷原子到硅中，磷原子与四周的硅原子结合就多出一个电子，所以称作电子型半导体或N型半导体。而硼是三价元素，在它的最外层只有三个电子，每个硼原子与四周的硅原子结合就少一个电子，即有一个电子的空位，这个空位称为空穴，这种半导体称为空穴型或P型半导体。

1. 二极管的单向导电性

晶体二极管（简称二极管）实质上是一个PN结外加电极引线制成的半导体元件，其P区引线是阳极（正极），N区引线是阴极（负极），符号如图5.1（a）所示，三角形的顶点表示电流的方向。二极管的外形如图5.2所示。

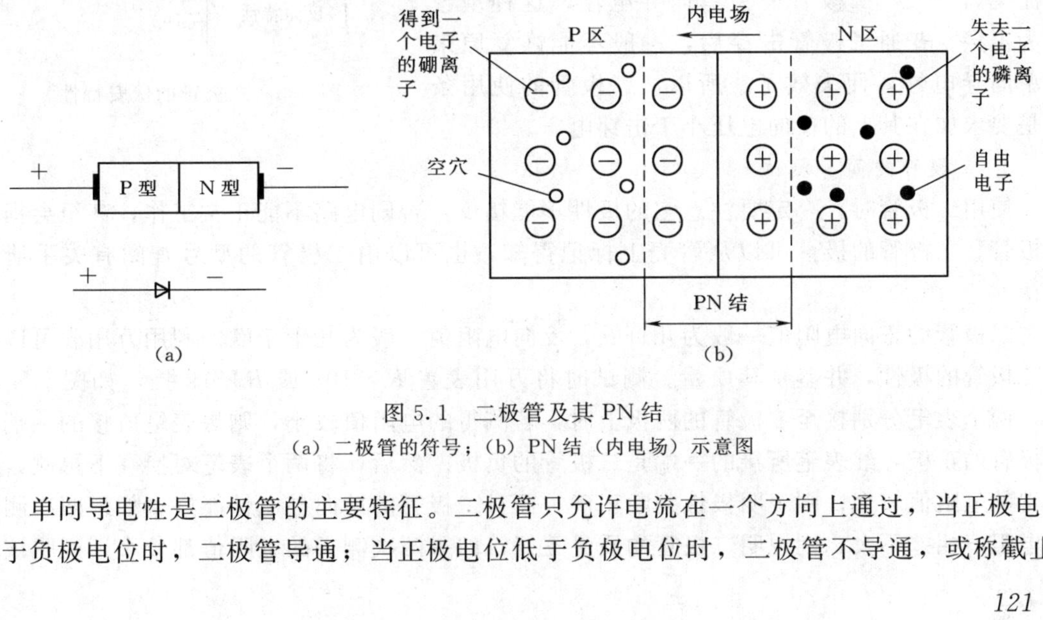

图5.1 二极管及其PN结

(a) 二极管的符号；(b) PN结（内电场）示意图

单向导电性是二极管的主要特征。二极管只允许电流在一个方向上通过，当正极电位高于负极电位时，二极管导通；当正极电位低于负极电位时，二极管不导通，或称截止，

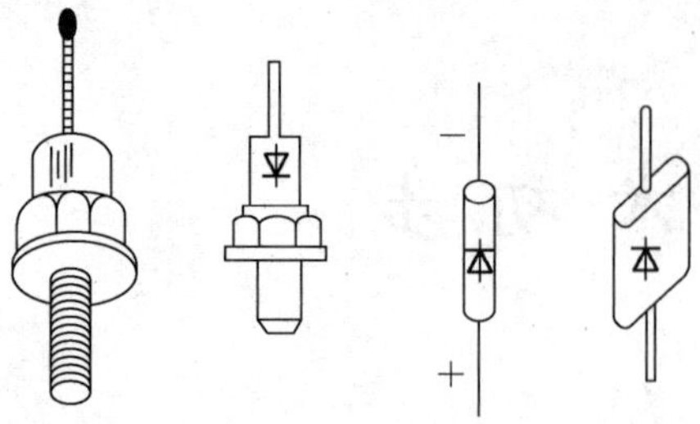

图 5.2　二极管的外形

这就是二极管的单向导电性。这种单向导电性完全是PN结的作用。将P型和N型半导体有机地结合在一起时，由于两边空穴和自由电子的浓度不同，P区空穴向N区扩散，N区电子向P区扩散，在P型和N型半导体的交界处就会产生一个叫做PN结的薄层。PN结也叫内电场，这个内电场的方向是由N型半导体指向P型半导体的，如图5.1（b）所示。由于内电场的存在，PN结才具有单向电性，这是PN结与单一的P型或N型半导体最大的不同之处。

当外电源的正极接二极管的阳极（P区引线），负极接阴极（N区引线）时，外电源的方向与二极管内电场的方向相反，外电源作用的结果是使内电场削弱，随着外电源作用的增强，电路中的电流逐渐加大，当外电源的作用完全抵消内电场时，二极管处于正向导通状态，只有很小的电阻。当外电源反接时，由于外电源的方向与内电场的作用方向相同，外电源作用的结果使内电场更强，电路中电流几乎为零，即二极管处于截止状态。

2. 二极管的伏安特性

二极管两端电压与通过电流之间的关系称为二极管的伏安特性，如图5.3所示。当二极管两端的外加正向电压较小时，流过二极管的正向电流几乎为0，当正向电压超过一定数值后，电流才开始明显增长，即二极管的正向特性存在死区。用硅材料做的二极管死区电压约0.5V，锗材料二极管的死区电压约0.2V。

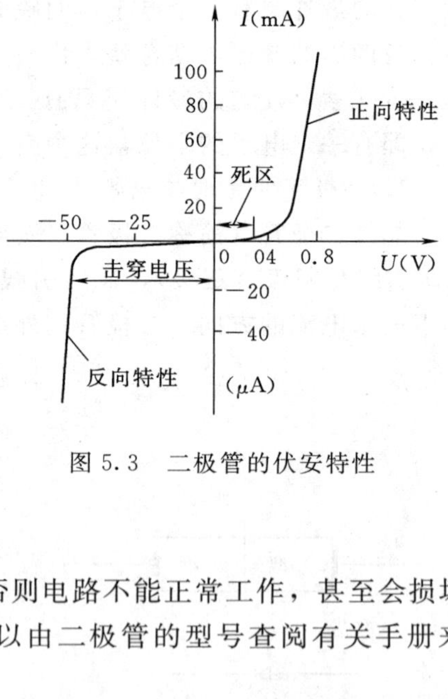

图 5.3　二极管的伏安特性

给二极管加上一定量的反向电压时，二极管处于截止状态，流过二极管的电流基本为0。但当反向电压大于某一数值（称为反向击穿电压）时，反向电流突然增大，二极管失去单向导电性，这种现象称为击穿。普通二极管击穿后，一般不能恢复原来的单向导电性，便失效了。所以，二极管的使用条件是要求加在其上的反向电压小于击穿电压。

3. 二极管的简易测试

使用二极管时，一定要注意它的极性不能接反，否则电路不能正常工作，甚至会损坏二极管。二极管的极性可以从管壳上标记得知，也可以由二极管的型号查阅有关手册来辨认。

二极管的正向电阻值一般为几百欧，反向电阻值一般为几十千欧。利用万用表可以确定二极管的极性，并鉴别其质量。测试时将万用表置$R\times100$或$R\times1\text{k}$挡，如图5.4所示，两个表笔分别接至二极管的两极上时，若测得的电阻值较小，则黑表笔所接的一端是二极管的正极，红表笔所接的一端是二极管的负极。然后，将两个表笔对换一下再测，若测得的电阻值较大，则表明极性判断正确，而且二极管的单向导电性能好；如果两次测得的电阻值相差不大，则说明二极管的质量不好；如果两次测得的电阻值都较小，说明该二极管已短路；如果两次测得的电阻值都非常大，说明该二极管内部已断开。

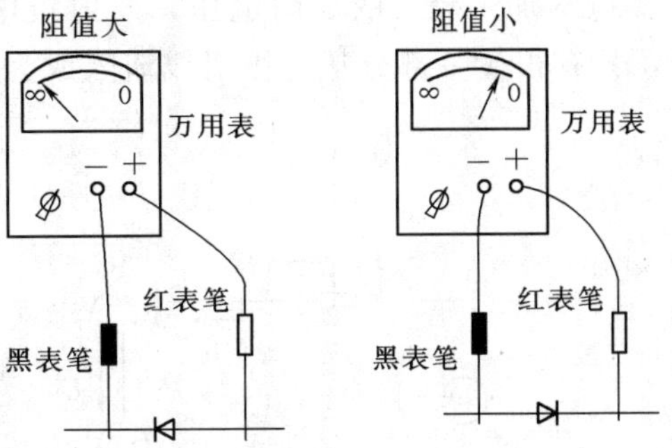

图 5.4 用万用表测试二极管

4. 二极管的主要参数

(1) 额定工作电流 I_F。指允许通过二极管的最大正向平均电流。如 2CZ11B 二极管，额定电流为 1A，如果实际电流超过 1A，则该二极管就会因发热过度而烧坏。为了保证二极管的正常工作，大功率二极管必须装散热器。

(2) 最大反向电压 U_{RM}。指允许加在二极管上的最大反向电压。如 2CZ11B 二极管最大反 向电压为 350V，如果实际工作中反向电压超过 350V，该二极管就可能被击穿。

5.1.2 半导体三极管

1. 晶体三极管的结构

晶体三极管简称晶体管或三极管，其结构如图 5.5 所示，图中发射极的箭头方向表示该型三极管内的电流方向。从图 5.5 中可看出，三极管分为 NPN 型和 PNP 型两种，中间一块半导体引出基极，用符号 b 表示，它起着控制电荷流动的作用；两端的半导体一块引出发射极，用符号 e 表示，它的作用是发射电子；另一块引出集电极，用符号 c 表示，它的作用是收集发射极发出的电子。三极管的外形如图 5.6 所示。

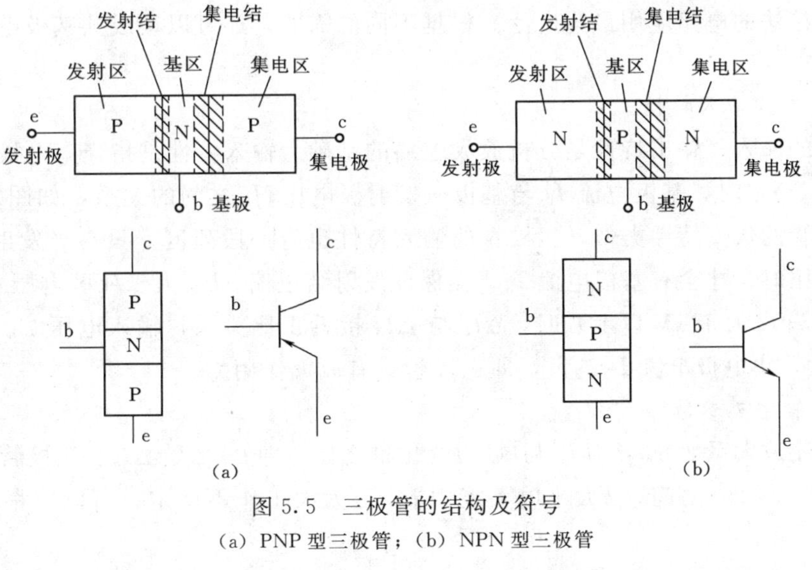

图 5.5 三极管的结构及符号

(a) PNP 型三极管；(b) NPN 型三极管

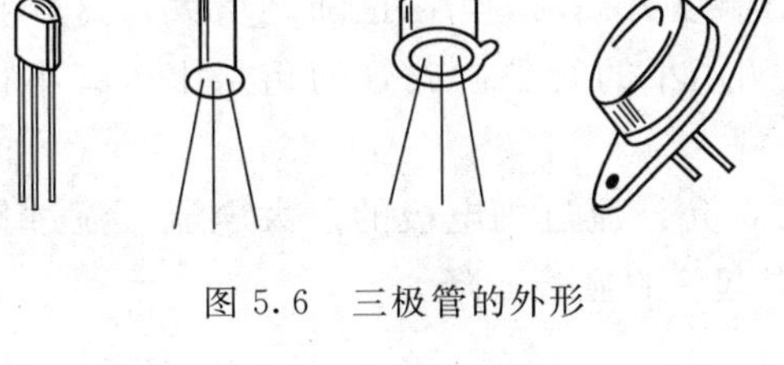

图 5.6 三极管的外形

2. 三极管的放大作用

三极管具有电压、电流放大作用，而电流放大作用是晶体管放大器的基础。以 NPN 型晶体管为例，接成如图 5.7 (a) 所示的电路，当开关 S 合上后，基极电源 E_b 给发射结加上正向电压，便有发射极电流 I_e 从发射极流出。由于集电结加了较大的反向电压，发射极电流很容易穿过基区到达集电极成为集电极电流 I_c，只有很少一部分从基极引线流入成为基极电流 I_b。

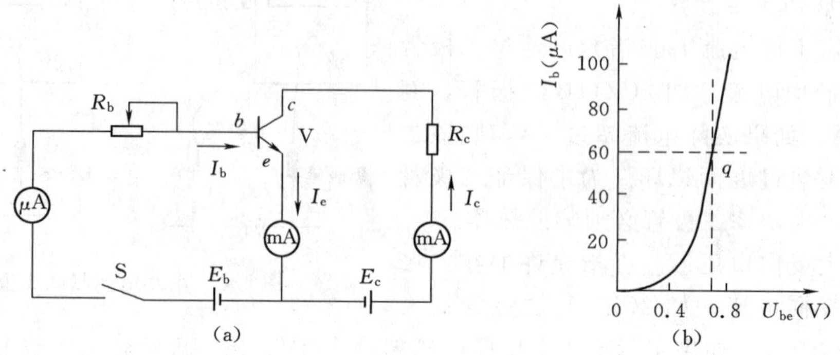

图 5.7 三极管共发射极放大

(a) 基本放大电路；(b) 输入特性

当 I_b 发生较小变化时，I_c 将发生较大的变化，这就是三极管的电流放大作用。调节基极电阻 R_b 可以改变三极管的工作电流与电压。在一定的条件下，三极管的集电极电流 I_C 的变化量与基极电流 I_b 的变化量接近正比关系，即 $\Delta I_C=\beta\Delta I_b$，$\beta$ 称为三极管的电流放大系数。

图 5.7（a）所示电路以三极管发射极作为输入、输出信号的公共端，称为共发射极电路，这种接法的电路应用最为广泛。根据不同的需要，还可以接成共基极电路与共集电极电路。

3. 三极管的输入特性

三极管的输入、输出特性是分析放大电路的基础。输入特性是指当集电极与发射极之间的电压 U_{ce} 一定时，基极电流 I_b 与基极—发射极电压 U_{be} 之间的关系，如图 5.7（b）所示。与二极管的伏安特性类似，三极管的输入特性也有一段死区。只有当发射结电压 U_{be} 大于死区电压时，才会有基极电流 I_b。在保证发射结正偏（U_{be} 大于死区电压）、集电极反偏（对硅管，U_{ce} 大于 1V 以上）时，ΔI_c 与 ΔI_b 接近正比关系，输入电压 U_{be} 越大，基极电流 I_b 越大，集电极电流 I_c 越大，即三极管具有放大作用。

4. 三极管主要参数

（1）电流放大系数 β，β 为 I_c 与 I_b 的变化量之比，即 $\beta=\Delta I_c/\Delta I_b$。三极管的电流放大系数一般在 20～250 之间。β 太小放大能力差，β 太大工作不稳定，所以应根据使用需要适当选择。

（2）穿透电流 I_{CEO}。指基极开路（$I_b=0$）时，发射极与集电极之间的电流，实质上就是管子的反向漏电流。I_{CEO} 受温度影响很大，当温度升高时，I_{CEO} 也随之增大，这样会使输出特性变坏，工作不稳定。所以应尽量选用 I_{CEO} 小的管子。硅管的 I_{CEO} 比锗管小得多，因此，在温度变化较大的场合一般采用硅管。

（3）集电极最大允许电流 I_{CM}。指正常工作时，允许流过集电极的最大电流。流过集电极的电流过大，将会引起过损耗而烧坏管子或引起 β 的显著下降。

(4) 集电极最大允许耗散功率 P_{CM}。P_{CM}表示集电极上允许耗散功率 P_C 的最大值，在数值上 $P_C = I_C U_{CE}$，如 P_C 过大，会使集电结过热而损坏。在使用时，一般取 $P_C =$ (0.85～0.9) P_{CM}。还要结合环境温度，环境温度越高则允许的 P_{CM}就越小。对于大功率管，为了加速散热，必须按规定装有一定面积的散热片。

(5) 反向击穿电压 BU_{CEO}。指基极开路时，集电极与发射极之间的最大允许电压。这个电压一般比较低，使用时一般取 $U_{CE} = BU_{CEO}/3$。

(6) 截止频率 (f_β)。指 β 值下降至最大值的 70.7%时所对应的频率。根据截止频率的高低，三极管有高频管与低频管之分，在选用时要根据输入信号的工作频率来确定。

5. 三极管的简易识别

(1) 管脚的识别。

1) 基极 b 判断。NPN 型管子，它有两个 N 区与一个 P 区，根据 PN 结单向导电性可知，如果在 PN 结的两端加上反向电压，即基极接电源负端，发射极和集电极接电源正端，这时 PN 结呈现高电阻。所以，在测试时用万用表电阻挡，红笔（电源负端）接某一个管脚，黑笔（电源正端）分别接剩下的两个管脚，这时如表上的读数都很大，则红笔接触的那只管脚便是 基极。对于 PNP 型管子，表笔所示极性与 NPN 型管子相反，测试方法相同。

2) 集电极 c、发射极 e 判别。基极判定后，在剩下的管脚中，任意假定其中的一个管脚为 c 极。对 NPN 型三极管，用万用表 $R \times 100$ 挡，黑笔接假定的 c 极，红笔接假定的 e 极，再根据三极管的放大原理，用手指捏住 b 脚与 c 脚（注意两管脚不能直接接触），读出万用表上的阻值。再把上述假定相反（上次假定为 c 极的，这次假定为 e 极，上次假定为 e 极的，这次假定为 c 极），作同样的测试，读出阻值。比较两次测得的阻值，阻值小的这次假定的 c 极是正确的。对于 PNP 型管子，只要把表笔对换，测试方法相同。

(2) 半导体类型的识别。判别半导体的类型，只要用万用表电阻挡，红笔接 b 极，黑笔分别接剩下的两只管脚，如万用表的读数都很大，那么被测的管子是 NPN 型；如果万用表的读数都很小，则被测的管子是 PNP 型。

5.1.3 晶闸管

晶闸管也称可控硅，是普通（单向）晶闸管、双向晶闸管、光控晶闸管等半导体器件的总称。由于普通晶闸管被广泛使用，因此，通常称普通晶闸管为晶闸管。晶闸管可用于控制直流电源、交流调压开关、无触点继电器及变频与调速等，其开关效率高、电流容量大、使用方便。如发电机励磁系统、大型泵与风机的无级调速系统等都是晶闸管的典型应用。

1. 晶闸管的外形和符号

单向晶闸管有阳极 A、阴极 K 和门极（控制极）G，双向晶闸管有第一阳极 T_1、第二阳极 T_2 和控制极 G。其外形及符号如图 5.8 所示。单向晶闸管在其控制极给上触发脉冲后，其伏安特性类似二极管，即具有单向导电性，若不给触发脉冲，无论给阳极 A、阴极 K 之间加正向电压还加反向电压，晶闸管都处于截止状态。因为晶闸管的阳极和阴极串联在动力回路，所以导通后通过的电流比二极管大很多。双向晶闸管相当于两个单向晶闸管的反向并联，在其控制极给上触发脉冲后，根据 T_1、T_2 之间外加电压的极性，两个单向晶闸管分别导通。

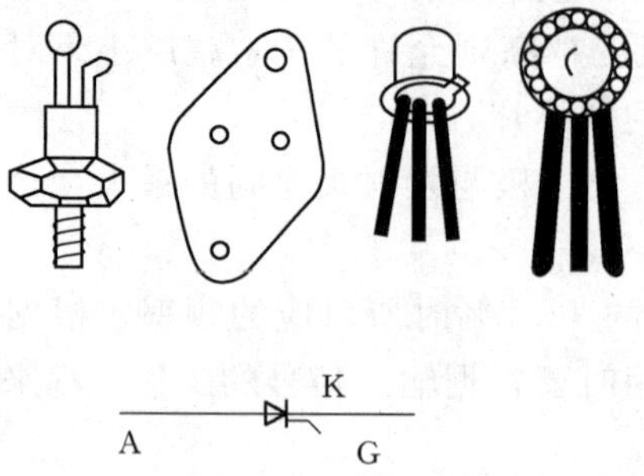

(a)

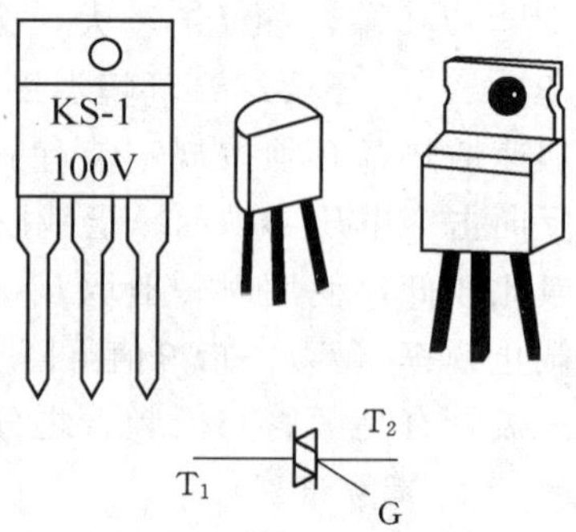

(b)

图5.8　晶闸管外形及符号

(a) 单向晶闸管及其符号；(b) 双向晶闸管及其符号

2. 晶闸管主要参数

晶闸管的主要参数表征了晶闸管的主要性能，是选用晶闸管的依据。

(1) 反向重复峰值电压 U_{RRM}。指G极开路，A极和K极之间不被击穿的前提下，所加的重复率为50次/s的反向最大脉冲电压。

(2) 正向阻断峰值电压 U_{DRM}。指G极开路，A极和K极之间不被击穿的前提下，所加的重复率为50次/s的正向最大脉冲电压。

(3) 额定电压。通常把 U_{RRM} 和 U_{DRM} 中较小的那个数值标作元件型号上的额定电压。

(4) 通态平均电流 I_T。指在环境温度40℃和规定的冷却条件下，在电阻性负载的单相工频（50Hz）正弦半波、导通角不小于170°的电路中，在稳定的额定结温时所允许的最大通态平均电流。

(5) 通态平均电压 U_T。指在通过正弦波的额定通态平均电流和稳定的额定结温时，阳极和阴极间的电压降的平均值（管压降）。为了减少损耗和器件发热，应选择 U_T 小的晶闸管。

(6) 控制极触发电流 I_{GT}。指在室温和阳极为直流6V条件下，使晶闸管从阻断到完全开通所必需的最小控制极直流电流。

(7) 控制极触发电压 U_{GT}。指对应于控制极触发电流的控制极触发电压。

3. 晶闸管简易识别

用万用表的 $R\times100$ 或 $R\times10$ 挡测量晶闸管的3个电极之间的阻值，可对晶闸管性能进行鉴定和管脚识别。正常晶闸管电极间的阻值应为：A极、K极间的正向电阻在几百千欧以上，反向电阻则为无穷大；A极、G极间的正反向电阻均在几百千欧以上；G极、K极间的正向电阻在几十欧范围内，反向电阻一般比正向电阻大，约在几百欧范围内。

根据以上性能，可知晶闸管管脚的识别方法：用万用表找出正、反向电阻有差别的两管脚，测正向电阻时，黑笔接的管脚是G极，红笔接的管脚是K极，剩下的一个管脚则是A极。大功率晶闸管的控制极为细的引出线，由此便能辨别出来。

5.1.4　集成电路

把一个具有一定功能的电路中的所有电子元件（包括晶体管、电阻和电容器等）和连线一起制作在一块基片上，封装在一个外壳内，即形成一块集成电路。集成电路实现了材料、元件和电路三位一体。与分立元件电路（二极管、三极管和电阻、电容等组成的电路）相比，它具有体积小、重量轻、功耗小、性能好、可靠性高和成本低等特点，因此得到了广泛应用和迅速发展。

1. 结构与外形

集成电路按其结构和制造工艺的不同，可分为半导体、薄膜、厚膜和混合集成电路。其中应用最广、品种最多、发展最快的是半导体集成电路。半导体集成电路按电路结构分为双极型和 MOS（绝缘栅场效应管）型；按集成度分为小、中、大和超大规模集成电路；按用途分为数字、模拟集成电路两大类。其外形如图 5.9 所示。

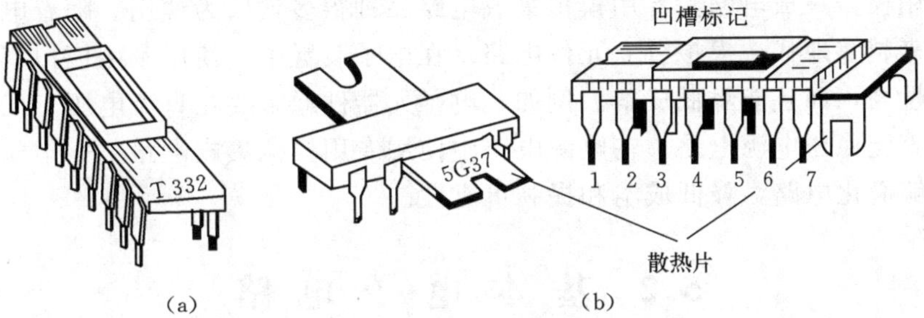

图 5.9 集成电路外形
(a) 数字集成电路；(b) 模拟集成电路

集成电路的封装形式有陶瓷扁平、塑料扁平、陶瓷双列、塑料双列、金属圆壳等。扁平和双列型的引线排列规则是：将凹口、标记等结构特征置于俯视图左侧，由左下角起按逆时针方向，管脚依次为 1、2、3、…，金属外壳等型号的引线排列规则是：根据底视图，由锁口、定位孔等结构特征物起，顺时针方向管脚依次为 1、2、3、…。

2. 数字集成电路

习惯上，人们把连续变化的物理量称为模拟量，而把时间上不连续变化的物理量称为数字量（又叫开关量），据此，把输入和输出是模拟量的集成电路称为模拟集成电路，输入输出都是数字量的集成电路则称为数字集成电路。模拟集成电路的输入、输出量一般在零和接近于电源电压的范围内连续变化，而数字集成电路的输出电压（也称电平）在接近于零和接近于电源电压的两个电平上阶跃变化，这两个电平分别叫低电平（也称“0”电平）和高电平（也称“1”电平）。

使用数字集成电路一般不考虑其内部结构，主要关心的是它的功能、主要参数和引线排列等。由功能确定其在应用系统电路中的作用，根据参数分析其能否和电路的其他部分配合，按照引线排列进行印制电路板设计和装配、调试等。

数字集成电路按结构不同分为双极型和 MOS 型（单极性）两种：双极型的主要产品类型有 DTL、TTL，和 HTL 等；MOS 型的主要产品类型有 PMOS、NMOS 和 CMOS 等。在电子装置中通常使用的是 TTL 和 CMOS 型两种数字集成电路。

3. 模拟集成电路

模拟集成电路包括集成运算放大器和各种专用模拟集成电路，如集成稳压器和音响、电视集成电路等。模拟集成电路习惯上也称为线性集成电路，即输出信号与输入信号成比例关系。但实际上并不是所有模拟集成电路在正常工作时的输出信号与输入信号都呈线性关系。

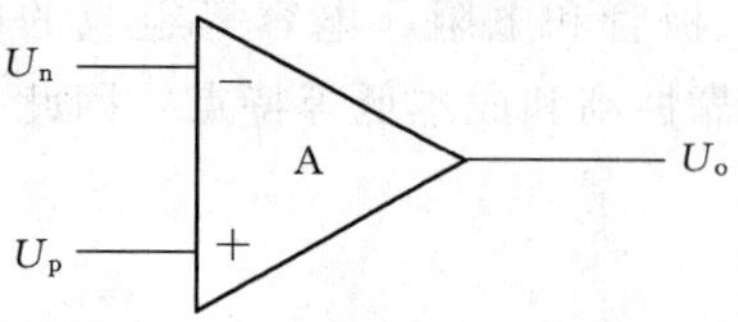

图 5.10　运算放大器符号

（1）集成运算放大器。集成运算放大器是一种高信号放大能力、高输入阻抗的直流放大器，其符号如图 5.10 所示。它可以构成信号测量、信号变换、信号处理、信号运算、信号发生及其他应用电路。集成运算放大器的种类、型号很多，各种运放的性能、价格差异可能很大，引线排列也不同，装配或调换时要认准型号。不同型号的运算放大器一般不能直接换用，而需要修改电路。

（2）专用模拟集成电路。专用模拟集成电路品种很多，广为使用。随着电子技术的发展，它将越来越多地代替模拟分立元件电路。在电子装置中，使用专用模拟集成电路不仅方便、可靠性高，而且能降低成本。例如，电子元器件通常要在直流电压下工作，所以电子装置都有直流稳压电源电路。在电源电路中使用专用模拟集成电路——集成稳压器是很可取的，能够简化电路，降低成本和提高可靠性。

5.2　基本电子电路

5.2.1　整流、滤波电路

在某些场合，如热工自动控制、电气控制、自动保护和直流电动机等，要用到直流电源。若不宜采用直流发电机，则可用各种半导体器件组成整流电路，将交流电转换为直流电。

1. 单相半波整流电路

单相半波整流电路如图 5.11 所示，假设电源变压器 T 输出的交变电压 $u=U_m\sin\omega t$，其波形如图 5.12 所示。当交变电压处于正半周（0～T/2）时，变压器次级线圈的 a 点为正电位，b 点为负电位，二极管因外加正向电压而导通，电路内电流 i_R 的方向是由 a 点经二极管、负载电阻 R 到 b 点的；当交变电压处于负半周（T/2～T）时，变压器次级线圈的 a 点为负电位，b 点为正电位，二极管因外加反向电压而截止。电路中的电流 i_R 为 0，负载电阻 R 上的电压也为 0。以后的过程交替重复进行。由此可看到，变压器的输出电压 u 虽然是交变的，但经二极管整流后，在负载电阻上的电压 u_R 却是单方向的脉动电压，也就是得到了脉动直流电，如图 5.12 所示。在这种电路中，负载电阻上的电压只有电源电压的半个周波，所以称为半波整流电路。半波整流电压 u_R 的平均值 $U_L=0.45U$（U 为变压器次级绕组上电压有效值），电流 i_R 的平均值 $I_L=U_L/R$。当二极管截止时，$i_R=0$，变压器二次侧电压 u 反向加在二极管上，所以，二极管承受的最大反向电压 $U_{RM}=\sqrt{2}U=1.414U$。

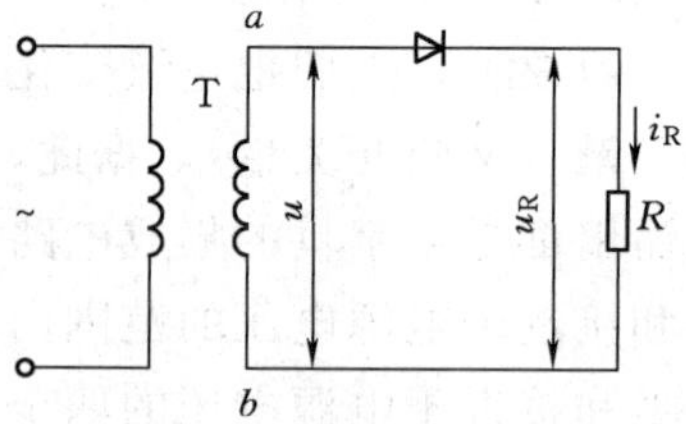

图 5.11　单相半波整流电路

半波整流的优点是电路简单、元件少，缺点是电源利用率低、直流脉动大，故一般用在对直流电的波形要求不高的场合。

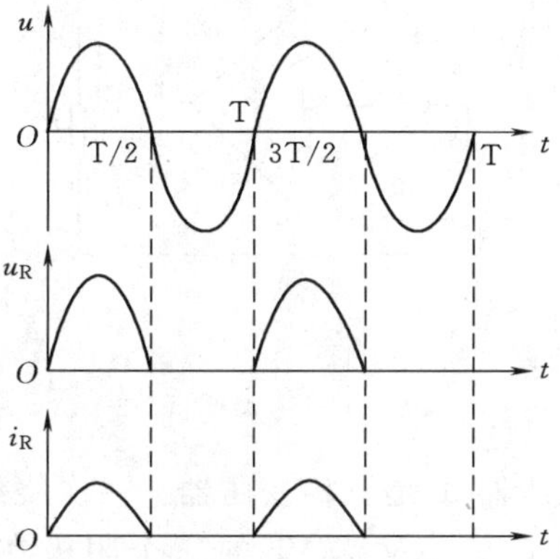

图 5.12 半波整流的波形

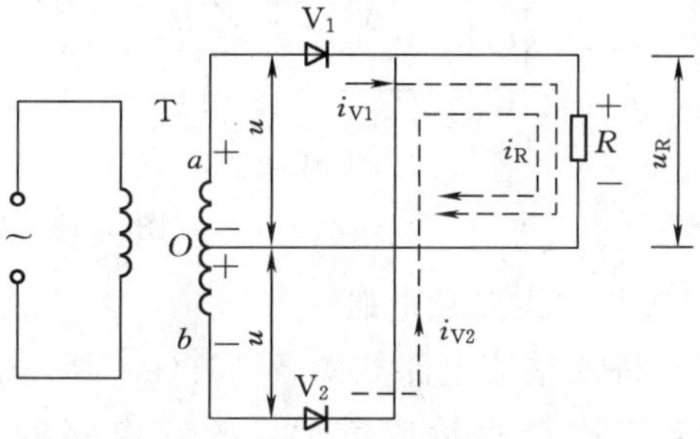

图 5.13 全波整流电路

2. 单相全波整流电路

全波整流是由两个半波整流电路组成的，电路如图 5.13 所示。两只二极管的负极都通过负载电阻 R 与电源变压器 T 次级的中心抽头（O 点）连接。当输入电压正半周时，变压器次级绕组的 a 点为正电位，b 点为负电位，O 点相对于 a 点为负电位、相对于 b 点为正电位，各点电压的极性如图 5.13 所示。二极管 V_1 因外加正向电压而导通，二极管 V_2 因外加负向电压而截止，电流 i_{V1} 从 a—V_1—R—O。当输入电压负半周时，变压器次级绕组的 a 点为负电位，b 点为正电位，各点电压的极性与图 5.13 所示极性相反。V_1 因外加反向电压而截止，V_2 因外加正向电压而导通，电流 i_{V2} 从 b—V_2—R—O，如图 5.13 所示。

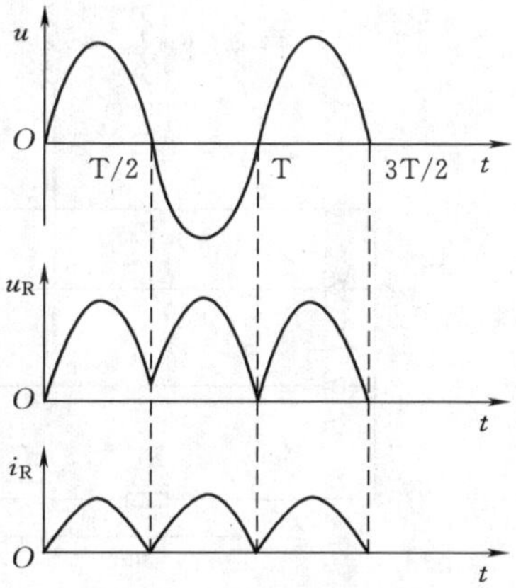

图 5.14 全波整流的波形

可见，在交变电压的一个周期内，两个二极管轮流导通，电流 i_{V1}、i_{V2} 轮流流过负载电阻 R，形成连续的电流 i_R。电流 i_R 只有大小的变化，方向是不变的，即在负载上得到全波脉动直流。其波形如图 5.14 所示。全波整流电压的平均值 $U_L=0.9U$（U 为变压器次级电压有效值的一半），负载电流的平均值 $I_L=U_L/R$，流过二极管的平均电流 $I_{V1}=I_{V2}=I_L/2$。二极管承受的最大反向电压 $U_{RM}=2\sqrt{2}U=2.828U$。全波整流的特点是直流脉动小，但变压器次级绕组要有中心抽头，二极管所承受的反向电压较高。

3. 单相桥式整流电路

如图 5.15（a）所示，将四只二极管 V_1～V_4 接成电桥形式就构成单相整流电路。在电源的正半周，电流经 a—V_1—R—V_3—b，沿 i_R 的方向流过负载电阻 R；在电源的负半周，电流经 b—V_2—R—V_4—a，沿 i_R 的方向流过负载电阻 R。所以 i_R 的波形与图 5.14 所示的电流波形一致。其直流电压平均值 $U_L=0.9U$，i_R 的直流平均值 $I_L=U_L/R$。每个二极管所承受的最大反向电压 $U_{RM}=\sqrt{2}U=1.414U$。图 5.15（b）是图 5.15（a）的简化画法。

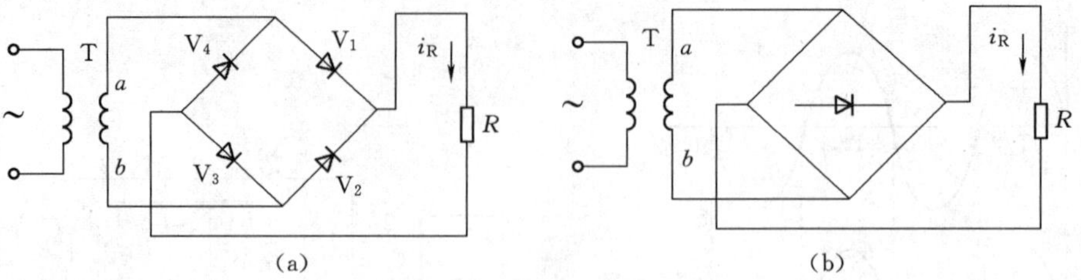

图 5.15　桥式整流电路

4. 三相桥式整流电路

三相桥式整流电路如图 5.16（a）所示，电源变压器 T 是三相变压器。一次绕组接成三角形，二次绕组接成星形。桥式电路的二极管中，V_1、V_3、V_5 的三个阴极在一起，V_2、V_4、V_6 的三个阳极连在一起，然后分别与负载 R_L 相连。

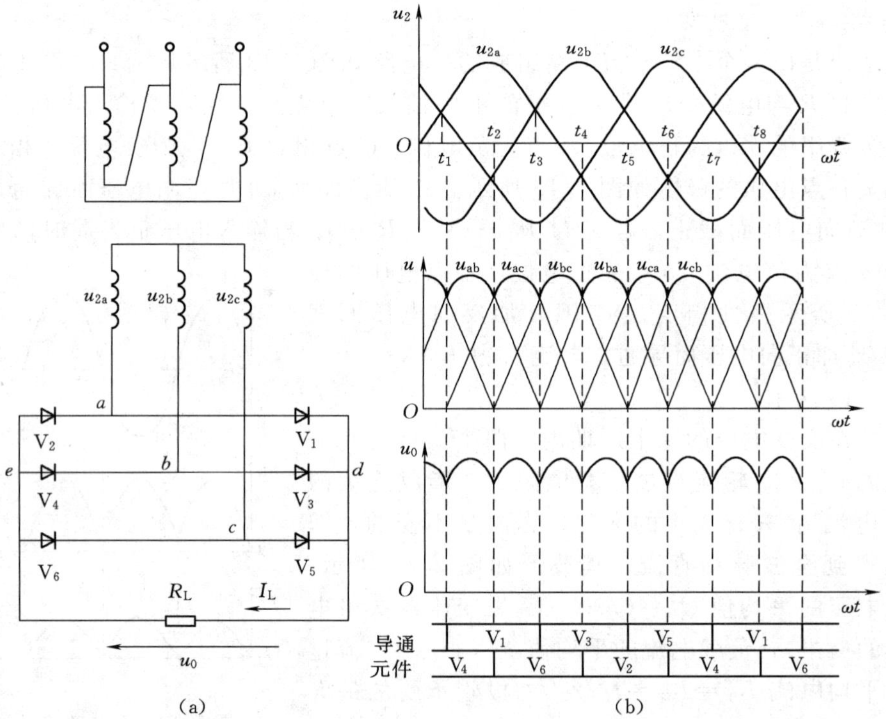

图 5.16　三相桥式整流电路图

（a）电路图；（b）波形图

图 5.16（b）所示为与图 5.16（a）所示电路对应的电压波形图。为了便于分析工作原理，在图中标出了时间 t_1、t_2、t_3、t_4、t_5、t_6、t_7、t_8。这些时间是三相电压波形的交点，每两点之间的时间差为交流电的 1/6 周期，对应 60°电角度。在每个 1/6 周期内，有两个二极管导通而有四个二极管截止。哪个导通，哪个截止，由三相电压 u_{2a}、u_{2b}、u_{2c} 中的最高电压和最低电压决定。

在 t_1～t_2 时间内，从图 5.16（b）波形图中可以看出，电压 u_{2a} 最高，电压 u_{2b} 最低，对应图 5.16（a）电路中即 a 点为最高电压点，b 点为最低电压点。此时，V_1、V_4 处于正向电压而导通，而 V_2、V_3、V_5、V_6 因处于反偏状态而截止。电流 i_L 从变压器二次侧 A 相绕组的输出端 a 点流出，经二极管 V_1、负载电阻 R_L、二极管 V_4，在 b 点流回电源。负载两端的电压 u 就是线电压 $u_{ab}=u_{2a}-u_{2b}$；在 $t_2\sim t_3$ 时间内，从波形图中可以看出，电压 u_{2a}仍最高，而电压 u_{2c}变为最低，对应电路中就是 a 点为最高电压点，c 点为最低电压点。V_1、V_6 处于正向电压而导通，而 V_2、V_3、V_4、V_5 截止。电流 i_L 从 a 点流出，经 V_1、R_L、V_6，在 c 点流回电源。负载两端的电压 u 就是线电压 $u_{ac}=u_{2a}-u_{2c}$；同理，在 $t_3\sim t_4$ 时间内，电压 u_{2b}最高点，电压 u_{2c}最低，电路中 b 点为电压最高，c 点为电压最低点。V_3、V_6 导通，V_1、V_2、V_4、V_5 截止。电流 i_L 从 b 点流出，经 V_3、R_L、V_6，在 c 点流回电源。负载两端的电压 u 就是线电压 $u_{bc}=u_{2b}-u_{2c}$。

从上面的分析中可以找到整流二极管导通与截止的规律，在每个 1/6 周期内，总有两个二极管处于导通状态，四个二极管处于截止状态，状态变化的时刻就是三相电压曲线的交点处，动作的次序如图 5.16（b）所示。负载 R_L 上的电压 u_0 就是线电压 u_{ab}、u_{ac}、u_{bc}、u_{ba}、u_{ca}、u_{cb}波顶部分的连线。在 t_2 时刻，输出电压由 u_{ab}切换为 u_{ac}，在 t_3 时刻，输出电压由 u_{ac}切换为 u_{bc}，依此类推，所以状态变化点也称为换相点。

比较三相桥式整流电路与图 5.15 所示的单相桥式整流电路，可以看出，前者的输出电压脉动成分较少，电压较平稳，因此在大功率设备（如发电机组控制、保护用直流电源）中得到广泛应用。

5. 滤波电路

半波或全波整流得到的直流电压是不平直的，称为脉动电压。它包含直流成分和交流成分，对要求输出直流电压比较平稳的负载就不符合要求，因此必须把直流输出中的交流成分滤掉，滤波电路就是为了得到脉动很小的直流电而设计的。

图 5.17 所示为带有 C_1、C_2 和电阻 R 组成的 π 形滤波器的整流滤波电路。a、b 两端的输入电压是经过整流后的脉动直流电压，这种脉动直流电压含有交流成分，可以看作是直流分量与交流分量的叠加。C_1、C_2 的电容值较大，对交流分量的阻抗小，交流分量很容易通过电容滤掉。如将 u_{ab}看成是加在串联阻抗 R、$X_{C2}/\!/R_L$ 上的交流分量，输出交流分量则是 u_{ab}在 $X_{C2}/\!/RL$ 上的分压，由于 X_{C2}很小，交流分量的大部分都降落在滤波电阻 R 上，负载电阻 R_L 上的交流成分就很小。显然，通过 C_1 也可以先滤掉部分交流成分，故经 π 形滤波器滤波后，交流分量几乎全部经电容旁路，而加到 R_L 上的基本上是直流分量，从而使负载得到平稳的直流电压。

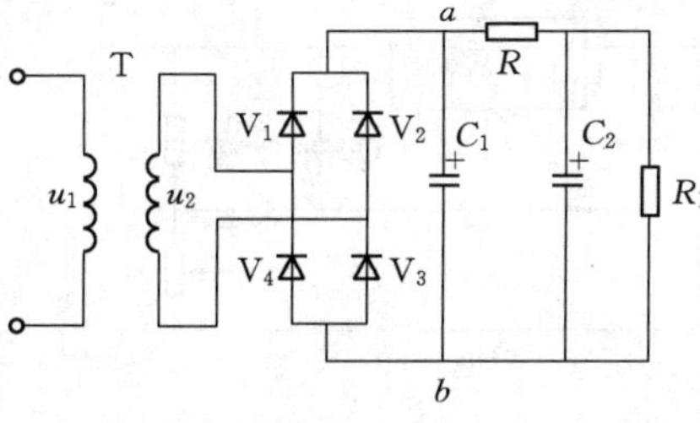

图 5.17　带有 π 形 RC 滤波器的整流滤波电路

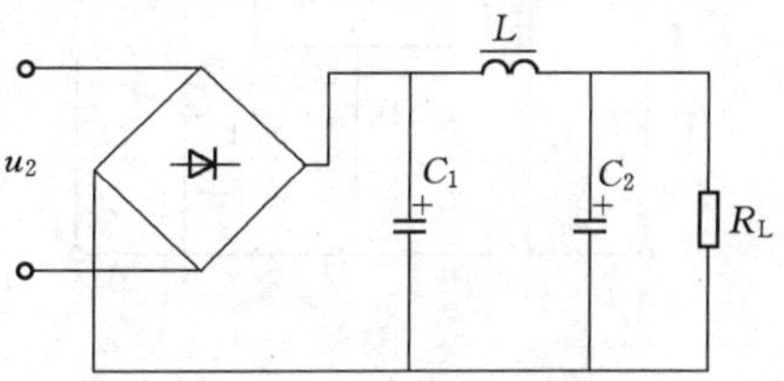

图 5.18　带有 π 形 LC 滤波器的桥式整流电路

将图 5.17 中的 R 改用电感线圈，则成为图 5.18 所示的电感—电容滤波电路，这种滤波电路滤波效果更好，但电感线圈较大，价格高，因此其应用受到一定限制。带有滤波电容的整流电路在接通电源的瞬时，其充电电流很大，为避免整流二极管因过流而损坏，故在选用整流二极管的最大整流电流时应选得比实际工作电流要大些。

5.2.2　稳压电路

1. 稳压管稳压电路

稳压电路的作用是：当电源电压在一定范围内波动，或负载电流在一定范围内变化时，整流稳压电路输出的直流电压基本上保持稳定不变。最简单的稳压管稳压电路如图 5.19 所示。稳压管作为自动调整元件，与负载 R_L 并联，限流电阻 R 与硅稳压管 VD_W 组成稳压电路。稳压管是一种工作在反向击穿区的特殊二极管。当外加反向电压使稳压管击穿时，反向电流突增，此后稳压管两端电压稍有微小变化，就会引起反向电流很大的变化。稳压管的击穿是可恢复的，反向电压小于击穿电压一定值时，稳压管又恢复截止状态。从图 5.19 可知，I_w 为流过稳压管的工作电流，I_L 为负载电流，总电流 $I=I_w+I_L$。U_R 为限流电阻 R 上的压降，U_L 为输出直流电压，整流电路的输出电压 $U_1=U_R+U_L$。假定负载电阻 R_L 不变，如果电源电压升高，引起电压 U_1 增大，输出电压 U_L 也随之增大，稳压管两端电压 U_w 增大。根据稳压管的伏安特性可知，当 U_w 稍有增大时，流过稳压管的电流 I_w 增加很多。从总电流 $I=I_w+I_L$ 可知，I_w 增大，将引起 I 增大，这样在限流电阻 R 上的压降 U_R 也随之增大，由于 $U_1=U_R+U_L$，即 $U_L=U_1-U_R$，所以当电源电压升高时，引起限流电阻上压降 U_R 也增大，结果使负载上的输出电压 U_L 基本上保持不变。当 U_1 减小时，稳压过程与上述情况相反，U_L 也基本上保持不变。

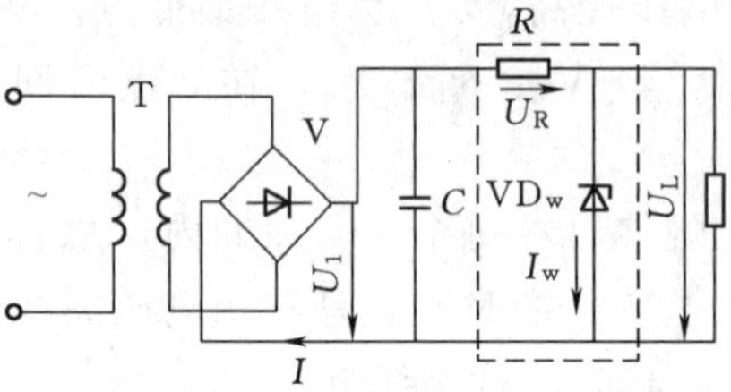

图 5.19　硅稳压管稳压电路

2. 集成稳压电路

(1) 输出固定稳压电路。该电路如图 5.20 (a) 所示，集成稳压芯片 78××代替了图 5.19 中的稳压元件 R、VD_W，集成稳压芯片具有很强的自动调节作用，它的稳压效果比稳压管好得多。不稳定的直流电压从集成稳压器 1、2 端输入，而从 3、2 端输出稳定的直流电压。输出电压的大小决定于集成稳压器的额定输出电压。例如，使用集成稳压芯片 7805 输出电压为 5V。电容 C_1 可减小电源的纹波，C_2 可改善瞬态响应特性。

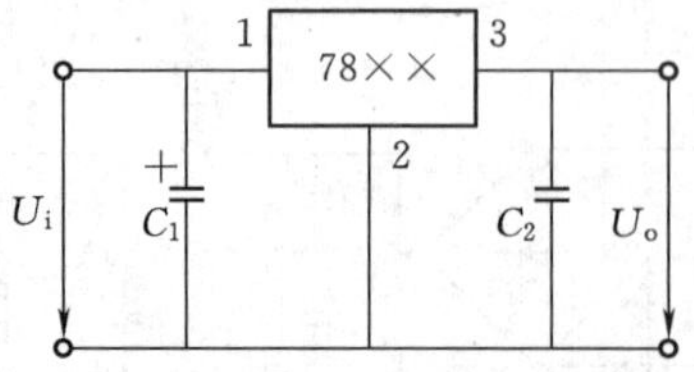

(a)

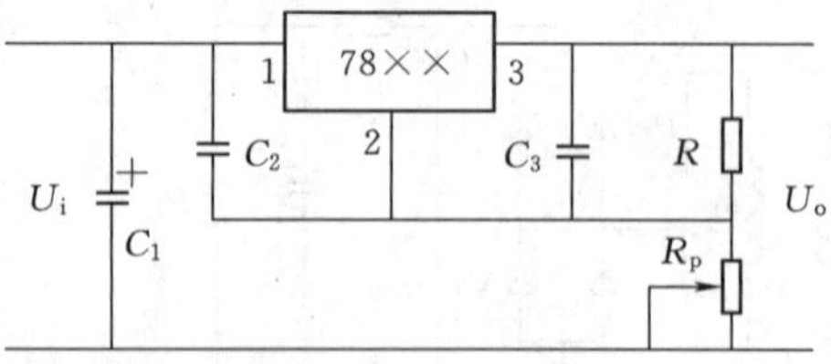

(b)

图 5.20　集成稳压电路

(a) 输出固定电压电路；(b) 输出电压可调式电路

(2) 输出电压可调式电路。在图 5.20 (a) 所示电路的基础上外接电阻 R 和电位器 R_p，就可把输出电压从所用集成稳压器的额定电压向上调节，如图 5.20 (b) 所示。

5.2.3 可控整流电路

5.2.3.1 晶闸管整流的基本原理

可控整流是指将交流电变换成电压大小可调的直流电的过程，它用于直流电动机的调速、发电机的自动励磁调节和电镀、电解、充电等方面。

图 5.21 所示为接有电阻性负载的单相半波可控整流电路。电路中，晶闸管的 A 和 K 极分别与电源、负载连接，组成晶闸管的主电路；g 和 K 极与控制晶闸管的电路相连，组成晶闸管的控制电路。晶闸管 V 为整流元件，R_L 为负载电阻。变压器 T 将交流电压 u_1 变换为大小合适的电压 u_2。若 u_2 是一个初相位等于零的正弦交流电压，当交流电压 u_2 正半周时，由图 5.21 可确定 a 点电位高于 b 点电位，晶闸管承受正向电压。此时，晶闸管不导通，处于正向阻断状态。如果在 $\omega t=\alpha$ 时，给控制极加上触发脉冲电压 u_g，如图 5.22 (b) 所示，晶闸管 V 立即导通。V 导通后，若忽略其 1V 左右的正向压降，则负载电阻 R_L 两端的电压与交流电压相同，即 $u_o=u_2$。当 ωt 趋近于 π 时，交流电压 u_2 下降到接近于零，此时，晶闸管的 A 极电流小于维持电流而自行关断，使输出电压 $u_o=0$。当 u_2 为负半周时，图 5.21 中 b 点为高电位，a 点为低电位，晶闸管承受反向电压，不管控制极有无触发脉冲，晶闸管都不能导通，负载上的电压、电流均为零，u_2 的负半周电压全部加在晶闸管两端。在以后的各个周期均重复上述过程，这样在负载电阻 R_L 上获得如图 5.22 (c) 所示的电压和电流。

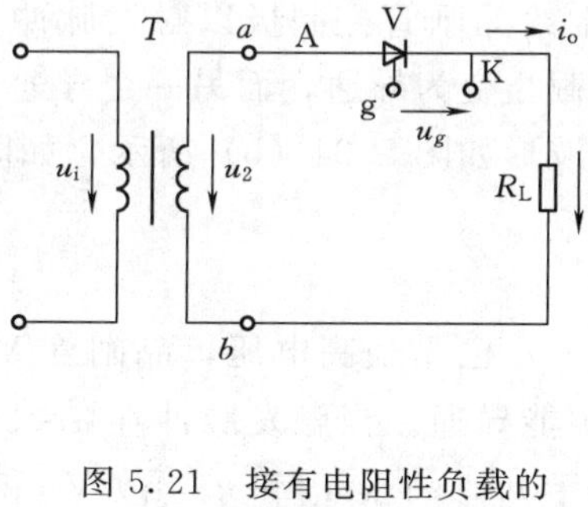

图 5.21 接有电阻性负载的单相半波可控整流电路

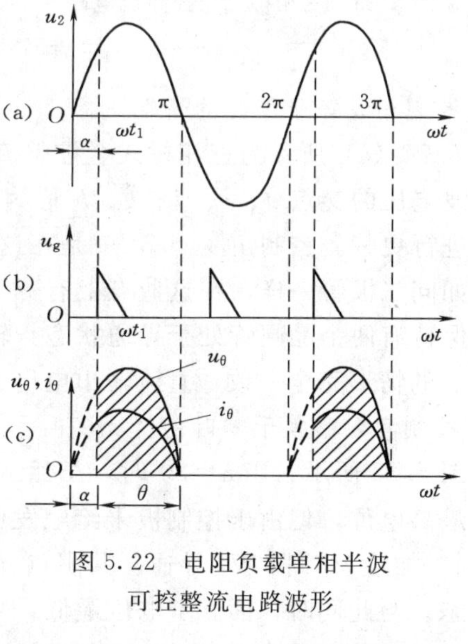

图 5.22 电阻负载单相半波可控整流电路波形

晶闸管在正向电压下不导通的范围称为控制角，用 α 表示。导通的范围称为导通角，用 θ 表示。它们之间的关系为 $\theta=180°-\alpha$。如果改变控制极触发脉冲的输入时刻（称作移相），也就改变了控制角 α 的大小，从而也就控制了负载上输出电压的大小。

5.2.3.2 三相桥式晶闸管整流电路

利用晶闸管可控的单向导电特性构成的三相桥式全控整流电路如图 5.23 所示。三相全控桥式整流电路由六只晶闸管 $V_1 \sim V_6$ 组成，与图 5.16（a）所示的三相桥式整流电路比较，两者具有相似的结构，不同的只是用了晶闸管整流元件取代了原电路中的整流二极管。二极管整流电路输出的直流电压大小只与输入交流电压有关，而三相晶闸管整流电路，则能在同一交流输入电压作用下，通过改变施加在控制极上的触发脉冲的时刻来改变输出直流电压的大小和方向，起到可控直流电源的作用。

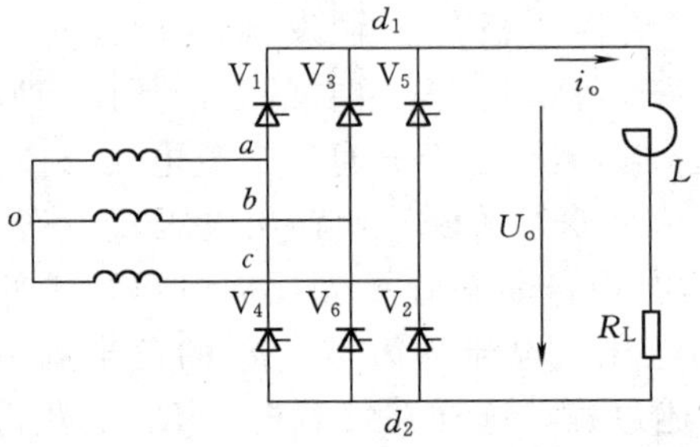

图 5.23　三相桥式全控整流电路

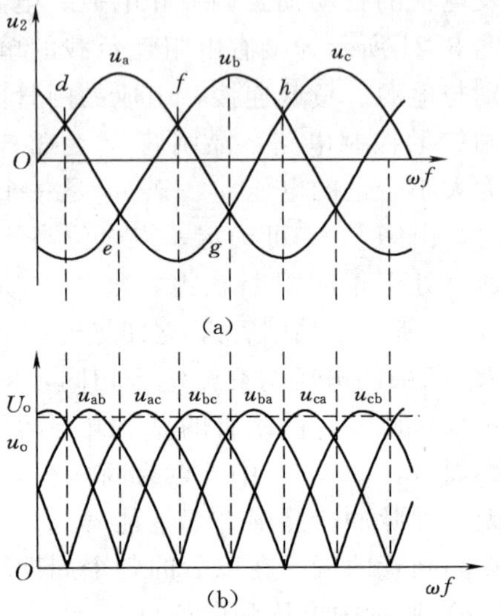

图 5.24　$\alpha=0$ 时电压波形

（a）相电压波形；（b）直流侧电压波形

1. 控制角 α 等于零时的情况

图 5.24（a）所示为三相桥式全控整流电路交流侧输入的三相正弦电压波形。图中各相正弦波电压的交点 d、e、f、g、h 称为自然换相点。在这些点上，最高电位相或最低电位相进行更替。控制角 $\alpha=0°$，就是在这些换相点上给晶闸管控制极以触发脉冲，则晶闸管将如同二极管一样，在这些点上有一个自动地由截止变为导通，而另一个导通变为截止，总保持有两个晶闸管处于导通状态。输出电压的波形如图 5.24（b）所示，如图 5.16（b）所示的情形完全一致，直流输出电压平均值为 U_o。

2. 控制角 α 不等于零时的情况

如图 5.25 所示，当 $\alpha=30°$时，虽然从 t_0 点开始，u_a 已是最高电压，晶闸管 V_1 的阳极处于最高电位，但由于控制极未给触发脉冲，V_1 不能导通。当触发脉冲在 $\alpha=30°$时刻（t_1 时刻）加给 V_1 时，V_1 导通。共阴点 d_1 的电位等于 u_a，高于 u_b 和 u_c，故 V_3 和 V_5 是截止状态。与此同时，因 b 点电位最低，V_6 处于导通状态（假定在 1/3 周期前已给 V_6 触发脉冲），输出电压 $u_o=u_a-u_b$。到 t_2 点时，u_c 变为最低电压，c 点电位最低，但由于 V_2 上的触发脉冲也要滞后 30°，V_2 不导通，共阳极点 d_2 的电压仍为 u_b，输出电压 u_o 仍为 u_{ab}。显然，此时 u_{ab} 小于 u_{ac}，故图 5.25（b）所示的输出电压波形上，在 u_{ac} 线下产生一个缺口，缺口的高度就是 u_{ac} 与 u_{ab} 之差。再滞后 30°，在 t_3 时刻，给 V_2 加上触发脉冲，V_2 导通，共阳极点 d_2 的电压变为 u_c，输出电压变为 u_{ac}。在 t_4 时刻，u_b 变为最高电压，但

由于 V_3 控制极未给触发脉冲，V_3 仍截止。V_1 持续导通，输出电压 u_o 仍为 u_{ac}。同理，此时 u_{ac} 小于 u_{bc}，输出电压波形上，在 u_{bc} 线下产生一个缺口。当 V_3 上的触发脉冲来到时（t_5 时刻），V_3 导通。共阴点 d_1 的电位等于 u_b，输出电压 $u_o=u_{ab}$。

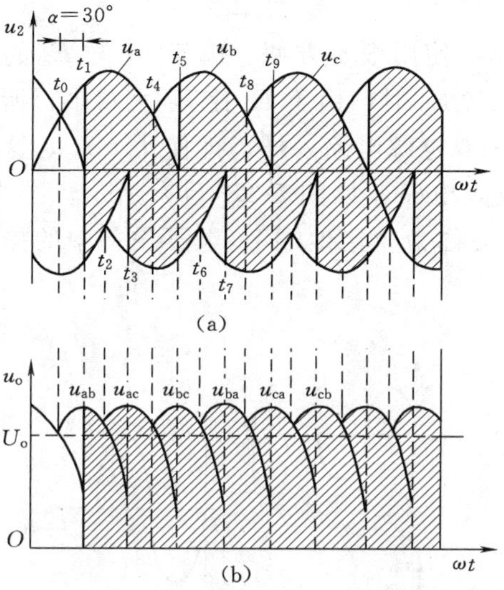

图 5.25　$\alpha=30°$ 时的电压波形

（a）相电压波形；（b）直流侧电压波形

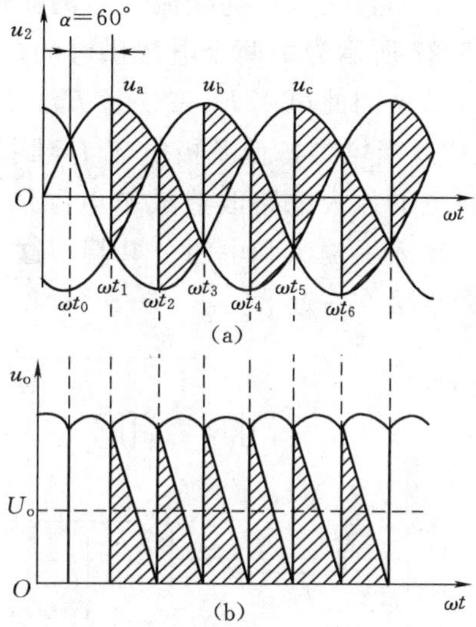

图 5.26　$\alpha=60°$ 时的电压波形

（a）相电压波形；（b）直流侧电压波形

从上面的分析可以看出，当晶闸管的控制角 $\alpha=0°$ 时，自然换相点就是实际换相点，其输出电压与二极管整流电路的一致；当 $\alpha>0°$ 时，实际换相点比自然换相点滞后，输出电压波形产生缺口，其直流输出电压平均值 U_o 比二极管整流电路的小，α 越大，缺口越大，直流输出电压平均值 U_o 越小。这一点可以从图 5.26（$\alpha=60°$）与图 5.25 的比较中看出。也就是说，通过改变晶闸管的控制角，可以改变整流电路输出直流电压的大小，这就是可控整流的基本原理。

进一步分析可知，当 $\alpha>60°$ 时，输出电压波形将出现负值，当 $\alpha=90°$ 时，输出电压波形的正、负部分相等，输出电压平均值 U_o 等于零；当 $\alpha>90°$ 时，输出电压平均值 U_o 小于零。这些，留给有兴趣的读者自行分析。

5.2.4　三极管放大电路

能把微弱的电信号放大成所需要的大信号的装置（如扩音器中的音频放大器）称为放大器。放大器广泛运用在自动调节与控制系统中。下面简要介绍三极管放大器的基本原理。

1. 基本放大电路

图 5.27 所示为晶体三极管基本放大电路。从图中可以看出，基本放大电路由三极管、电阻和电容器等元器件组成，需要放大的小信号 u_i 接入 1、2 端。经过放大的信号从 3、4 端输出。E_b 是基极电源，通过基极偏置电阻 R_b 给三极管发

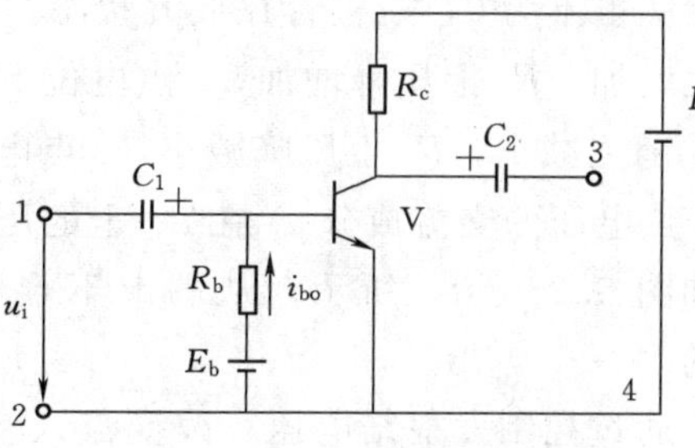

图 5.27　基本放大电路

射结以正向电压，E_b 和 R_b 的作用是使三极管能获得合适的基极电流 i_{bo}，为三极管建立合适的静态工作点，使其工作在放大区。E_c 是放大电路的能源，给集电结以反向电压。R_c 是集电极的负载电阻，它的作用是把三极管的电流变化转变成电压变化。C_1、C_2 是耦合电容，起隔直流和传递交流信号的作用。

图 5.27 所示为由两个电源供电的放大电路，使用很不方便。由于 E_b 与 E_c 的负极是接在一起的，因此可用 E_c 来代替 E_b。用 E_c 代替 E_b 时，由于 E_c 比 E_b 大得多，所以需将 R_b 的阻值适当增大，使基极电流 I_b 维持和原来双电源电路一样，即使 $I_b=i_{bo}$，这样就把双电源供电的放大电路改造成单电源供电的放大电路，如图 5.28（a）所示。图中“⊥”符号表示输入、输出和电源公共端，这个公共端称为“接地端”。电子设备中的接地端一般与机壳连接在一起。

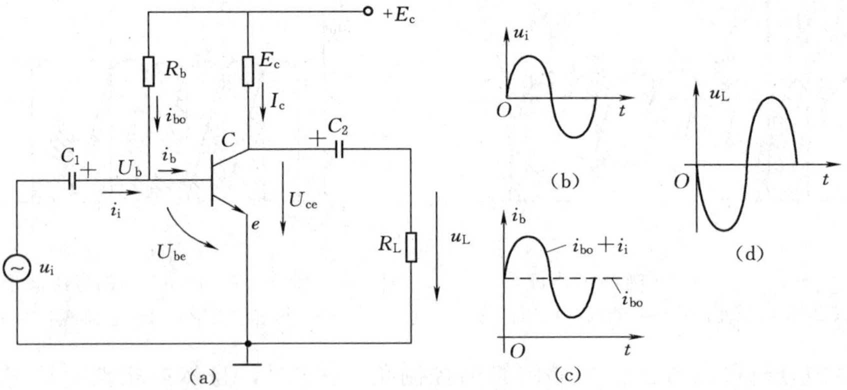

图 5.28　单电源供电的放大器

三极管放大电路要求有一个静态工作点。从图 5.7 可以看出，三极管具有单向导电性，只有当 U_{be} 大于发射结的死区时，才有基极电流。如果没有静态工作点，即 $i_{bo}=0$，在输入电压 u_i 的负半周，基极电压为负，$U_{be}<0$，三极管不工作。在 u_i 的正半周，先要克服发射结的死区，然后才能形成基极电流和集电极电流（假定有 E_c），所以输入信号不能正常被放大。通过 R_b 提供基极电流 i_{bo}（如图 5.7 中的 q 点，$U_{be}\approx0.7\text{V}$，$i_{bo}\approx60\mu\text{A}$）后，情形不同了，这时基极电流是电源 E_c 提供的静态（直流）电流 i_{bo} 与输入信号 u_i 提供的交流电流 i_i 之和，类似图 4.30 所示的非正弦周期信号。i_b 的波形如图 5.28（c）所示。在 u_i 的负半周，虽然 u_i 为负，但它只是减小流入基极的电流，即使在 u_i 的负向最大值处，i_b 也不为 0，三极管在放大状态。在 u_i 的正半周，当 i_i 增加时，i_b 增加，$\Delta i_c=\beta\Delta i_b$ 随之增加，R_c 上压降增加，c 点电位下降；在 u_i 的负半周，当 i_i 减小时，i_b 减小，$\Delta i_c=\beta\Delta i_b$ 随之减小，R_c 上压降减小，c 点电位上升。输出端是 C_2、R_L 串联电路，输出电压 u_L 是 c 点电压的交流成分 u_c 在 R_L 上的压降。由于 C_2 较大，其容抗很小，$u_L\approx u_c$，u_L 的波形如图 5.28（d）所示。从图上不难看出，三极管放大器的输出信号与输入信号是反相的。

通过控制发射结电压，改变流入基级的静态电流，可以改变三极管的工作状态。当 U_{be} 小于死区电压时，$i_{bo}=0$，$i_c=0$，$U_c=E_c$，称为截止状态；当 U_{be} 为 0.7V 左右（如图

5.7 中的 q 点）时，所对应的电流 I_b 在其线性范围的中间，输入交流信号在此基础上增减时，I_b 的变化量与输入信号的变化量成比例，同理，I_c 的变化量也与输入信号的变化量成比例。这是三极管的放大状态；当 U_{be} 过大时，I_b、I_c 也大，其结果使 $I_cR_c \approx E_c$，$U_{ce} \approx 0$。这时，再增加 i_b，i_c 不会随之增加，称这种状态为三极管的饱和状态。

2. 三极管多级放大电路

在很多场合下，被放大的信号往往是很小的，单靠一级放大器进行放大往往不能满足要求，这样就必须将几个单级放大器串联起来，将小信号逐级放大才能达到要求。就低频放大器来说，它的连接方法常见的有阻容耦合与变压器耦合两种。

阻容耦合两级放大电路如图 5.29 所示。用电阻和电容器把前后级放大器连接起来的多级放大器称为阻容耦合放大电路，电路中的电容器 C_g 是起耦合作用的关键元件，称为耦合电容。

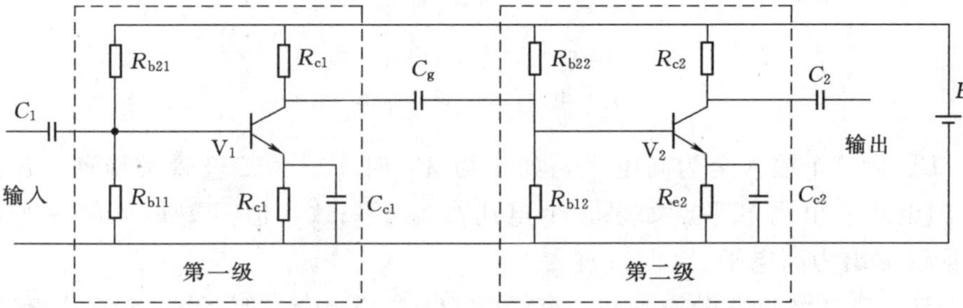

图 5.29 阻容耦合两级放大电路

多级放大器的电压放大倍数为各级电压放大倍数的乘积。阻容耦合电路的优点是结构简单，轻便，成本低，失真小。但由于耦合电路中的电阻和电容器对传递的交流信号会产生一定的分压和分流作用，会减弱一些信号的强度，所以缺点是效率低。因此，阻容耦合放大电路常用在前置放大级中作电压放大。

用耦合变压器取代耦合电容，形成的多级放大电路称为变压器耦合放大电路。有兴趣的读者可参阅其他有关书籍。

实际上，随着集成电路的出现和广泛应用，用三极管分立元件作电压放大的情况已经很少，一般只在输出级，作功率放大使用。

5.2.5 基本数字电路

数字电路也称为开关电路，是数字逻辑控制装置、数字式仪表和计算机的基础部件，本节对最基本的数字逻辑元件——门电路的基本原理作简要介绍。

在逻辑电路中，是用电位（或称电平）的高低来表示事件的状态的。例如，在逻辑电路中可以规定：当电位大于 3V 时，就称为高电平，用“1”表示，即事件成立；当电位小于 1.0V 时，就称为低电平，用“0”表示，即事件不成立。这种表示方法称为正逻辑。

1. 二极管“与”门电路

图 5.30（a）所示为二极管“与”门的原理电路，A、B、C 是它的三个输入端，F 是输出端。当 A、B、C 三个输入端中只要有一个为低电平时，相应的二极管就导通，电流流经电阻 R 和导通的二极管，在 R 上产生压降，使 F 点电位小于 1V（假定为锗管，正向

压降约0.3V)，即门电路输出低电平“0”。例如，当 A 点输入为0时，VD_1 导通，F 点为低电平，这时，即使 B 或 C 点为高电平，也因 F 点为低电平使 VD_2 或 VD_3 处于反偏截止状态。

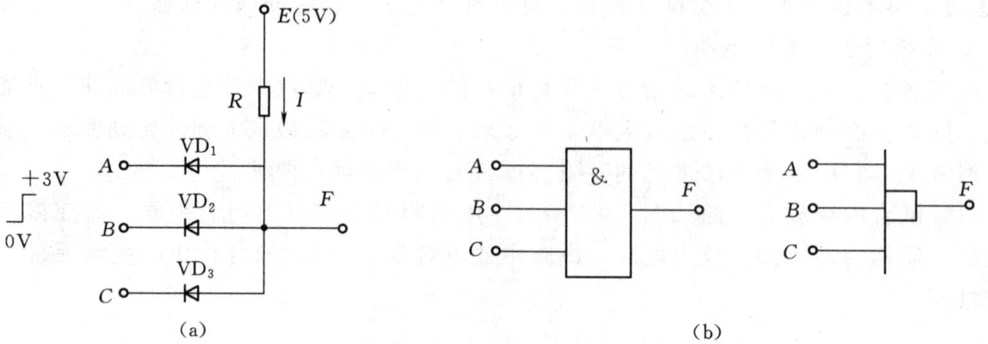

图5.30 二极管与门

(a) 电路；(b) 逻辑符号

当 A、B、C 三个输入全为高电平，如全为3V时，三个二极管都导通，F 点电位略高于3V，门电路输出高电平。如果三个电压高低不一致，但只要最低的一个电位大于3V，就能保证输出为高电平。

所以“与”门电路的逻辑关系是：有“0”出“0”，全“1”出“1”，只有当 A、B、C 全为“1”时，输出端 F 才为“1”。与门的逻辑关系可用下式表达

$$F=A\cdot B\cdot C$$

图5.30（b）所示为“与”门逻辑符号的两种表示形式。

逻辑“与”是一种很普通的逻辑关系。例如，照明电源通过总开关和房间分开关为房间的电灯供电，若照明电源有电为逻辑 a、总开关处于合状态为逻辑 b、房间分开关合上为逻辑 c，电灯亮为逻辑 L，则 $L=a\cdot b\cdot c$。就是说，只有当电源有电、总开关合上、分开关合上这三个条件同时存在时，“灯亮”这个事件才出现。

2. 二极管“或”门电路

图5.31所示为二极管“或”门电路及其符号。与图5.30比较可以看出，后者二极管的极性和前者接法相反，并采用了负电源，即电源的正端接地，另一端经电阻 R 接二极管的阴极。

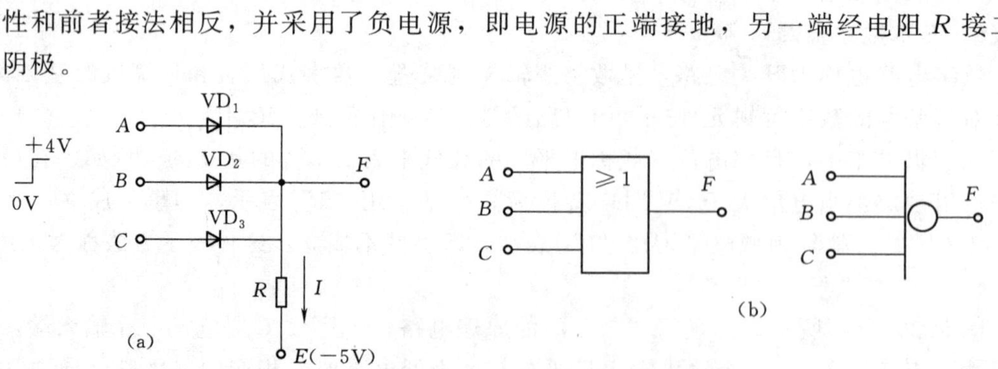

图5.31 二极管或门

(a) 电路；(b) 逻辑符号

“或”门的输入端只要有一个为“1”，输出就为“1”。例如，A 端为“1”，即 A 点电位为 4V，B、C 两点的电压为 0V，则电流从 A 点经 VD_1 和 R 流向电源负端，F 端电压约 3.7V（设二极管 VD_1 的压降为 0.3V），即“或”门电路输出“1”。显然，此时 VD_2、VD_3 均处于反偏截止状态。

要使 F 端输出低电平，必须保持 A、B、C 三点均为低电平。所以“或”门电路的逻辑关系是：有“1”出“1”，全“0”出“0”。其逻辑表达式为

$$F=A+B+C$$

逻辑“或”也是一种很普通的逻辑关系。例如，房间里安装了 A、B 两盏灯，若 A 灯亮为逻辑 a、B 灯亮为逻辑 b、房内有灯光为逻辑 L，则 $L=a+b$。就是说，只要灯 A 或 B 中有任意一盏亮时，房内有“灯光”这个事件就出现。

3. 晶体管“非”门电路

图 5.32 所示为三极管“非”门电路及其逻辑符号。三极管“非”门电路不同于放大电路，它的工作状态或由饱和导通转换成截止，或由截止转换成饱和导通。“非”门电路只有一个输入端 A，当 A 为“1”（设其电位为 3V）时，三极管饱和，其集电极，即输出端 F 为“0”（电位在 0V 附近）；当 A 为“0”时，三极管截止，输出端为“1”（F 点电位约为电源电压 E_c）。加负向电压 E_b，是为了保证在 A 为低电平时，三极管可靠截止。因为 A 点的低电平可能是零点几伏电压，可以使三极管导通。

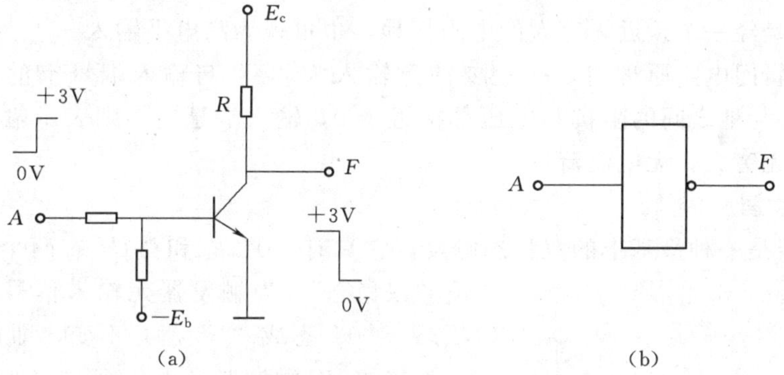

图 5.32 三极管非门

(a) 电路；(b) 逻辑符号

非门电路的输出总是与输入相反，逻辑“非”的表达式为

$$F=\overline{A}$$

“非”逻辑关系的例子很多，例如，设一个班级全勤为逻辑 A，该班级里有人缺席为逻辑 B，则 $A=\overline{B}$，即没有人缺席和全勤两个逻辑条件是相等的。

4. 晶体管“与非”门电路

上述三种电路是基本逻辑门电路，还可以把它们组合成各种复合门电路。常用的“与非”门电路就可以用二极管“与”门与三极管“非”门组合而成，其电路和逻辑符号如图 5.33 所示。

“与非”门的逻辑功能是这样的：当输入端全为“1”时，输出为“0”；当输入端有

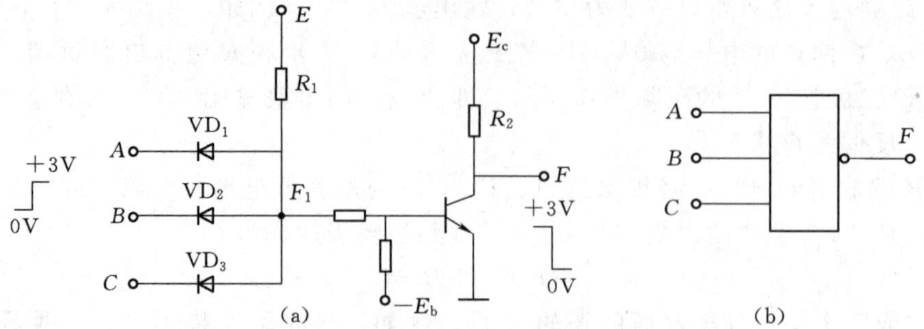

(a)　　　　　　　　　　　　(b)

图 5.33　晶体管与非门

(a) 电路；(b) 逻辑符号

“0”出现时，输出为“1”。即有“0”出“1”，全“1”出“0”。“与非”逻辑关系表达式为

$$F=\overline{A\cdot B\cdot C}$$

这种电路还有一种特殊情况，在 A、B、C 三个输入端中，如果有任意一个处于高电平，而另两个处于悬空状态，则 F_1 点输出高电平（图 5.30 的 F 点也有类似情况），F 输出低电平。例如，当 A 点为 3V，而 B、C 悬空而不是低电平时，无电流流过 VD_2 和 VD_3，F_1 点保持比 A 点的高电平高约 0.3V。故输入端悬空可视为高电平，有时，输入端不是悬空，而是经一个接近无穷大的电阻接地，也可视为高电平输入。

在分析逻辑门电路原理时，一定要注意输入为“0”与输入端悬空的区别。输入为“0”，即输入端与地之间的阻抗和电压都接近于 0，输入端悬空，则表示输入端与地之间的阻抗接近于无穷大，无电流流过。

5. RS 触发器

RS 触发器是一种最基本的双稳态触发，它具有“0”态和“1”态两个稳定状态，即所谓“双稳态”。当触发器无输入信号时，将保持原始状态（“0”态或“1”态）不变，即具有记忆功能。

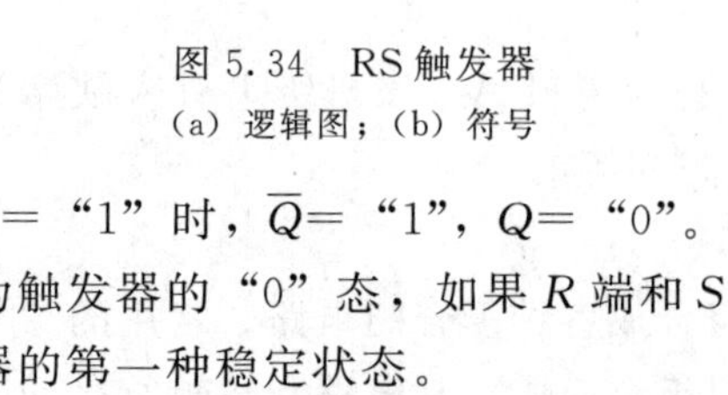

(a)　　　　　　　　(b)

图 5.34　RS 触发器

(a) 逻辑图；(b) 符号

基本的 RS 触发器是由两个“与非”门首尾相接组成的，如图 5.34 所示。它有 R、S 两个输入端，$\overline{Q}$、Q 两个输出端。下面说明 RS 触发器的功能。

（1）当 $R=$“0”，$S=$“1”时，由于与非门 1 的输入端有一个为“0”，则其输出端 $\overline{Q}$ 为“1”，$\overline{Q}$ 端的“1”反送到与非门 2，故与非门 2 的两个输入端全为“1”，故其输出端 $Q=$“0”。这就是说，当 $R=$“0”，$S=$“1”时，$\overline{Q}=$“1”，$Q=$“0”。一般用 Q 端的状态代表触发器的状态，故称这种状态为触发器的“0”态，如果 R 端和 S 端的信号不发生变化，则输出状态也不变，这是触发器的第一种稳定状态。

（2）当 $R=$“1”，$S=$“0”时，由于与非门 2 的输入端有一个为“0”，则其输出端 Q 为“1”，Q 端的“1”反送到与非门 1，故与非门 1 的两个输入端全为“1”，故其输出端 $\overline{Q}$

=“1”。所以，当 R=“1”，S=“0”时，$\overline{Q}$=“0”，Q=“1”。称这种状态为触发器的“1”态，如果 R 端和 S 端的信号不发生变化，则输出状态也不变，这是触发器的第二种稳定状态。

对于上述两种情况，当电路稳定后，即使 R 端和 S 端的信号消失（悬空或经高阻接地），输出状态也不会改变。例如触发器处于“1”时，Q 端的“1”反送到与非门 1，R 端悬空可视为“1”，$\overline{Q}$端维持出“0”，$\overline{Q}$端的“0”反送到触发器 2，触发器 2 有“0”出“1”，保持了原来的状态，故这种电路具有记忆功能，能对输入信息进行记忆。在计算机内存中的每个八位二进制数，就是用八个与触发器功能类似的寄存器来保存的。

（3）当 R=“1”，S=“1”时，触发器的状态视原来的状态而定。若原来为“0”态，与非门 1 的输入端 R 虽然为“1”，但 Q 端的“0”反送到与非门 1，使$\overline{Q}$维持出“1”，对与非门 2，S=“1”，$\overline{Q}$端反送“1”，使输出端 Q 维持出“0”。若原来为“1”，与非门 1 的输入端 R=“1”，Q 端的“1”反送到与非门 1，使$\overline{Q}$维持出“0”，$\overline{Q}$端的“0”反送到与非门 2，故其输出端 Q 维持出“1”。所以，当 R=“1”，S=“1”时，触发器保持原来的输出状态不变。

事实上，因为输入端悬空可视为“1”，R 端、S 端全为“1”与 R 端、S 端悬空是一致的。

（4）当 R=“0”，S=“0”时，两个与非门输出都为“1”，破坏了触发器的逻辑关系。当 R=“0”，S=“0”的低电平消失后，触发器的输出状态不确定。在失去信号瞬间，两个与非门的输入都可视为全“1”，都可输出“0”，如果与非门 1 的动作速度快，则它抢先输出“0”，使与非门 2 维持输出“1”，触发器为“1”态；反之，如果与非门 2 的动作速度快，则它抢先输出“0”，使与非门 1 维持输出“1”，触发器为“0”态。

复习思考题

1. 什么是二极管的单向导电性？
2. 三极管有哪几种工作状态？
3. 桥式整流与全波整流有何不同？
4. 试述三相桥式整流电路的工作原理。
5. 晶闸管三相整流电路的换相点与三相桥式整流电路有何不同？
6. 有哪几种基本的逻辑门电路？

第6章　变　压　器

为了使发电厂发出的电能能比较经济地传输、合理地分配以及安全地使用，就要用到电力变压器。本章主要介绍变压器的基本结构、工作原理与运行特性。

6.1　变压器的基本知识

如图6.1所示，变压器是电力系统中各种电压等级的电能相互转换和输送的桥梁。因为发电机发出的电压不可能太高，一般只有10～20kV，要想把发电机发出的大功率电能直接送到很远的用电区去，几乎是不可能的。这是因为低电压大电流输电除了在输电线路上产生很大的损耗外，线路上产生的压降也足以使电能送不出去。为此，需要用升压变压器把发电机输出的电压升到较高的输电电压。一般说来，当输电距离越远、输送的功率越大时，要求的输电电压也越高。例如，输电距离为200～400km，输送容量为200～300MW的输电线，输电电压一般需要220kV；输电距离在1000km以上，则要求有更高的输电电压，如500kV，或更高电压等级的输电线路。目前1000kV特高压输电线路在我国电网中已经出现。

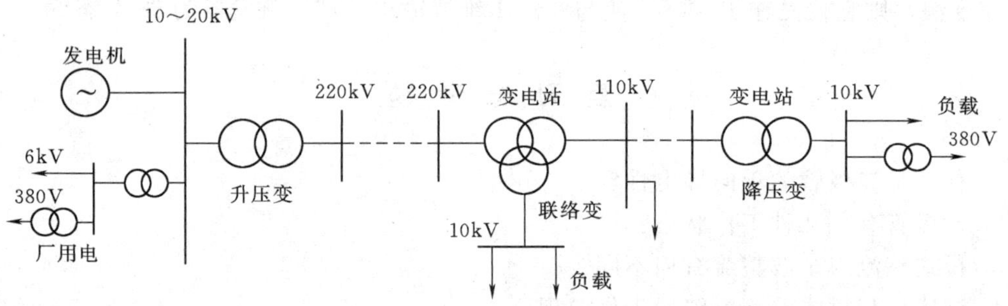

图6.1　电力系统示意图

当电能输送到用电地区后，还要用降压变压器把输电电压降低为配电电压，然后再送到各用电分区，最后再经配电变压器把电压降到用户所需要的电压等级，供用户使用。大型动力设备一般采用6kV或10kV；小型动力设备和照明用电则为380/220V。

为了把几个不同电压等级的电力系统彼此联系起来，常常用到三绕组变压器，如图6.1中的联络变压器。由此可见，变压器是实现电能输送与使用的必备设备，它的安全、经济运行具有重要意义。

6.1.1　变压器的基本原理与分类

1. 变压器的基本原理

变压器的基本原理如图6.2所示。两个互相绝缘且匝数不等的绕组套装在由良好导磁材料制成的闭合铁芯上，其中一个绕组接交流电源，另一个绕组接负载。接交流电源的绕组称为一次绕组，也称为一次侧或原边；接负载的绕组称为二次绕组，也称二次侧或副边。当一次绕组接到交流电源时，一次绕组中流过交流电流，并在铁芯中产生交变磁通，其频率与电源频率相同。铁芯中的磁通同时交链一次、二次绕组，根据电磁感应定律，一次、二次绕组中分别感应出相同频率的电势，二次绕组接上用电设备，便可吸收电能，这样就实现了电能的传递。

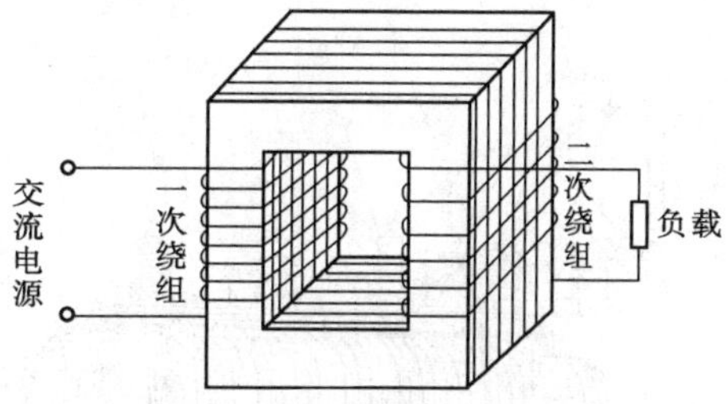

图 6.2 变压器的基本原理

一次、二次绕组中感应电势的大小正比于各自绕组的匝数，同时也近似地等于各自侧的电压。只要一次、二次绕组匝数不等，便可使一次、二次侧具有不同的电势和电压，变压器就是利用一次、二次绕组匝数不等实现变压的。变压器传递电能的效率很高，一次侧、二次侧的电功率基本相等。当两侧电压不等时，两侧电流势必不等，高压侧的电流小，低压侧的电流大，故变压器在改变电压的同时，也改变了电流。

2. 变压器的分类

为了适应不同的使用目的和工作条件，变压器有许多种类型，且各种类型的变压器在结构、性能上差异也很大。变压器有多种分类方法，主要有以下几种：

（1）按用途分。主要有电力变压器、调压变压器、仪用互感器、矿用变压器、实验用变压器及特殊变压器（如整流变压器、电焊变压器、脉冲变压器等）。

（2）按绕组数目分。有双绕组变压器、三绕组变压器、自耦变压器等。

（3）按冷却方式分。有干式变压器、油浸式变压器等。

一般称 8～63MVA 的变压器为大型变压器；90MVA 及以上的变压器为特大型变压器。中小型变压器一般没有准确的界限。

6.1.2 变压器的基本结构

变压器中的最主要部件是铁芯和绕组，铁芯和绕组装配在一起称为器身。油浸式变压器的器身放在油箱里，油箱中注满了变压器油。油箱外装有散热器，油箱上部还装有储油柜、安全气道、绝缘套管等。图 6.3 所示为变压器结构图，图 6.4 所示为器身结构示意图。下面介绍变压器的主要结构部件。

6.1.2.1 铁芯

铁芯是变压器中耦合磁通的主磁路，应采用磁导率高、磁滞和涡流损耗小的铁磁性材料。目前，变压器铁芯大都由单片厚为 0.35mm 和 0.5mm、其表面涂有绝缘漆的硅钢片叠装而成。铁芯由硅钢片叠装成型时，要用交错式叠片法，使相邻层的接缝处错开。叠装成型后的铁芯分为铁芯柱和铁轭两部分，如图 6.4 所示。铁芯柱上套装一次、二次绕组，上、下铁轭将铁芯柱连接起来，形成闭合的主磁路。

6.1.2.2 绕组

绕组是变压器传递交流电能的电路部分，常用包有绝缘材料的铜导线或铝导线绕制而成。为了使绕组便于制造且具有良好的机械性能，一般把绕组做成圆筒形。高压绕组的匝

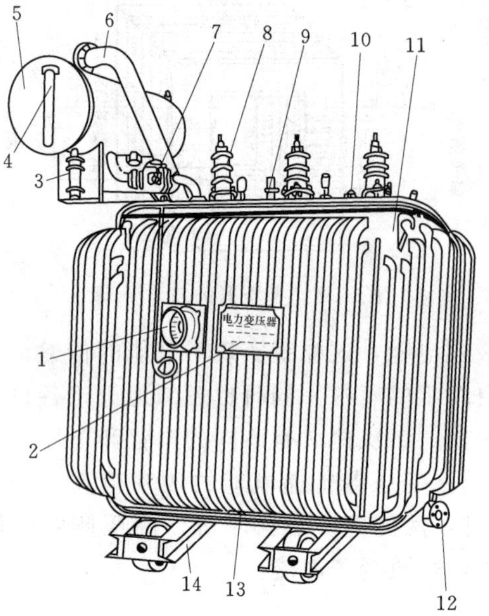

图6.3　油浸式变压器

1—信号式温度计；2—铭牌；3—吸湿器；4—油表；5—储油板；6—安全气通；7—气体；8—高压套管；9—低压套管；10—分拉开关；11—油箱；12—铁芯；13—接地板；14—小车

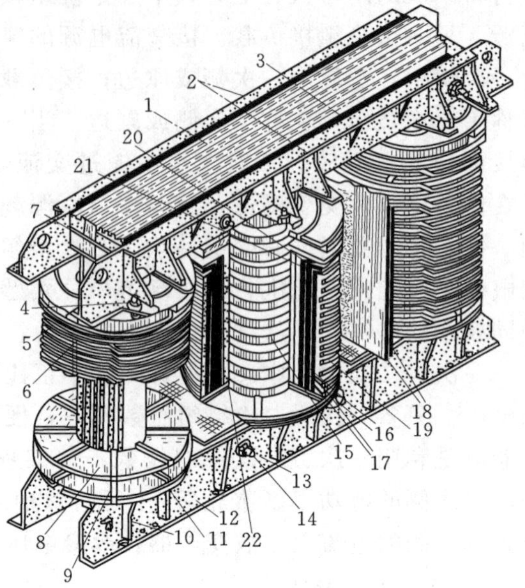

图6.4　变压器器身结构

1—铁轭；2—上夹件；3—上夹件绝缘；4—压钉；5—绝缘纸圈；6—连接片；7—方铁；8—下铁轭绝缘；9—平衡绝缘；10—下夹件加强筋；11—下夹件上肢板；12—下夹件下肢板；13—下夹件腹板；14—铁轭螺杆；15—铁芯柱；16—绝缘纸筒；17—油隙撑条；18—相间隔板；19—高压绕组；20—角环；21—静电环；22—低压绕组

数多，导线细，低压绕组的匝数少、导线粗。高、低压绕组同心地套装在铁芯柱上，低压绕组靠近铁芯柱，高压绕组再套在低压绕组外面，高、低压绕组之间以及绕组与铁芯柱之间要可靠绝缘。

6.1.2.3　油箱及变压器油

油浸式变压器的器身放在充满变压器油的油箱中。油箱用钢板焊成，为了增强冷却效果，油箱壁上焊有散热管或装设散热器。小容量变压器采用揭开箱盖起吊器身的普通油箱；大容量变压器器身的重量大，起吊困难，多采用“钟罩”式油箱，即把上节油箱吊起，器身及下节油箱固定不动。

变压器油为矿物油，由石油分馏而得。油的绝缘性能比空气好，绕组浸在油中可以提高绕组的绝缘强度；同时，通过油箱中油的对流作用或强迫油循环流动，使绕组及铁芯中因功率损耗而产生的热量得到散逸，起到冷却作用。

6.1.2.4　其他附件

1. 储油柜（或称油枕）

储油柜装在油箱的上部，用连通管与油箱接通，储油柜中储油量一般为油箱中总油量的8%～10%。储油柜能容纳油箱中因温度升高而膨胀的变压器油，并限制变压器油与空气的接触面积，减少油受潮和氧化的程度。此外，通过储油柜向变压器注油，还可防止气泡进入变压器内。

储油柜上装有吸湿器，也称为呼吸器。使储油柜上部的空气通过吸湿器与外界空气相通。吸湿器内装有硅胶等吸附剂，用以过滤吸入储油柜内空气中的杂质和水分。

2. 安全气道（或称防爆管）

安全气道是一根钢质圆管，顶端出口封有一块玻璃或酚醛薄膜片，下部与油箱连通。当变压器内部发生故障时，油箱内压力升高，油和气体冲破玻璃或酚醛薄膜片向外喷出，保护油箱以免破裂。近年来，已用可靠性更高的压力释放阀代替安全气道。其原理是利用故障时的高压打开释放阀泄压。

3. 气体继电器（或称瓦斯继电器）

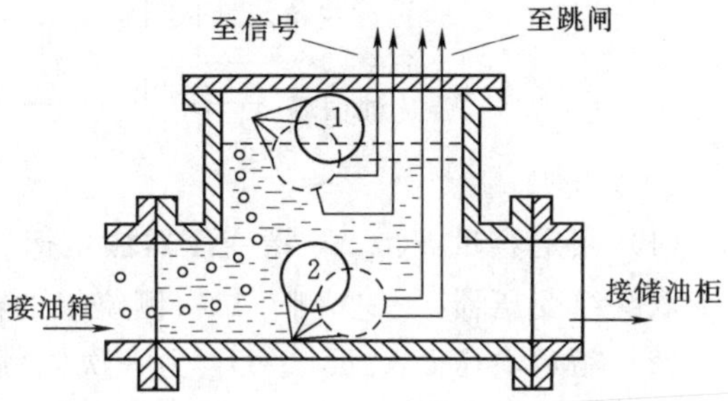

图 6.5 气体继电器
1、2—浮子

气体继电器安装在储油柜与油箱之间的连通管里，是变压器内部故障的保护装置。图 6.5 是它的原理示意图。正常运行时，继电器内充满了油。当变压器某一部分过热损坏绝缘时，就会产生气体。气体上升进入气体继电器顶部，随着气体的增多，在气体挤压下，继电器内油面下降待油面下降到一定程度时，浮子 1 下降（到图中虚线圆位置）接通一对触点，继电器发出“轻瓦斯”信号，提醒运行人员采取措施；如果变压器发生严重故障，短时间内产生了大量气体，气体以较快的速度通过气体继电器进入储油柜，浮子 2 被气流冲起而动作，接通另一对触点，继电器发出“重瓦斯”信号，使变压器自动脱离电源。所以，轻瓦斯是反映油位下降的信号，重瓦斯是反映气流速度的信号。从气体继电器的结构可以看出，其他原因，如变压器缺油引起油位下降时，也会发“轻瓦斯”信号。

4. 绝缘套管

变压器绕组的引出线从油箱内穿过油箱盖时，必须经过绝缘套管，以使带电的引线和接地的油箱绝缘。套管由瓷质的绝缘套筒和导电杆组成。

5. 散热器

变压器运行时，线圈和铁芯中的损耗所转化的热量必须设法散掉，以免过热损坏变压器。油浸式变压器的热量通过油传给油箱及散热器，再由周围空气或冷却水进行冷却。容量大于 20kVA 的变压器，都要在油箱外面装设散热器。对于较大容量的变压器，应在油箱外面加焊扁管来增加散热面。容量更大的变压器必须采用其他的冷却装置，如风冷却、水冷却装置。

6. 调压装置

为调节变压器的输出电压，可对高压绕组的匝数进行小范围的调压。一般在高压绕组某个部位（如中性点、中部或端部）引出若干个抽头，并把这些抽头连接在可切换的分接开关上，用以改变绕组的匝数。

6.1.3 变压器的铭牌数据

每台变压器都在醒目的位置上装有一个铭牌，上面标明了变压器的型号和额定值。所谓额定值，是指制造厂按照国家标准，对变压器正常使用时的有关参数所做的限额规定。

在额定值下运行，可保证变压器长期可靠地工作，并具有良好的性能。

1. 型号

变压器型号由字母和数字两部分组成，字母代表变压器的基本结构特点，数字代表额定容量（kVA）和高压侧的额定电压（kV），例如

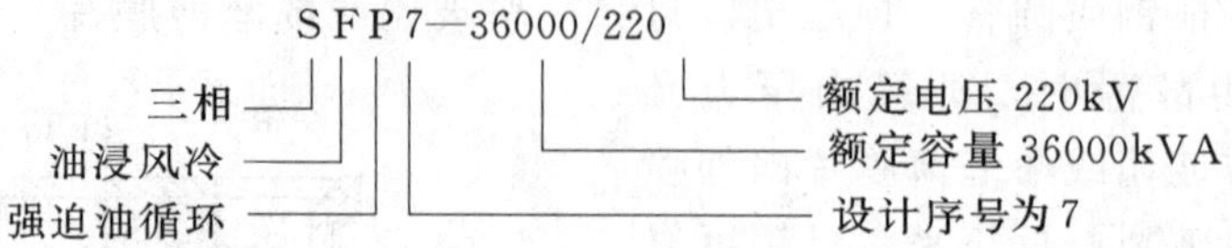

2. 额定值

（1）额定容量 S_N。S_N 指变压器额定运行状态下的视在功率，单位为 kVA 或 MVA。对于双绕组变压器，一次侧、二次侧绕组的额定容量相等，等于变压器的额定容量。

（2）额定电压 U_{1N}/U_{2N}。U_{1N} 为一次侧额定电压，U_{2N} 为二次侧额定电压，是指当一次侧接额定电压而二次侧空载（开路）时的电压。两侧电压的单位为 kV。三相变压器额定电压指线电压。

（3）额定电流 I_{1N}/I_{2N}。在额定条件下，变压器原方输入电流称原方额定电流，用 I_{1N} 表示；额定条件下，变压器副方输出电流称副方额定电流，用 I_{2N} 表示。I_{1N} 和 I_{2N} 是根据额定容量、额定电压计算出来的一次侧、二次侧电流，单位为 A。对于三相变压器，额定电流指线电流。一次侧、二次侧额定电流可用下式计算：

对于单相变压器有

$$I_{1N}=\frac{S_N}{U_{1N}}，I_{2N}=\frac{S_N}{U_{2N}}$$

对于三相变压器有

$$I_{1N}=\frac{S_N}{\sqrt{3}U_{1N}}，I_{2N}=\frac{S_N}{\sqrt{3}U_{2N}}$$

（4）额定频率 f_N。我国规定电力系统的额定频率为 50Hz。

除上述额定值外，铭牌上还标明了后面将会讨论的温升、连接组别、阻抗电压等。

6.2 变压器的运行原理

变压器有空载、负载、短路等工作状态。本节先分析变压器空载运行，对于认识变压器的电磁关系，可以由简入繁，易于理解。

6.2.1 变压器的空载运行

1. 变压器中各电磁量的正方向

图 6.6 所示为单相变压器空载运行的示意图，A—X 是一次绕组，a—x 是二次绕组。A—X 端输入额定频率的电压 u_1，二次绕组 a—x 端开路。一次、二次绕组匝数分别为 N_1、N_2。

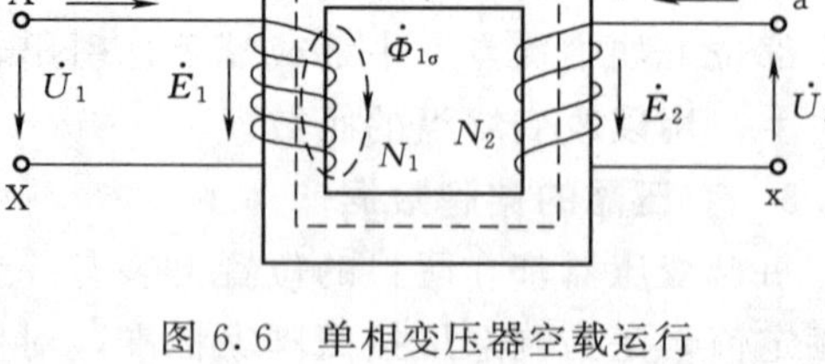

图 6.6 单相变压器空载运行

当一次绕组接入交流电源 u_1，而二次侧开路时，一次绕组便有电流流过，这个电流叫作变压器的空载电流，用 i_0 表示。这时，在变压器的铁芯中就产生了交变磁通，并在二次绕组中感应出电压。这种运行状态，称为变压器的空载运行。下面分析变压器中各电磁量之间的关系。

电压为 $\dot{U}_1$ 的电源作用下产生的空载电流 $\dot{I}_0$，在一次绕组中建立空载磁势 $\dot{F}_0=\dot{I}_0N_1$，该磁势产生空载时的磁通。为便于研究问题，把磁通等效地分成两部分，如图 6.6 所示：一部分磁通 $\dot{\Phi}$ 沿铁芯闭合，同时交链一次、二次绕组，称为主磁通；另一部分磁通 $\dot{\Phi}_{1\sigma}$ 主要沿非铁磁材料（变压器油或空气）闭合，仅与一次绕组交链，称为一次绕组的漏磁通。根据电磁感应定律可知：交变的磁通分别在一次、二次绕组感应出电势 $\dot{E}_1$ 和 $\dot{E}_2$；漏磁通在一次绕组感应出漏电势 $\dot{E}_{1\sigma}$。此外，空载电流还在一次绕组电阻 r 上形成一个很小的电阻压降 $\dot{I}_0r$。

为了方便分析变压器中电势、电压、电流、磁通等物理量之间的关系，列写电路方程，必须先规定它们的正方向，即参考方向。正方向是可以任意选定的，正方向不同，在反映同一电磁过程的方程式中，物理量的正、负号不同。为了方便和规范，在研究变压器时，一般沿用习惯的规定方法，称为惯例。在消耗电能的电路里，采用电动机惯例，或称负载惯例；在输出电能的电路里，采用发电机惯例。按惯例选定变压器各物理量的正方向如图 6.6 所示。说明如下：

（1）选定电源电压 $\dot{U}_1$ 的正方向由 A 端指向 X 端，空载电流 $\dot{I}_0$ 的正方向与 $\dot{U}_1$ 一致，即 $\dot{I}_0$ 由 A 端流经一次绕组至 X 端。这相当于把一次绕组看作交流电源的负载，即采用了所谓"负载"惯例，当 u_1 与 i_0 同时为正或同时为负时功率为正，表示外部电源向变压器一次绕组输送电功率。

（2）根据右手螺旋定则，确定主磁通 $\dot{\Phi}$ 及一次绕组漏磁通 $\dot{\Phi}_{1\sigma}$ 的正方向。即以右手食指为 $\dot{I}_0$ 的正方向，大拇指就是磁通 $\dot{\Phi}$ 的方向。如图 6.6 所示，当 $\dot{I}_0$ 从 A 端流入时，它产生的主磁通 $\dot{\Phi}$ 在变压器铁芯中是沿顺时针传递的。所以 $\dot{\Phi}$ 的方向与电流的方向和一次绕组的绕向有关。

（3）根据右手螺旋定则，确定一次、二次绕组的感应电势 $\dot{E}_1$、$\dot{E}_2$ 以及一次绕组漏电势 $\dot{E}_{1\sigma}$ 的正方向。以右手大拇指表示磁通的方向，四个指头表示感应电势方向。电势 E 的正方向与主磁通 $\dot{\Phi}$ 的正方向及一次、二次绕组的绕向有关。在产生主磁通 $\dot{\Phi}$ 的回路里，感应电势的正方向与产生该磁通的电流的正方向一致，即 $\dot{E}_1$ 与 $\dot{I}_0$ 正方向一致。

（4）在二次绕组内，因为电流 $\dot{I}_2$ 是在感应电势 $\dot{E}_2$ 作用下产生的，所以 $\dot{I}_2$ 与 $\dot{E}_2$ 的正方向一致，副边电压 $\dot{U}_2$ 是 $\dot{I}_2$ 在负载上的电压降，$\dot{U}_2$ 与 $\dot{I}_2$ 的正方向一致。把二次绕组视为负载的电源，即所谓"电源"惯例，因为电流 $\dot{I}_2$ 是从电源 $\dot{E}_2$ 的"负极"流向"正极"的。

2. 空载电流和感应电势

变压器空载运行时，二次绕组中没有电流，铁芯中的主磁通 $\dot{\Phi}$ 是由一次侧电流 $\dot{I}_0$ 的

磁势 $\dot{F}_0$ 所产生的。故 $\dot{I}_0$ 被称为励磁电流，$\dot{F}_0$ 被称为励磁磁势。空载时励磁电流 $\dot{I}_0$ 有多大，它的作用及电源电压 $\dot{U}_1$ 主要降落在哪里，是几个需要研究的问题。为了抓住问题的主要方面，先忽略一次绕组的电阻和漏磁通，而把注意力集中到研究铁芯中的主磁通 $\dot{\Phi}$ 上。因为是 $\dot{\Phi}$ 把一次、二次绕组联系在一起，达到传递能量目的的。

由励磁磁势 $\dot{F}_0$ 所产生的主磁通，以电源频率 f 按正弦规律变化。写成瞬时值为

$$\Phi=\Phi_m\sin\omega t=\Phi_m\sin 2\pi ft \tag{6.1}$$

随时间变化着的主磁通 Φ，按照电磁感应定律，将在环链此磁通的一次绕组和二次绕组中产生感应电势。按照规定的正方向，根据电磁感应定律，在一次、二次绕组中感应的电势 e_1 和 e_2 分别为

$$\left.\begin{aligned}e_1&=-N_1\frac{d\Phi}{dt}\\e_2&=-N_2\frac{d\Phi}{dt}\end{aligned}\right\} \tag{6.2}$$

从式（6.2）可以看出，只要使 N_1 不等于 N_2，二次绕组的电势 e_2 就不等于一次绕组的电势 e_1，从而起到变压的作用。

由于磁路存在饱和，磁通与励磁电流不是线性关系，只能根据磁通的变化率来计算感应电势，把式（6.1）代入式（6.2），得到一次绕组中的感应电势为

$$\begin{aligned}e_1&=-N_1\frac{d\Phi}{dt}=-\omega N_1\Phi_m\cos\omega t=\omega N_1\Phi_m\sin(\omega t-90°)\\&=E_{1m}\sin(\omega t-90°)\end{aligned}$$

式中：$E_{1m}=\omega N_1\Phi_m$，将上式与式（6.1）比较可知：感应电势滞后主磁通 90°。有效值为

$$E_1=\frac{E_{1m}}{\sqrt{2}}=\frac{\omega N_1\Phi_m}{\sqrt{2}}=\frac{2\pi f}{\sqrt{2}}N_1\Phi_m=4.44fN_1\Phi_m \tag{6.3}$$

同理有

$$e_2=E_{2m}\sin(\omega t-90°)$$

$$E_2=4.44fN_2\Phi_m \tag{6.4}$$

用相量表示为

$$\dot{E}_1=-j4.44fN_1\dot{\Phi}_m,\ \dot{E}_2=-j4.44fN_2\dot{\Phi}_m \tag{6.5}$$

可以看出：感应电势有效值的大小与主磁通的频率、绕组匝数及主磁通幅值成正比；电势的频率与主磁通频率相同；电势的相位滞后主磁通 90°。在忽略了一次绕组的导线电阻和漏磁通时，根据图 6.6 所示的正方向，空载运行一次侧、二次侧电压关系为

$$\dot{U}_1=-\dot{E}_1,\quad \dot{U}_2=\dot{E}_2 \tag{6.6}$$

空载运行时，测量变压器一次侧、二次侧的电压，可以得到一次侧、二次侧的匝数比，即

$$\frac{U_1}{U_2}\approx\frac{E_1}{E_2}=\frac{4.44fN_1\Phi_m}{4.44fN_2\Phi_m}=\frac{N_1}{N_2}=k \tag{6.7}$$

k 又叫变比，是两侧额定相电压之比，变比是变压器的一个主要参数。在设计时，选择适当的匝数比，就可以把一次侧电压变到所需的二次侧电压。

从式（6.5）和式（6.6）可以看出，对于结构一定的变压器，输入电压升高，或者电源频率降低，都会使变压器铁芯中的磁通量和磁感应强度增加。如果这种变化超过一定范围，就可能会使铁芯深度饱和，引起过大的励磁电流，这是变压器运行中要注意的。

3. 考虑损耗时的电压平衡方程

式（6.6）是在忽略变压器损耗的情况下得到的。但一次绕组有一定的电阻值 r_1，当励磁电流 i_0 流过时，会产生电压降 $i_0 r_1$。只与一次绕组交链的漏磁通 $\Phi_{1\sigma}$，也会在一次绕组感应中电势，即

$$e_{1\sigma}=-N_1\frac{\mathrm{d}\Phi_{1\sigma}}{\mathrm{d}t}$$

在漏磁通的回路中，总有一段是空气或油，由于它们的磁阻大，几乎消耗了磁路中的全部磁势，而且它的导磁率又是常数。因此，$\Phi_{1\sigma}$磁路的磁阻可视为一个常数，漏磁通与空载电流成正比。所以，参考式（2.18），漏磁通的电势可以写成

$$e_{1\sigma}=-L_{1\sigma}\frac{\mathrm{d}i_0}{\mathrm{d}t}$$

式中：$L_{1\sigma}$为一次绕组的漏电感。

当空载电流为 $i_0=\sqrt{2}I_0\sin\omega t$ 时，电势为

$$e_{1\sigma}=\sqrt{2}I_0\omega L_{1\sigma}\sin(\omega t-90°)$$

可见，漏磁通 $\Phi_{1\sigma}$产生的感应电势 $e_{1\sigma}$在相位上比空载电流滞后 90°，有效值等于空载电流与感抗 $\omega L_{1\sigma}$的乘积。写成相量形式为

$$\dot{E}_{1\sigma}=-\mathrm{j}\omega L_{1\sigma}\dot{I}_0=-\mathrm{j}x_{1\sigma}\dot{I}_0 \tag{6.8}$$

式中：$x_{1\sigma}=\omega L_{1\sigma}$为一次绕组的漏电抗。

考虑了一次侧导线电阻和漏电抗后，列出变压器空载时一次侧电压平衡方程为

$$\dot{U}_1=-\dot{E}_1-\dot{E}_{1\sigma}+r_1\dot{I}_0=-\dot{E}_1+\mathrm{j}x_{1\sigma}\dot{I}_0+r_1\dot{I}_0$$

也可写成

$$\dot{U}_1=-\dot{E}_1+\dot{I}_0 Z_1 \tag{6.9}$$

式中：$Z_1=r_1+\mathrm{j}x_{1\sigma}$，为一次侧的漏阻抗。通常，一次绕组的漏阻抗压降 $I_0 z_1$ 很小，仅占输入电压 U_1 的 1%左右，故可近似认为 $U_1\approx E_1$。

4. 空载运行时的等值电路

在变压器中，既有电路问题，又有电与磁之间的耦合问题，因而使问题的分析复杂化。如果能设法将变压器中电和磁的关系用纯电路的形式直接表示，就可以使分析大为简化。等值电路就是从这一思路出发建立的。前已述及，空载电流 $\dot{I}_0$ 在一次绕组中产生的漏磁通 $\dot{\Phi}_{1\sigma}$感应出漏电势 $\dot{E}_{1\sigma}$，该电势在数值上可看作是空载电流在漏电抗 $x_{1\sigma}$上的压降。同理，空载电流 $\dot{I}_0$ 产生的主磁通 $\dot{\Phi}$ 在一次绕组中感应出电势 $\dot{E}_1$，也可类似地用一个电路参数来处理。考虑到主磁通 Φ 的涡流效应在铁芯中将引起损耗（称为铁耗），故不能单纯地引入一个电抗，而应引入一个阻抗 Z_{m}。这样便把 $\dot{E}_1$ 和 $\dot{I}_0$ 联系起来，$\dot{E}_1$ 可看作是 $\dot{I}_0$

在 Z_m 上的阻抗压降，于是有

$$-\dot{E}_1=\dot{I}_0 Z_m=\dot{I}_0(r_m+jx_m) \tag{6.10}$$

式中：Z_m 为变压器的励磁阻抗；r_m 为变压器的励磁电阻，是反映铁耗的参数；x_m 为变压器的励磁电抗，是表征铁芯磁化性能的一个集中参数。

将式（6.10）代入式（6.9），得

$$\dot{U}_1=-\dot{E}_1+\dot{I}_0 Z_1=\dot{I}_0 Z_1+\dot{I}_0 Z_m \tag{6.11}$$

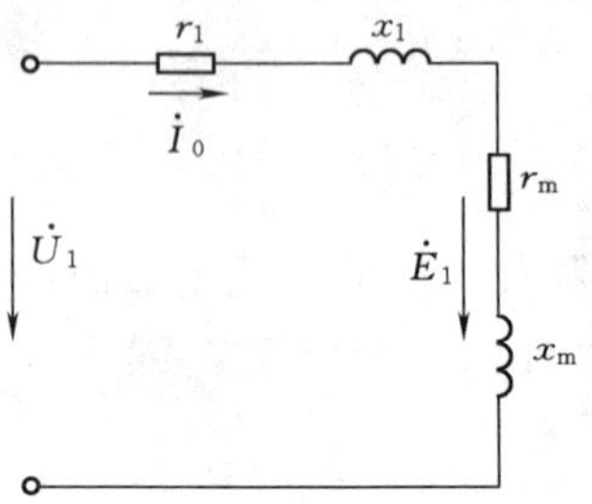

图 6.7　变压器空载等效电路

与式（6.11）相对应的等值电路如图 6.7 所示。由图 6.7 可见，空载运行的变压器可以看成是两个阻抗串联的电路：其中一个没有铁芯，由一次绕组的导线电阻 r_1 和漏电抗 $x_{1\sigma}$组成，$x_{1\sigma}$反映了漏磁通的影响；另一个有铁芯，由励磁电阻 r_m 和励磁电抗 x_m 组成，r_m表示铁磁损耗，x_m反映主磁通的作用。由于铁芯的非线性，Z_m 不是常数，是随输入电压变化而变化的。在 I_0 较小时，主磁通可视为与励磁电流成正比（图 2.9），也就是近似与输入电压成正比。但因为铁芯存在饱和现象，当电源电压超过额定值以后，I_0 比 Φ 增加快得多，即 I_0 比 U_1 增加快得多。所以，x_m 随外加电压的增加而减小。在变压器正常运行时，由于外加电压 U_1 在额定值附近变化不大，故定量计算时，可以认为 Z_m 基本不变。

从图 6.7 还可以看出，变压器空载运行时，虽然不输出有功功率，但还要消耗一小部分有功功率。这就是一次绕组导线电阻 r_1 和励磁电阻 r_m 上的功耗。这部分功率变为热能散逸出去，称为空载损耗，用 p_0 表示。所以，空载损耗包括两部分：一部分称为空载铜耗，计为 $p_{Cu}=I_0^2 r_1$；另一部分是铁耗，计为 $p_{Fe}=I_0^2 r_m$。p_{Fe}是交变磁通在铁芯中造成的磁滞损耗和涡流损耗。

空载电流 I_0 很小，r_1 也很小，空载铜耗可忽略不计，可认为空载损耗近似等于铁耗，即

$$p_0=p_{Cu}+p_{Fe}\approx p_{Fe} \tag{6.12}$$

空载损耗占额定容量的 0.2%～1%。这一数值虽然不大，但因为电力变压器在电力系统中用量很大，且常年接在电网上，所以减少空载损耗具有重要的经济意义。

通过上面的分析，对变压器空载运行小结如下：

（1）因为 $U_1\approx E_1=4.44fN_1\Phi_m$，所以主磁通 Φ 的大小主要取决于电源电压、频率和绕组匝数。外加电压不变时，主磁通基本不变。

（2）从等值电路中看出，励磁电流 I_0 的大小主要取决于励磁阻抗 Z_m。从变压器运行的角度来说，希望励磁电流小些，因而要采用高导磁率的铁芯材料。同时，应尽量减小磁路中的空气间隙，以减小主磁通磁路的磁阻 R_m。因为 $\Phi_m=F_0/R_m=N_1I_0/R_m$，外加电压一定时，需要的主磁通 Φ 一定，R_m 越小，需要的励磁电流 I_0 越小。减少 I_0，就减小了变压器空载损耗，从而提高了变压器的效率和功率因数。励磁电流 I_0 越小，也就是励磁阻

抗 $z_m \approx E_1/I_0$ 越大。

应当注意：R_m 是磁路的磁阻，与电路中的 x_m 相对应，R_m 越小，x_m 越大。而 r_m 是在电路中反映铁损的电阻。两者的物理意义是不同的。

(3) 一次侧绕组漏阻抗 $Z_1 = r_1 + jx_{1\sigma}$ 是常数。励磁阻抗 Z_m 不是常数，x_m 随主磁路饱和程度的增加而减小。

(4) 由于空载运行时铁耗 p_{Fe} 远大于铜耗 p_{Cu}，即 $r_m \gg r_1$；主磁通 Φ 远大于一次绕组漏磁通 $\Phi_{1\sigma}$，所以 $x_m \gg x_{1\sigma}$。故在近似分析中可忽略 r_1 和 $x_{1\sigma}$。

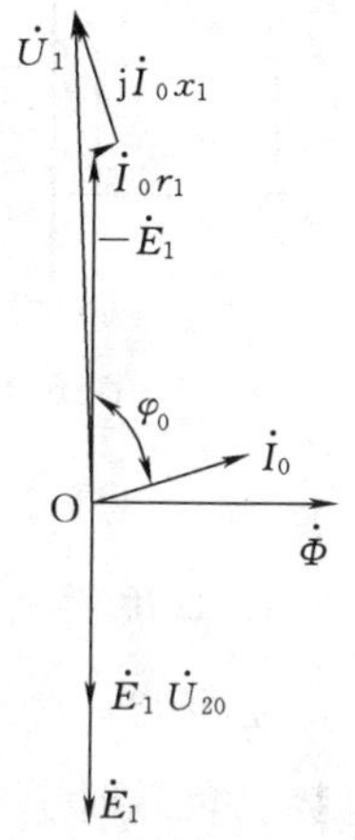

图 6.8 变压器空载运行相量图

5. 空载时的相量图

相量图能直观地反映变压器各物理量之间的相位关系，在分析实际问题时常被采用。变压器空载运行时的相量图如图 6.8 所示。作图步骤如下：

(1) 在横坐标上作出主磁通 $\dot{\Phi}$，并选为参考相量。

(2) 根据式 (6.5) 作出电势 $\dot{E}_1$ 和 $\dot{E}_2$，它们滞后 $\dot{\Phi}$90°。

(3) 空载电流 $\dot{I}_0$ 的无功分量就是励磁电流，与 $\dot{\Phi}$ 同相位；空载电流 $\dot{I}_0$ 的有功分量就是铁耗（忽略铜耗时），它比无功分量超前 90°，即超前 $\dot{\Phi}$90°，根据空载等值电路电抗 x_m 和电阻 r_m 的比，画出空载电流 $\dot{I}_0$，$\dot{I}_0$ 略超前 $\dot{\Phi}$。

(4) 根据 $\dot{U}_1 = -\dot{E}_1 + \dot{I}_0 r_1 + j\dot{I}_0 x_{1\sigma}$，依次作出 $-\dot{E}_1$、$\dot{I}_0 r_1$、$\dot{I}_1 x_{1\sigma}$，叠加得到相量 $\dot{U}_1$。注意 $\dot{I}_0 r_1$ 与 $\dot{I}_0$ 平行，$j\dot{I}_1 x_{1\sigma}$ 与 $\dot{I}_0$ 垂直。

在相量图中可以清楚地表明各物理量的大小和相位关系。变压器的空载功率因数角 φ_0 接近 90°，功率因数很低，这是因为空载电流主要用于建立主磁通，二次侧没有负载。或者说，空载运行的变压器相对于它的电源来说，基本上是一个纯电感性负载。所以，变压器应避免空载运行。

6. 空载电流中的 3 次谐波

设计变压器时，为了使铁芯得到充分利用，额定运行点的磁通最大值 Φ_m 往往安排在铁芯的饱和段，如图 6.9 中的 2 点。由图 2.9 可知，磁路饱和时，Φ 与 I_0 的关系是非线性的。电力变压器空载运行时，一次侧电压的关系是 $\dot{U}_1 \approx -\dot{E}_1$，如果输入电压 u_1 是正弦形的，则一次绕组的感应电势 e_1 也应是正弦形的。产生这个电势的主磁通 Φ 必定随时间按正弦规律变化，产生这个磁通的励磁电流 i_0 就不会是正弦波，而是一个尖顶波。经过谐波分析（图 4.31）可知，i_0 除包含基波 i_{01} 之外，还有稍强的 3 次谐波 i_{03} 以及较弱的其他高次谐波（在图上没有表示），如图 6.9 所示。反过来，若励磁电流中若不含 3 次及高次谐波，就难以保证磁通和

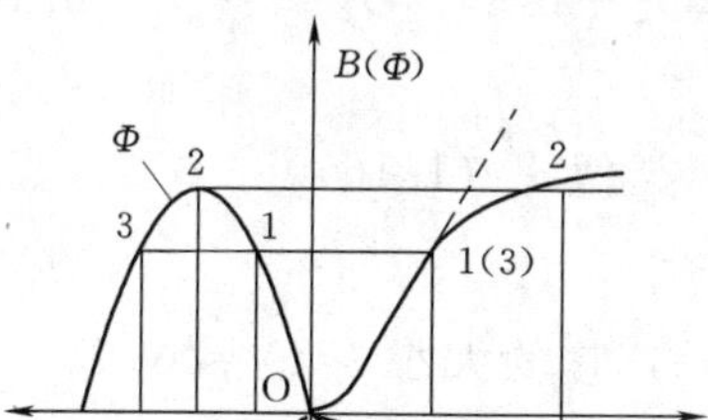

图 6.9 空载电流中的 3 次谐波

感应电势为正弦波。

6.2.2　变压器的负载运行

图 6.10 所示为单相变压器负载运行示意图。一次绕组与空载运行时一样，仍接额定频率、额定电压的交流电源。二次绕组所接的负载阻抗用 Z_L 表示。当 a—x 两端接上负载时，二次侧就有电流 $\dot{I}_2$ 流过。按照“电源”惯例，$\dot{I}_2$ 正方向与 $\dot{E}_2$ 的正方向一致。负载 Z_L 上电压 $\dot{U}_2$ 的正方向与 $\dot{I}_2$ 正方向一致，即由 x 指向 a。当 u_2 与 i_2 同时为正或同时为负时，表示负载从变压器二次绕组吸收功率。下面讨论负载时电压和电流之间的关系。

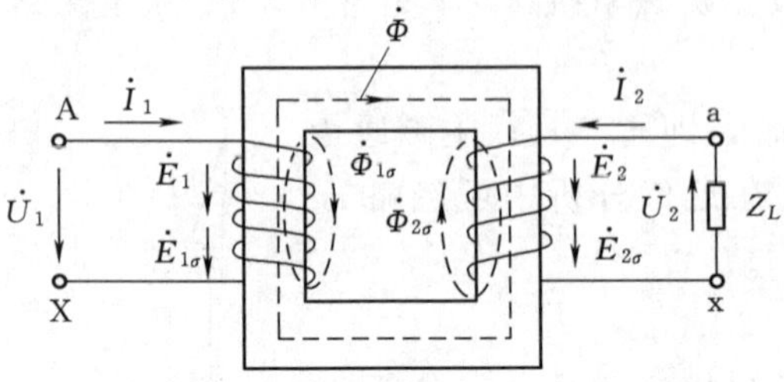

图 6.10　变压器负载运行

1. 二次侧电压与电流的关系

空载时，一次侧电流是 $\dot{I}_0$，二次侧电流 $\dot{I}_2=0$，二次侧端电压 $\dot{U}_2=\dot{E}_2$，即等于感应电势。负载时，二次侧输出端接上负载阻抗 $Z_L=R_L+jX_L$，因而 $\dot{I}_2\neq 0$，这时一次侧的电流变为 $\dot{I}_1$，如图 6.10 所示。负载端的电压为

$$\dot{U}_2=\dot{I}_2Z_L=\dot{I}_2(R_L+jX_L)$$

当二次绕组有电流 $\dot{I}_2$ 后，端电压 $\dot{U}_2$ 不再等于感应电势 $\dot{E}_2$ 了。除了二次绕组本身的电阻 r_2 引起压降 $\dot{I}_2r_2$ 外，还有由电流 $\dot{I}_2$ 产生的、只交链二次绕组的漏磁通 $\Phi_{2\sigma}$所感应的漏电势 $\dot{E}_{2\sigma}$，类似于 $\dot{E}_{1\sigma}$，它也可以看成一个漏抗压降，即

$$\dot{E}_{2\sigma}=-j\omega L_{2\sigma}\dot{I}_2=-jx_{2\sigma}\dot{I}_2$$

式中：$L_{2\sigma}$为二次绕组的漏电感系数，它是二次绕组单位电流产生的漏磁链数；$x_{2\sigma}=\omega L_{2\sigma}$ 为对应于二次绕组漏磁通的漏电抗。

根据基尔霍夫定律，二次绕组回路电压关系为

$$\dot{U}_2=\dot{E}_2-\dot{I}_2(r_2+jx_{2\sigma})=\dot{E}_2-\dot{I}_2Z_2 \text{ 或 } \dot{E}_2=\dot{I}(r_2+jx_{2\sigma})+\dot{U}_2 \tag{6.13}$$

式中：$Z_2=r_2+jx_{2\sigma}$为二次绕组的漏阻抗。

可以理解为，输出电压等于电源电势减去内阻抗压降，类似式 (1.16)。

2. 一次侧、二次侧电流的关系

负载时，二次侧的电流 $\dot{I}_2$ 在二次绕组中会产生磁势 $\dot{F}_2$，它的大小为 $\dot{F}_2=N_2\dot{I}_2$。这个磁势也作用在变压器的主磁路上，它会影响铁芯中的主磁通 Φ。也就是说，主磁通 Φ 是由 $\dot{F}_1+\dot{F}_2=N_1\dot{I}_1+N_2\dot{I}_2$ 的合成磁势产生的。由于空载与负载时电源电压不变，主磁通 Φ 也应基本不变，合成磁势应与空载磁势相等，即

$$\dot{F}_1+\dot{F}_2=\dot{F}_0 \text{ 或 } N_1\dot{I}_1+N_2\dot{I}_2=N_1\dot{I}_0$$

当变压器带上负载时，二次侧电流 $\dot{I}_2$ 增大，$\dot{F}_2$ 增大，为了维持合成磁势基本不变，

一次侧电流 $\dot{I}_1$ 产生的磁势 $\dot{F}_1$ 也相应地增大才行。上式也可表示为

$$N_1\dot{I}_1=N_1\dot{I}_0+(-N_2\dot{I}_2)=\dot{F}_0+(-N_2\dot{I}_2)$$

这说明，负载时一次侧磁势由两部分组成：一部分是 $\dot{F}_0$，用以建立磁路主磁通；另一部分用来抵消二次侧的磁势 $N_2\dot{I}_2$ 的影响，以维持磁路主磁通不变，因而与二次侧磁势大小相等、方向相反。也就是说，这部分磁势是为了平衡二次侧电流的磁势。如果写成电流的等式为

$$\dot{I}_1=\dot{I}_0+\left(-\frac{N_2}{N_1}\dot{I}_2\right) \tag{6.14}$$

式（6.14）等号右边第二项说明了：在负载时，随着二次侧电流 $\dot{I}_2$ 的增大，$\dot{I}_1$ 也必须相应地增长。从功率平衡的角度来看，二次侧输出了功率，一次侧就应相应地增加输入功率。从磁路看，根据楞次定律，二次侧感应电流的出现削弱了磁路中的主磁通，一次侧必然要进行补偿，即增加一次侧的电流，以维持磁路磁通量不变，从而维持感应电势 e_1 约等于电源电压 u_1；从电路看，二次侧对一次侧的影响相当于通过电磁耦合，在一次绕组上并联了一个等效负载。所以，一次侧电流 $\dot{I}_1$ 分为两个部分：一部分是产生主磁通 $\dot{\Phi}$ 的励磁电流 $\dot{I}_0$；另一部分是平衡二次侧磁势所需的电流，后者也可以看成为与二次侧负载对应的一次侧电流中的负载分量 $\dot{I}_L$。这样，式（6.14）可以写成

$$\dot{I}_1=\dot{I}_0+\left(-\frac{N_2}{N_1}\dot{I}_2\right)=\dot{I}_0+\left(-\frac{1}{k}\dot{I}_2\right)=\dot{I}_0+\dot{I}_L \tag{6.15}$$

式中：$\dot{I}_L=-\frac{N_2}{N_1}\dot{I}_2=-\frac{1}{k}\dot{I}_2$；$k=\frac{N_1}{N_2}$为变压器的变比。

6.2.3 变压器的等值电路和相量图

通过 6.2.1 和 6.2.2 的分析得到了描述变压器原边、副边电势、电压、电流的关系式。但是，用这些方程式来求解时，还是比较复杂。特别是由于原边、副绕组匝数不同，当变比 k 数值较大，使原边和副边的电压和电流值的数量级相差很大，给计算带来不便，画相量图则更为困难。因此，下面介绍常用的分析变压器的折合算法，用它可以得到较简单的等值电路和变压器的有关参数，便于分析变压器的性能，这也是机组集控运行人员讨论该问题的目的。

6.2.3.1 折合算法

在变压器中，一次、二次绕组之间只有磁的联系。从式（6.13）的磁势平衡关系中可以看出，二次绕组中的负载电流是通过它的磁势 $\dot{F}_2$ 来影响一次绕组的电流的。如果把二次侧的匝数 N_2 和电流 $\dot{I}_2$ 换成另一匝数和电流值，只要仍保持二次侧的磁势 $\dot{F}_2$ 不变，那么，从一次侧来观察二次侧的作用是完全一样的，即仍有同样的电流和功率从电源输入，并有同样的功率送给二次侧绕组。这种保持一个绕组的磁势不变而把电量转换到另外一个匝数基础之上的方法，称为折合算法。

在变压器中，常常把实际的变压器一次、二次绕组的匝数变换为同一匝数，这样变压器的变比等于1，可使变压器的计算大为简化。对于降压变压器，一般是把二次绕组的匝

数变换为一次绕组的匝数，在二次侧物理量的符号上加上“′”表示为该量的折算值。但折算不能改变变压器的电磁关系，为此有以下的折算原则：折算前后二次侧的磁势以及二次侧各部分的功率不能改变。只有这样，才能使折算前后变压器的主磁通、漏磁通的数量和空间分布保持不变，才能保证一次侧仍从电源中吸取同样大小的功率并传递到二次侧。因此，利用这些关系，在分析前，可将实际二次绕组的参数变换成等值绕组的参数；在分析后，再把在等值绕组上的分析结果变换回到实际二次绕组中来。根据折算原则，可以导出二次侧各物理量的实际值与折算值的关系。

（1）电势的折算。根据折算前后二次侧磁势不变的原则，则主磁通不变。因折算后二次侧匝数与一次侧相等，可得

$$\dot{E}_2'=\dot{E}_1=k\dot{E}_2$$

（2）电流的折算。同理，根据折算前后二次侧磁势不变的原则，即折算到一次侧的电流 $\dot{I}_2'$产生的磁势 $\dot{I}_2'N_1$ 与它在二次侧产生的磁势 $\dot{I}_2N_2$ 相等，可得

$$\dot{I}_2'N_1=\dot{I}_2N_2$$

即

$$\dot{I}_2'=\frac{N_2}{N_1}\dot{I}_2=\frac{\dot{I}_2}{k}$$

（3）阻抗的折算。根据折算前后二次绕组漏电阻上的铜损耗不变的原则，可得

$$I_2'^2r_2'=I_2^2r_2$$

即

$$r_2'=k^2r_2$$

同理，根据折算前后二次侧绕组漏电抗上所消耗的无功功率不变的原则，可得

$$x_{2\sigma}'=k^2x_{2\sigma}$$

（4）负载阻抗的折算。根据折算前后负载的视在功率不变的原则，可得

$$I_2'^2Z_L'=I_2^2Z_L$$

即

$$Z_L'=k^2Z_L$$

（5）二次侧电压的折算

$$U_2'I_2'=U_2I_2$$

即

$$U_2'=kU_2$$

综上所述，把低压侧各物理量折算到高压侧时，凡单位是 V 的物理量折算值等于原值乘以变比 k，凡单位为 A 的物理量折算值等于原值除以变比 k，凡单位为 Ω 的物理量折算值等于原值乘以变比的平方 k^2。

6.2.3.2 负载时的基本方程式

通过折算，变压器负载时的基本方程式组为

$$\left.\begin{aligned}
&\dot{U}_1=-\dot{E}_1+\dot{I}_1Z_1\\
&\dot{U}_2'=\dot{E}_2'-\dot{I}_2'r_2'-\mathrm{j}\dot{I}_2'x_{2\sigma}'=\dot{E}_2'-\dot{I}_2'Z_2'\\
&\dot{I}_1=\dot{I}_0+(-\dot{I}_2')\\
&\dot{E}_1=\dot{E}_2'=-\dot{I}_0Z_m\\
&\dot{U}_2'=\dot{I}_2'Z_L'
\end{aligned}\right\}\tag{6.16}$$

6.2.3.3 负载时的等值电路

变压器经折算后，一次侧电势与二次侧电势相等，原边、副边的磁势关系变换为等效的电流关系，由此可导出变压器负载时的等效电路。

1. T 形等值电路

根据式（6.16）可以解得

$$\dot{I}_1=\frac{\dot{U}_1}{Z_1+\dfrac{1}{\dfrac{1}{Z_m}+\dfrac{1}{Z_2'+Z_L'}}}=\frac{\dot{U}_1}{Z},\ Z=Z_1+\frac{1}{\dfrac{1}{Z_m}+\dfrac{1}{Z_2'+Z_L'}} \tag{6.17}$$

式中：Z 为从变压器一次侧看进去的总等效阻抗，由一次侧漏抗 Z_1、激磁阻抗 Z_m、二次侧等效阻抗（二次漏抗 Z_2' 和负载阻抗 Z_L' 串联）三个阻抗串、并联而成，其等效电路如图 6.11 所示。

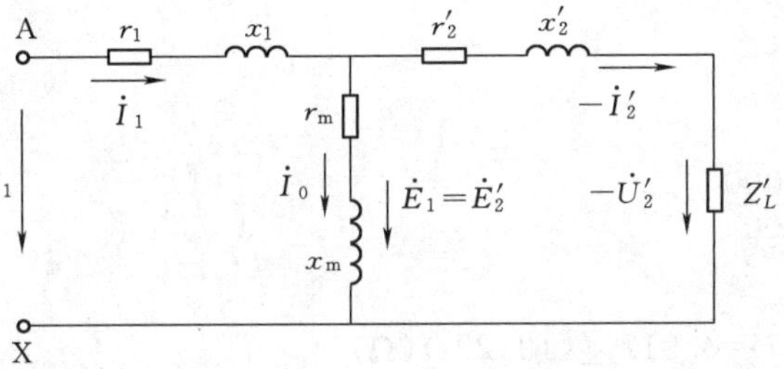

图 6.11 变压器负载运行时的 T 形等值电路

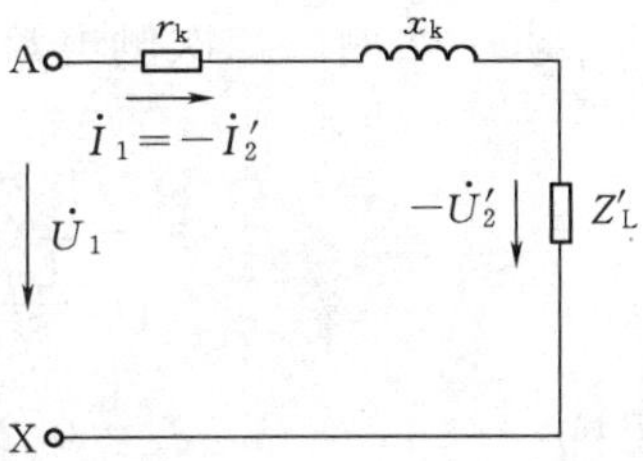

图 6.12 简化等值电路

2. 简化等值电路

在分析变压器运行方面的问题，如电压变化率、并联运行的负荷分配等问题时，变压器的原边、副边漏阻抗压降起着主要作用。励磁电流 $\dot{I}_0$ 占的比例较小，如果忽略 $\dot{I}_0$ 的影响，即去掉电路中的 Z_m 支路，也不会引起太大误差，这样就得到简化等值电路，如图 6.12 所示。图 6.12 中 $r_k=r_1+k^2r_2$，称为短路电阻；$x_k=x_{1\sigma}+k^2x_{2\sigma}$，称为短路电抗；$Z_k=r_k+jx_k$ 称为短路阻抗。短路阻抗是一次侧、二次侧漏阻抗之和，其数值很小，且为常数。

6.2.3.4 负载运行时的相量图

利用基本公式（6.16）和 T 形等值电路图 6.11 作相量图，在理论上是有意义的，但在变压器运行分析时仍有困难，因为对于制造好的变压器，很难用实验的方法把一次侧、二次侧的漏抗 $x_{1\sigma}$ 和 $x_{2\sigma}$ 区别开来。因此，在进行变压器运行分析时，常根据简化等值电路（图 6.12）来画相量图，如图 6.13 所示。对应的电压方程为

$$\dot{U}_1=\dot{I}_1Z_k-\dot{I}_2'Z_L'=\dot{I}_1(r_k+jx_k)+(-\dot{U}_2') \tag{6.18}$$

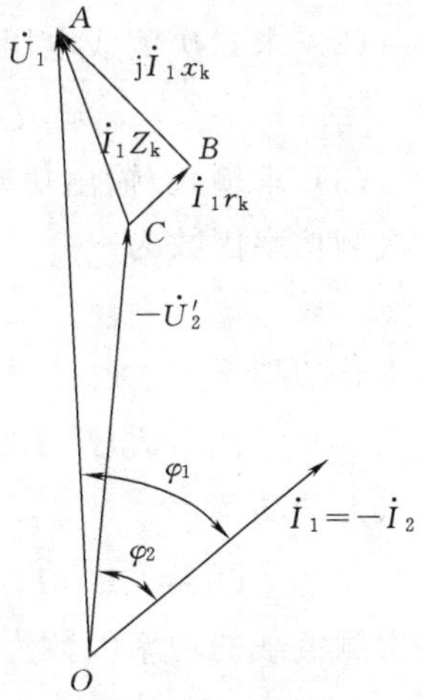

图 6.13 负载运行简化相量图

这是一个简单的串联阻抗电路。由于忽略 $\dot{I}_0$，就有 $\dot{I}_1=-\dot{I}_2'$，根据 $\dot{U}_1$、Z_k、Z_L' 求出 $\dot{I}_1$ 后，由 $\dot{I}_1r_L'$、$j\dot{I}_1x_L'$ 就可得到（$-\dot{U}_2$）。

再在（$-\dot{U}_2$）相量上加上 $\dot{I}_1 r_k$ 和 $j\dot{I}_1 x_k$，便得到一次侧电压 $\dot{U}_1$。从图 6.13 上可以看出，短路阻抗 Z_k 的电压降落形成一个三角形 ABC，称为漏阻抗三角形。三角形的大小与负载电流成正比。而 $I_1 z_k$ 称为阻抗电压，一般用 U_k 表示。从电路中可以看出，如果负载发生短路，则短路电流为 U_1/z_k，这个值可达额定电流的 10～20 倍。

【例 6.1】 一台三相变压器的额定容量 $S_N=750\text{kVA}$，$U_{1N}/U_{2N}=10000/400\text{V}$，$Y/Y_0$ 连接，每相短路阻抗 $Z_k=1.4+j6.48\Omega$，每相负载阻抗 $Z_L=0.2+j0.07\Omega$。原方接额定电压，副方接三相负载运行。计算：

（1）变压器一次侧、二次侧电流。

（2）二次侧电压。

（3）输入/输出功率。

（4）变压器效率。

解

（1）求一次侧、二次侧电流。

变比
$$k=\frac{\frac{U_{1N}}{\sqrt{3}}}{\frac{U_{2N}}{\sqrt{3}}}=\frac{10000}{400}=25$$

负载阻抗
$$Z_L=0.2+j0.07=0.212\angle(19.29^\circ)(\Omega)$$
$$Z'_L=k^2 Z_2=25^2\times(0.2+j0.07)\ =125+j43.75(\Omega)$$

采用简化等值电路，一次侧总阻抗为
$$Z=Z_k+Z'_L=(r_k+r'_L)+j(x_k+x'_L)$$
$$=(1.4+125)+j(7.48+43.75)=137.01\angle21.67^\circ(\Omega)$$

一次侧电流
$$I_1=\frac{U_{1N}}{\sqrt{3}Z}=42.45(\text{A})$$

二次侧电流
$$I_2=kI_1=25\times42.45=1061.25(\text{A})$$

（2）求二次侧线电压。
$$U_2=\sqrt{3}I_2 Z_L=\sqrt{3}\times1061.25\times0.212=389.7(\text{V})$$

（3）求输入/输出功率。

一次侧功率因数为
$$\cos\varphi_1=\cos21.67^\circ=0.93$$

输入有功功率
$$P_1=\sqrt{3}U_{1N}I_1\cos\varphi_1=\sqrt{3}\times10000\times42.45\times0.93=683.8(\text{kW})$$

输入无功功率
$$Q_1=\sqrt{3}U_{1N}I_1\sin\varphi_1=\sqrt{3}\times1000\times42.45\times\sin21.69^\circ=271.5(\text{kvar})$$

二次侧负载的功率因数为
$$\cos\varphi_2=\cos19.29^\circ=0.94$$

输出有功功率

$$P_2=\sqrt{3}U_2I_2\cos\varphi_2=\sqrt{3}\times389.7\times1061.25\times0.94=673.3(\text{kW})$$

输出无功功率

$$Q_2=\sqrt{3}U_2I_2\sin\varphi_2=236.6(\text{kvar})$$

（4）变压器运行效率为

$$\eta=\frac{P_2}{P_1}=\frac{673.3}{683.8}=98.46\%$$

6.2.4　变压器的参数测定

从上面的分析可以看出：解基本方程式，作等值电路及画相量图必须知道变压器的阻抗。对已经制造出来的变压器，可通过空载试验和短路试验测定参数。

6.2.4.1　空载试验

空载试验可测定励磁阻抗 Z_m，铁芯损耗 p_{Fe}、空载电流 I_0 及变比 k。图 6.14 所示为单相变压器空载试验原理接线图。为了试验安全和仪表选择的方便，一般在低压侧施加额定电压而使高压侧空载。由于励磁阻抗的数值与铁芯的饱和程度有关，即与外加电压有关，且空载电流和空载损耗（铁耗）随电压的大小变化，故一般取额定电压点的励磁阻抗值。

试验仪表的读数为低压侧额定电压 U_{1N}、空载电流 I_0、铁耗 p_{Fe} 及高压侧电压 U_{20}。根据空载等值电路（图 6.7），并忽略很小的漏阻抗，可计算出励磁阻抗和变比，即

$$z_m=\frac{U_{1N}}{I_0},\ r_m=\frac{p_{Fe}}{I_0^2},\ x_m=\sqrt{z_m^2-r_m^2},\ k=\frac{U_{20}}{U_{1N}} \tag{6.19}$$

式中：k 为高压侧对低压侧的变比。

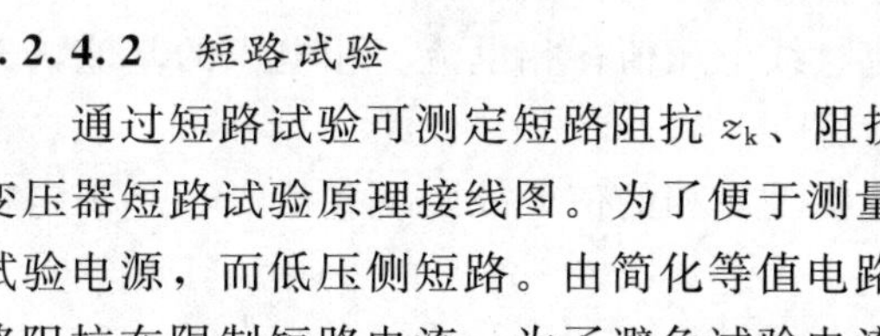

图 6.14　单相变压器空载试验原理接线图

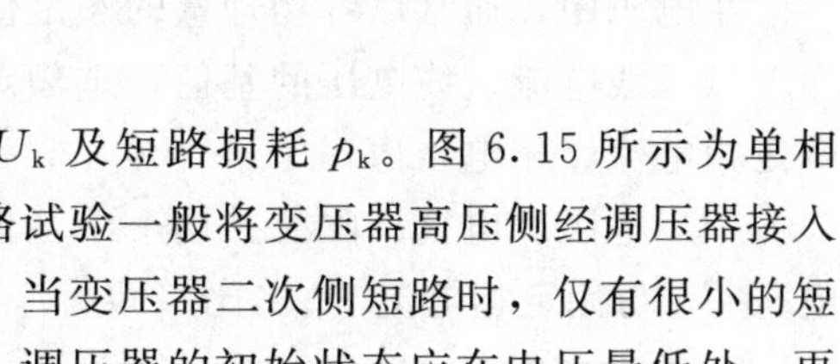

图 6.15　单相变压器短路试验原理接线图

6.2.4.2　短路试验

通过短路试验可测定短路阻抗 z_k、阻抗电压 U_k 及短路损耗 p_k。图 6.15 所示为单相变压器短路试验原理接线图。为了便于测量，短路试验一般将变压器高压侧经调压器接入试验电源，而低压侧短路。由简化等值电路可知，当变压器二次侧短路时，仅有很小的短路阻抗在限制短路电流。为了避免试验电流过大，调压器的初始状态应在电压最低处，再逐步增加电压，使试验电流达到额定电流或小于额定电流。

仪表的读数为短路电压 U_k、短路电流 I_k 和短路损耗 p_k，根据简化等值电路，可计算出二次侧短路时的短路阻抗为

$$z_k=\frac{U_k}{I_k},\ r_k=\frac{p_k}{I_k^2},\ x_k=\sqrt{z_k^2-r_k^2} \tag{6.20}$$

由于电阻与温度有关，变压器正常运行时，绕组温度经常在 75℃左右，按国家标准，

应将试验温度下的r_k和z_k换算到75℃时的值，对于铜线变压器按下式换算

$$r_{k(75°)}=\frac{235+75}{235+\theta}r_k,\ z_{k(75°)}=\sqrt{r_{k(75°)}^2+x_k^2} \tag{6.21}$$

式中：θ为实验时的环境温度。

变压器做短路试验时，由于二次侧短路，无功率输出，输入功率全部变成功率损耗，称为短路损耗。短路损耗包括铜耗和铁耗，但做短路试验时，外加试验电压很低，主磁通大大低于正常运行的数值，铁耗很小，可以忽略不计，因而认为短路损耗就是铜耗。

6.2.4.3 阻抗电压

阻抗电压u_k是指额定电流在$z_{k(75°)}$上的阻抗电压降占额定电压的百分比，即

$$u_k=\frac{I_{1N}z_{k(75°)}}{U_{1N}}\times100\% \tag{6.22}$$

阻抗电压还有电阻电压u_{kr}和电抗电压u_{kx}两个分量，分别按下式计算

$$u_{kr}=\frac{I_{1N}r_{k(75°)}}{U_{1N}}\times100\%,\ u_{kx}=\frac{I_{1N}x_k}{U_{1N}}\times100\% \tag{6.23}$$

式（6.23）表示，阻抗电压是变压器短路时，短路电流达到额定值时一次侧所加电压用一次侧额定电压的百分数表示，故也称为短路电压。阻抗电压是变压器的重要参数之一，标在变压器的铭牌上。从正常运行角度来看，希望它小一些，变压器的漏抗压降越小，二次侧电压随负载变化的波动幅度越小；而从限制短路电流的角度来看，又希望它大一些。一般中小型变压器的阻抗电压为4%～10.5%，大型变压器的为12.5%～17.5%。

6.2.4.4 标幺值

为方便计算，在电力工程计算中，往往不用各个物理量的实际值，而是用与实际值同一单位的某一选定的基值之比，称其为标幺值，即

$$标幺值=\frac{实际值}{基值}$$

标幺值是个相对值，没有单位。某物理量的标幺值，用原来符号并在右下角加“*”号表示，如用I_{1*}表示I_1的标幺值。

1. 基值的选择

在电机中，通常取各物理量的额定值作为基值，具体选择如下：

（1）线电流、线电压的基值，选额定线电流、线电压值；相电流、相电压的基值，选额定相电流、相电压值。

（2）电阻、电抗、阻抗共用一个基值，这些都是一相的值，故阻抗基值z_j，是额定相电压U_{Np}与额定相电流I_{Np}之比，即

$$z_j=\frac{U_{Np}}{I_{Np}}$$

（3）有功功率、无功功率、视在功率共用一个基值，以额定视在功率为基值。

（4）变压器有高、低压侧之分，各物理量的基值应选择各自侧的额定值。

2. 标幺值的特点

（1）额定电压、额定电流、额定视在功率的标幺值为1，简化了各物理量的数值。

（2）变压器各物理量在本侧取标幺值和折算到另一侧取标幺值，两者相等。例如

$$U_{2*}=\frac{U_2}{U_{2N}}=\frac{kU_2}{kU_{2N}}=\frac{U_2'}{U_{1N}}=U_{2*}'$$

（3）某些物理量的标幺值具有相同的数值，例如

$$z_{k*}=\frac{z_k}{\frac{U_{1N}}{I_{1N}}}=\frac{I_{1N}z_k}{U_{1N}}=\frac{U_k}{U_{1N}}=u_{k*}$$

6.2.5 变压器的运行特性

从变压器的二次侧看，变压器相当于一台发电机，向负载输送电功率。变压器带负载运行时，主要性能有两个：一是二次侧电压随负载变化的关系即外特性，用函数 $U_2=f(I_2)$ 表示；二是效率随负载变化的关系即效率特性，函数 $\eta=f(I_2)$ 表示。通常用电压变化率来表示变压器的外特性，即二次侧电压的变化程度，是反映变压器供电电压的质量指标；效率特性反映变压器运行时的经济指标。下面分别说明这两个运行性能指标。

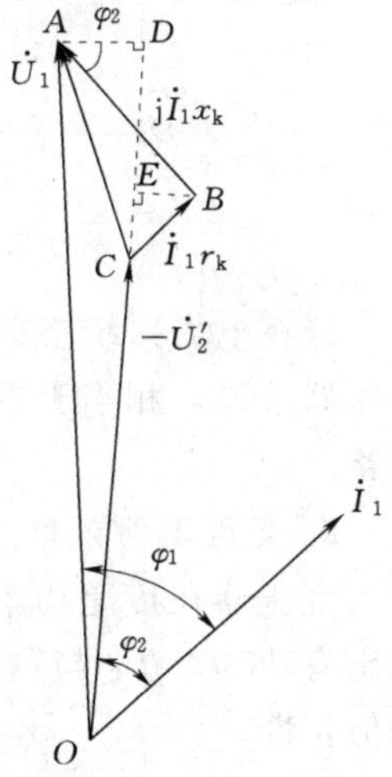

图 6.16 用相量图求电压变化率

1. 电压变化率

电压变化率是指当变压器的一次侧接额定频率和额定电压的电源时，二次侧额定电压与二次侧带负载时的实际电压之差的标幺值，用 Δu 表示，即

$$\Delta u=\frac{U_{2N}-U_2}{U_{2N}}=1-U_{2*} \tag{6.24}$$

工程上采用的计算公式可由变压器简化相量图导出，如图 6.16 所示，在 $-\dot U_2$ 的延长线上作相互垂直的线段 $\overline{CD}$ 和 $\overline{AD}$，则

$$\overline{CD}=I_1 r_k\cos\varphi_2+I_1 x_k\sin\varphi_2$$

由于 $\overline{AD}\ll\overline{OA}$，可以近视认为 $\overline{OA}\approx\overline{OD}$，即 $U_1\approx U_2'+\overline{CD}$。

于是
$$\Delta u=\frac{U_{1N}-U_2'}{U_{1N}}=\frac{\overline{CD}}{U_{1N}}=\frac{I_1 r_k\cos\varphi_2+I_1 x_k\sin\varphi_2}{U_{1N}} \tag{6.25}$$

式（6.25）说明，变压器的电压变化率与变压器负载的大小、漏阻抗的标幺值的大小及负载的性质有关。当变压器带感性负载时，$\cos\varphi_2$ 为正值，Δu 为正值，说明二次侧实际电压 U_2 低于二次侧额定电压 U_{2N}；当变压器带容性负载时，$\sin\varphi_2$ 为负值，当 $|x_k\sin\varphi_2|$ 大于 $r_k\cos\varphi_2$ 时，Δu 为负值，此时二次侧实际电压 U_2 高于二次侧额定电压 U_{2N}。

由上述分析可知，变压器在运行时，二次侧电压将随负载变化而变化。如果变化范围太大，将给用户带来不利影响，因此必须进行电压调整，电压变化率一般在±5%以内。电力变压器一般采用改变高压绕组匝数的办法来调节二次侧电压，称为分接头调压。高压绕组抽头分级，常有±5%和±2×2.5%两种。

当 $U_1=U_{1N}=$ 常数，$\cos\varphi_2=$ 常数时，二次侧电压随负荷电流变化的规律 $U_2=f(I_2)$ 称为外特性，如图 6.17 所示，当变压器的负载为纯电阻时，$\cos\varphi_2=1.0$，电压变化率较小；当变压器的负载为感性时，电压变化率较大，随着负荷电流的增加，负载电压是下降的；当变压器的负载为容性时，电压变化率可能是负值，随着负荷电流的增加，负载电压

反而上升。根据简化等值电路不难理解，负载为容性时，等值电路相当于 RLC 串联电路，当电容的容抗降较高时，会使电容上电压高于电源电压，如图 6.18 所示。

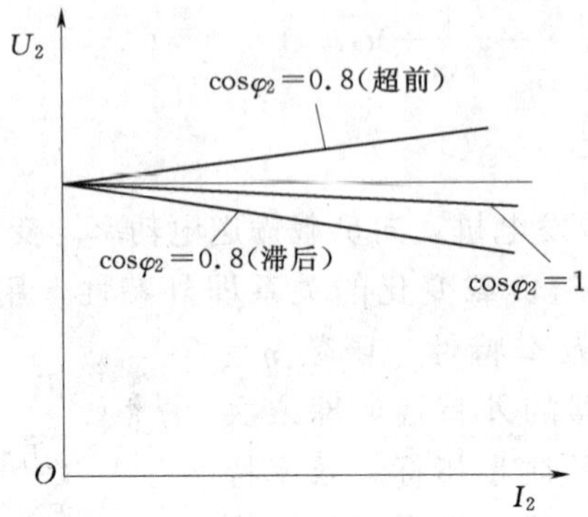

图 6.17　变压器的外特性

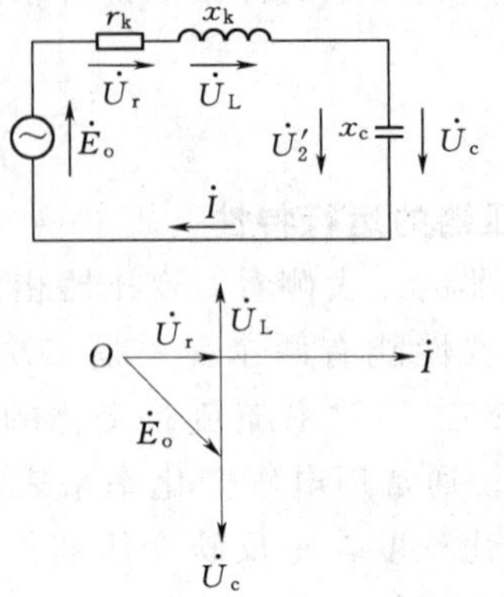

图 6.18　容性负载的电压特性

接在电力系统空载运行的变压器，由于输电线之间及输电线与地之间电容的存在，对变压器来说，相当于带了一个容性负载，可能使二次侧电压升高，特别是超高压远程输电线路。

2. 变压器的效率

变压器在传递功率的过程中，内部产生了铜耗和铁耗，致使输出功率小于输入功率。输出有功功率 P_2 与输入有功功率 P_1 之比称为变压器的效率，用 η 表示。效率一般取百分值，即

$$\eta=\frac{P_2}{P_1}\times 100\%=\frac{P_2}{P_2+p_{Cu}+p_{Fe}}\times 100\% \tag{6.26}$$

铁耗 p_{Fe} 近似等于空载损耗 p_0，当电源电压和频率不变时，主磁通不变，铁耗也基本不变，故称之为不变损耗，即 $p_{Fe}\approx p_0$。

额定负载时的铜耗近视等于额定电流时的短路损耗 p_k，铜耗 p_{Cu} 大小与二次侧电流的平方成正比，随负载的大小而变化，称为可变损耗，即

$$p_{Cu}\approx\left(\frac{I_2}{I_{2N}}\right)^2 p_k=I_{2*}^2\, p_k$$

变压器的输出功率可表示为

$$P_2=3U_2I_2\cos\varphi_2\approx\sqrt{3}U_{2N}I_{2N}\frac{I_2}{I_{2N}}\cos\varphi_2=S_N I_{2*}\cos\varphi_2$$

式中：U_2、I_2 分别为相电压、相电流。

将上述关系式带入式（6.26）可得

$$\eta=\frac{S_N I_{2*}\cos\varphi_2}{S_N I_{2*}\cos\varphi_2+p_0+I_{2*}^2\, p_k}\times 100\% \tag{6.27}$$

当负载功率因数 $\cos\varphi_2$ 一定时，效率与 I_{2*} 有关。效率随负载电流变化的曲线 $f(I_{2*})$ 称为效率曲线，如图 6.19 所示。从效率曲线上可以看出，当负荷变化到某一数值时，会出现最大效率 η_{max}。最高效率可用数学求极值的方法求出，令 $\frac{d\eta}{dI_{2*}}=0$，可得

$$p_0 = I_{2*}^2 p_k \quad (6.28)$$

这说明，当可变损耗 p_{Cu} 等于不变损耗 p_{Fe}，即铜耗等于铁耗时，变压器具有最大效率，此时变压器的负荷为 $I_{2*} = \sqrt{p_0/p_k}$。

考虑到电力变压器不是长期运行在额定负载状况下，I_{2*} 一般取 0.5～0.6，故 p_0/p_k 值应在 1/4～1/3 之间。可见铁耗相对的比铜耗小，对变压器总的经济效益有利。同时，从图 6.19 中还应看到，变压器在轻负荷下运行是不经济的，要防止“大马拉小车”的现象。

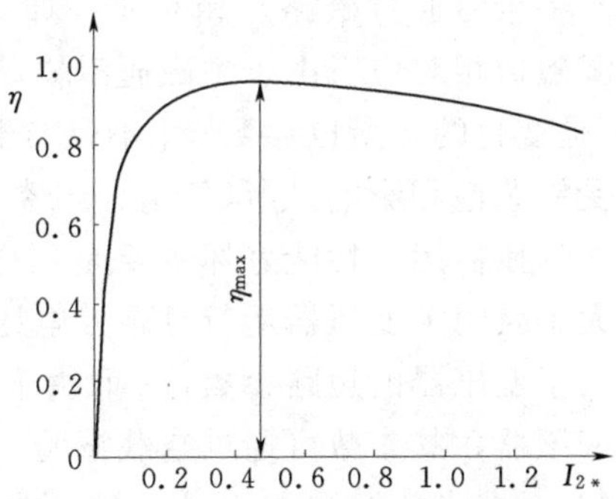

图 6.19 变压器的效率曲线

6.2.6 小结

变压器是一种静止的电气设备，由于一次侧、二次侧的线圈匝数不同，通过电磁感应关系可把一种电压数值的电能转换成另一种电压数值的电能。在变压器中存在电势平衡和磁势平衡两个基本电磁关系，负荷变化对原方的影响就是通过副方的磁势 F_2 起作用的。

分析变压器的基本方法是：

(1) 根据变压器内部磁场的实际分布情况和不同影响，把磁通分成主磁通和漏磁通两种。主磁通在铁芯内闭合，在线圈内感应电势 E_1 和 E_2，起传递电磁功率的桥梁作用；漏磁通经过空气隙闭合，产生电抗压降，对能量传递有一定影响。引入激磁阻抗和漏抗两类参数，利用等值电路，可把电磁场问题简化成电路的问题。变压器原边、副边电磁量的相互关系如图 6.20 所示。

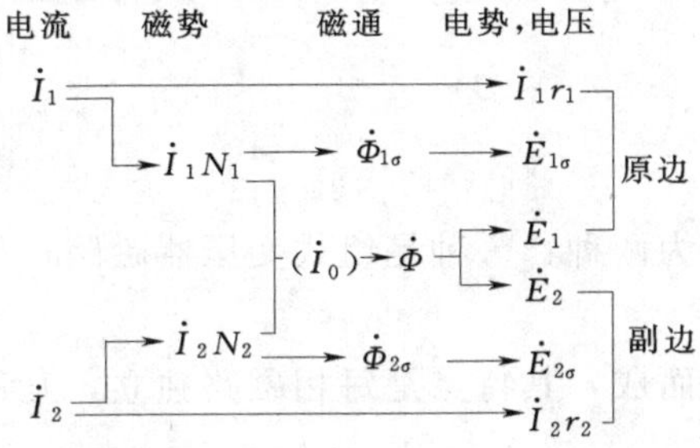

图 6.20 变压器原边、副电磁量的相互关系

(2) 进行绕组折算：即把匝数为 N_1/N_2 的实际变压器变换成原边、副边匝数相等的等效变压器，使折算后原、副方电势相等。原边、副边的磁势关系化为等效的电流关系。

(3) 利用电磁感应定律、磁路欧姆定律、基尔霍夫电压定律，可把变压器内部电势和电压，原边、副边线圈磁势之间的关系表达成电势方程式和磁势方程式，再经折算导出既反映变压器内部电磁关系，又便于计算的等值电路。

上述方法不仅用于分析变压器，对分析各种旋转电机问题同样有重要意义。

分析变压器内部的电磁关系可采用三种方法：基本方程式、等值电路和相量图。基本方程式是电磁关系的一种数学表达形式，相量图是基本方程式的图形表示法，而等值电路是从基本方程式出发，用电路来模拟实际变压器。因此，三者完全是一致的，知道其中一种就可以推导出其他两种。由于解基本方程式组比较复杂，因此在实际工作中，如作定量计算，则采用等值电路，特别是简化等值电路比较方便；如作定性分析，则可采用相量图，定性分析在电气运行分析中十分重要，特别是简化等值电路的相量图。

励磁电抗 x_m，漏电抗 $x_{1\sigma}$、$x_{2\sigma}$ 是变压器中的重要参数。电路中每一个电抗都要与磁场中的一个磁通（磁路）相对应。如 x_m 与主磁通相对应，$x_{1\sigma}$、$x_{2\sigma}$分别与原边、副边线圈的漏磁通相对应。由于主磁通沿铁芯闭合，磁阻 R_m 小，所以 x_m 大，但受磁路饱和影响，R_m 是变化的，所以参数 x_m 不是常数。漏磁通经过空气隙闭合，磁路磁阻大，且基本上不受铁芯饱和影响，所以 $x_{1\sigma}$、$x_{2\sigma}$数值小，且基本上是常数。

变压器运行性能好坏主要是用电压变化率 Δu 和效率 η 这两个性能指标来衡量。Δu 的大小表明了变压器运行时副方电压的稳定性，效率 η 则表明运行的经济性。Δu 的大小取决于变压器的短路参数，η 取决于空载和短路损耗（即铁耗和铜耗）的大小。对已制成的变压器，其参数可通过空载试验、短路试验来测出。从电压变化率的观点看，希望短路阻抗 z_k 小些，但是 z_k 过小，变压器的短路电流过大，短路电磁力也大，易损坏变压器。因此，国家标准对各种容量变压器的 z_k 都作了规定。一般来说，容量越大，电压越高，变压器设计的短路阻抗 z_k 也越大。

6.3 三 相 变 压 器

电力系统采用的几乎都是三相制，所以三相变压器得到了广泛使用。三相变压器可以由三台单相变压器组合而成，称为三相组式变压器，还有一种三柱式铁芯变压器，称为三相芯式变压器。三相变压器对称运行时，各相电压、电流幅值大小相等，相位彼此互差120°，所以可以取三相中的一相来研究。也就是说，三相问题可简化成单相问题。因此6.2 节讨论的基本方程式、等值电路、相量图及性能计算公式等对三相变压器都适用。但三相变压器也有几个特殊的问题，如三相变压器的连接组别、三相磁路系统及其对感应电势波形的影响等，本节将进行讨论。

6.3.1 三相变压器的磁路系统和绕组接法

6.3.1.1 三相变压器的磁路系统

三相变压器的磁路系统按铁芯结构形式的不同分为两种：一种是组式变压器磁路；另一种是芯式变压器磁路。

三相组式变压器磁路由三台单相变压器铁芯组合而成，其特点是每相磁路独立，互不关联，如图 6.21 所示。当一次侧加对称三相电势时，三相主磁通 $\dot{\Phi}_A$、$\dot{\Phi}_B$、$\dot{\Phi}_C$ 也是对称的，因此三相空载电流也是对称的。

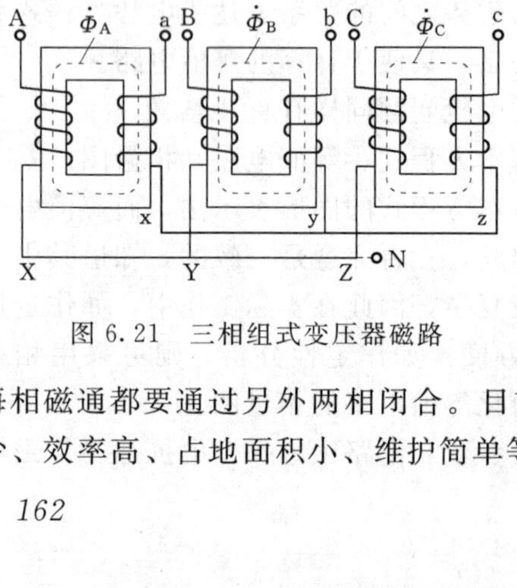

图 6.21 三相组式变压器磁路

三相芯式变压器磁路是由三个单相铁芯演变而成。把三个单相铁芯合并成图 6.22（a）所示的结构，通过中间铁芯柱的磁通是三相磁通之和，由于三相磁通对称，其相量和为零，因此可省去中间铁芯柱，形成图 6.22（b）所示的形状，为使结构简单便于制造，将三个芯柱安排在同一平面上，如图 6.22（c）所示，这就是三相芯式变压器磁路。三相芯式变压器的磁路特点是：各相磁路彼此关联，每相磁通都要通过另外两相闭合。目前，用得较多的是三相芯式变压器，因它具有耗材少、效率高、占地面积小、维护简单等优点。

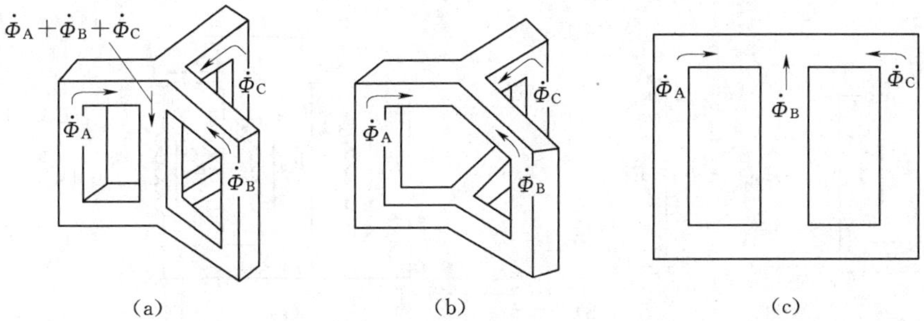

图 6.22 三相芯式变压器磁路

(a) 三个单相铁芯的组合；(b) 取去中间铁柱；(c) 三相芯式铁芯

6.3.1.2 三相变压器的绕组连接法

1. 星形连接

三相变压器的一次侧、二次侧三相绕组，如图 6.21 所示。高压线圈的首端用 A、B、C 表示，尾端用 X、Y、Z 表示；低压线圈的首端用 a、b、c 表示，尾端用 x、y、z 表示。高压侧首端 A、B、C 为高压线圈引出端，低压侧首端 a、b、c 为低压线圈引出端。当接成 Y 形时，将三个尾端 X、Y、Z 和 x、y、z 分别连在一起为中性点。把中性点引出，则以符号 N 标志，连接方式表示为 Y_0。

以高压绕组星形连接为例，其接线及电势相量图如图 6.23 所示。在图 6.23 (a) 所规定的正方向下，有 $\dot{E}_{AB}=\dot{E}_A-\dot{E}_B$，$\dot{E}_{BC}=\dot{E}_B-\dot{E}_C$，$\dot{E}_{CA}=\dot{E}_C-\dot{E}_A$。相量图如图 6.23 (b) 所示。它的特点是图中重合在一处的各点（X、Y、Z）为等电位。

2. 三角形连接

三角形连接有两种方法：一种是右向三角形连接，它的连接顺序是 ax—cz—by—ax，形成闭合回路，如图 6.24 (a) 所示。另一种是左向三角形连接，它的连接顺序是 ax—by—cz—ac 形成闭合回路，如图 6.25 (a) 所示。对于右向三角形连接，在图 6.24 (a) 所规定的正方向下，有 $\dot{E}_{ab}=-\dot{E}_b$、$\dot{E}_{bc}=-\dot{E}_c$、$\dot{E}_{ca}=-\dot{E}_a$，相量图如图 6.24 (b) 所示。对于左向三角形连接，在图 6.25 (a) 所规定的正方向下，有 $\dot{E}_{ab}=\dot{E}_a$、$\dot{E}_{bc}=\dot{E}_b$、$\dot{E}_{ca}=\dot{E}_c$，相量图如图 6.25 (b) 所示。

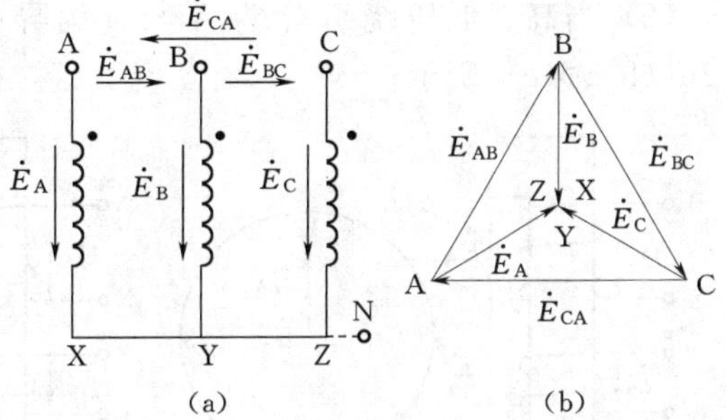

图 6.23 Y 连接的三相绕组及电动势相量图

(a) Y 连接的三相绕组；(b) 电动势相量图

6.3.2 变压器的连接组别

变压器不但能改变电压数值，还会使高、低压侧电压之间具有不同的相位关系。所谓变压器的连接组，就是把高、低压绕组的连接法以及高、低压侧电压之间的相位关系用符号表示出来。这对于决定变压器能否并列运行是十分重要的，因为任意一相绕组接错，都有可能发生严重事故，正如图 4.6 表示的。

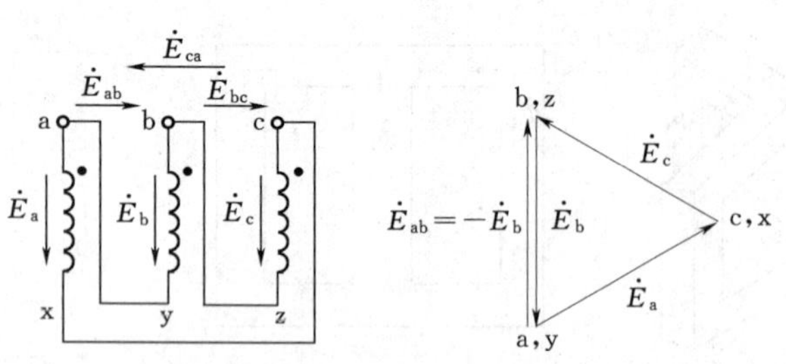

（a）　　（b）

图 6.24　右向△连接的三相绕组及电动势相量图

（a）右向△连接的三相绕组；（b）电动势相量图

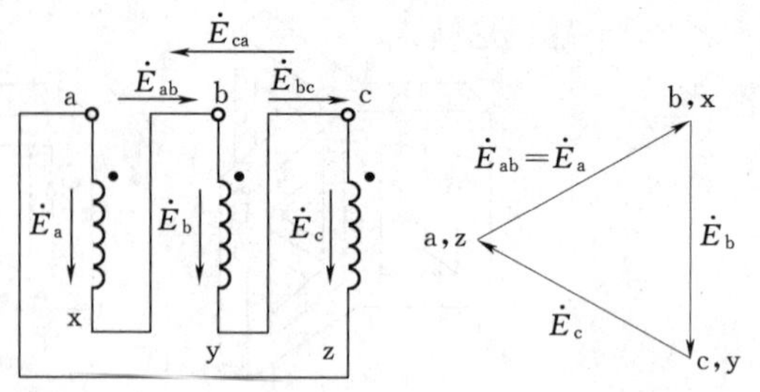

（a）　　（b）

图 6.25　左向△连接的三相绕组及电动势相量图

（a）左向△连接的三相绕组；（b）电动势相量图

6.3.2.1　单相变压器绕组的连接组

对于单相变压器，其高、低压绕组交链同一磁通时，在某一瞬间，高压绕组的某一端头感应电势的电位若为正，低压绕组必有一个端头的电位也为正，这两个具有正极性或另两个具有负极性的端头，就是在 2.2 节中讨论过的同名端，或称为同极性端。用符号“.”表示。同名端与绕组之间的相对位置和绕组绕向有关，为了研究高、低压侧绕组之间的相位关系，首先要规定高、低压绕组电势的正方向：从首端指向尾端，即高压绕组电势为 $\dot{E}_{AX}$，简写为 $\dot{E}_A$；低压绕组电势 $\dot{E}_{ax}$，简写为 $\dot{E}_a$，如图 6.26 所示。这样，可以确定高、低压绕组电势之间只有两种相位关系：

（1）当高、低压绕组首端 A 与 a 为同极性端时，相电势 $\dot{E}_A$ 与 $\dot{E}_a$ 相位相同，如图 6.26（a）所示。

（2）当高、低压绕组首端 A 与 a 为异极性端时，相电势 $\dot{E}_A$ 与 $\dot{E}_a$ 相位相反，如图 6.26（b）、（c）所示。

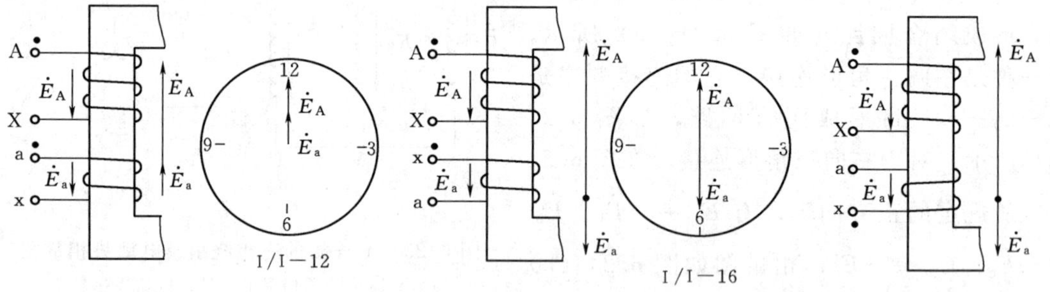

（a）　　（b）　　（c）

图 6.26　单相变压器高、低压相电动势的相位关系

（a）高、低压绕组的绕向相同，端头标志相同；（b）绕向相同，端头标志相反；（c）绕向相反，端头标志相同

为了形象地表示高、低压绕组的连接法及其电势相位关系，常用“连接组”和时钟法来描述。表示方法如下：单相变压器高、低压绕组连接组用符号“I/I”表示。组别标号用时钟的点数表示，其含义是把高压绕组电势 $\dot{E}_A$ 及低压绕组电势 $\dot{E}_a$ 相量，形象地分别看成为时钟上的长针和短针，并且令高压绕组电势 $\dot{E}_A$ 固定指着时钟盘面上的数字“12”，

那么低压绕组电势 $\dot{E}_a$ 指向时钟的数字，即为组别号。如图 6.26（a）中的变压器，其连接组为 I/I—12（或 I，I0），图 6.26（b）、（c）的连接组为 I/I—6（或 I，I6）。

6.3.2.2 三相变压器的连接组

对于三相变压器，需要判定的是高、低压绕组对应线电势之间的相位关系，所以三相变压器的连接组由高、低压绕组连接法及代表对应线电势相位关系的组别号这两部分组成。

高、低压绕组的连接法不同，对应线电势的相位差也不一样，但从后面的实例中可以看出，相位差总是 30°的整数倍。因此，高、低压绕组线电势的相位差仍可用时钟数来表示。具体方法是：①根据高、低压侧绕组的连接方式，以 $\dot{E}_A$ 和 $\dot{E}_a$ 作参考相量，分别作出高、低压侧相电势与线电势的相量图；②根据高、低压绕组的极性，确定 $\dot{E}_A$ 与 $\dot{E}_a$ 是同相还是反相，平移低压侧电势相量图，使 a 点与 A 点重合；③选高压侧线电势 $\dot{E}_{AB}$ 相量作长针，固定指向时钟盘面上的数字“12”，对应的低压侧线电势 $\dot{E}_{ab}$ 相量作短针，它指向时钟的那一点，该数字即为连接组中的组别号。

1. Y，y0（Y/Y—12）连接组

图 6.27 所示为 Y，y0 连接组接线图及电势相量图。由接线图 6.27（a），参照图 6.23，很容易画出高、低压绕组的电势相量图，如图 6.27（b）、（c）所示。因为高、低压绕组的首端为同极性端，因此高、低压绕组相电势 $\dot{E}_A$、$\dot{E}_a$ 同相位。将图 6.27（c）移到图 6.27（b）中，使 A，a 点重合，得相量图 6.27（d）。可见，$\dot{E}_{ab}$ 与 $\dot{E}_{AB}$ 重合，若 $\dot{E}_{AB}$ 指向“12”，$\dot{E}_{ab}$ 也指向“12”，其连接组记为 Y，y0（Y/Y—12）。注意，为了移动方便，高、低压绕组的电势相量图 6.27（b）、（c）中的 $\dot{E}_A$、$\dot{E}_a$ 相量最好选择平行。

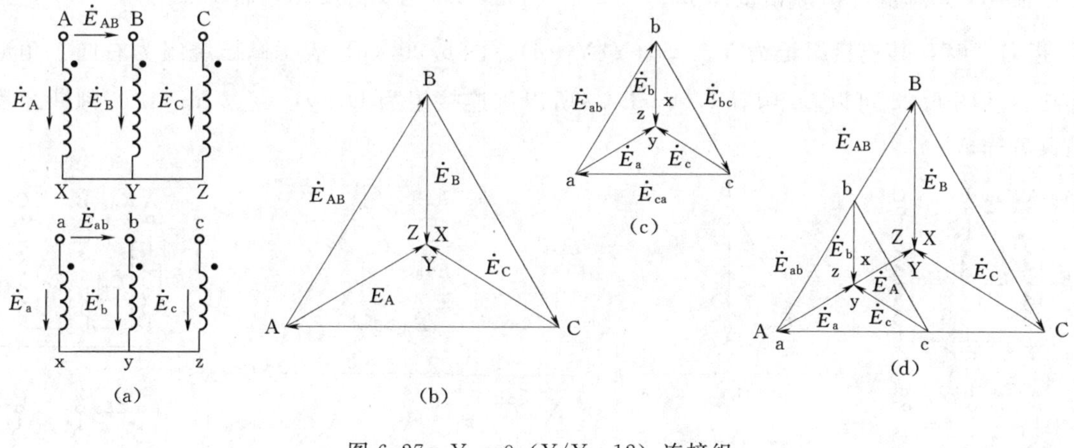

图 6.27 Y，y0（Y/Y—12）连接组

2. Y，d11 与 Y，d1 连接组

图 6.28（a）的低压绕组为右向三角形连接，高、低压绕组首端为同极性端，因此高、低压绕组相电势 $\dot{E}_A$、$\dot{E}_a$ 同相位。参考图 6.23 和图 6.24，画高、低压绕组电势相量图如图 6.28（b）、（c）所示，将图 6.28（c）移入图 6.28（b），使 A、a 点及 $\dot{E}_A$ 与 $\dot{E}_a$ 重

合，得到图 6.28（d）。由图 6.28（d）可知，若 $\dot{E}_{AB}$指向“12”，则 $\dot{E}_{ab}$指向“11”，即 $\dot{E}_{ab}$超前 $\dot{E}_{AB}30°$，其连接组记为 Y，d11（Y/△—11）。图 6.28（e）表示低压绕组为左向三角形连接，从图 6.25 可以看出，$\dot{E}_{ab}=\dot{E}_{a}$，所以该连接组为 Y，d1（Y/△—1），判断过程请读者完成。

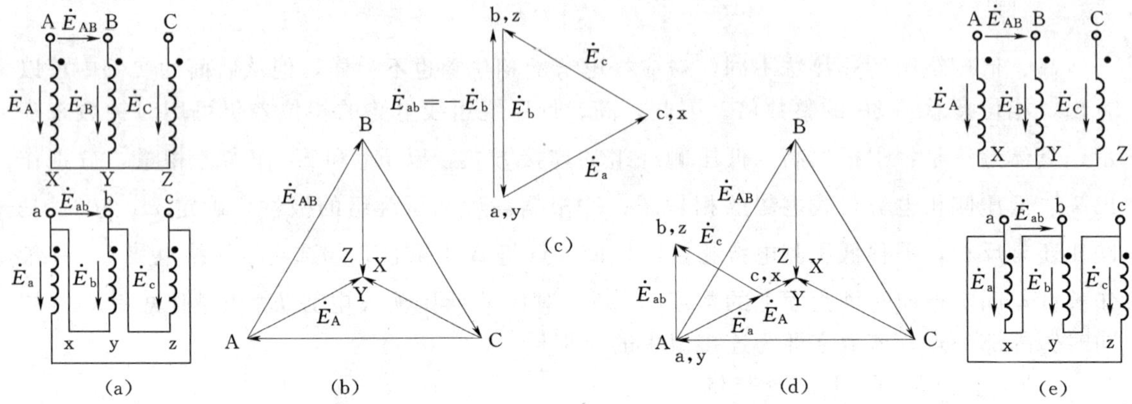

图 6.28　Y，d11（Y/△—11）连接组

3. Y，y6 与 D，y1 连接组

如图 6.29（a）所示，注意到高、低压绕组同名端标记“·”，高压侧在首端，低压侧在尾端（在 x、y、x 处），故两首端为异极性，因此高、低压绕组相电势相位相反。高、低压绕组电势相量图如图 6.29（b）、（c）所示。将图 6.29（c）移到图 6.29（b）中，使 A，a 点重合，得相量图 6.29（d）。可见，$\dot{E}_{ab}$与 $\dot{E}_{AB}$反相，若 $\dot{E}_{AB}$指向“12”，则 $\dot{E}_{ab}$指向“6”，其连接组记为 Y，y6（Y/Y—6）。图 6.29（e）表示高压绕组为右向三角形连接，从图 6.24 可以看出，$\dot{E}_{AB}=-\dot{E}_{B}$，所以该连接组为 D，y1（△/ Y—1），判断过程请读者完成。

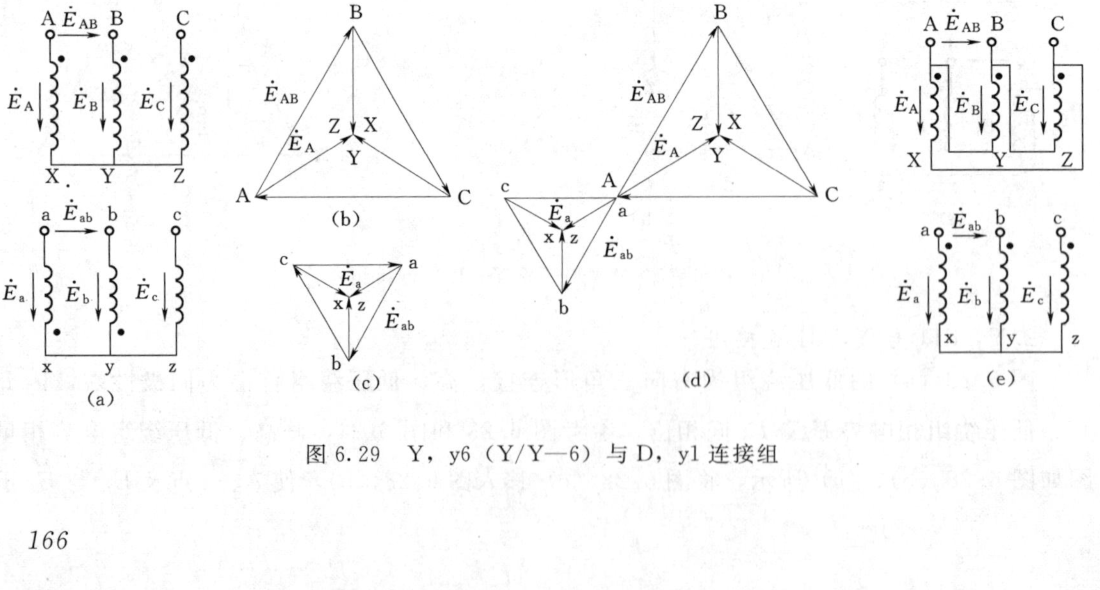

图 6.29　Y，y6（Y/Y—6）与 D，y1 连接组

三相变压器有很多连接组别，最常使用的有 Y，yn12（Y/Y_0—12）、Y，d11（Y/△—11）、YN，d11（Y_0/△—11）等几种。Y，yn12 的二次侧可以引出中线，成为三相四线制，作配电变压器可兼带照明负载和动力负载。Y，d11 用在二次侧电压超过 400V 的线路中，变压器有一方接成三角形，可以改善电势波形（6.4 节要讨论）。YN，d11 主要用于高压输电线路中，使电力系统的高压侧可以直接接地，便于继电保护在系统接地故障时能迅速动作切除故障。

6.3.3 三相变压器绕组连接方式及铁芯结构对电势波形的影响

变压器空载运行分析知道，当外加电压为正弦波时，为保证感应电势也为正弦波，空载电流 i_0 必为尖顶波（图 6.9），i_0 中除基波外还含有较强的 3 次谐波和较弱的更高次谐波。三相变压器中，各相基波彼此互差 120°，而空载电流的 3 次谐波，根据式（4.39）可表示为

$$i_{03A}=I_{03m}\sin 3\omega t$$

$$i_{03B}=I_{03m}\sin 3(\omega t-120°)=I_{03m}\sin 3\omega t$$

$$i_{03C}=I_{03m}\sin 3(\omega t+120°)=I_{03m}\sin 3\omega t$$

可见，三相空载电流 3 次谐波大小相等、相位相同，它产生的 3 次谐波磁通也是大小相等方向相同的。变压器空载电流的波形与三相绕组的连接法有关，而铁芯中磁通的波形又与磁路的结构形式有关。下面分析三相变压器的电势波形与绕组连接法和磁路结构形式的关系。

1. Y，y（Y/Y）连接的三相组式变压器的电势波形

根据第 1 章［例 1.10］和 4.5 节的分析结论，在 Y/Y 系统里，空载电流中不可能有零序性质的 3 次谐波，所以空载电流近于正弦波，利用空载电流 i_0 的正弦曲线和铁芯磁路的磁化曲线（图 2.9），可以作出主磁通曲线为一平顶波，如图 6.30（a）所示。可见，平顶波的主磁通中除了基波磁通 Φ_1 外，还包含有 3 次谐波磁通 Φ_3。

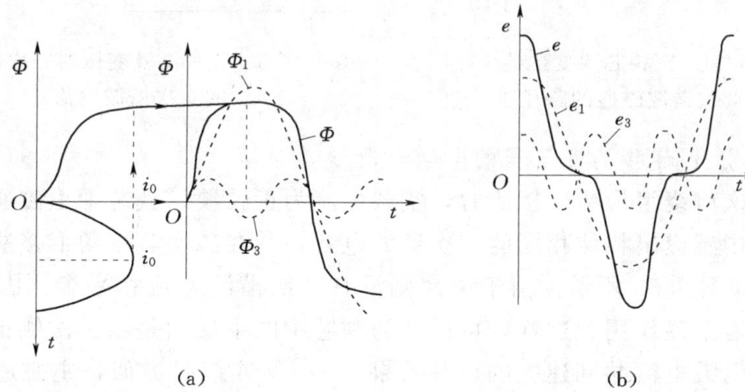

图 6.30 Y，y 组式变压器相电势波形

在三相组式变压器中，由于各相磁路彼此独立，3 次谐波磁通 Φ_3 和基波磁通 Φ_1 沿同一磁路闭合。铁芯的磁阻很小，3 次谐波磁通较大，所以主磁通为平顶波，它与一次侧、

二次侧绕组交链，其基波磁通 Φ_1 和 3 次谐波磁通 Φ_3 分别感应出基波电势 e_1 和 3 次谐波电势 e_3。感应电势的波形如图 6.30（b）所示。3 次谐波磁通的频率为基波磁通频率的 3 倍。基波电势 e_1 与 3 次谐波电势 e_3 相叠加，得到空载时绕组的相电势波形为尖顶波。试验表明，3 次谐波电势的幅值可达基波电势幅值的 45%～60%，甚至更大，结果使相电势波形严重畸变，可能危害绕组的绝缘，因此，三相组式变压器不允许采用 Y，y 连接。

2. Y，y 连接的芯式变压器的电势波形

同理，Y 形接法的一次侧空载电流中没有 3 次谐波，但在彼此关联的芯式变压器磁路中，没有如图 6.22（a）所示的中间铁芯柱，就像三相电路 Y 形连接无零线，零序电流没有通路一样，3 次谐波磁通 Φ_3 不能沿铁芯闭合，只能借助油和油箱壁等形成闭合回路，如图 6.31 所示。由于这时磁路对 Φ_3 的磁阻很大，使 3 次谐波磁通大为削弱，主磁通波形接近正弦波，相电势的波形也接近正弦波。但 3 次谐波磁通会在油箱壁等构件中引起三倍频率的涡流损耗，致使局部发热，降低变压器的效率，所以容量大于 1800kVA 的芯式变压器，不宜采用 Y，y 连接。

3. D，y（△/Y）连接的变压器的电势波形

当变压器一次侧绕组为三角形接法时，空载电流中的 3 次谐波分量可以在闭合的三角形回路中流通，所以空载电流为尖顶波，如图 6.9 所示。因而在铁芯中建立正弦波的主磁通，绕组中感应的相电势波形也为正弦波。上述分析也适用于 YN，y（Y_0/Y）连接的三相变压器。

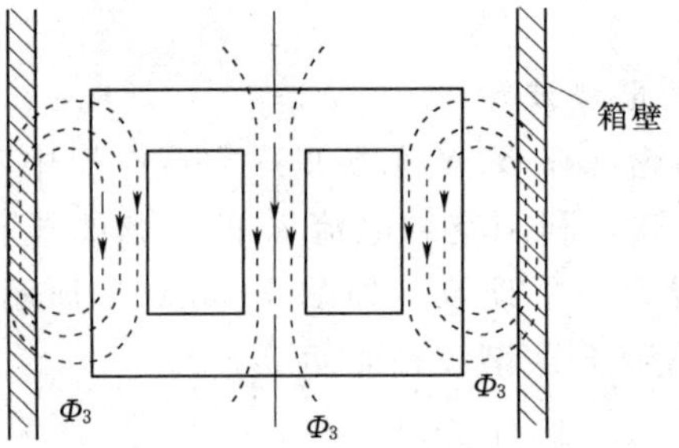

图 6.31 三相芯式变压器中 3 次谐波磁通的路径

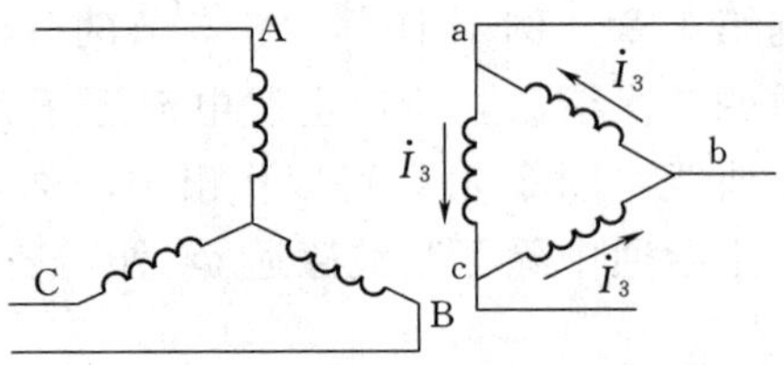

图 6.32 Y，d 变压器二次侧的 3 次谐波电流

4. Y，d（Y/△）连接的变压器的电动势波形

当变压器一次侧绕组为星形接法时，空载电流为正弦波，铁芯中主磁通的 3 次谐波分量在二次侧绕组中感应出相位相同的 3 次谐波电势，并在二次侧三角形接法的绕组中产生 3 次谐波电流，如图 6.32 所示。由于一次侧没有 3 次谐波电流相平衡，因此二次侧 3 次谐波电流同样起着励磁作用。这样，可以认为铁芯中的主磁通是由一次侧正弦波的空载电流与二次侧 3 次谐波电流共同建立的，其效果与 D，y 连接时类似，主磁通及其在绕组中感应的相电势波形基本上是正弦波。

综上所述，三相变压器的一次侧、二次侧绕组中只要有一侧接成三角形，就能保证二次侧相电势的波形接近于正弦波。在有些需要接 Y，y 的大容量变压器中，有时专门装设有一个三角形接法的第三绕组，该绕组不接电源也不接负载，只提供 3 次谐波电流的通

路，以防相电势波形发生畸变。

6.3.4 分裂变压器

在电力系统中，除了三绕组变压器外，还有自耦变压器、分裂变压器，以及测量用的互感器等。本节介绍火力发电机组厂用电系统中用得较多的分裂变压器。

1. 分裂变压器结构特点

随着机组容量增大，厂用变压器容量也随之增大，变压器二次侧负载发生短路时，短路电流数值很大。为了限制短路电流，大型机组厂变多采用分裂变压器。分裂变压器又称分裂绕组变压器，分裂变压器通常把低压绕组分裂成额定容量相等的几个部分，每一部分形成一个支路，这几个支路间只有磁的联系，没有电的联系。分裂出来的各支路，额定电压可以相同也可以不相同，可以单独运行也可以同时运行，可以在同容量下运行也可以在不同容量下运行。当分裂变压器绕组各支路的额定电压相同时，还可以并联运行。

图 6.33 所示为三相双绕组分裂变压器示意图。图 6.33（a）所示为高压侧为星形连接、低压侧为两个分裂绕组的三相变压器原理接线图。图 6.33（b）所示为三相三铁芯柱轴向布置分裂绕组变压器 A 相绕组布置示意图。高压绕组 AX 为不分裂绕组，由并列的两个绕组 1、2 组成；低压绕组 3、4，引出端分别为 a_1—x_1 和 a_2—x_2，为分裂出来的两个支路。图 6.33（c）是与图 6.33（b）对应的 A 相原理接线图。从图中可以看出，两个分裂绕组之间磁的联系也比较弱，不如高、低压绕组之间联系紧密，如高压绕组 1 紧套在低压绕组 3 上。

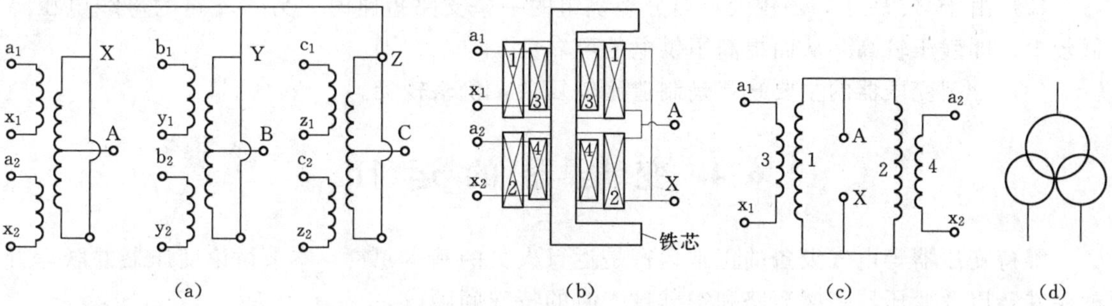

图 6.33 三相双绕组分裂变压器

（a）原理接线图；（b）单相绕组排列情况；（c）单相接线图；（d）符号图

2. 等值电路与运行方式

图 6.33 所示的分裂变压器，其一相等值电路可以参照单相变压器的简化等值电路作出。该分裂变压器每相有三个绕组：一个不分裂的高压绕组，两个相同的低压分裂绕组。设高压侧阻抗为 Z_A，两个分裂绕组的阻抗分别为 Z_{a1}、Z_{a2}，因为分裂绕组在布置上是对称的，所以 $Z_{a1}=Z_{a2}=Z$，同时，高压侧运行时，两个分裂绕组中的感应电势也应相等，参照图 6.12，得到如图 6.34 所示的等值电路。

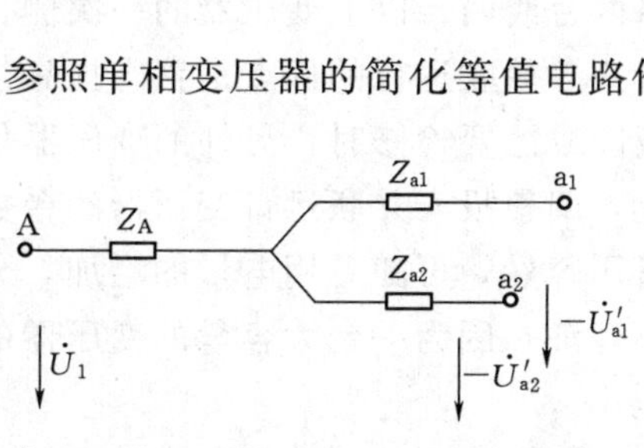

图 6.34 分裂变压器简化等值电路图

分裂变压器有三种运行方式：

(1) 分裂运行。高压绕组不运行，两个低压分裂绕组运行。由于两个低压绕组套在同一铁芯上，所以低压绕组间有穿越功率。因高压绕组开路，高、低压绕组间无穿越功率。在这种运行方式下，两个低压分裂绕组间的短路阻抗称为分裂阻抗，用 Z_f 表示。因为此时高压侧开路，所以 a_1、a_2 之间的阻抗就是分裂阻抗，即 $Z_f=Z_{a1}+Z_{a2}=2Z$。

(2) 并联运行。两个低压绕组并联，高、低压绕组运行。高、低压绕组间有穿越功率。在这种运行方式下，高、低压绕组间的短路阻抗称为穿越阻抗，用 Z_C 表示。显然，穿越阻抗相当于普通双绕组变压器的短路阻抗。此时 a_1、a_2 两点并联，故穿越阻抗为

$$Z_C=Z_A+Z_{a1}/\!/Z_{a2}=Z_A+Z/2。$$

(3) 单独运行。任一低压绕组开路，另一个低压绕组和高压绕组运行。在此运行方式下，高低压绕组间的短路阻抗称为半穿越阻抗。显然，半穿越阻抗为 Z_A+Z。

3. 分裂变压器的特点

目前，分裂变压器多用作200MW及以上的大型火力发电机组中的厂用变压器，和普通双绕组变压器相比，有如下特点：

(1) 限制短路电流作用显著。当分裂绕组一条支路短路时，由电网供给的短路电流经过的阻抗较大，如图6.34所示的等值电路，设 a_1 端短路，则短路电流经过的阻抗为 $Z_A+Z_{a1}=Z_A+Z$，其值比穿越阻抗大 $Z/2$，变压器设计时一般使 Z_A 尽可能小，Z 相对较大。所以，分裂变压器比普通变压器的短路阻抗大，能有效地限制短路电流。很显然，a_1 点或 a_2 单独短路比 a_1、a_2 两点同时短路的电流要小。

(2) 由于 Z_A 较小，Z 较大，当分裂绕组的一条支路短路时，另一支路的母线电压降低较少，即残压较高，从而提高了供电的可靠性。

(3) 分裂变压器的主要缺点是制造比较复杂，价格较贵。

6.4 变压器的运行

维持变压器等电气设备的正常运行是运行人员的基本职责。本节讨论变压器并联运行的条件，以及变压器突然短路和空载投入时的特殊问题。

6.4.1 变压器的并联运行

现代发电厂和变电站中常采用两台或两台以上变压器并联运行的方式。并联运行是指将两台或两台以上变压器的一次侧、二次侧分别接到公共母线上，同时向负载供电的运行方式。并联运行的优点是：①提高供电可靠性，多台变压器并联运行时，当其中一台发生故障或需要检修时，另外的变压器仍可照常供电；②减少能量损耗，可根据负载的大小变化，调整投入并联运行变压器的台数，以减少能量损耗，提高运行效率和经济性；③减少备用容量，可随着用电量的增加，分批安装变压器，减少了初次投资。当然，台数过多也不经济，因为一台大容量的变压器的造价比同容量的几台小变压器的造价要低，占地面积也小。

1. 并联运行的条件

[例1.9] 中就讨论过电源并联的问题。变压器并联运行的理想情况是：空载时，各

台变压器仅一次侧有空载电流，一次、二次绕组回路中没有环流；负载时，各变压器的负载分配与各自的额定容量成正比，使变压器设备容量能得到充分利用，且各台变压器的负载电流同相位，这样在总的负载电流一定时，各变压器分担的电流最小。要达到上述理想情况，并联运行的变压器必须具备以下三个条件：

（1）各变压器的一次侧和二次侧额定电压应分别相同，各变压器变比应相等。

（2）各变压器的阻抗电压标幺值应相等，短路阻抗角应相等。

（3）各变压器的一次侧、二次侧线电压的相位差应相同，即各变压器连接组别相同。

上述三个条件中，第（1）条和第（2）条不可能完全满足，一般规定变压器变比的偏差不得超过±0.5%，短路阻抗标幺值相差不得大于±10%。下面进行简要分析。

2. 变比不等时的并联运行

两台降压变压器 T_1、T_2 的连接组别相同，变比 k_1、k_2 不等，且 $k_1<k_2$。一次、二次绕组分别接于同一电压母线上，如图 6.35（a）所示。将负载开关断开，在一次侧加入电压 $\dot{U}_1$ 时，便在二次侧感应出电势 $\dot{E}_{21}$ 和 $\dot{E}_{22}$，因为 $k_1<k_2$，所以 $E_{21}>E_{22}$。在二次绕组中出现电势差 $\Delta\dot{E}=\dot{E}_{21}-E_{22}$，二次绕组中出现了环流 $\dot{I}_r$，二次侧的环流还要感应到一次侧。环流在漏阻抗上产生压降，使两台变压器二次侧的输出电压相等。

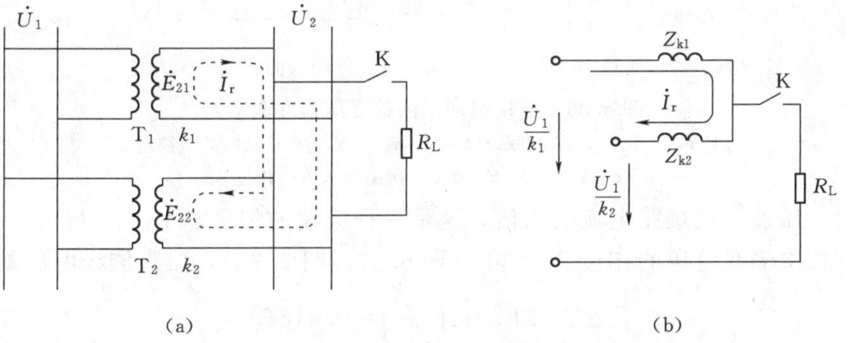

图 6.35 变化不等时变压器并联运行

根据变压器简化等值电路，可以得到变比不同的变压器并联运行等值电路，如图 6.35（b）所示，变压器中的环流为

$$\dot{I}_r=\frac{\dfrac{\dot{U}_1}{k_1}-\dfrac{\dot{U}_1}{k_2}}{Z_{k1}+Z_{k2}}$$

当负荷开关 Q 合上时，变压器带上负载。这时，环流叠加在负载电流上。变压器 T_1 的输出电流等于环流加负载电流，T_2 的输出电流等于环流减负载电流。所以变比小的变压器输出电流较变比大的变压器输出电流要大。负载增加时，T_1 先达到满载。可见，环流不是负荷电流，但占了变压器的容量，增加了变压器的损耗，使变压器的输出容量减小。

所以，变压器变比不等而并联运行，空载时，一次侧、二次侧回路会产生环流，增加了附加损耗。负载时，环流的存在，使变比小的变压器电流大，可能过载；变比大的变压器电流小，可能欠载，这就限制了变压器的输出功率。因此，变比稍有不同的变压器，如需并联运行时，容量大的变压器具有较小的变比为宜。一般要求变比的差值不超过0.5%。

3. 连接组别不同时的并联运行

连接组别不同的变压器并联运行时，其后果要比变比不等时严重得多。在6.3.2中，讨论过Y，y0连接组和Y，y6连接组（图6.27和图6.29），前者一次侧、二次侧电势的相位一致，后者一次侧、二次侧电势的相位相差180°。这样的两台变压器如果并联运行，二次侧在两倍的电势差下短路，如图6.36（a）、（b）所示。其短路电路电流为

$$\dot{I}_k=\frac{\dot{E}_{21}+\dot{E}_{22}}{Z_{k1}+Z_{k2}}$$

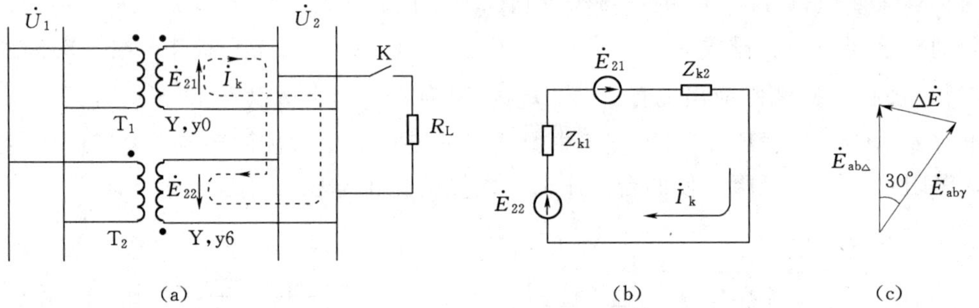

图6.36　连接组别不同的变压器并联运行

（a）Y，y_0与Y，y6并联；（b）Y，y_0与Y，y6并联时的短路电流；

（c）Y，y_0与Y，d11二次侧线电压的相位差

电流为单台变压器负载短路电流的两倍，这是一种极端的情形。Y，y0与Y，d11两台变压器并联，二次侧线电压的相位差为30°（图6.27、图6.28），二次侧线电压差为

$$\Delta E=2E_{ab}\sin\left(\frac{30^\circ}{2}\right)=0.518E_{ab}$$

二次侧线电压的相位差如图6.36（c）所示。可见，电压差ΔE可达二次侧线电压的51.8%，这样大的电势差所引起的环流也将超过额定电流的许多倍，可将变压器烧毁。因此，连接组别不同的变压器绝对不允许并联运行。

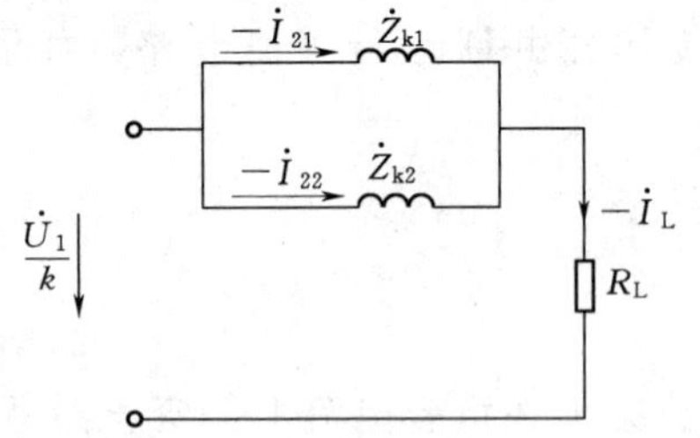

图6.37　短路阻抗不等时变压器并联运行

从上面的分析也可看出，变压器接线时同名端绝对不能接错，例如，如果将Y，y0连接组接成Y，y6连接组，其后果是不堪设想的！而错误仅在端子极性接反。

4. 阻抗电压标幺值不等时的并联运行

两台变比相等、连接组别相同的变压器并联运行时的简化等值电路如图6.37所示。从图中可以求出两台变压器电流$\dot{I}_{21}$与$\dot{I}_{22}$之间的关系为

$$\frac{\dot{I}_{21}}{\dot{I}_{22}}=\frac{\dot{Z}_{k2}}{\dot{Z}_{k1}}=\frac{z_{k2}}{z_{k1}}\angle\varphi_{k2}-\varphi_{k1}$$

式中：φ_{k1}、φ_{k2}分别为短路阻抗 $\dot{Z}_{k1}$、$\dot{Z}_{k2}$的幅角。

可见，变压器负载电流与各自短路阻抗成反比，如果短路阻抗相等，则各台变压器可同时达到满载；如果短路阻抗不相等，则短路阻抗小的变压器首先达到满载。这就是说，如果要求短路阻抗小的变压器不超载，则短路阻抗大的变压器将处于欠载状态下运行，这就限制了变压器的使用容量，是不经济的。实际上，在［例 1.10］中曾讨论过电源内阻大小对输出的影响，这里可视电源内阻为短路阻抗，电路虽然复杂一些，但结论有十分相似的地方。

另外，因为 $\dot{I}_{L}=\dot{I}_{21}+\dot{I}_{22}$，当 $\varphi_{k1}=\varphi_{k2}$时，$\dot{I}_{21}$与 $\dot{I}_{22}$同相位，负载电流是两台变压器输出电流的算术和；当 $\varphi_{k1}\neq\varphi_{k2}$时，$\dot{I}_{21}$与 $\dot{I}_{22}$之间有相位差，负载电流是两台变压器输出电流的相量和，显然，$|\dot{I}_{21}+\dot{I}_{22}|\leqslant|\dot{I}_{21}|+|\dot{I}_{22}|$，这使输出的总电流小些，变压器的设备容量得不到充分利用。一般情况下，两台变压器容量相差越大，$\dot{I}_{21}$与 $\dot{I}_{22}$之间的相位差也越大，输出的总电流就越小。所以，一般要求并联运行的变压器容量比不得超过 3∶1，短路阻抗的差值不超过 10%。

6.4.2 变压器的暂态过程

变压器运行时，由于某种原因，如负荷突然变化、负载突然短路、空载合闸、受到过电压冲击等，这时变压器要从一种稳定状态过渡到另一种稳定状态，这种过渡过程就称为暂态过程或瞬变过程。在暂态过程中，电磁场能量会发生很大变化，可能会使线圈中的电压和电流超过额定值许多倍，发生过电压和过电流现象。因此，暂态过程持续时间虽短，但可能使变压器受到破坏。暂态过程不仅存在于变压器运行中，还广泛存在于发电机、电动机、互感器、线路等各种电气设备中。所以，研究暂态过程的特点是十分必要的，是电气运行分析的重要内容之一。本节以变压器简化等值电路为原型，在 3.7 节 R、L 电路暂态过程分析的基础上，研究变压器暂态过程的基本特点。

6.4.2.1 变压器突然短路

我们知道，变压器的短路阻抗 z_k 很小，稳态短路电流可达额定电流的 10～20 倍，但突然短路，即短路的暂态过程中短路电流更大，分析如下。

1. 突然短路电流

变压器二次侧发生突然短路，即负载阻抗 z_L 变为 0，在忽略空载电流时，可利用简化等值电路进行分析，如图 6.38 所示。电路电压方程为

$$u_{rk}+u_{Lk}=u_1$$

式中：u_{rk}为短路电阻上的压降，其值为 $i_k r_k$，i_k 为突然短路时的电流，u_{Lk}为短路电抗上的压降。

根据式（2.19），可表示为

$$u_{LK}=L_K\frac{di_k}{dt}$$

而 $u_1=\sqrt{2}U_1\sin(\omega t+\alpha_0)$，为输入电压。于是，上式可以写成

$$i_k r_k+L_k\frac{di_k}{dt}=\sqrt{2}U_1\sin(\omega t+\alpha_0) \qquad (6.29)$$

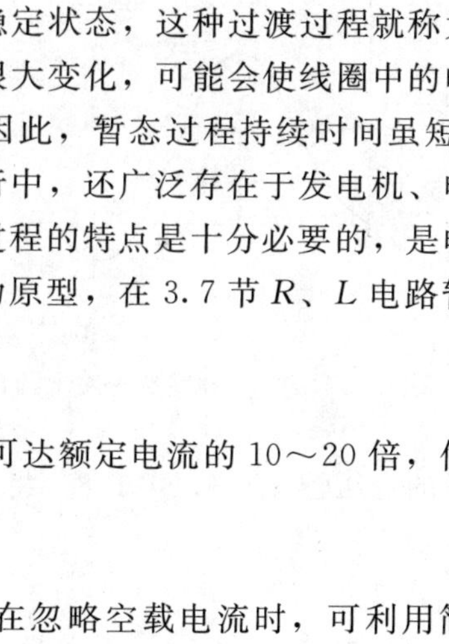

图 6.38 变压器突然短路的简化等值电路

式（6.29）与式（3.60）完全一致，为常系数一阶微分方程式，对比式（3.61），方程的解为

$$i_k=\sqrt{2}\frac{U_1}{\sqrt{r_k^2+x_k^2}}[\sin(\omega t+\alpha_0-\varphi_k)-\sin(\alpha_0-\varphi_k)e^{-\frac{t}{T_k}}] \tag{6.30}$$

式中：$x_k=\omega L_k$，为短路电抗；$T_k=\frac{L_k}{r_k}$，称为暂态过程时间常数；$\varphi_k=\arctan^{-1}\frac{x_k}{r_k}$，在变压器中 $x_k\gg r_k$，故 $\varphi_k\approx 90°$。

突然短路电流的大小与发生突然短路瞬间电源电压的初相值 α_0 有关，由于 $\varphi_k\approx 90°$，3.7 节中分析的 $\alpha_0=\varphi$ 和 $\alpha_0=\varphi\pm\pi/2$ 两种情况分别对应这里的 $\alpha_0=90°$ 和 $\alpha_0=0$。下面分析这两种特殊情况。

（1）$\alpha_0=90°$ 时发生突然短路，此时暂态分量为零，电路直接进入稳态，短路电流最小，即

$$i_k=\sqrt{2}I_k\sin\omega t$$

（2）$\alpha_0=0°$ 时发生突然短路，由式（6.30）有

$$i_k=-\sqrt{2}I_k(\cos\omega t-e^{-\frac{t}{T_k}}) \tag{6.31}$$

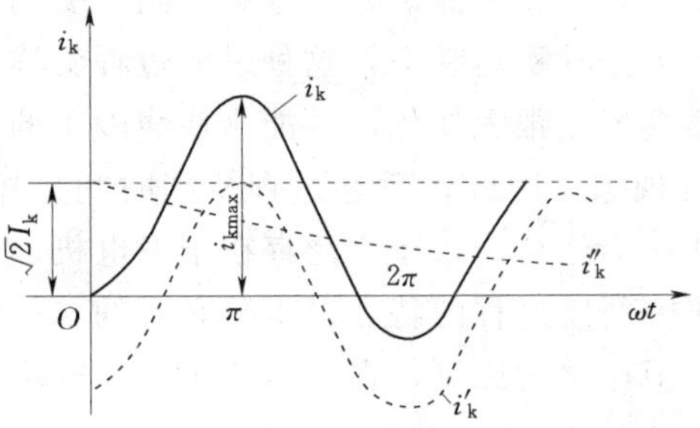

图 6.39　$\alpha_0=0$ 时突然短路电流的变化曲线

式（6.31）对应的电流变化曲线如图 6.39 所示。由图 6.39 可见，短路电流的最大值 i_{kmax} 发生在突然短路后半个周期瞬间（$\omega t=\pi$），即 $t=\pi/\omega$ 时。将 $t=\pi/\omega$ 代入式（6.31），可得短路电流的最大值为

$$i_{kmax}=\sqrt{2}I_k(1+e^{-\frac{\pi}{\omega T_k}})=k_y\sqrt{2}I_k \tag{6.32}$$

式中：$k_y=1+e^{-\frac{\pi}{\omega T_k}}$ 是突然短路电流的最大值与稳态短路电流最大值的比值。

中、小容量的变压器 $k_y=1.3\sim1.4$，大容量的变压器 $k_y=1.5\sim1.8$。将式（6.32）用标幺值表示，则

$$i_{kmax^*}=\frac{i_{kmax}}{\sqrt{2}I_{1N}}=k_y\frac{I_k}{I_{1N}}\frac{z_k}{z_k}=k_y\frac{U_{1N}}{I_{1N}z_k}=k_y\frac{1}{z_{k^*}} \tag{6.33}$$

由于输入电压 U_1 全部降在短路阻抗上，所以 $I_kz_k=U_{1N}$。式（6.33）表明，i_{kmax} 与 z_{k*} 成反比，即短路阻抗越小，突然短路电流越大。若 $z_{k*}=0.06$，取 $k_y=1.5\sim1.8$，则 $i_{kmax*}=(1.5\sim1.8)/0.06=25\sim30$。可见，最大突然短路电流是额定电流的 25～30 倍。这是一个很大的冲击电流，它将产生很大的电磁力，对变压器有严重的危害。

2. 突然短路电流的影响

突然短路电流的影响主要有：一是变压器受到强大电磁力的作用；二是绕组过热。由于变压器都装有可靠的继电保护装置，一般在绕组温度上升到危险温度之前，已将变压器电源切断，所以，除非开关因故拒动，一般不会因过热烧毁绕组。下面简单分析绕组受电磁力作用的情况。

短路电流的电磁力是线圈中的电流与线圈周围的漏磁场 B_σ 作用产生的。漏磁场的强

度与电流大小成正比，所以电磁力与电流的平方成正比，突然短路时线圈要承受几百倍于额定电流的电磁力。图 6.40（a）中，虚线表示变压器绕组漏磁场分布图形，⊗、⊙分别表示高、低压绕组中电流的方向。绕组各处漏磁通方向与电流相互垂直，可用左手定则判定各部位的受力情况。可见，绕组上部所受电磁力的方向为倾斜向下，将它分解为向下的轴向力 F_c 和径向力 F_p；绕组中部所受电磁力的方向为径向力 F_p；绕组下部所受电磁力的方向为倾斜向上，将它分解为向上的轴向力 F_c 和径向力 F_p。图 6.40（b）所示为绕组受到的径向力 F_p，使低压绕组受到径向压力，高压绕组受到径向拉力作用。图 6.40（c）所示为绕组受到的轴向力 F_p，使高、低压绕组上、下端部都受到轴向压力作用。

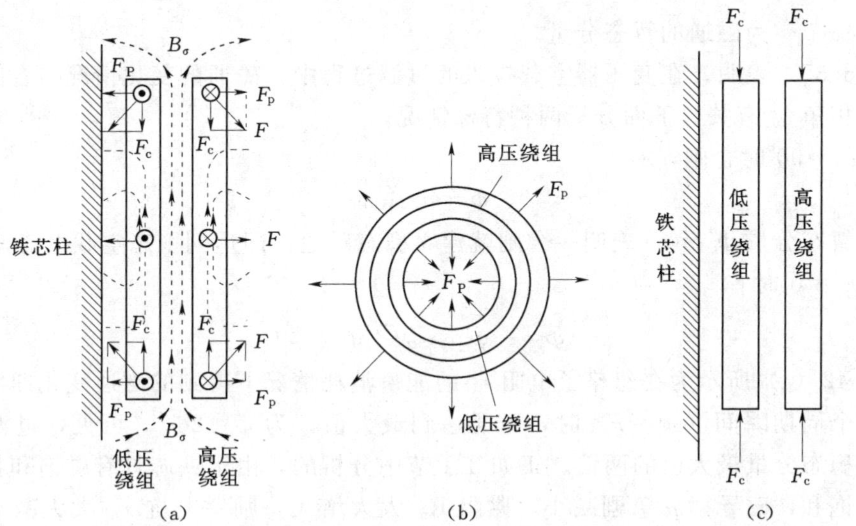

图 6.40 绕组在漏磁场中受电磁力作用

(a) 绕组漏磁场的分布及电磁力的分解；(b) 径向力的作用图；(c) 轴向力的作用图

为了防止突然短路电流造成的巨大电磁力对绕组的危害，在设计和制造变压器绕组时要采取相应措施。在新变压器投产前或大修后都要作相关试验，以检验变压器承受冲击电流的能力。

3. 变压器空载合闸

变压器二次侧开路，把一次侧绕组与电源接通称为空载投入（或称空载合闸）。变压器空载稳态运行，空载电流只占额定电流的 2%～10%。但空载投入时，会出现 5～8 倍的额定电流，称之为励磁涌流。需经历一个过渡过程，才能恢复到正常的空载电流值。从等值电路图 6.7 可知，空载电流必须经过阻值很大的激磁阻抗 z_m，为何还会出现励磁涌流呢？在过渡过程中出现的这种现象是与铁芯中磁场的建立过程密切相关的。因此，首先分析空载投入时铁芯中磁场的建立过程。

以单相变压器为例，从图 6.41 可列出变压器空载投入时一次侧电压方程式为

$$i_0 r_1 + L_1 \frac{di_0}{dt} = u_1$$

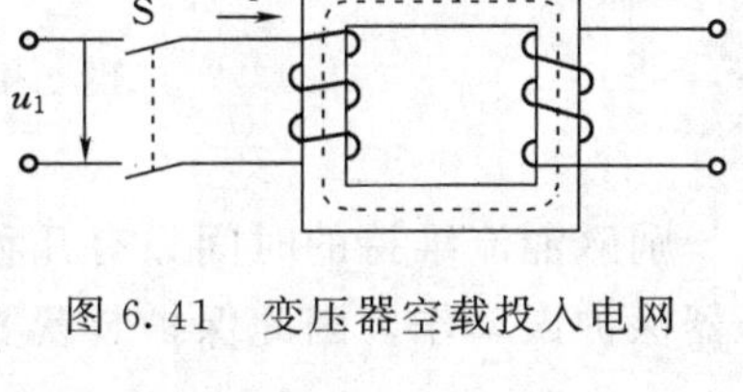

图 6.41 变压器空载投入电网

式中：r_1 为一次线圈的电阻；L_1 为一次线圈的感抗；$u_1=\sqrt{2}U_1\sin(\omega t+\alpha_0)$，为输入电压。

不考虑铁芯饱和时，根据式（2.17）有 $\psi=N_1\Phi=L_1i$，$i=N_1\Phi/L_1$，于是，上式可以写成

$$N_1\frac{r_1}{L_1}\Phi+N_1\frac{\mathrm{d}\Phi}{\mathrm{d}t}=\sqrt{2}U_1\sin(\omega t+\alpha_0) \tag{6.34}$$

式（6.34）与式（6.29）具有相似的形式，考虑到 $r_1\ll\omega L_1$，用数学方法同样可以解得

$$\Phi=\Phi_{\mathrm{m}}\left[-\cos(\omega t+\alpha_0)+\cos\alpha_0\mathrm{e}^{-\frac{r_1}{L_1}t}\right]=\Phi'+\Phi'' \tag{6.35}$$

式中：Φ_{m} 为稳态磁通的幅值，$\Phi'=-\Phi_{\mathrm{m}}\cos(\omega t+\alpha_0)$，为磁通的稳态分量，即强制分量；$\Phi''=\Phi_{\mathrm{m}}\cos\alpha\mathrm{e}^{-\frac{r_1}{L_1}t}$ 为磁通的暂态分量。

式（6.35）表明，在变压器空载投入的过渡过程中，磁通的变化情况与合闸瞬间电源电压的初相角 α_0 有关，下面分析两种特殊情况。

（1）$\alpha_0=90°$ 时合闸，有

$$\Phi=\Phi_{\mathrm{m}}\sin\omega t$$

此时磁通暂态分量 $\Phi''=0$，表明一合闸就建立稳态磁通，即达到稳态空载电流值。

（2）$\alpha_0=0°$ 时有

$$\Phi=-\Phi_{\mathrm{m}}\cos\omega t+\Phi_{\mathrm{m}}\mathrm{e}^{-\frac{r_1}{L_1}t}$$

图 6.42（a）所示为在忽略了电阻 r_1 的能量消耗情况下得到的磁通变化曲线。在空载合闸后半个周期瞬间（$\omega t=\pi$）时，磁通达到最大值，为 $\Phi=2\Phi_{\mathrm{m}}$。可见，过渡过程中磁通可达到稳态分量最大值的两倍。正如 2.1 节中分析的，由于铁芯具有磁饱和特性，此时铁芯深度饱和，磁导率 μ 急剧减小，磁阻 R_{m} 大大增大，励磁电抗 x_{m} 大大减小，励磁电流急剧增大，该电流可达额定电流的 5～8 倍，故称为励磁涌流，如图 6.42（b）所示。由于一次侧绕组具有电阻 r_1，因此励磁涌流会逐渐衰减到正常值。衰减的快慢由时间常数（L_1/r_1）决定。Φ 的实际过程与图 6.39 中 i_{k} 相似。一般小型变压器只需几个周期就可达到稳态空载电流值，大型变压器的励磁涌流衰减较慢，但一般不超过 20s。

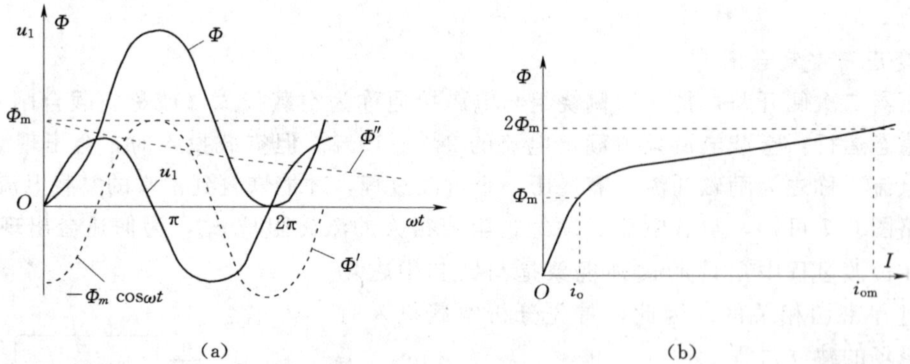

图 6.42　$\alpha_0=0°$ 时合闸磁通的变化曲线

（a）暂态过程；（b）饱和特性

励磁涌流维持的时间只有几秒到十几秒，对变压器本身没有直接危害，但可能引起变压器保护误动作，因此保护装置要躲开合闸时的励磁涌流，在变压器投产前或大修后都要

对变压器进行充电试验，即空载合闸试验，以检验变压器保护在励磁涌流作用下是否会误动。从理论说，如果变压器在初相角 $\alpha_0=0°$时保护不会误动，则在其他情况下保护就更不会误动。但是，当运行人员实施空载合闸瞬间，电源电压的初相角是未知的，并不能保证每次合闸时遇到的是励磁涌流最严重的情况。为了提高充电试验的可靠性，一般总要做 3～5 次试验。因为在多次试验中，就可能有一次合闸时的初相角 α_0 最接近 0°。在大型变压器中，为加速励磁涌流的衰减，合闸时可在一次侧绕组回路中串联一个附加电阻，合闸后再将附加电阻切除。

复 习 思 考 题

1. 变压器由哪些部件组成？变压器有哪些铭牌数据？

2. 利用图 6.6，根据电磁感应原理解释变压器两侧电势、电压、电流的正方向与实际方向的关系，谈谈你对发电机惯例与电动机惯例的理解。

3. 试述 $x_{1\sigma}$、$x_{2\sigma}$、x_m 的物理意义，它们分别与什么磁路相对应？它们的大小与哪些因素有关？计算时其值为何可视为不变？

4. 画出变压器空载时的相量图、负载时的等值电路和简化等值电路对应的相量图。

5. 短路阻抗 Z_k 对变压器的性能有何影响？

6. 什么是变压器的连接组别？变压器的极性接错会有什么后果？

7. 变压器的连接方式和铁芯结构对电势波形有何影响？为什么三相组式变压器不能采用 Y，y0 接法？

8. 变压器并列运行有何条件？为什么？

9. 变压器空载合闸和突然短路产生过流的原因有何异同？

第7章　异步电动机

电动机将电能转为机械能，按电源分为交流电动机和直流电动机。直流电动机具有良好的起动特性和调速性能，但因其构造较为复杂，价格较贵，使用、维护不便，并要求有直流电源，因此，发电厂中除特殊要求（如润滑油泵和密封油泵的备用油泵）外，广泛采用交流电动机。锅炉、汽轮机的辅助设备如磨煤机、电动给水泵、送风机、引风机、凝结水泵等都由异步电动机驱动。异步电动机的优点是结构简单，价格便宜，工作可靠，维护使用方便，缺点是调速性能差。由于电力电子技术的进步，目前很多辅助设备开始使用调频电动机。

本章介绍异步电机原理与运行的基本知识，尤其是关于定子电流旋转磁场的概念，不仅是学习电动机运行原理的需要，更是研究同步电机的重要基础。

7.1　异步电动机的基本工作原理和结构

本节介绍异步电动机的基本原理、转差率的概念以及电动机的基本结构和铭牌。

7.1.1　异步电动机的基本工作原理

1. 异步电动机的基本工作原理

图7.1所示为异步电动机工作原理简图，它由定子和转子两部分组成，二者之间有一个很小的空气隙。当定子三相绕组通以三相对称电流时，便产生一个旋转磁场，该磁场以转速 n_1 逆时针旋转。由于这个磁场切割转子导体，在转子导体A、X（导体A、X均垂直于纸面）中就产生感应电势。转子导体两端被金属环短接而形成闭合回路，因此，在转子导体中就出现感应电流，感应电势的方向可用右手定则确定。当转子导体A在N极范围内时，磁场逆时针旋转等效转子导体A向右运动（顺时针方向）。所以，转子导体中感应电势和感应电流的方向由外向里垂直进入纸内，而与此同时，转子导体X在S极范围内，磁场逆时针旋转等效转子导体X向左运动，感应电势和感应电流的方向由里向外垂直流出纸面。

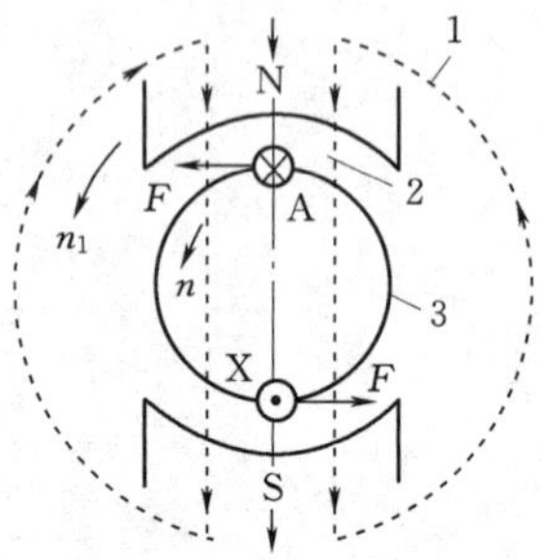

图7.1　电动机的基本工作原理

1—定子磁场；2—空气隙；3—转子

由于定子旋转磁场和转子感应电流间的相互作用，产生电磁力 F，转子受力方向可由左手定则确定。图7.1中，在N极范围内导体受力 F 的方向向左，S极范围内导体受力方向向右。这一对电磁力对转轴形成了一个与定子旋转磁场同方向的电磁转矩 M_{dc}，由式（2.3）得

$$M_{dc}=BIS$$

式中：B 为定子与转子之间空气隙中的磁感应强度；I 为转

子中的感应电流；S 为导体 A、X 及转子导体两端金属环形成的闭合回路所包围的面积。

转子在电磁转矩 M_{dc} 的作用下，沿旋转磁场的方向转动。如果转轴带上机械负载，电动机便拖动机械做功，将输入给定子绕组的电功率转换为转子转轴上输出的机械功率。

从上述分析可知，异步电动机转子旋转的转速 n 应小于定子旋转磁场转速 n_1，因为，如果 $n=n_1$，转子与定子旋转磁场之间就没有相对运动，转子不切割定子磁场的磁力线，转子绕组中就没有感应电势和感应电流，也就不能产生拖动转子转动的电磁转矩。所以说，异步电动机运行的必要条件是转子转速和定子旋转磁场转速之间存在差异，这就是“异步”之名的由来。

2. 转差率 s

异步电动机转子转速 n 与定子旋转磁场转速 n_1 之间存在着转速差 $\Delta n=n_1-n$，此转速差正是转子导体切割定子旋转磁场的速度。下面分析将表明，转速差的大小决定着转子感应电势的大小与频率，直接影响到异步电动机的工作状态。通常将转速差与旋转磁场转速之比值称为转差率，用字符 s 表示，即

$$s=\frac{n_1-n}{n_1} \tag{7.1}$$

由式（7.1）可知，转子静止时，$n=0$，$s=1$；转速 $n=n_1$ 时，$s=0$。所以，异步电动机运行时 s 值的范围为 $0<s<1$。一般异步电动机在额定负载运行时，额定转差率 s_N 在 0.01～0.06 之间。

7.1.2 异步电动机的基本结构

异步电动机的结构主要分为以下两部分：静止部分——定子；转动部分——转子。定子、转子间有很小的间隙，称为空气隙。图 7.2 所示为鼠笼式异步电动机结构。

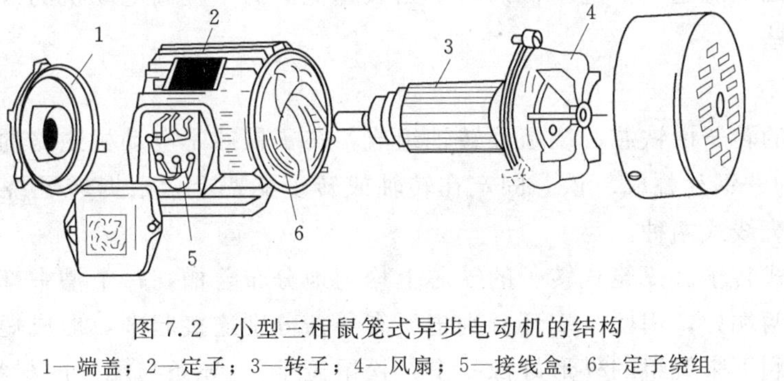

图 7.2 小型三相鼠笼式异步电动机的结构

1—端盖；2—定子；3—转子；4—风扇；5—接线盒；6—定子绕组

1. 定子部分

定子由三部分组成，包括通过三相电流的三相绕组，通过磁通的铁芯，以及固定和支撑铁芯的机座。

（1）铁芯。与变压器类似，定子铁芯中任意一点的磁感应强度都是随时间变化的，所以也会感应出涡流并形成磁滞损耗和涡流损耗，为减少损耗，定子铁芯也是用硅钢片叠成的，并在硅钢片上涂以绝缘漆。在中、大型电动机中，为了更好地散热，在铁芯中设有通

风沟。

(2) 定子绕组。沿定子铁芯内圆均匀地分布着许多形状相同的槽，用以放置定子绕组，高压中、大型异步电机都用开口槽，以便于放置绕组。定子绕组用高强度漆包扁铝线或扁铜线，或用玻璃丝包扁铜线绕成，沿槽内宽度布置成双排，小型电机为单层，大中型电机为双层。

异步电动机的定子绕组通过改变接线盒上的出线端子接法可接成三角形，也可接成星形，如图 7.3 所示。一般低压配电线路的线电压为 380V，若定子每相绕组的额定电压为 220V，则应采用星形接法；若定子每相绕组的额定电压为 380V，则应采用三角形接法。

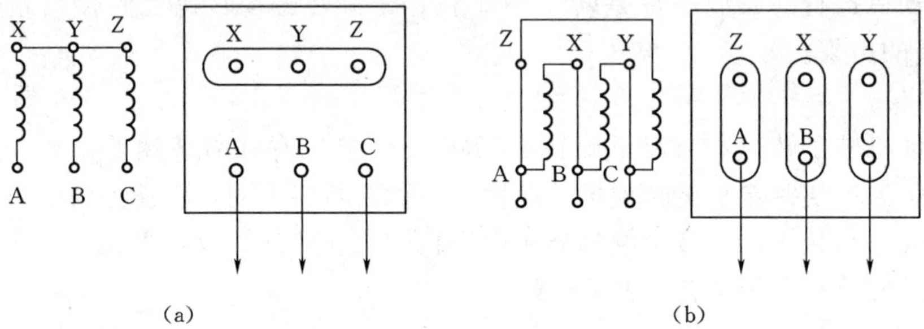

图 7.3 出线端子的接法

(3) 机座。机座是电动机的外壳，起着支撑电机的作用，通常用铸铁铸成。大、中型电动机的机座也有用钢板拼焊而成的。

2. 气隙

异步电动机的气隙较小，在中、小型异步电机中，一般为 0.2～2mm。异步电动机的励磁电流是电源加给定子绕组的，磁通经气隙与转子绕组交链。气隙越大，磁路磁阻越大，需要的励磁电流越大，电动机的功率因数越低。为了提高电动机的效率，要尽可能把气隙做得小一些。

3. 转子部分

异步电机的转子由铁芯、绕组及转轴组成，转子铁芯是电动机磁路的一部分，一般都由 0.5mm 厚的硅钢片叠成。铁芯固定在转轴或转子支架上。根据转子绕组形式不同，可分为鼠笼式和绕线式两种。

(1) 鼠笼式转子。鼠笼式转子的铁芯上均匀地分布着槽，每个槽中都有一根导条，在伸出铁芯槽的两端处，用两个端环分别把所有导条分别连接起来，形成短接回路。如果去掉转子铁芯，剩下来绕组的外形好像一个“松鼠笼子”。导条与端环的材料可以用铜或铝。用铜时，导条与端环之间用铜焊或银焊焊接。中小型电机一般多采用铸铝转子，铸铝转子导条、端环及风叶可以一次铸出。图 7.4 所示为鼠笼式转子绕组图。

(2) 绕线式转子。转子绕组如果是绕线式的，它可以连成星形或三角形。绕组的三根引出线接到装在转子一端轴上的三个集电环（也叫滑环）上，用一套电刷引出来，如图 7.5 所示，这样可以把外接电阻串联到转子绕组回路里去。后面要分析，串电阻是为了改善电动机的性能，或者是为了调节转速。

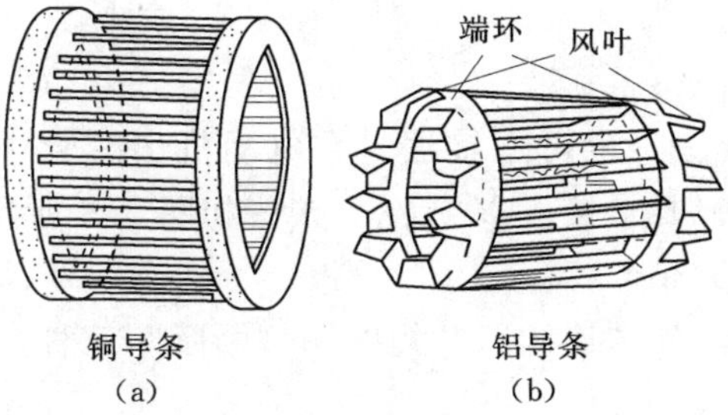

图 7.4　原笼型转子绕组
(a) 钢条绕组；(b) 铸铝绕组

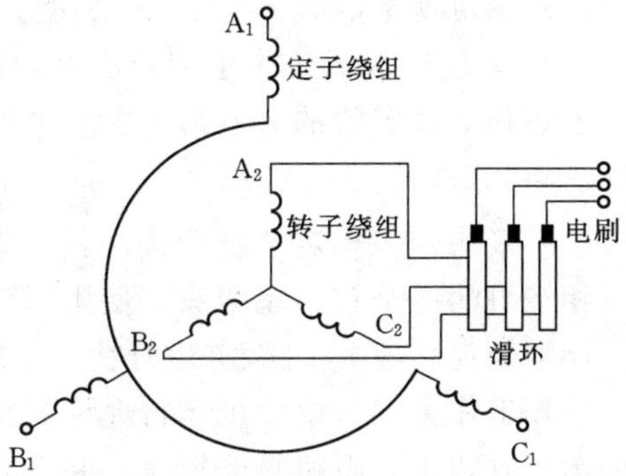

图 7.5　绕线式异步电机定、转子绕组接线方式

4. 端盖部分

端盖固定在机座两端，在它的轴承室里安装上轴承来支持转子，以使定子和转子得到较好的同心度，保证转子能在定子内圆里正常旋转。端盖除了支承作用之外，还起到保护绕组端部的作用。在大容量异步电机里，采用座式轴承，端盖的作用仅仅是为了保护定子绕组和转子绕组。

7.1.3　异步电动机的铭牌数据

异步电动机的铭牌上标明了电动机的型号、额定值和主要技术数据，见表 7.1。下面对铭牌数据进行说明。

表 7.1　　　　　　　　　**铭　牌**

三相异步电动机					
型　号	Y200L2—6	电压	380V	接法	△
容量	22kW	电流	45A	工作方式	连续
转速	970r/min	功率因数	0.83	温升	80℃
频率	50Hz	绝缘等级	B	重量	
×××电机厂　产品编号×××　××××年××月					

(1) 型号。型号是表示电机主要技术条件、名称、规格的一种产品代号。如：

中小型异步电动机　　　　　　　　大型异步电动机

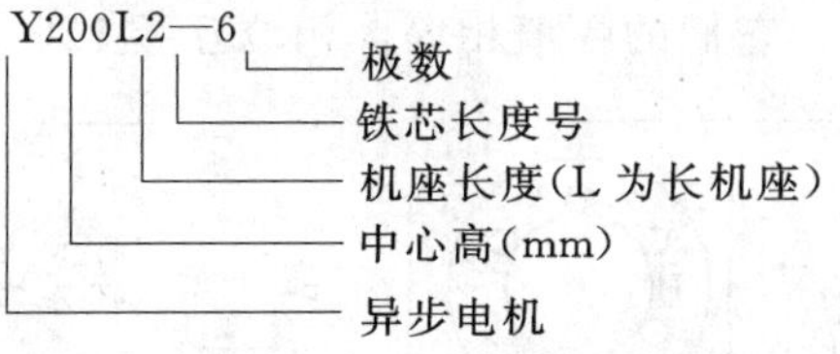

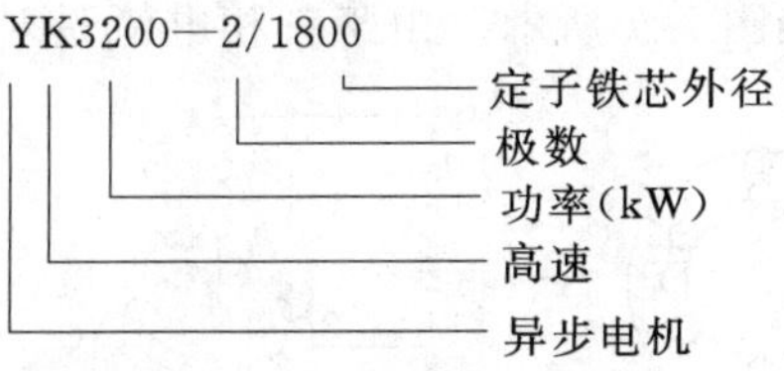

(2) 额定功率 P_N。额定运行状态下由转轴端输出的机械功率（kW）。

(3) 额定电压 U_N。额定运行状态下定子绕组施加的线电压（V）。

(4) 额定电流 I_N。额定运行状态下定子绕组流过的线电流（A）。

(5) 额定功率因数 $\cos\varphi_N$。中小型异步电动机 $\cos\varphi_N$ 一般为 0.8 左右。

(6) 额定效率 η_N。中小型异步电动机 η_N 一般为 0.9 左右。

上述几个额定值的关系为

$$P_N=\eta_N\sqrt{3}U_N I_N\cos\varphi_N \tag{7.2}$$

(7) 接法。三相定子绕组接法，可采用 Y 接法，也可△接法。在电动机出线盒中引出三相绕组的 6 个首、尾端头，使用时可根据铭牌要求接成 Y 或△。接法如图 7.3 所示。

(8) 额定转速 n_N。额定运行状态下的转速 (r/min)。

(9) 工作方式。电动机运行允许的持续时间，分“连续”、“短时”、“断续”三种。后两种运行方式下，电机只能短时、间歇地使用。

此外，铭牌上还标明了额定功率、绝缘等级、温升和重量等。绕线式电动机还标明转子电压（定子施加额定电压时转子的开路电压）和转子电流等数据。

7.2 三相异步电动机的运行原理及工作特性

本节讨论异步电动机运行的物理过程，分析其内部的电磁关系，从而导出异步电动机的等值电路，研究转矩特性及运行性能。异步电动机定子、转子之间的电磁关系和变压器原边、副边的电磁关系很相似，定子相当于变压器的原边，转子相当于变压器的副边。因此，可把分析变压器的理论用到异步电机中来。

7.2.1 三相对称交流电流的旋转磁场

如前所述，电动机的转子是在定子绕组的旋转磁场拖动下旋转的。定子绕组中的旋转磁场是如何产生的呢？4.1 节的分析中知道，当转子磁场在空间旋转时，能在定子三相绕组中感应出三相对称电势；反过来，在定子三相绕组中通以三相对称电流，也能在空间感应出转速与定子电流频率相对应的旋转磁场。

1. 三相两极旋转磁场的产生

为了便于分析，把分布在圆周上的三相绕组用三个相同的单匝线圈来代替，如图 7.6 (a) 所示，三个定子绕组在定子铁芯的圆周上对称分布，在空间上互差 120°。把三个绕组连接成星形，并接到对称的三相电源上，在三相绕组中就有了三相对称电流。假定电流的正方向是由线圈的始端流向末端的（如 A 相绕组中由 A 流向 X），流过三相线圈的电流分别为

$$i_A=I_m\sin\omega t, i_B=I_m\sin(\omega t-120°),\ i_C=I_m\sin(\omega t-240°)$$

它们的波形如图 7.7 所示。由于三相电流是对称的，它们的幅值相等，相位互差 120°，各

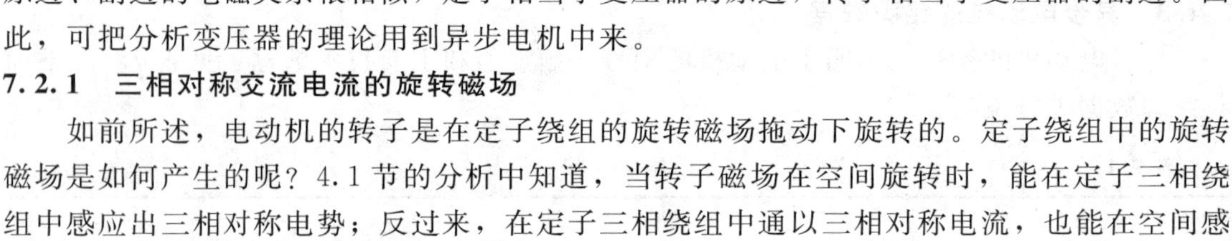

图 7.6 三相定子绕组接线图

相电流的大小均随时间变化，电流流过线圈所产生的磁场也随时间变化。

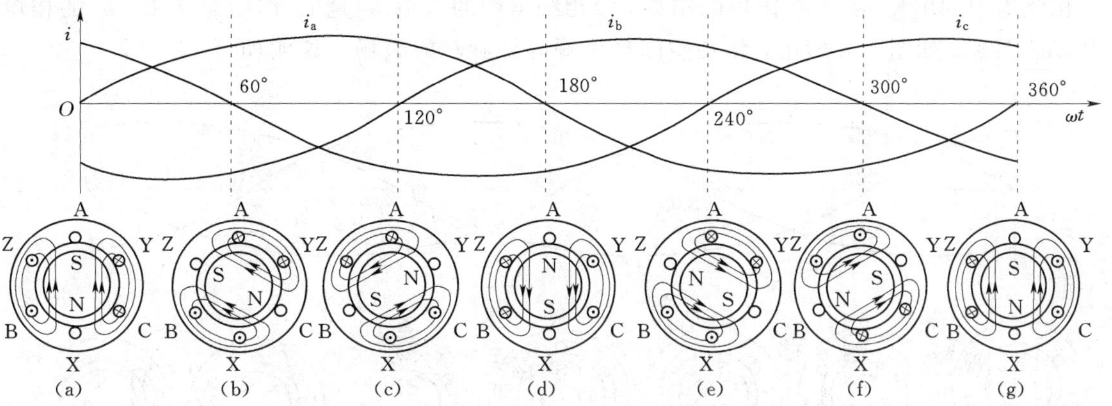

图 7.7 三相两极旋转磁场（正转）

从电流波形可以看出，在时间 $t=0$ 瞬间（$\omega t=0$），$i_A=0$，$i_B=-\sqrt{3}/2I_m$，$i_C=\sqrt{3}/2I_m$。三相电流通过定子线圈的情况和它建立的磁场如图 7.7（a）所示。i_B 为负，即电流由 Y 端流向 B 端。B 相线圈的始端（B 端为⊙）电流朝向读者，而末端（Y 端为⊗）电流背离读者。i_C 为正，电流从 C 端流向 Z 端。C 相线圈的始端（C 端为⊗）电流背离读者，末端（Z 端为⊙）电流朝向读者。用右手螺旋定则判定三相电流所产生的合成磁场的方向是垂直向上的。

再看图 7.7 中的 $\omega t=60°$瞬间，这时 $i_A=\sqrt{3}/2I_m$，$i_B=-\sqrt{3}/2I_m$，$i_C=0$。如图 7.7（b）所示，i_A 为正，A 相线圈的始端（A 端为⊗）电流背离读者，而末端（X 端为⊙）电流朝向读者，i_B 为负，B 相线圈的始端（B 端为⊙）电流朝向读者，而末端（Y 端为⊗）电流背离读者。三相电流所产生的合成磁场的方向比 $\omega t=0$ 瞬间按逆时针方向转动了 60°。同理，可继续分析 $\omega t=120°$和 $\omega t=180°$瞬间的情况，如图 7.7（c）、（d）所示。在 $\omega t=120°$瞬间，磁场方向比 $\omega t=60°$瞬间又按逆时针方向转动了 60°；在 $\omega t=180°$瞬间，磁场方向按逆时针方向较 $\omega t=120°$瞬间再继续转动了 60°。比较图 7.7（a）～（d）可以看出：当三相电流的相位从 0°变化到 60°时，由它们所产生的合成磁场方向在空间就转动 60°；三相电流相位变化到 120°时，合成磁场方向在空间就转动 120°；电流在相位上变化到 180°时，合成磁场在空间也转过 180°。同理，很容易分析 $\omega t=240°$、$\omega t=300°$和 $\omega t=360°$瞬间，三相电流所产生的合成磁场的方向。当 $\omega t=360°$时，三相电流回到和 $\omega t=0$ 瞬间相同的数值，其合成磁场也转到 $\omega t=0$ 瞬间的状态。所以，电流完成一个周期的变化，它们所产生的合成磁场在空间也旋转了一周。显然，三相电流随着时间周而复始地变化，由它产生的合成磁场也就在空间不停地旋转。因此，在三相彼此空间位置互差 120°的定子绕组中，通入在相位上互差 120°的三相对称电流，就会在空间产生转速与电流频率相对应的旋转磁场。

从图 7.7 中看出旋转磁场的转向为逆时针方向，即转向为：A 相→B 相→C 相，与通入各绕组电流的相序一致。可见，在三相绕组中通入正序电流时，旋转磁场的转向为逆时针，习惯上称为正转。如果改变相序，则旋转磁场的旋转方向也将随之改变。如图 7.6

(b) 所示，将电源的B、C相端子对调，相当于给定子A、B、C三相绕组加入负序电压，B相绕组中的电流 i_B 是 e_c 作用的结果，C相绕组中的电流 i_C 是 e_B 作用的结果，i_C 的相位超期 i_B120°，如图7.8所示，将在空间产生顺时针旋转的磁场，说明如下。

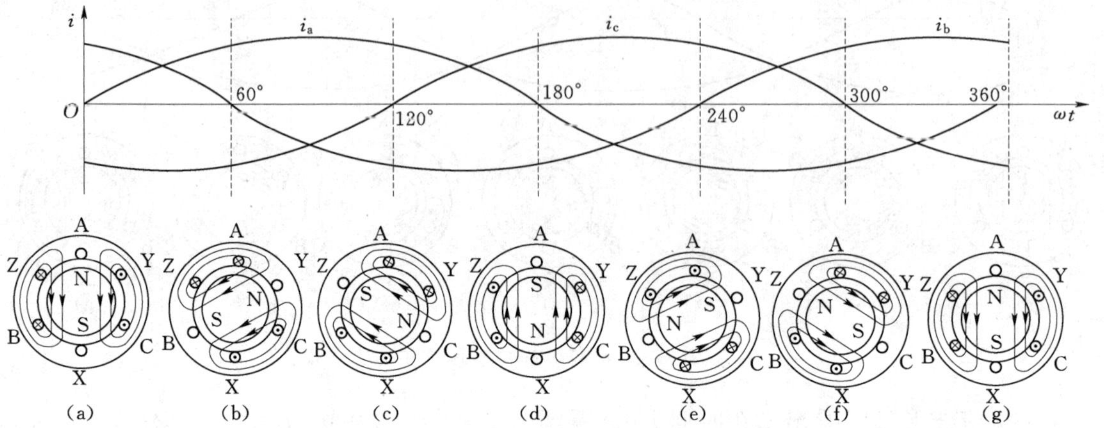

图7.8 三相两极旋转磁场（B，C两相电源接反、反转）

在时间 $t=0$ 瞬间（$\omega t=0$），$i_A=0$，$i_B=\sqrt{3}/2I_m$，$i_C=-\sqrt{3}/2I_m$。如图7.8（a）所示，i_B 为正，B相线圈的始端（B端为⊗）电流背离读者，末端（Y端为⊙）电流朝向读者，i_C 为负，C相线圈的始端（C端为⊙）电流朝向读者，而末端（Z端为⊗）电流背离读者。三相电流所产生的合成磁场的方向是垂直向下。

再看图7.8中的 $\omega t=60°$ 瞬间，这时 $i_A=\sqrt{3}/2I_m$，$i_B=0$，$i_C=-\sqrt{3}/2I_m$。如图7.8（b）所示，i_A 为正，A相线圈的始端（A端为⊗）电流背离读者，而末端（X端为⊙）电流朝向读者，i_B 为负，C相线圈的始端（C端为⊙）电流朝向读者，而末端（Z端为⊗）电流背离读者。三相电流所产生的合成磁场的方向比 $\omega t=0$ 瞬间按顺时针方向转动60°。同理，可继续分析 $\omega t=120°$、$\omega t=180°$、$\omega t=240°$、$\omega t=300°$及 $\omega t=360°$瞬间的情况，合成磁场的方向分别如图7.8（c）、（d）、（e）、（f）、（g）所示。此时，磁场顺时针旋转，即反转。只要将A、B、C三相电源的接线任意两个对调一次，就可改变旋转磁场的转向。

实际上，定子电流产生的磁场总是由电流超前相绕组转向电流滞后相绕组的。在图7.7中，A相绕组中的电流超前B相绕组中的电流120°，所以磁场的转向是由A相绕组到B相绕组的，即正转；在图7.8中，由于B、C相绕组的电源对换，A相绕组中的电流超前C相绕组中的电流120°，所以磁场的转向是由A相绕组到C相绕组，即反转。因为电动机的转子跟着旋转磁场转动，只要把三相电源中的两相对调，改变电动机三相绕组中电流的相序，就可改变电动机的转向。三相异步电动机的正、反转正就是利用这一原理来实现的。利用这一特性，可以实现电动阀门的开与关控制。定子三相电流的相位与磁场转向之间的关系在同步发电机中还要用到，请读者记住上述结论，并请有兴趣的读者可以在图7.7和图7.8中添上 ωt 等于90°、210°和330°时空间磁场的分布状态。

对于具有一对磁极的电机，当电流变化一个周期时，旋转磁场在空间转动一周，我国工业上使用的电源频率为50Hz，即电流每秒钟变化50个周期，所以旋转磁场也就每秒在空间转 50 周。那么，旋转磁场的转速 $n_1=50\times60=3000\mathrm{r/min}$。把旋转磁场的转速叫做同步转速，用符号 n_1 表示，即

$$n_1=60f \tag{7.3}$$

式中：f 为电源的频率。

2. 三相四极旋转磁场的产生

以上讨论了只有一对磁极（$p=1$）时旋转磁场的转速，能不能得到具有两对、三对或更多对磁极的旋转磁场的转速呢？

假定电机定子绕组由六组线圈组成（图中仍用单匝线圈代表一组线圈），每组线圈在定子铁芯的圆周上按互差 60°排列，如图 7.9（a）所示。图中 A_1、B_1、C_1、A_2、B_2 和 C_2 六个始端互差 60°，同样的，X_1、Y_1、Z_1、X_2、Y_2 和 Z_2 六个末端也互差 60°。这样，线圈的空间位置是对称的。每相绕组由两个线圈串联而成，如图 7.9（b）所示。A 相绕组由线圈 A_1—X_1 和 A_2—X_2 串联组成；B 相和 C 相绕组分别由 B_1—Y_1、B_2—Y_2 和 C_1—Z_1、C_2—Z_2 串联组成。三相绕组接成星形，并接在三相对称电源上，三相绕组中电流的波形如图 7.10 所示。

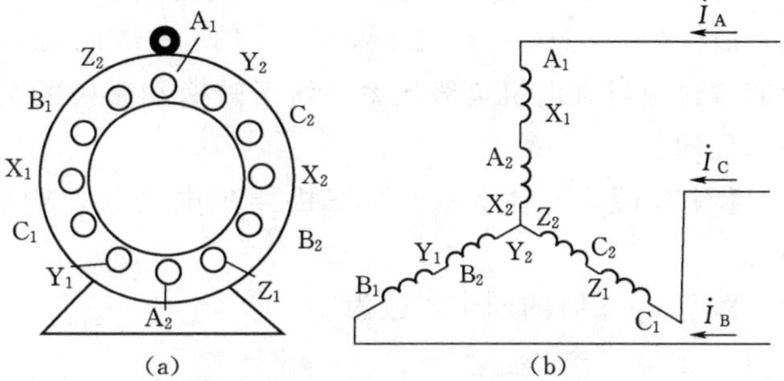

图 7.9 产生四极旋转磁场的定子绕组

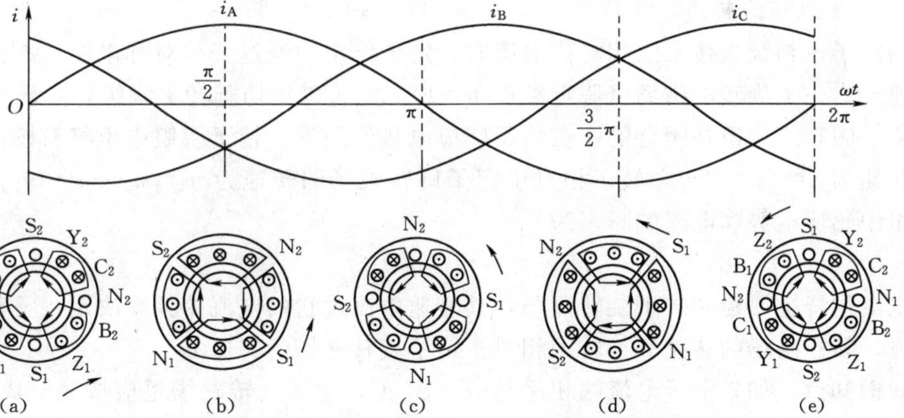

图 7.10 三相对称电流产生的四极旋转磁场

按照两极磁场的分析方法，同样可画出不同瞬间定子三相电流合成磁场的分布情况，如图 7.10(a)～(e) 所示。从图中可以看出，这时由三相电流产生的合成磁场有两对磁极，即 $p=2$。从图 7.10（a）可知，$\omega t=0$ 时的四极磁场，S_1 是垂直向下的；$\omega t=\pi/2$ 时，S_1 是逆时针旋转了 45°，如图 7.10（b）所示。也就是说，当电流相位由零变化到 90°时，两对磁极同时在空间旋转 45°。同理，电流相位变化到 180°时，两对磁极在空间转过 90°，如图 7.10（c）所示；当电流相位变化到 360°时，两对磁极在空间转过 180°，如图 7.10

(e) 所示。由此可知，电流的相位变化一个周期，旋转磁场只转了半圈，当旋转磁场的磁极对数 p 增加到 2，即磁极对数增加一倍时，旋转磁场的旋转速度则减少一半，也就是说，旋转磁场每分钟转速为 $60f/2$ 转。依此类推，p 对磁极的旋转磁场每分钟转速为

$$n_1=\frac{60f}{p} \tag{7.4}$$

式中：n_1 为旋转磁场转速（即同步转速），r/min；f 为电源频率；p 为磁极对数。

可见，当电源频率固定不变时，旋转磁场的磁极对数越多，则旋转磁场的转速越低。由于磁极对数 p 只能是整数，因此，旋转磁场的转速必然是整倍数地变化。例如，$p=1$ 时，$n_1=3000$r/min；$p=2$ 时，$n_1=1500$r/min；$p=3$ 时，$n_1=1000$r/min 等。在 3.1 节，我们曾讨论过发电机电势频率与转子转速和磁极的关系，事实上，式（3.6）与式（7.4）是一致的。

【例 7.1】 一台 $p=2$ 的三相异步电动机，额定转速 $n_N=1440$r/min，求额定转差率 s_N。

解　$p=2$ 时的同步转速为

$$n_1=\frac{60f}{p}=60\times\frac{50}{2}=1500\ (\text{r/min})$$

则可得

$$s_N=\frac{n_1-n_N}{n_1}\times 100\%=\frac{1500-1440}{1500}\times 100\%=4\%$$

7.2.2　三相异步电动机的电势方程式与等值电路

1. 转子磁场的转速与旋转方向

当定子三相绕组接入三相对称电源时，定子绕组中流过三相对称电流，在空间产生以同步速 $n_1=50f$ 旋转的磁场（假定磁极 $p=1$）。定子磁场切割转子绕组，在转子中产生感应电势。因转子绕组是闭合的，在转子感应电势作用下，转子绕组中也将有感应电流。转子的转速为 $n=(1-s)n_1$，转子相对于定子旋转磁场的转速为 $n_2=n_1-n=sn_1$。因此，转子绕组中感应电势和电流的频率为

$$f_2=60n_2=sf_1 \tag{7.5}$$

转子电流同样也要建立转子旋转磁场，其转速由流过它的电流的频率决定。显然，站在转子上看，转子磁场的转速等于转子相对于定子旋转磁场的转速 n_2。

我们知道，如果定子电流的相序是 A—B—C，定子旋转磁场也应按 A—B—C 相序沿逆时针方向旋转。当定子磁场按 a—b—c 切割转子三相绕组时，转子感应电势和电流的相序也应是 a—b—c。那么，转子电流的旋转磁场也是按逆时针方向旋转的，即转子旋转磁场与定子旋转磁场同方向。

转子以转速 n 旋转，站在定子边观察时，转子旋转磁场的转速等于转子磁场相对于转子的转速 n_2 再加上转子本身的转速 n，如图 7.11 所示，即转子磁场在空间的转速为

$$n_s=n_2+n=sn_1+(1-s)n_1=n_1 \tag{7.6}$$

这就是说，电动机转子磁场与定子磁场在空间以相同的转速、相同的方向旋转，二者

没有相对运动，转子感应电流的磁场与定子电流的磁场在空间是相对静止的！这是异步电机的重要特性之一。将定子绕组视为变压器的一次绕组，转子绕组视为变压器的二次绕组，可以用分析变压器的方法来讨论异步电动机的电磁能量转换问题。

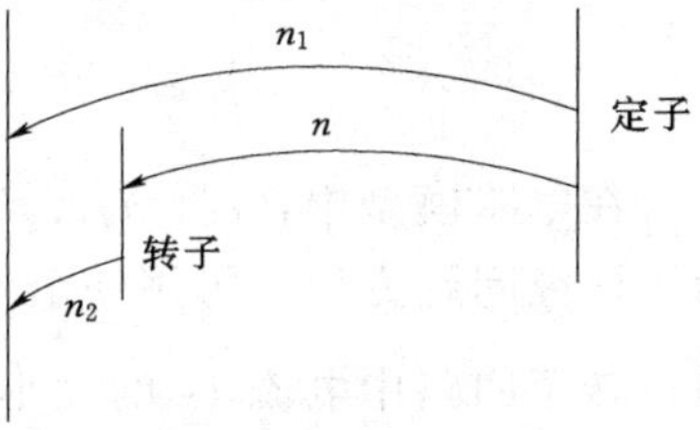

图 7.11 定子、转子磁场的转速和转向

n_1—定子磁场相对于定子的转速；n—转子相对于定子的转速；n_2—转子磁场相对于转子的转速

2. 异步电动机的定子电路

异步电动机的定子电路相当于变压器的原边电路，设定子每相绕组为集中绕组，由于在空间近似正弦分布的定子旋转磁场以转速 n_1 切割定子绕组，因此定子绕组中类似变压器的感应电势为

$$\dot{E}_1=-4.44f_1N_1\dot{\Phi}_m$$

式中：f_1 为电源频率，Hz；N_1 为定子每相绕组匝数；Φ_m 为气隙旋转磁场每极下的主磁幅值，Wb。

由于实际异步电动机是分布绕组，使每相绕组总电势减小，其值为

$$\dot{E}_1=-4.44f_1N_1k_{N1}\dot{\Phi}_m \tag{7.7}$$

式中：k_{N1} 为绕组分布系数，对已制成的电动机近似为常数。

设 $\dot{U}_1$ 为电源电压，与变压器类似，定子绕组也存在漏电抗 $x_{1\sigma}$ 和电阻 r_1，所以定子电路电压方程式为

$$\dot{U}_1=-\dot{E}_1+\dot{I}_1(r_1+jx_{1\sigma})=-\dot{E}_1+\dot{I}_1Z_1 \tag{7.8}$$

定子电路模型如图 7.12（a）所示。

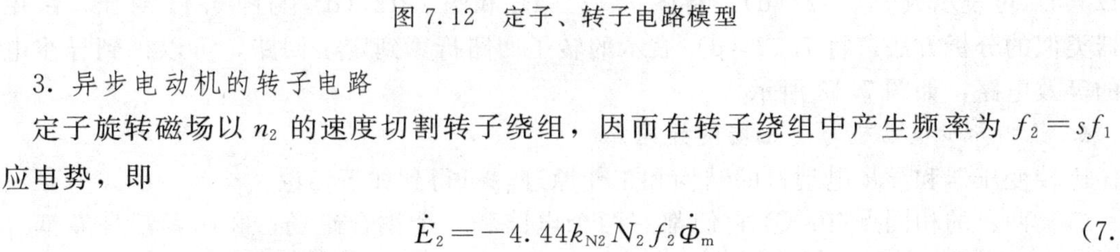

图 7.12 定子、转子电路模型

3. 异步电动机的转子电路

定子旋转磁场以 n_2 的速度切割转子绕组，因而在转子绕组中产生频率为 $f_2=sf_1$ 的感应电势，即

$$\dot{E}_2=-4.44k_{N2}N_2f_2\dot{\Phi}_m \tag{7.9}$$

式中：k_{N2} 为转子绕组分布系数；f_2 为转子电流的频率；N_2 为转子绕组每相匝数。同样，转子回路也有漏电抗为 $x_{2\sigma2}=2\pi f_2L_2$，电阻 r_2，所以转子电路的电压方程为

$$\dot{E}_2-\dot{I}_2(r_2+jx_{2\sigma})=0$$

转子电路模型如图 7.12（b）所示。转子转动时的电流为

$$\dot{I}_2=\frac{\dot{E}_2}{r_2+\mathrm{j}x_{2\sigma}} \tag{7.10}$$

在电路模型中，r_2、$x_{2\sigma}$、E_2、I_2 都是在频率 f_2 下的值，所以在电路模型中注以 f_2。为了研究问题方便，可用一个静止的转子去等效代替实际旋转的转子。所谓等效，就是使静止转子回路中电流 $\dot{I}_2$ 的大小和相位都保持不变，与实际电路中的值相等。等效意味着转子回路与定子回路具有相同的频率。将 $f_1=f_2/s$ 代入式（7.9），将频率 f_2 折算成 f_1，可得

$$\dot{E}_2=-4.44k_{N2}N_2f_2\dot{\Phi}_m=-4.44k_{N2}N_2sf_1\dot{\Phi}_m=s\dot{E}_{20} \tag{7.11}$$

$$x_{2\sigma}=2\pi sf_1L_2=sx_{20} \tag{7.12}$$

上二式中：$E_{20}=4.44k_{N2}f_1N_2\Phi_m$，$x_{20}=2\pi f_1L_2$ 分别为转子静止（即 $n=0$，$s=1$）时的转子电势和漏抗。

折算前后转子电流不变，应为

$$\dot{I}_2=\frac{\dot{E}_2}{r_2+\mathrm{j}x_{2\sigma}}=\frac{s\dot{E}_{20}}{r_2+\mathrm{j}sx_{20}}=\frac{\dot{E}_{20}}{r_2/s+\mathrm{j}x_{20}} \tag{7.13}$$

图 7.12（c）所示为经频率折算后的转子静止化等效电路模型。在图中，因为

$$\frac{r_2}{s}=\frac{r_2-sr_2+sr_2}{s}=\frac{r_2(1-s)}{s}+r_2$$

所以，r_2/s 可以用 $r_2(1-s)/s$ 与 r_2 的串联来代替，r_2 为静止转子电阻，而 $r_2(1-s)/s$ 可视为转子转动时电动机的负载电阻，大小与 s 有关。当 $s\to 0$ 时，$(1-s)/s\to\infty$，$I_2\to 0$，转子转速等于定子磁场转速，转子中无感应电势，相当于转子电路开路，电动机空载运行时接近这种状态，相当于变压器的空载运行。当 $s=1$ 时，$(1-s)/s\to 0$，I_2 最大，相当于转子回路短路，与变压器的负载短路类似。电动机启动瞬间接近这种状态，所以电动机启动电流很大。在 $0<s<1$时，$r_2(1-s)/s$ 代表异步电动机在任意转速下转轴上的负载相当于变压器负载电阻。故图 7.12（c）可表示成图 7.12（d）。将图 7.12（a）和图 7.12（d）与图 6.11 对比，采用变压器类似的分析方法，将 7.12（d）表示的转子回路折算到定子回路，可以得到异步电动机的等效电路，如图 7.13 所示。

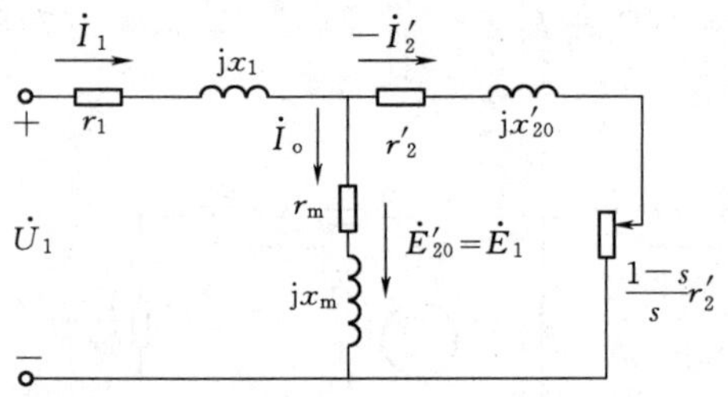

图 7.13　异步电动机的等效电路

4. 三相异步电动机与变压器的异同点

比较变压器和异步电动机的结构和工作原理，可得到如下结论：

（1）两者的相同点有：① 它们都有两个电路和一个耦合磁场；②两者都是靠耦合磁场的变化在电路中产生感应电势，其计算公式一致，它们的电路具有相似的电压平衡方程式。

（2）两者的不同点有：①变压器的耦合磁场是空间固定的时变磁场（也称为空间脉动磁场），异步电动机的磁场则是在空间旋转的磁场；②变压器原边、副边绕组中电势的频率是相同的，而异步电动机定、转子中电势的频率是不同的；③由于异步电动机的主磁通

磁路中，在定子、转子之间存在着气隙，磁路的磁阻较大，激磁电抗 x_{m*} 比同容量变压器的小得多，所以异步电动机的空载电流 I_0 比同容量的变压器的要大得多，大、中型电动机的空载电流达额定电流的 20％～30％，小型电动机的空载电流达额定电流的 35％～50％；④变压器的二次侧相对于它的负载来说是电源，输出电功率，电动机的二次侧，即转子相对它的负载来说拖动转矩，输出机械功率，对电路的作用可用可变电阻 $(1-s)r_2'/s$ 来代替。研究电动机的输出特性就是要研究其电磁转矩和机械特性。

7.2.3 三相异步电动机的机械特性

7.2.3.1 功率平衡关系

从电源输入到异步电动机的有功功率 P_1 经电机内的电磁作用过程，在转子上输出机械功率 P_2，在功率转换和传递过程中存在各种损耗。利用图 7.13 所示的等值电路可以分析异步电动机输入输出功率之间的关系。

在异步电动机的定子上，存在电阻 r_1 上的铜耗 p_{Cu1} 和激磁电阻 r_m 上的铁耗 p_{Fe}，故输送到转子上的电磁功率 P_{em} 为

$$P_{em}=P_1-p_{Cu1}-p_{Fe}$$

转子上的功率为 r_2' 上的铜耗 p_{Cu2} 和负载电阻 $(1-s)r_2'/s$ 上的功率 P_{mec}，P_{mec} 是转子上总的机械功率，再减去转子上的机械损耗 p_Ω，就是转子输出机械功率 P_2。即

$$P_2=P_{mec}-p_\Omega=P_{em}-p_{Cu2}-p_\Omega=P_1-(p_{Cu1}+p_{Fe})-(p_{Cu2}+p_\Omega) \tag{7.14}$$

从等值电路还可看出，传递到转子的电磁功率是转子电阻 r_2'/s 吸收的功率，其大小为

$$P_{em}=\frac{mI_2'^2r_2'}{s}=mr_2'I_2'^2+m\frac{1-s}{s}r_2'I_2'^2=p_{Cu2}+P_{mec} \tag{7.15}$$

式中：m 为定子绕组的相数。

利用式（7.15）可以得到下列两个重要的关系，即

$$p_{Cu2}=sP_{em}，P_{mec}=(1-s)P_{em} \tag{7.16}$$

式（7.16）说明，异步电动机运行时的转差率 s 等于铜耗 p_{Cu2} 与电磁功率 P_{em} 之比。转差率越大，电磁功率中转子的铜耗越大。即电磁功率一定时，转差率 s 与转子铜耗 p_{Cu2} 成正比。当电机负载增加时，s 增加会使 p_{Cu2} 增加；如果人为地增加转子电阻 r_2，p_{Cu2} 相应地增加，s 也会增加，会使电动机转速下降，从这里可找到电动机转速调节的一种可能的方法。

7.2.3.2 电磁转矩

我们知道，力矩与角速度的积就是力矩的机械功率，所以电动机转子上的电磁力矩 M_{dc} 与电动机的总机械功率 P_{mec} 的关系为

$$M_{dc}=\frac{P_{mec}}{\omega}=\frac{P_{em}(1-s)}{\omega_1(1-s)}=\frac{P_{em}}{\omega_1}$$

再由式（7.15）可以求得

$$M_{dc}=\frac{\dfrac{mI_2'^2r_2'}{s}}{\dfrac{2\pi f_1}{p}} \tag{7.17}$$

为了便于定性分析，在图 7.13 所示的等值电路中，忽略流过激磁阻抗 z_m 的空载电

流，先求出电路中的电流，可以求得电磁力矩可表示为

$$M_{dc}\approx\frac{\frac{mpU_1^2r_2'}{s}}{2\pi f_1\left[\left(\frac{r_1+r_2'}{s}\right)^2+(x_{1\sigma}+x_{20}')^2\right]} \tag{7.18}$$

式（7.18）表示了电磁力矩与电源电压、频率、电路参数以及转差率之间的关系。

7.2.3.3　电磁转矩与转差率的关系

正常运行中的异步电动机，电机的电阻和漏电感可以认为不变，当系统电压 U_1 和频率 f_1 稳定时，电磁转矩只与转差率 s 有关。此时电磁转矩与转差率之间的函数关系曲线 $M_{dc}=f(s)$ 如图 7.14 所示。曲线的形状由式（7.18）可以得到解释。当 s 值较大（如启动时，$s\approx1$）时，r_2'/s 的值较小，且因 f_2 较大，$x_{2\sigma}$较大，式（7.18）分母中 $x_{1\sigma}+x_{20}'\gg r_1+r_2'/s$，即 r_1+r_2'/s 可以忽略，M_{dc} 近似地与 s 成反比关系。因此，曲线中 $c—e$ 对应这一段，其形状接近于表达反比关系的双曲线。当 s 值很小时（如空载或轻载运行，$s\approx0$ 时），r_2'/s 值很大，且因 f_2 较小，$x_{2\sigma}$较小，式（7.18）分母中的 r_1 和 $x_{1\sigma}+x_{20}'$ 都可以忽略，此时 M_{dc}与 s 近似成正比关系，因此，曲线中 $O—d$ 对应这一段，其形状接近于与 s 成正比关系的曲线。在以上两种情况的过渡区间，电磁转矩有一个最大值 M_{max}，对应的转差率称为临界转差率，用 s_m 表示。

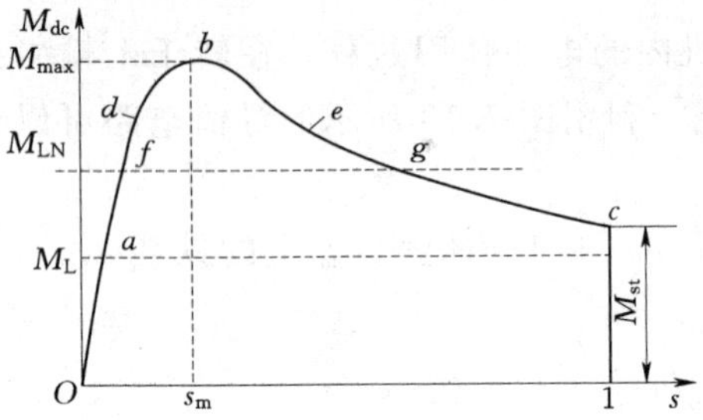

图 7.14　异步电动机的 $M_{dc}=f(s)$ 曲线

$M_{dc}=f(s)$ 曲线可用来分析异步电动机的运行性能。从图 7.14 可看出，启动时，$s=1$，$M_{dc}=M_{st}$，M_{st}称为启动转矩。如果 M_{st}大于负载转矩 M_L，转子开始转动升速，随着 s 减小，则 M_{dc}不断增加。当 $s=s_m$ 时，M_{dc}达到最大值 M_{max}。在此之后，随着 s 继续减小转速继续升高，M_{dc}反而减小，当 M_{dc}减至与 M_L 相等时，异步电动机便在 a 点稳定运行。

7.2.3.4　最大电磁转矩、起动转矩、额定转矩

1. 最大电磁转矩 M_{max}

由图 7.14 的曲线可见，有一个最大的电磁转矩 M_{max}。当负载转矩 M_L 大于 M_{max}时，电动机将停止转动，发生所谓“闷车”现象。这时 $s=1$，转子感应电势和感应电流都很大，会使电动机严重过热烧毁，这是不允许的。对式（7.18）求极值，便可得到 M_{max}对应的转差率 s_m。忽略定子铜耗，经数学运算可得临界转差率 s_m 和电磁转矩 M_{max}的近似值如下

$$s_m\approx\frac{r_2'}{x_{1\sigma}+x_{20}'} \tag{7.19}$$

$$M_{max}\approx\frac{mpU_1^2}{4\pi f_1(x_{1\sigma}+x_{20}')} \tag{7.20}$$

利用图 7.14 和式（7.19）、式（7.20）可以进行下列分析：

（1）最大电磁转矩 M_{max}与外加电压 U_1 的平方成正比，在电动机运行过程中，应尽可能维持电动机的供电电压，并对异常状态下的电动机最低供电压加以限制，以防发生闷车

现象。

(2) 异步电动机只有在 $0<s<s_m$ 范围内运行才是稳定的。因为在此范围内，M_{dc} 随着转差率 s 增加而增加。在图 7.14 所示曲线上，假定电动机运行在 f 点，负载转矩为 M_{LN}，由于某种原因，负载转矩增加，此时电动机的制动转矩大于驱动转矩，转子将减速，转差率 s 增加，电磁转矩也增加。这样，驱动转矩与制动转矩可重新达到平衡；反之，若负载转矩减小，则转子加速，转差率减小，电磁转矩也减小，最后转矩也可达到新的平衡。可见，f 点是稳定运行点。而在 $s_m<s<1$ 范围内运行，M_{dc} 随着转差率 s 增加而减小，是不稳定的。例如，对运行点 g，如果由于某种原因负载转矩增加，则转子减速，转差率增加，但是，随着转差率的增加电磁转矩反而减小，驱动转矩与制动转矩达不到新的平衡，最后电机将停转。如果分析负载转矩减小的情况，可得出运行点将逐渐移到 f 的结论（这一点留给读者完成），所以 g 点是不稳定运行点。

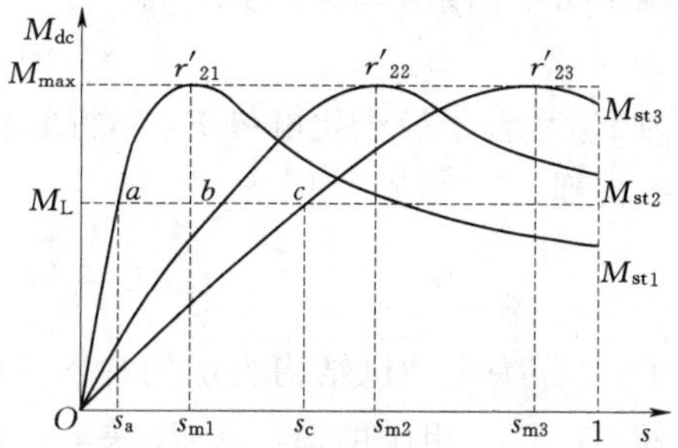

图 7.15 M_{dc} 随 r'_2 变化的特性

(3) 最大电磁转矩 M_{max} 与转子电阻 r'_2 无关，但临界转差率 s_m 与 r'_2 成正比。如图 7.15 所示，当转子电阻增加（$r'_{23}>r'_{22}>r'_{21}$）时，临界转差率相应增加（$s_{m3}>s_{m2}>s_{m1}$），曲线极值点往右移，但不同转子电阻下最大电磁转矩 M_{max} 不变。异步电动机的这个特性可以用在电动机的调速上。在转子回路中串入可调电阻，通过改变串联电阻的阻值，移动电动机的特性曲线，可以在保持电磁转矩不变的情况下，改变转差率，即可调节电动机的转速。如图 7.15 所示，在某一负载转矩 M_L 下，当 r'_2 由 r'_{21} 增加到 r'_{23} 时，转差率由 s_a 增加到 s_c。

2. *启动转矩* M_{st}

启动转矩 M_{st} 的大小决定着电动机的启动性能。在式（7.18）中，令 $s=1$，可以得到启动转矩为

$$M_{st}=\frac{mpU_1^2r'_2}{4\pi f_1[(r_1+r'_2)^2+(x_{1\sigma}+x'_{20})^2]} \tag{7.21}$$

由式（7.21）可知：

(1) 启动转矩 M_{st} 与外加电压 U_1 的平方成正比。

(2) 要增加启动转矩，可在转子回路中串入电阻。如图 7.15 所示，当串入转子电阻增加（$r'_{23}>r'_{22}>r'_{21}$）时，启动转矩相应增加（$M_{st3}>M_{st2}>M_{st1}$）。要使启动时有最大转矩，即 $M_{st}=M_{max}$，可令 $s_m=1$ 来实现。由式（7.19）可知，应在转子回路应串入的电阻为

$$r'_{st}=x_{1\sigma}+x'_{20}-r'_2 \tag{7.22}$$

当然，启动电阻也不是越大越好，如图 7.15 所示，当 r'_2 由 r'_{21} 变化到 r'_{23} 时，转差率由 s_a 变化到 s_c，虽然输出转矩未变，但转速下降了，即输出功率下降了。所以，这种调速是以消耗有功功率换来的。

3. 额定转矩 M_N

额定转矩 M_N 是异步电动机带额定负载时输出的机械转矩，此时转差率为额定转差率 s_N。M_N 可由铭牌上标出的额定功率 P_N(kW) 和额定转速 n_N (r/min) 计算得到，即

$$M_N = \frac{P_N}{\omega_N} = \frac{1000P_N}{\frac{2\pi n_N}{60}}(\text{N} \cdot \text{m}) \tag{7.23}$$

7.2.3.5　转子功率因数对电磁转矩的影响

利用图 7.13 所示的等值电路，电磁功率还可以表示成转子等效电势 E_2'、等效电流 I_2' 与转子功率因素 $\cos\varphi_2$ 的积，即

$$P_{em} = mE_{20}' I_2' \cos\varphi_2 \tag{7.24}$$

因为 E_{20}' 是转子静止化电势 E_{20} 的折算值，等于定子电势 E_1，利用式 (7.24) 和式 (7.7) 可以得到

$$M_{dc} = \frac{P_{mec}}{\omega} = \frac{P_{em}}{\omega_1} = C_M \Phi_m I_2' \cos\varphi_2 \tag{7.25}$$

式中：C_M 为电动机结构决定的常数。

与式 (7.17) 相比可知，Φ_m 反映电源电压 U_1 的大小，I_2' 反映定子、转子回路的阻抗，功率因数 $\cos\varphi_2$ 则反映传递到转子上的能量的利用情况。在 U_1 和 I_2' 一定时，功率因数 $\cos\varphi_2$ 越高，电动机输出电磁转矩越大。可以这样理解：$I_2\cos\varphi_2$ 是转子电流的有功分量，在启动时，转差大，所以转子感应电势频率高，故 $x_{2\sigma} = \omega L_{2\sigma}$ 大，因此 φ_2 大。此时虽 E_2 大使启动电流大，但转子电流的有功分量小，电磁转矩小；在额定转差率附近运行时，转差小，转子感应电势频率低，故 $x_{2\sigma}$ 很小，$\cos\varphi_2$ 大，转子电流虽然不大，但转子电流的有功分量大，电磁转矩也大。当然，启动转矩小还有一个原因，就是因 I_2 大导致 I_1 大而使 $x_{1\sigma}$ 漏抗压降大，减小了 E_1，使主磁通也相应减小，这也是造成启动电流大、启动转矩小的原因之一。

7.3　三相异步电动机的启动与调速

异步电动机投入运行首先遇到的是启动问题。电动机转子从静止开始旋转，升速直至稳定运行于某一转速，这一过程称为启动过程。启动过程时间虽短，但启动电流很大，若启动方法不当，易损坏电机，并影响到厂用电系统中其他电气设备的正常运行。

调节电动机的转速是生产过程工艺的要求。调速性能好的电动机，不仅能满足各种生产场合和系统控制的要求，还能达到节能的目的。如锅炉送、引风机、给水泵，若直接采用调节电动机转速的方法来调节流量，可以节能 20%～40%。

7.3.1　三相异步电动机的启动

1. 异步电动机的启动问题

标志异步电动机启动性能的主要指标是：①启动电流倍数 I_{st}/I_N；②启动转矩倍数 M_{st}/M_N；③启动时间；④启动设备的简易性和可靠性。其中最重要的是启动电流和启动转矩的大小。

异步电动机启动的最主要问题是启动电流大而启动转矩小。对一般鼠笼式电动机，I_{st}/I_N 值一般为4～7，M_{st}/M_N 值一般为0.9～1.3，可见，异步电动机的起动性能较差。

启动电流大的不良影响：一是使母线电压降低而影响其他设备运行；二是对电动机自身的影响，启动电流大会使电动机过热加速绕组绝缘老化，过大的电磁冲击力可能使电动机绕组端部变形。因此，必须限制启动电流。要限制启动电流，一是降低电源电压，二是增加转子阻抗。从运行的角度，一方面要尽量减少启动次数，特别是不宜频繁启、停，同时要尽量减小启动时的负载转矩，禁止转动机械带负荷启动。

2. 三相异步电动机的启动

三相异步电动机的启动有直接启动、Y/△降压启动，定子绕组串电抗器或转子绕组串电阻启动。

直接启动又称全压启动，就是在定子绕组上加额定电压，使电动机由静止状态逐步加速到稳定运行状态。这种方法的优点是控制元件少，操作简单。缺点是启动电流大。

减少启动电流最基本的方法是采用Y/△降压启动。正常运行为△接法且容量较大的电动机可以采用Y/△降压变换启动。启动时，定子绕组采用Y接法，每相绕组的电压降为△接法的$1/\sqrt{3}$倍，定子线电流下降为△接法的1/3。待转速升高到一定数字后再切换为△接法。采用Y/△降压启动，限制了启动电流，同时启动转矩也减小为△接法的1/3，所以只能用于空载或轻载启动。

定子绕组串电抗器启动也可以减小启动电流。启动时，在三相电源与三相定子绕组之间分别串入电抗器，以限制启动电流。待转速升高到一定数字后，再将电抗器短路切除，使电动机在额定电压下运行。显然这种方法也只能用于空载或轻载启动。

对于绕线式异步电动机，可以采用转子绕组串电阻启动。启动时，启动电阻全部接入，以减小启动电流。随着电动机转速上升，逐步切除启动电阻，使电动机进入正常运行状态。

3. 高压异步电动机启动时的注意事项

在单元机组中，送风机、引风机、给水泵、凝结水泵等大功耗设备，所配电动机的电源电压高、功率大，对机组安全经济运行影响大，启动时应特别注意以下几点：

(1) 在电动机启动操作前，应收回检修工作票，拆除临时安全措施，并应按现场规程规定项目进行全面检查，测量其绝缘电阻合格后，才能进行启动。

(2) 电动机操作的基本原则是不能带负荷拉合刀开关，以防止发生设备和人身事故。要尽量减小启动时的负载转矩，禁止转动机械带负荷启动。如在启动前应先关闭水泵出口门，关闭风机入口挡板或轴流风机的动叶等。停止运行前也要先关闭阀门，降低出力后再断开电源开关。

(3) 启动前应先空载试启动，观察电动机能否启动及转动方向是否正确。如发现不能启动，应检查电路和机械部分。如转动方向不对，应检查三相接线是否正确，必要时可将三相电源引线中的任意两相的接头互相调换位置再试转。

(4) 合闸后，如无故障，电动机应能很快地进入稳定运行。如果发现转速不正常或声音不正常，应进行详细检查。

(5) 由于电动机在启动电流很大，虽然时间很短，也会使电动机绕组绝缘的温度上升，同时使绕组导线间产生机械力，压挤绝缘。因此，要尽量减少启动次数，特别是不宜频繁启、停。启动不成功时不得连续启动，应有足够的时间间隔，以防止绕组过热，使绕组绝缘的温度上升，绝缘过早损坏，甚至将电动机烧坏。

7.3.2　异步电动机的调速

火电机组机、锅炉的辅机（如给水泵、送风机、引风机等）的出力是随机组负荷变化的，转速调节比节流调节要经济得多，所以异步电动机的调节性能对机组运行经济性有较大的影响。异步电动机转速与转差率之间的关系为

$$s=\frac{n_1-n}{n_1} \text{ 或 } n=n_1(1-s)=\frac{60f_1}{p}(1-s)$$

这说明，异步电动机的转速可以通过改变电源的频率 f_1、定子磁极对数 p 和转差率 s 来改变。

1. 电动机的变极调速

对于异步电动机的定子而言，为了得到两种不同极对数的磁通，采用两套绕组是很容易实现的。对比图 7.6 和图 7.9，只要把一组定子三相绕组变成两组，再按一定的规则连接起来，磁极对数就由一对变成两对了。

图 7.16 所示为单绕组双速异步电动机的原理接线图。如图所示，采用 2Y/△接线，引出头有六根。图 7.16（a）所示电动机定子接成三角形，运行时，A_1、B_1、C_1 接电源，每相绕组的中间端子不接，此时电动机低速运行。图 7.16（b）所示电动机高速运行的接线方式。这时定子绕组接成双星形，A_1、B_1、C_1 连接在一起，A_2、B_2、C_2 接电源。

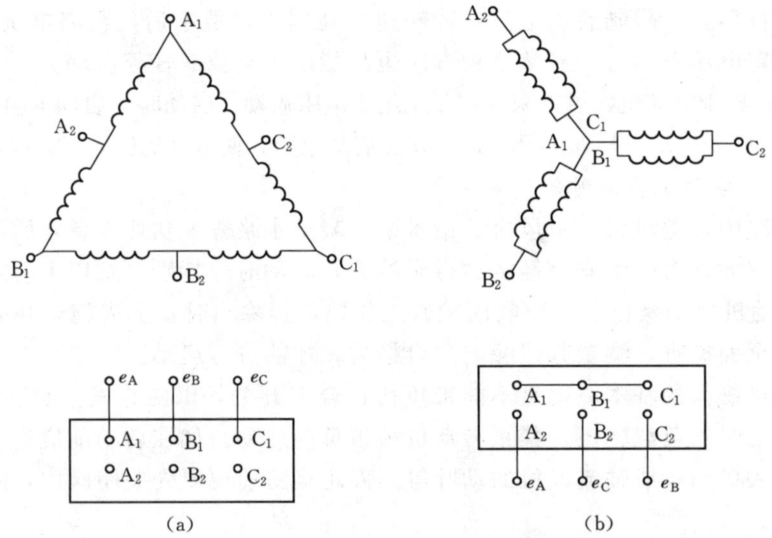

图 7.16　双速异步电机动 2Y/△接线图

（a）△接法，低速；（b）YY 接法，高速

另外，也有用改变转子绕组的电阻，以改变转差率（如图 7.15 中的 a、b、c 三点），来实现电动机调转的。这种方法转速调节也比较平滑，但只适用于绕线式电动机，且维护工作量较大。

2. 电动机的变频调速

以前，复杂的调频设备限制了变频调速的使用。近年来，随着电力电子技术和微机控

制技术的进步，异步电动机的交流变频调节技术得到飞速发展，变频调节在电厂辅机的转速控制中已开始应用。图 7.17 所示为交—直—交变频调速系统原理图。三相工频交流输入经整流元件 $VD_1 \sim VD_6$ 整流、RC 电路滤波，变成幅值为 U_S 的直流电源。由半导体开关元件 $VT_1 \sim VT_6$ 组成的逆变电路在变频控制器的控制下变换成频率可调的三相交流输出，去驱动异步电动机，以实现电动机转速调节。

我们知道，在空间互差 120°对称布置的三相绕组，通以时间上互差 120°相位的三相对称电流，就可在空间产生旋转磁场。变频控制器的输出脉冲可以控制晶闸管开关元件 $VT_1 \sim VT_6$ 的导通与截止。例如，给 VT_5、VT_6 加正向脉冲（$VT_1 \sim VT_4$ 上不加），则 VT_5、VT_6 接通（其他开关元件截止），电动机绕组 C、B 相中有电流，所建立的磁场如图 7.7（a）所示。类似地，VT_1、VT_6 接通时，绕组 A、B 中有电流，所建立的磁场如图 7.7（b）所示；VT_1、VT_2 接通时，绕组 A、C 中有电流，所建立的磁场如图 7.7（c）所示。VT_3、VT_2 接通时，绕组 B、C 中有电流（与 VT_5、VT_6 接通时流向相反），所建立的磁场如图 7.7（d）所示。同理，分别接通 VT_3 与 VT_4，VT_5 与 VT_4，VT_5 与 VT_6，可以得到空间磁场如图 7.7（e）～（g）所示。所以，根据三相交流电随时间变化的规律，按一定的时序轮流地接通或断开半导体开关元件 $VT_1 \sim VT_6$，电动机三相绕组上就得到了三相交流电。半导体开关元件切换动作的时间间隔越短，三相交流电的频率就越高，电动机的转速就越快。

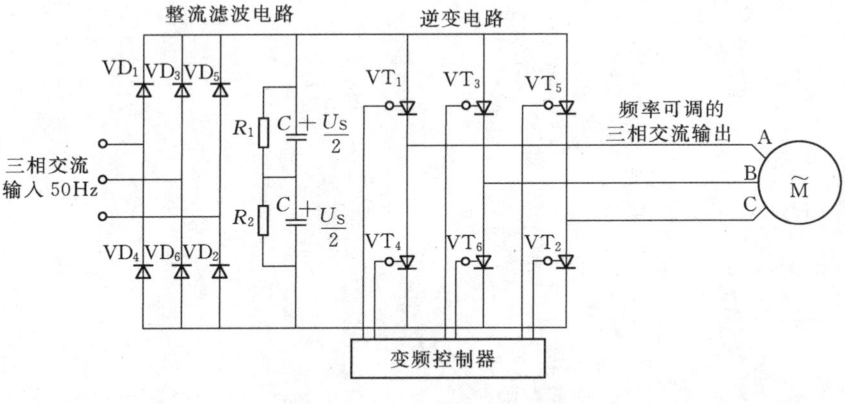

图 7.17 电压源型交—直—交变频器的调速系统

用上述方法，在晶闸管元件导通的半个周期内，开关一直是接通的，这种方法得到的交流电是方波。为得到平稳的旋转磁场，电源最好是正弦波。这就要用到正弦波脉冲调宽技术 SPWM。PWM 通过改变输出方波的占空比来改变等效的输出电压。而脉冲宽度时间占空比按正弦规率排列，这样输出波形经过适当的滤波就可以得到正弦波输出。如图 7.18 所示，在半导体开关元件导通的半个周期内，半导体开关不是一直处于导通状态的，在半周期的中心（1/4 周期），开关管导通时间长，越向两边，

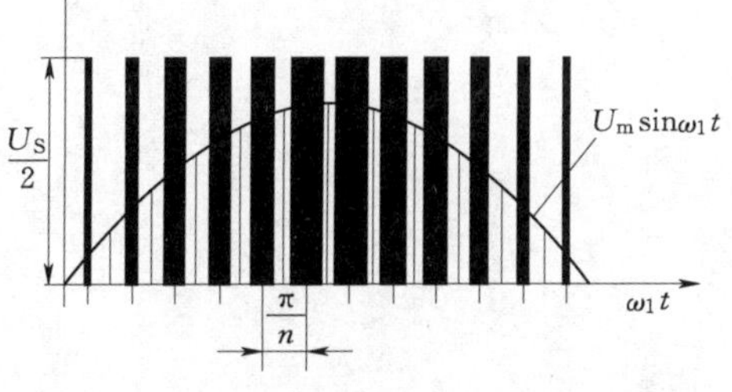

图 7.18 单极式 SPWM 电压波形

开关管导通的时间越短，这样就得到了等效的正弦波。

复习思考题

1. 在图7.7中，补画出$\omega t=90°$、$150°$、$210°$、$290°$时，定子电流的空间磁场位置示意图。

2. 在图7.6中，将A、C两相端子对调，画出定子电流的空间磁场位置示意图，并确定磁场旋转方向。

3. 在图7.7中，若A相断线，画出定子电流的磁场位置示意图，试说明该磁场在空间的变化规律。

4. 为什么电动机的空载电流比同容量变压器的要大？

5. 异步电动机空载时为何功率因数很低？为何启动电流大而启动力矩小？

6. 电动机的电磁转矩与哪些因素有关？什么是启动转矩？什么是过载能力？

7. 电动机启动时应注意什么？启动不起来主要有哪些原因？

8. 利用三相电流的旋转磁场解释缺相的电动机为何启动不起来？

9. 电动机调速有哪些方法？简述变频调速的基本原理。在转子回路串入电阻有何作用？

第 8 章　同　步　发　电　机

同步电机主要用来作为发电机运行，现代大型发电厂所发出的交流电几乎全部是由同步发电机产生的。不同于异步电动机，同步电机转子的任务是建立同步旋转磁场，励磁电流一般是由励磁机（或励磁变压器）提供的。同步电机也可作为同步电动机使用，用于拖动某些有恒速要求的机械。此外，同步电机还可作为同步调相机使用，根据电网的需要专门为系统提供感性或容性无功功率。本章主要讨论同步发电机的原理与运行的基本知识，而同步电动机和调相机就运行原理而言，可以看作是同步发电机的特殊运行方式。

8.1　汽轮发电机的基本结构

在第 3 章、第 4 章已经讨论过发电机的基本原理，由于发电机定子绕组输出三相电势的周期与转子旋转磁场的转速是同步的，所以称为同步发电机。同步发电机采用的是旋转磁极式结构，按转子磁极的形状可分为隐极式和凸极式两种，如图 8.1 所示。因为提高发电机的转速可提高汽轮机的运行效率、缩小机组的体积和降低造价，所以汽轮发电机一般制成两极，转速为 3000r/min。由于转速高，为保证转子的机械强度，转子采用隐极式，而凸极式结构则通常在水轮发电机中采用。因为水轮机转速低，需要的磁极对数较多，故采用凸极式结构。从图 8.1 中可见，隐极式发电机的气隙是均匀的，转子呈圆柱形，而凸极式的气隙是不均匀的，极弧底下气隙较小，极间部分较大。无论发电机是隐极式还是凸极式，其基本结构均包括定子和转子两大部分。

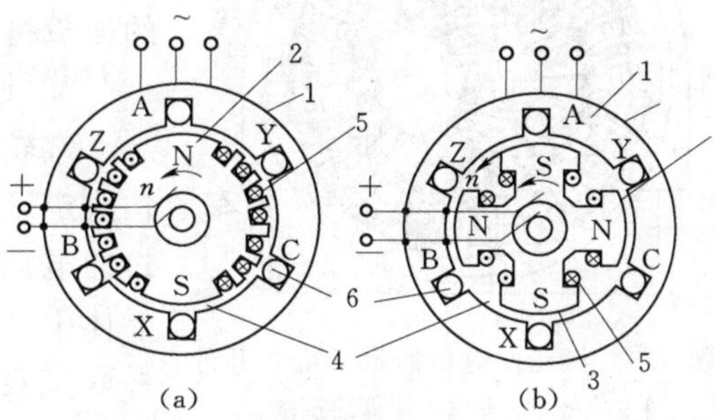

图 8.1　同步发电机的类型

(a) 隐极式；(b) 凸极式

1—定子；2—隐极式转子；3—凸极式转子；4—气隙；5—转子绕组；6—定子绕组

由于汽轮发电机一般采用隐极式，本章以隐极式发电机为例，讨论同步发电机的原理。

8.1.1　隐极式同步发电机的基本结构

8.1.1.1　定子

图 8.2 所示为小型汽轮发电机结构图。定子又称为电枢，主要由定子铁芯、定子绕组、机座、端盖等部件组成。它是同步发电机用以产生三相交流电流，实现机械能与电能转换的重要部件。

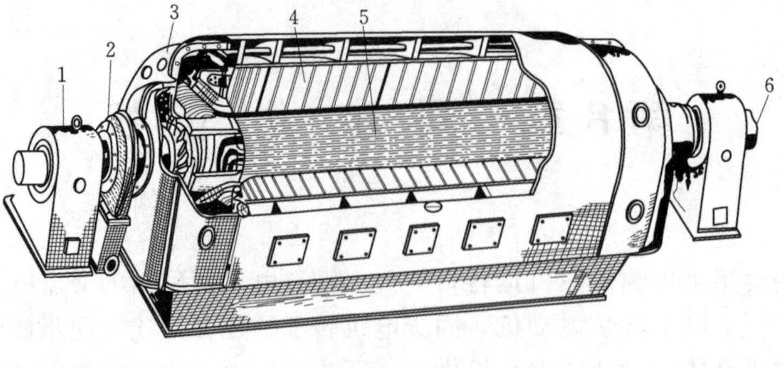

图 8.2 汽轮发电机

1—轴承座；2—出水支座；3—端盖；4—定子；5—转子；6—进水口

1. 定子铁芯

定子铁芯一般由厚 0.5mm 或 0.35mm、两面涂有绝缘漆膜的硅钢片叠成，沿轴向叠成多段形式，每段叠片厚为 30～60mm。各段叠片之间留有宽约 10mm 的通风槽，以改善定子铁芯的散热条件。当定子铁芯外圆直径大于 1m 时，用扇形硅钢片拼成一个整圆，为减少漏磁，防止涡流引起过热，在定子铁芯的两端用非磁性材料制成的压板将其夹紧，整个铁芯固定在定子机座上。

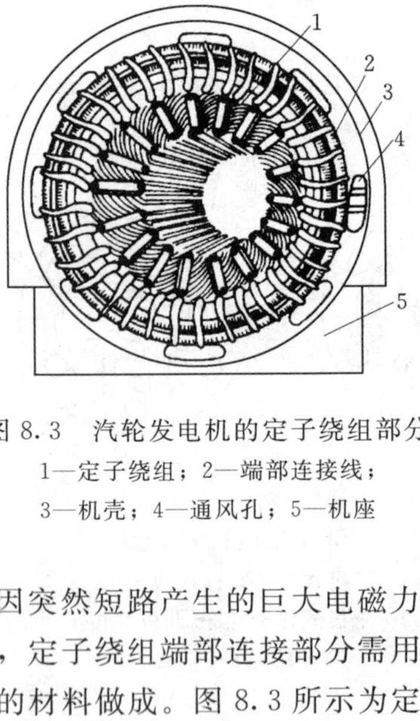

图 8.3 汽轮发电机的定子绕组部分

1—定子绕组；2—端部连接线；3—机壳；4—通风孔；5—机座

2. 定子绕组

汽轮发电机的定子绕组一般采用三相双层叠绕组构成定子三相交流电路。由于汽轮发电机容量大、通过的电流也大，需要较大的导线截面积。为减少绕组导体中集肤效应引起的附加损耗，导线由相互绝缘的并联多股线组成，在槽内线圈的直线部分还应进行换位，线圈在槽中用槽楔固定。三相定子绕组对铁芯绝缘强度的要求取决于电机额定电压的高低。为了能承受因突然短路产生的巨大电磁力以免引起的端部变形，以及正常运行时不致产生较大的振动，定子绕组端部连接部分需用绕组支架来固定，这些部件一般由不导磁，且机械强度较好的材料做成。图 8.3 所示为定子绕组示意图。

3. 机座

机座用来支撑、固定定子铁芯和端盖，应有足够的强度和刚度，机座与定子铁芯之间需要留有适当的通风道，以利电机的冷却。

8.1.1.2 转子

转子包括转子铁芯、励磁绕组、阻尼绕组、紧固件和风扇等。它也是汽轮发电机的重要部件。

1. 转子铁芯

转子铁芯应具有良好的导磁性能，并能承受强大的离心力作用。隐极式发电机的转子铁芯与转轴锻造成一体，一般所用材料是具有高强度和导磁性能良好的含铬、镍和钼的合金钢。汽轮发电机的转子铁芯横剖面如图 8.4 所示。沿转子铁芯外圆表面铣出槽，槽内放置直流励磁绕组。转子表面约占圆周长的 1/3 不开槽，称大齿，即主磁极。

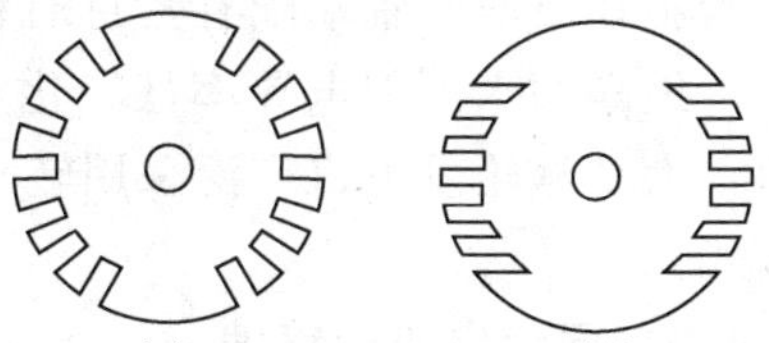

图 8.4　汽轮发电机的转子槽
(a) 辐射形排列；(b) 平行排列

2. 励磁绕组

励磁绕组由矩形绝缘扁铜线绕成同心式线圈，两线圈边分别放置在大齿两侧所开出的槽内，所有线圈串联组成励磁绕组，构成转子的直流电路。励磁绕组引出的两个线端接在集电环上，并通过电刷与外电路直流电源相连接。励磁绕组的各线匝间垫有绝缘，线圈和铁芯之间也有可靠的对地绝缘。励磁绕组放置在槽内后，需用非导磁、高强度的硬铝或铝青铜制成的槽楔来压紧。

3. 阻尼绕组

一些大型汽轮发电机转子上装有阻尼绕组，它是一种短路绕组，由放在槽楔下的铜条和转子两端的铜环焊接成闭合回路。阻尼绕组的主要作用是在同步发电机短路或不对称运行时，利用其感应电流来削弱负序旋转磁场的作用，以及在同步发电机发生振荡时起阻尼的作用，加速振荡的衰减。

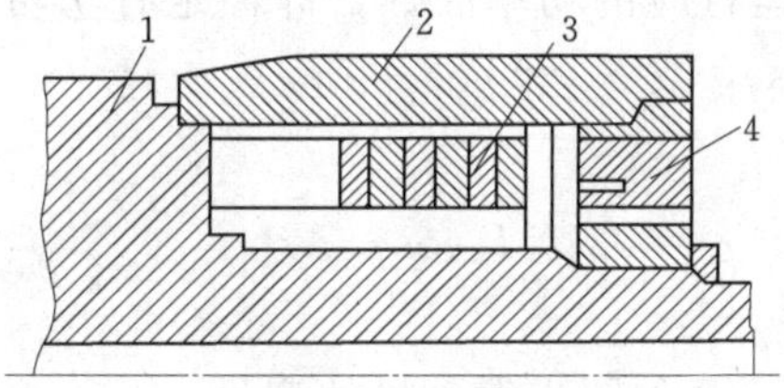

图 8.5　护环
1—转子本体；2—护环；3—绕组端部；4—中心环

8.1.1.3　紧固件、集电环和风扇

转子紧固件包括护环和中心环。由于汽轮发电机转速高，绕组端部受到很大的离心力，所以必须采用护环和中心环来可靠地固定，如图 8.5 所示。护环把转子励磁绕组的端部套紧，以防绕组端部甩出。中心环用来支持护环和防止转子绕组端部的轴向位移。为了减少端部漏磁通，护环采用非导磁合金钢材料。

直流电流通过静止的正极电刷、负极电刷和两个互相绝缘且套在转轴上随转子转动的集电环引入转子励磁绕组。

汽轮发电机的转子细长，通风冷却比较困难，故转子的两端一般装有冷却风扇，用以改善冷却条件。

8.1.2　同步发电机的冷却

同步发电机在运行中产生各种损耗，这些损耗转变为热使有关部件的温度升高。温升太高将加速电机绝缘材料的老化，从而缩短电机的使用寿命，甚至危及电机的运行安全。所以改善发电机的冷却条件，对提高发电机的出力起着关键性的作用。

中小型汽轮发电机单位体积的发热量较小，多采用风冷却方式。对于大型汽轮发电机，因汽轮发电机直径小、长度长，中部的热量不易散出，发热和冷却问题比较突出，需要采取提高冷却效果的措施，如采用氢冷和水冷却。

50MW 以上的汽轮发电机，冷却介质用氢气代替空气。氢气的导热率较空气大 7 倍，比重仅为空气的 1/14，故氢冷发电机损耗较小，冷却效果较好，但氢气与氧气不能混合，若混合物达一定比例时有爆炸的危险。为了防止氢气外泄，并保持氢气的纯度，要采取密封措施，故两个轴端配有密封油系统。

纯净的水不但电导率低，化学性能稳定，流动性好，而且具有极高的导热性能。目前，大型汽轮发电机广泛采用转子氢冷，定子水内冷，也有机组定子、转子均采用水内冷方式。

8.1.3 同步电机的铭牌

1. 铭牌数据

在同步电机的醒目部位装有铭牌。电机的额定值标在铭牌上，主要有如下几种数据：

(1) 额定容量 S_N 或 P_N。S_N 是指发电机在额定工况运行时出线端的额定视在功率，一般用 kVA 或 MVA 作为单位；而 P_N 是指发电机在额定工况运行时输出的额定有功功率，或同步电动机轴上输出机械功率，一般用 kW 或 MW 作为单位。对于同步调相机，则用出线端的额定无功功率来表示其容量，以 kvar 或 Mvar 为单位。

(2) 额定电流 I_N。指发电机在额定工况运行时流过三相定子绕组的线电流，单位为 A 或 kA。

(3) 额定电压 U_N。指发电机在额定工况运行时三相定子绕组的线电压，单位为 V 或 kV。

(4) 额定功率因数 $\cos\varphi_N$。指发电机在额定工况运行时的功率因数，即额定有功功率与额定视在功率之比。电机铭牌上通常标有 P_N 与 $\cos\varphi_N$ 或 S_N 和 $\cos\varphi_N$。

(5) 额定效率 η_N。指电机额定工况运行时的效率。

同步发电机额定值之间有一定的关系，$P_N = S_N\cos\varphi_N = \sqrt{3}U_N I_N\cos\varphi_N$。

2. 型号介绍

铭牌上还标明同步发电机的类型和型号。下面介绍几种同步发电机的型号。

(1) 氢冷汽轮发电机。QFQ 系列，如 QFQ—50—2，其型号的意义：第一个字母 Q—汽轮机；第二个字母 F—发电机；第三个字母 Q—氢冷。数字 50—功率（MW）；数字 2—极数。

如 QFSN—300—2：表示额定功率为 300MW 的定子水内冷发电机，一对磁极。水氢氢冷却方式，即定子绕组为水冷、转子绕组为氢冷、定子铁芯为氢冷。

(2) 空冷水轮发电机。TS 系列，如 TS—900/135—56，其型号的意义：第一个字母 T—同步；第二个字母 S—水轮发电机；数字 900—定子铁芯外径（cm）；数字 135—定子铁芯长度（cm）；数字 56—极数。

8.2 同步发电机的运行原理

对称负载下的稳定运行是同步发电机的主要运行方式。同步发电机的对称运行分析是在保持转速（频率）不变的情况下，研究对称条件下发电机感应电势、端电压、相电流、功率因数和励磁电流之间的关系。这种关系集中反应在发电机的各种特性之中。

8.2.1 同步发电机的空载运行

当同步发电机转子被原动机拖动以同步转速 n_1 旋转时，在定子、转子间的气隙空间中形成转速为 n_1 的旋转磁场，定子绕组中便产生三相感应电势。该电势的有效值与变压

器中的情形类似，参照式（6.3），可表示为

$$E_0=4.44fN_1k_{N1}\Phi_0 \tag{8.1}$$

式中：N_1 为定子每相绕组匝数；k_{N1}为绕组系数；f 为转子磁场交变的频率；Φ_0 为每极下磁通幅值；E_0 称为空载电势。

空载时，定子电流为零，定子绕组的端电压与感应电势 E_0 相等。由式（8.1）可知，对于一台以恒定转速旋转的发电机，N_1、k_{N1}、f 是不变的，只有通过气隙交链定子绕组的磁通 Φ_0 是可变的。Φ_0 正比于气隙中的磁感应强度 B，当励磁绕组的匝数一定时，它取决于励磁绕组的磁势或励磁电流 I_f 的大小。因此，空载时，感应电势 E_0 是励磁电流 I_f 的函数，所以空载电势也称为励磁电势。把额定转速下定子电流为零时，发电机端电压 E_0 与励磁电流 I_f 的关系称为发电机的空载特性，用函数表示为 $E_0=f(I_f)$。

磁通 Φ_0 除了与磁势 $F_f(F_f=N_2I_f$，N_2 为转子绕组匝数）有关外，还与磁路的饱和情况有关。同步发电机的磁路由气隙和铁磁材料（磁极、转子磁轭、定子铁芯）两大部分组成。空气的磁导率很小，是常数，空气中磁通与励磁磁势（或励磁电流）呈线性关系。铁磁材料的磁导率则是非线性的，随磁势大小而变化。当磁势较小时，磁导率很大，且变化不大，磁通与磁势近似呈线性关系；而当磁势较大时，磁路饱和，磁导率变小，且随磁势继续加大而变得更小（如图 2.9 所示）。此时，磁通与磁势呈非线性关系。因此，当励磁电流较小时，铁磁材料部分的磁路磁压降很小，励磁磁势绝大部分降落在气隙中，Φ_0 和 E_0 与 I_f 呈线性关系。而当励磁电流较大时，磁路出现饱和，其磁压降随磁路饱和而变大，Φ_0 和 E_0 与 I_f 呈非线性关系。励磁电流越大，磁路饱和越严重，对 Φ_0 和 E_0 的影响越明显。因此，发电机的空载特性可以用形如图 8.6 的空载特性曲线来表示。图中，I_f、F_f 分别表示转子励磁电流和磁路中的磁势，I_{f0}是空载电势 E_0 为发电机额定电压 U_N 时的励磁电流。将空载特性的直线段延长后所得直线称为气隙线。$\overline{bc}$段可认为是气隙磁阻压降，$\overline{ab}$段是铁芯中的磁阻压降。可见，随着励磁电流增加，铁芯开始饱和，磁路磁阻和磁阻压降增加。

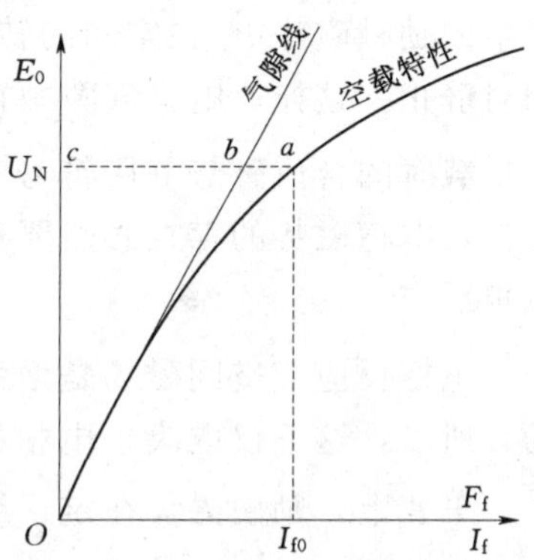

图 8.6　同步发电机的空载特性

空载特性是同步发电机最基本的特性，它反映电机中磁与电的联系，对发电机的运行性能有重大影响。

8.2.2　对称负载时的电枢反应

实践表明，一台不并网而独立运行的同步发电机带上三相电阻性负载时，如果没有自动或人为地调节输入机械功率，发电机的转速（频率）就会下降。若带上三相电感性负载，如果没有自动或人为地调节励磁电流，发电机的端电压（即定子绕组输出电压）就会下降。为使发电机维持在额定频率和额定电压下运行，当负载发生改变时，就需要调节来自原动机的输入功率和发电机的励磁电流。

为什么同步发电机带上负载后会出现这两个现象？分析表明，这主要是由发电机的电枢反应所引起的。

8.2.2.1　电枢反应的概念

空载时，同步发电机内只有一个由转子励磁电流产生的旋转磁场，称为主磁场。产生主磁场的磁势称为励磁磁势，用符号 $\vec{F}_f$ 表示。当定子绕组接上三相对称负载时，三相对称绕组中便产生三相对称电流 $\dot{I}$。由式（3.6）可知，电流的频率取决于转子的转速 n 和磁极对数 p，即 $f=pn/60$。另一方面，在空间互差 120°的三相对称绕组流过三相对称电流时，就会在空间产生旋转磁场，如图 7.7 所示。定子电流产生的磁场称为电枢磁场，其磁势用符号 $\vec{F}_a$ 表示。电枢磁场的转速由式（7.4）表示为 $n_1=60f/p=n$，所以，电枢磁场的转速 n 等于转子的转速 n_1。

从电动机气隙磁场的分析得知，电枢磁场的转向是由定子绕组中三相电流的相位决定的，即由相位超前相转向相位滞后相。比较图 4.1 与图 7.7 可知，当转子在原动机拖动下沿逆时针方向旋转时，转子磁极中心依次经过 A、B、C 三相绕组，A、B、C 三相绕组中的感应电势依次达到最大值（图 4.1）。如果发电机带上三相对称负载，则在定子绕组中产生三相正序电流。于是，该三相对称电流在空间产生旋转磁场，转向也是 A—B—C（图 7.7）。所以，电枢磁场的转向与转子转向是一致的。

这就是说，同步发电机稳定运行时，定子电流 $\dot{I}$ 产生的电枢磁势 $\vec{F}_a$ 与转子励磁电流产生的励磁磁势 $\vec{F}_f$ 在空间的转向、转速完全相同，即电枢磁势 $\vec{F}_a$ 与励磁磁势 $\vec{F}_f$ 在空间相对静止。这样，电机气隙中存在两个磁势，即电枢磁势和励磁磁势。两个磁势之和构成了负载时的合成磁势（用符号 $\vec{F}_\delta$ 表示），从而决定了空间合成磁场。与变压器和电动机类似，电枢磁势的存在必然要对气隙空间磁场产生影响，电枢磁势对励磁磁势的作用称为电枢反应。

电枢反应使空间磁场是增强，还是减弱呢？由于气隙空间磁势 $\vec{F}_\delta$ 是由 $\vec{F}_a$ 与 $\vec{F}_f$ 合成的，所以，这不仅取决于电枢磁势与励磁磁势的大小，还必须考虑这两个磁势的相位关系。事实上，励磁磁势在定子绕组中感应出励磁电势 E_0，定子电流 $\dot{I}$ 产生电枢磁势 $\vec{F}_a$，即 $\vec{F}_f(\dot{\Phi}_0)\rightarrow\dot{E}_0\rightarrow\dot{I}\rightarrow\vec{F}_a$。

所以，知道了励磁电势 $\dot{E}_0$ 与定子电流 $\dot{I}$ 的相位关系，就可以确定两个磁势的在空间的位置关系。因此，电枢反应的性质本来决定于电枢磁势 $\vec{F}_a$ 与励磁磁势 $\vec{F}_f$ 在空间上的相对位置，但可以归结为研究定子感应电势 $\dot{E}_0$ 与定子电流 $\dot{I}$ 在时间上的相位差，其差值用符号“ψ”表示，称为内功率因数角。ψ 角大小与同步发电机的内阻抗及外接负载有关。阻抗的性质不同，$\dot{E}_0$ 与 $\dot{I}$ 之间的相位差 ψ 不同，电枢反应性质也不同。

8.2.2.2　同步电机的电枢反应

在分析不同性质阻抗的电枢反应时，为了分析方便，研究 $p=1$ 的情况，且将每相分布在 120°空间的绕组用等效的集中绕组来代替。这样，A、B、C 三相绕组依次相差 120°，如图 8.7（a）所示。并设相电势和相电流的正方向为“相尾端进（如 X 端为⊗），相首端出（如 A 端为⊙）”，磁势正方向与电流正方向符合右手螺旋定则。为使绘图清晰，转子画成具有一对磁极的凸极形式。

因为发电机稳定运行时电枢磁势 $\vec{F}_a$ 与励磁磁势 $\vec{F}_f$ 在空间相对静止，且其幅值大小与

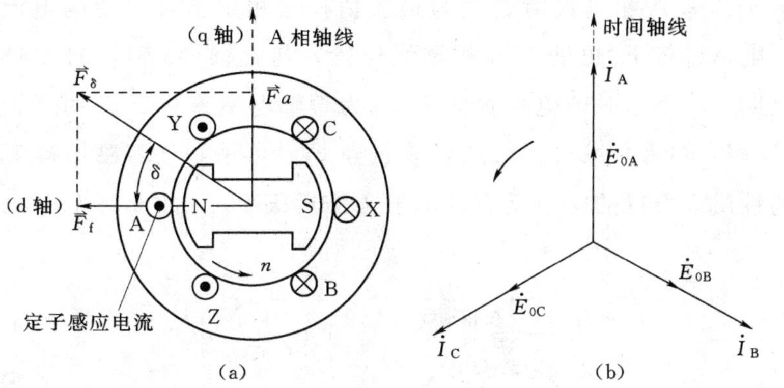

图 8.7 $\phi=0°$时的电枢反应

(a) 空间矢量图；(b) 时间相量图

时间无关，所以可以选择任意时刻来研究，其结果仍具有普遍性。为了方便，选择 A 相电流达到最大值的时刻来研究（选 B 相或 C 相，也完全一样）。如图 8.7 所示，当 A 相电流达最大值时，电枢磁势的轴线正好位于 A 相绕组轴线上。下面分析不同性质的电枢反应。

1. $\psi=0°$时的电枢反应（纯电阻阻抗）

由于内功率因数角 $\psi=0°$，$\dot{E}_0$ 与 $\dot{I}$ 同相位，即同步发电机的三相电流 $\dot{I}_A$、$\dot{I}_B$、$\dot{I}_C$ 分别与发电机电势 $\dot{E}_{0A}$、$\dot{E}_{0B}$、$\dot{E}_{0C}$同相位，如图 8.7（b）所示。图 8.7（a）所示为旋转着的转子主极磁场（$\vec{F}_f$）轴线正垂直切割 A 相绕组导体的时刻，即 A 相电势瞬时值达到最大值的瞬间。感应电势的方向可按右手定则决定，由于 $\psi=0°$，A 相电流瞬时值也达到最大值，即 $i_A=I_m$，电流从 X 端流入，从 A 端流出。与此同时，$i_B=i_C=-I_m/2$，如图 8.7（b）所示（相当于图 4.1 中 $\omega t=90°$时刻）。当 A 相电流达最大值时，根据右手螺旋定则可以判定定子三相电流合成磁势 $\vec{F}_a$ 的轴线就处在 A 相绕组轴线位置上。此时电枢磁势 $\vec{F}_a$ 滞后励磁磁势 $\vec{F}_f 90°$，如图 8.7（a）所示。转子主极磁场轴线通常称为直轴（或称纵轴），用符号 d 示；与直轴垂直的中心线称为交轴（或称横轴），用符号 q 表示。显然，当 $\psi=0°$时，电枢磁势 $\vec{F}_a$ 的轴线位于交轴（q 轴）上，故称此为交轴电枢反应，而把这时的电枢磁势 $\vec{F}_a$ 称为交轴电枢磁势 $\vec{F}_{aq}$。

从图 8.7（a）可知，两磁势矢量相加得气隙合成磁势 $\vec{F}_\delta$，即 $\vec{F}_\delta=\vec{F}_f+\vec{F}_a$。因此，交轴电枢反应使气隙磁场轴线位置从空载时的直轴处逆时针移动了一个角度 δ。另一方面，由于 $\dot{I}$ 与 $\dot{E}_0$ 同相位，故此时发电机输出有功功率。

2. $\psi=90°$时的电枢反应（纯电感阻抗）

$\psi=90°$时，同步发电机负载电流 $\dot{I}$ 滞后空载电势 $\dot{E}_0 90°$。当转子处在图 8.7（a）所示的位置，A 相电势瞬时值达到最大值的瞬间，A 相电流瞬时值为 0。时间再经过 1/4 周期，转子在空间再转过 90°时，A 相电流瞬时值才能达到最大值。此时，转子从图 8.7（a）所示的位置转过了 90°，主磁极磁场轴线到了与 A 相轴线的反向位置，如图 8.8

(b) 所示。由于此刻 A 相电流瞬时值为最大值，三相定子绕组中的电流分布与图 8.7 相同，所以，电枢磁势 $\vec{F}_a$ 也处于 A 相轴线位置，与直轴（d 轴）的方向相反，故称其为直轴电枢反应，而把这时的电枢磁势 $\vec{F}_a$ 称为直轴电枢磁势 $\vec{F}_{ad}$。由于电枢磁势 $\vec{F}_a$ 与励磁磁势 $\vec{F}_f$ 反相，两者相减可得气隙合成磁势 $\vec{F}_\delta$。可见，气隙磁场被削弱了，故该直轴电枢反应的性质为去磁的电枢反应。由于 $\dot{I}$ 滞后 $\dot{E}_0$ 90°，故此时发电机输出感性无功功率。

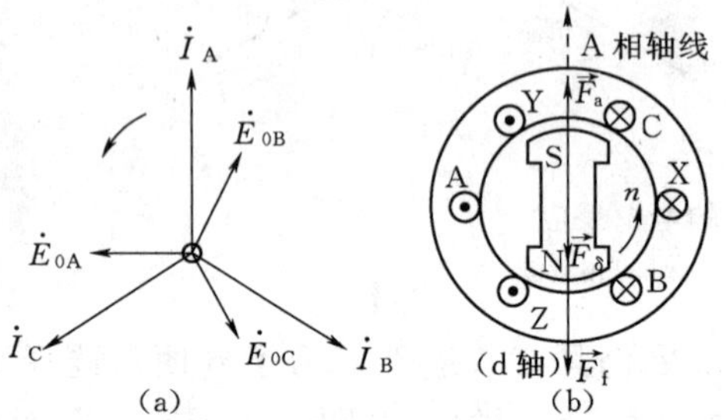

图 8.8　$\phi=90°$时的电枢反应

(a) A 相电流达最大值的时间相量图；(b) A 相电流达最大值的转子位置及空间矢量图

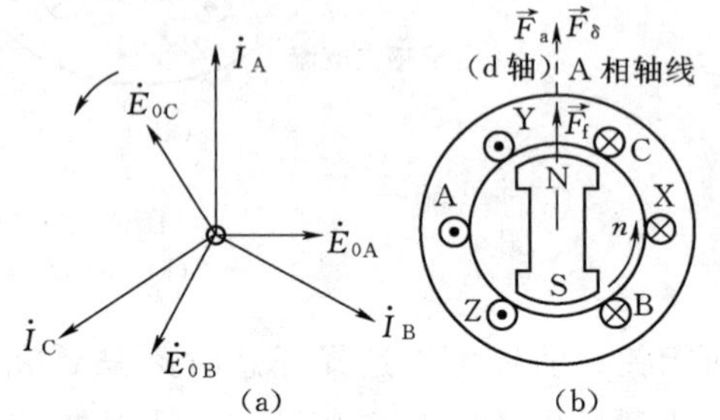

图 8.9　$\phi=-90°$时的电枢反应

(a) A 相电流达最大值的时间相量图；(b) A 相电流达最大值的转子位置及空间矢量图

3. $\psi=-90°$时的电枢反应（纯电容阻抗）

$\psi=-90°$时同步发电机负载电流 $\dot{I}$ 超前空载电势 $\dot{E}_0$ 90°，如图 8.9 (a) 所示。A 相电流瞬时值达正最大值的时间比 $\psi=0°$提前 1/4 周期，此时，主磁极磁场轴线位于 A 相轴线位置，如图 8.9 (b) 所示。这样，处于 A 相轴线位置的电枢磁势 $\vec{F}_a$ 也就位于直轴（d 轴）上，同样称其为直轴电枢反应。由于电枢磁势 $\vec{F}_a$ 与励磁磁势 $\vec{F}_f$ 的同相，两者相加可得气隙磁势 $\vec{F}_\delta$，气隙磁场被加强了。因而，该直轴电枢反应的性质为助磁的电枢反应。由于 $\dot{I}$ 超前 $\dot{E}_0$ 90°，故此时发电机输出容性无功功率。

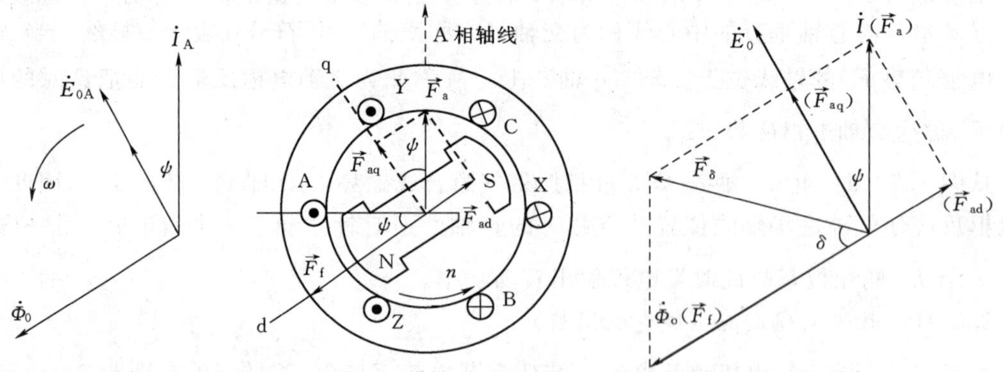

图 8.10　$0°<\psi<90°$时的电枢反应

(a) A 相电流达到最大值时的时间相量图；(b) A 相电流达到最大值时的转子位置及空间相量图；(c) 时一空相量图

4. 一般情况下的电枢反应

同步发电机正常运行时，一般为电感性负载，$0°<\psi<90°$，即负载电流 $\dot{I}$ 滞后空载电势 $\dot{E}_0\psi$ 度角，因 $\dot{E}_0$ 是励磁磁势 $\vec{F}_f$ 的主磁通 $\dot{\Phi}_0$ 产生的，故 $\dot{E}_0$ 比 $\dot{\Phi}_0$ 滞后 90°，如图 8.10（a）所示。在空间上，当 A 相电流达到最大值时，转子以图 8.8（a）所示的位置为起点，越过 A 相绕组在空间转过了 ψ 度，主磁极处于如图 8.10（b）所示的位置。此刻电枢反应磁场（因 i_A 为最大值）$\vec{F}_a$ 位于 A 相轴线上，滞后 $\vec{F}_f$ 的角度为 $90°+\psi$。电枢磁势 $\vec{F}_a$ 分解为直轴分量 $\vec{F}_{ad}$ 和交轴分量 $\vec{F}_{aq}$，即

$$\vec{F}_a=\vec{F}_{ad}+\vec{F}_{aq} \tag{8.2}$$

其中，$F_{ad}=F_a\sin\psi$，$F_{aq}=F_a\cos\psi$，如图 8.10（b）所示。由此可见，当 $0°<\psi<90°$ 时，电机中既存在使气隙磁场扭曲的交轴电枢反应，又存在减弱气隙磁场的直轴电枢反应。此时发电机既输出有功功率，又输出无功功率。

比较图 8.10（a）、（b），$\vec{F}_f$ 与 $\vec{F}_a$ 的空间相位角正好等于 $\dot{\Phi}_0$ 与 $\dot{I}$ 的时间相位角。时间相量以电角速度 $\omega=2\pi f$ 旋转，空间相量以 $n=60f$ 机械角速度同时旋转，两者相对关系保持不变。若把时间相量图的电流相量置于空间相量图的 A 相绕组轴线上，则两相量图可合并成图 8.10（c）所示的时—空相量图。这时，$\vec{F}_f$ 与 $\dot{\Phi}_0$ 重合，$\vec{F}_a$ 与 $\dot{I}$ 重合。$\vec{F}_a$ 与 $\vec{F}_f$ 相量相加得 $\vec{F}_\delta$。

发电机通过电枢反应实现能量转换的过程，可以通过图 8.11 来说明。当 $0°<\psi<90°$ 时，电枢反应使气隙合成磁场比转子磁场逆时针转了 δ 度。转子磁势 $\vec{F}_f$ 是转子绕组中的励磁电流 I_f 产生的，转子绕组在气隙磁场中要受到力的作用。转子励磁电流由转子导体 d_1 穿入纸面，从 d_2 穿出，建立主磁场 F_f 方向在 d 轴上，气隙合成磁场 F_δ 方向比主磁场滞后角度 δ。根据左手定则，可以确定导体 d_1、d_2 受电磁力 F_e 的方向如图 8.11 所示，其合成力矩的方向与转子转向相反。所以，发电机要输出有功功率，转子必须在外力作用下，克服气隙磁场对转子的阻力而旋转，即将作用于转子的机械能转变成电能。当只有去磁或助磁电枢反应时，气隙磁场的方向不发生扭曲，仍与 $\vec{F}_f$ 在一条直线上，作用在转子绕组上电磁力 F_e 的方向与 d 轴垂直而相互抵消。因此，输出无功功率时不消耗机械功率。由于去磁的电枢反应有削弱气隙磁场的作用，会使感应电势下降。所以，发电机带上负荷后要维持输出电压不变，必须增加励磁电流。

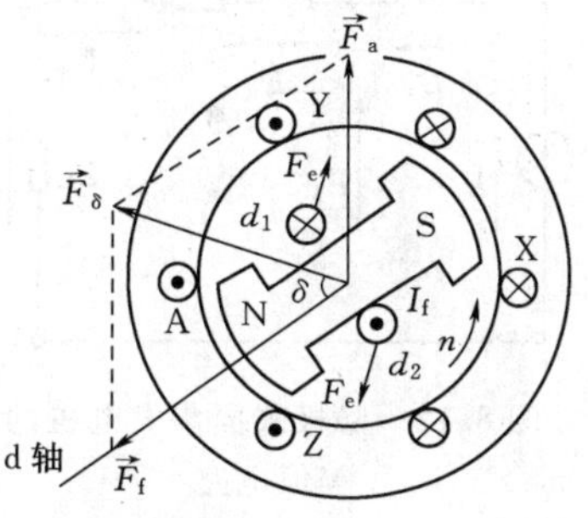

图 8.11 转子与定子之间的电磁力

8.2.3 同步发电机的相量图与等值电路

研究电枢反应的目的是确定电枢磁势的影响。定子感应电势决定于气隙磁通，气隙磁通不仅决定于励磁磁势 $\vec{F}_f$ 与电枢磁势 $\vec{F}_a$ 的合成磁势，而且还与磁路的构成及其饱和程度有关。为便于分析，先不考虑磁路饱和，假定磁通和磁势（励磁电流）呈近似线性关系，

可以利用叠加原理，分别考虑励磁磁势 $\vec{F}_f$ 和电枢磁势 $\vec{F}_a$ 的作用，再根据 $\vec{F}_f$ 与 $\vec{F}_a$ 的相位关系，将两个感应电势相量相加。这样便可仿照变压器的分析方法，把电磁感应问题转化为电路计算问题，通过电压平衡方程式、相量图、等效电路来分析同步发电机的运行特性。

1. 隐极式同步发电机的电压平衡方程式

电枢磁势 $\vec{F}_a$ 产生电枢反应磁通 $\dot{\Phi}_a$，$\dot{\Phi}_a$ 在三相绕组中产生感应电势 E_a 称为电枢反应电势。由于铁芯未饱和，电枢反应电势正比于电枢反应磁通，而电枢反应磁通正比于定子三相电流。所以，电枢反应电势 E_a 正比于定子电流 I。与分析变压器类似，引入一个比例系数 x_a，使 $E_a=Ix_a$，因 $\dot{E}_a$ 滞后电枢反应磁通 $\dot{\Phi}_a 90°$，而 $\dot{\Phi}_a$ 与产生它的定子电流 $\dot{I}$ 同相位，即 $\dot{E}_a$ 滞后 $\dot{I}90°$，于是有

$$\dot{E}_a=-j\dot{I}x_a \tag{8.3}$$

式中：x_a 为隐极式同步发电机的电枢反应电抗。

式（8.3）表明，可以把电枢反应电势看成是定子电流在电枢反应电抗上的电压降。与变压器类似，交链定子绕组的还有漏电磁通，漏磁通在定子绕组中产生的漏电势为

$$\dot{E}_\sigma=-j\dot{I}x_\sigma \tag{8.4}$$

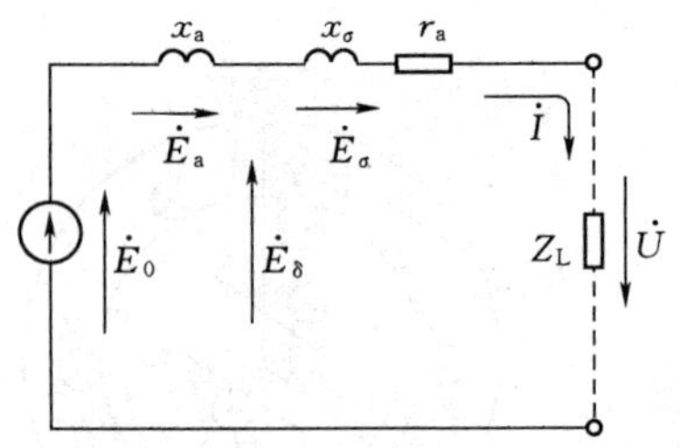

图 8.12 隐极式同步发电机的等值电路

图 8.12 所示电路标出了发电机各电气量的正方向，由于电路对称，图中只标出了一相的参数。考虑到定子电流流过定子绕组时还有内电阻压降，根据基尔霍夫第二定律，隐极式同步发电机的电压平衡方程可以写成

$$\dot{E}_0+\dot{E}_a+\dot{E}_\sigma=\dot{U}+\dot{I}r_a$$

或 $$\dot{E}_0=\dot{U}+\dot{I}(r_a+jx_\sigma)+j\dot{I}x_a=\dot{U}+\dot{I}r_a+j\dot{I}x_t \tag{8.5}$$

式中：$\dot{E}_0$ 为发电机的空载相电势；$\dot{U}$ 为发电机的相电压（也称为端电压）；r_a 为定子一相绕组的电阻；$\dot{I}$ 为定子相电流；x_t 为隐极式同步发电机的同步电抗，$x_t=x_\sigma+x_a$。

同步电抗是同步发电机最重要的参数之一，它是表征同步发电机稳定运行时，电枢反应磁场和漏磁场对各相电路影响的一个综合参数，可以看成是电源 $\dot{E}_0$ 的内电抗。后面还要讨论，同步电抗的大小直接影响同步发电机端电压 U 随负荷变化的程度，以及运行的稳定性等问题。式（8.5）也可以写成

$$\dot{E}_0=\dot{E}_\delta+j\dot{I}x_a \tag{8.6}$$

其中 $$\dot{E}_\delta=\dot{U}+\dot{I}(r_a+jx_\sigma)=\dot{E}_0-j\dot{I}x_a=\dot{E}_0+\dot{E}_a$$

$\dot{E}_\delta$ 为气隙合成磁通 $\vec{F}_\delta$ 产生的电势，简称气隙电势。显然，气隙电势 $\dot{E}_\delta$ 是转子励磁磁势 $\vec{F}_f$ 和定子电枢磁势 $\vec{F}_a$ 共同作用的结果。

2. 隐极式同步发电机的简化等值电路与相量图

与变压器一样，为了便于对发电机的运行特性作定性分析，考虑到 x_σ 和 r_a 较小，先忽略不计，于是 $x_t \approx x_a$，$\dot{E}_\delta \approx \dot{U}$，根据式（8.5）得到

$$\dot{E}_0 = \mathrm{j}\dot{I}x_t + \dot{U} \tag{8.7}$$

发电机的简化等值电路如图 8.13（a）所示。在已知 $\dot{U}$、$\dot{I}$、$\cos\varphi$ 及发电机参数 x_a 的条件下，根据式（8.7）和图 8.10（c），可以求出磁通（磁势）、电势、电压、电流等相位关系，如图 8.13（b）所示。步骤如下。

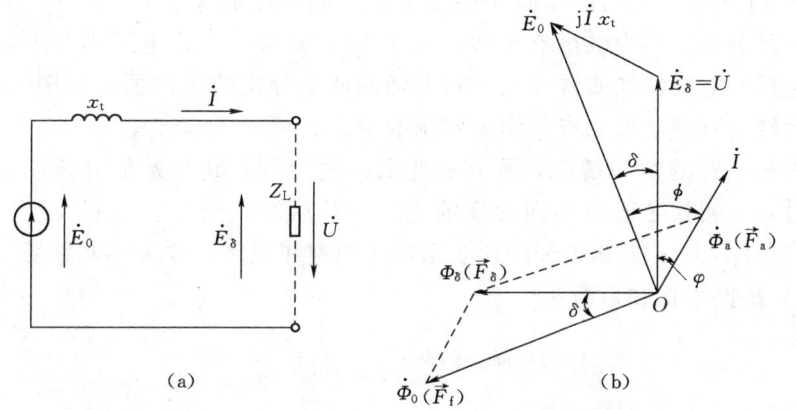

图 8.13 隐极式同步发电机的简化等值电路和相量图

（1）选择相电流 $\dot{I}$ 为参考相量，根据功率因数 $\cos\varphi$，确定定子电压 $\dot{U}$。

（2）在 $\dot{U}$ 的末端加上垂直于 $\dot{I}$ 的电抗压降 $\mathrm{j}\dot{I}x_t$，则 $\dot{E}_0 = \dot{U} + \mathrm{j}\dot{I}x_t$。

（3）在超前 $\dot{E}_0$ 90°的方向上画出主磁通 $\dot{\Phi}_0$，$\dot{\Phi}_0$ 与励磁磁势 $\vec{F}_f$ 相对应。

（4）在平行于 $\dot{I}$ 的方向上画出电枢磁通 $\dot{\Phi}_a$，$\dot{\Phi}_a$ 与电枢磁势 $\vec{F}_a$ 相对应，将 $\dot{\Phi}_0$ 与 $\dot{\Phi}_a$ 相加得到气隙磁通 $\dot{\Phi}_\delta$，如同图 8.10（c），将 $\vec{F}_f$ 与 $\vec{F}_a$ 相加得到气隙磁势 $\vec{F}_\delta$ 一样。

图 8.13（b）中，$\dot{\Phi}_f$ 与 $\dot{E}_0$ 垂直，Φ_δ 与 $\dot{E}_\delta$ 垂直。φ 是负载的功率因数角，ψ 是内功率因数角，δ 是 $\dot{\Phi}_0$ 与 $\dot{\Phi}_\delta$ 之间的夹角。由于 $\dot{E}_\delta \approx \dot{U}$，$\dot{U}$ 与 $\dot{\Phi}_\delta$ 的夹角约为 90°。所以，δ 既是空间相量 $\vec{F}_f$ 与 $\vec{F}_a$ 之间夹角，也是时间相量 $\dot{E}_0$ 与 $\dot{U}$ 之间的夹角，称为功角。功角是发电机运行中的一个重要概念。

根据图 8.13 可以认为，隐极式同步发电机是一个具有电势为空载电势 E_0 和内阻抗为同步电抗 x_t 的电压源，与变压器简化等值电路有极为相似的形式。这给发电机的运行分析带来极大的方便。

8.2.4 同步发电机的运行特性

同步发电机对称稳态运行时，在保持同步转速不变的前提下，其端电压 U、定子电流 I、励磁电流 I_f 均可在运行中测得。这三个物理量之间的相互关系可用运行特性曲线的形式来描述。同步发电机的主要特性大体分两类：一类是用以确定发电机的同步电抗及表示

电机磁路饱和情况的空载特性和短路特性；另一类是用以确定发电机的电压变化率、以及表明运行性能的外特性和调整特性。

8.2.4.1　空载特性

空载特性指发电机空载并保持额定转速不变，空载电压 U_0 与励磁电流 I_f 的关系；即 $n=n_N$，$I=0$ 时，$U_0=f(I_f)$。

空载特性可采用空载试验测定。试验时，应在空载的情况下，用原动机把发电机拖动到同步转速并维持不变，然后逐步增加励磁电流 I_f，直到空载电压等于 1.3 倍额定电压为止。在电压上升过程中，记取电压 U_0 和对应的励磁电流 I_f 值，便可作出空载特性的上升分支，如图 8.14 所示。然后逐步减小励磁电流，同样记取电压 U_0 和对应的励磁电流 I_f 值，便得到下降分支。因为电机有剩磁，当 I_f 减至零时，空载电压不为零，其值即为剩磁电压。发电机的空载特性曲线为上升和下降的两条分支的平均值，如图 8.14 中虚线所示。往往将虚线右移使之过原点，作为实用的空载特性曲线，如图 8.15 所示。空载特性曲线表明了电机磁路的饱和情况，具有磁化曲线的特征。其开始部分铁芯未饱和，是直线；弯曲部分，表明铁芯已有不同程度的饱和；其后段，铁芯已达到深度饱和。$\overline{ab}$段越长，铁芯饱和越深，可以用$\overline{ac}$与$\overline{bc}$的比表示铁芯的饱和程度，称为饱和系数。对应于空载额定电压 U_N，磁路的饱和系数为

$$k_\mu=\frac{\overline{ac}}{\overline{bc}}=\frac{I_{f0}}{I_{f1}}=\frac{E'_0}{U_N} \tag{8.8}$$

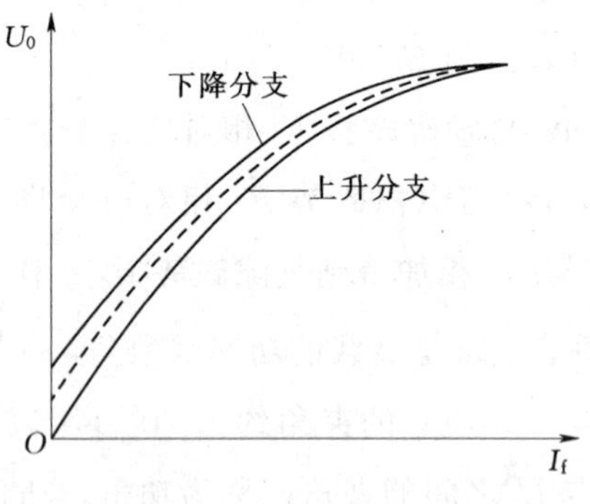

图 8.14　同步发电机的空载试验曲线

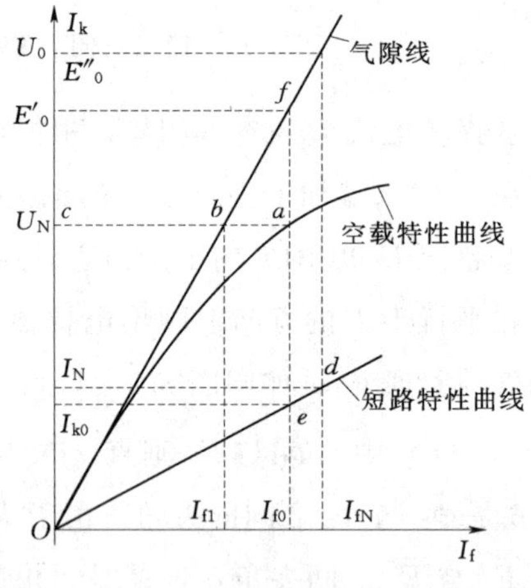

图 8.15　x_t 值和短路比的确定

一般同步发电机对应于 U_N 的饱和系数是 1.2～1.25。从曲线上看，$\overline{ac}$代表发电机磁路总磁势，$\overline{bc}$是气隙磁压降，$\overline{ab}$是铁芯中的磁压降。铁芯饱和程度越高，磁路磁阻越大，铁芯中的磁压降越大，激磁电抗越小，励磁电流越大，k_μ 越大。空载特性是发电机的基本特性之一。

8.2.4.2　短路特性和短路比

1. 短路特性

短路特性指同步发电机保持额定转速下，定子三相绕组的出线端持续稳态短路时，定

子相电流 I（即稳态短路电流）与励磁电流 I_f 的关系，即 $n=n_N$，$U=0$ 时，$I=f(I_f)$。

短路特性可以通过三相稳态短路试验测定，试验时，先将三相绕组的出线端短接，如图 8.16 所示。维持额定转速不变，调节励磁电流 I_f，使定子短路电流 I 从零逐渐增加，直到短路电流等于 1.25 倍的额定电流为止。记取对应的 I 和 I_f，作出短路特性 $I=f(I_f)$，如图 8.15 所示。根据式（8.7），当 $U=0$ 时有

$$\dot{E}_0=\mathrm{j}\dot{I}x_t \tag{8.9}$$

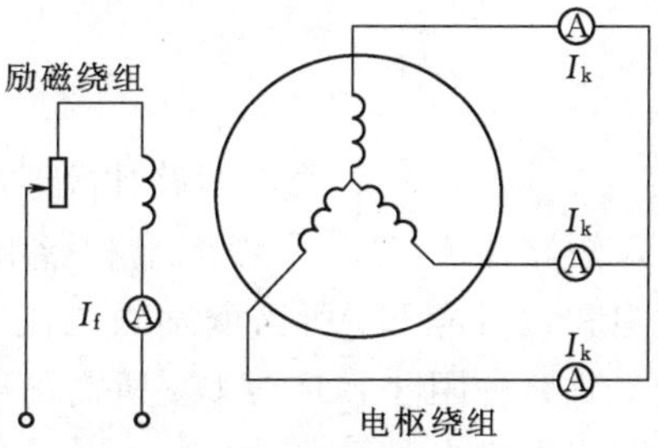

图 8.16 短路试验接线图

式（8.9）表明，若忽略隐极同步发电机的定子绕组电阻 r_a，短路时电势 $\dot{E}_0$ 仅用来平衡稳态短路电流在同步电抗 x_t 上的电压降。或者说，是电枢反应电势 $\dot{E}_a$ 完全抵消了励磁电流产生的空载电势 $\dot{E}_0$，气隙合成磁势很小，它所产生的气隙磁通也就很小，磁路处于不饱和状态，所以短路特性是一条直线。利用空载特性和短路特性，可确定同步电抗 x_t 的不饱和值。

2. x_t 不饱和值的确定

从式（8.9）可以看出，只要得到了发电机在某一定子短路电流 I_k 下的空载电势 E_0，就可得到同步电抗 x_t 的不饱和值。因为 E_0 是由 I_f 决定的，对于某一短路电流 I_k，可在短路特性曲线上找到对应的励磁电流 I_f，再根据 I_f 在空载特性曲线上查到对应的空载电势 E_0，就可由式（8.9）求出 x_t 的值。为了方便，可将空载特性曲线和短路特性曲线画在同一张图上，如图 8.15 所示。需要强调的是，因为短路时整个电机处于不饱和状态，E_0 应从气隙线上查出。为了避免混淆，从气隙线上查得的电势用 E_0' 表示。例如，对于短路电流 I_{k0}，从短路特性曲线上的 e 点可找对应的励磁电流 I_{f0}，再在空载曲线上的 f 点查得对应的励磁电势 E_0'，于是 x_t 不饱和值为

$$x_t=\frac{E_0'}{I_{k0}} \tag{8.10}$$

注意，这个 E_0' 虽然大于饱和电压，并不表示磁路饱和。因为磁路是否饱和，取决于励磁电流 I_f 的励磁磁势和短路电流 I_k 的电枢磁势的综合作用结果。正因为短路时电枢反应的纯去磁作用，才使磁路处于不饱和状态。由于短路时只存在直轴电枢反应，故 x_t 也称为直轴同步电抗，用符号 x_d 表示。

3. 短路比的确定

短路比是空载时建立额定电压 U_N 所需的励磁电流 I_{f0} 与短路时产生额定电流 I_N 所需励磁电流 I_{fN} 的比值，短路比用 k_c 表示。考虑到短路时定子电流与励磁电流成正比，如图 8.15 所示，所以短路比可表示为

$$k_c=\frac{I_{f0}}{I_{fN}}=\frac{I_{k0}}{I_N} \tag{8.11}$$

根据式（8.11）和图 8.15，短路比还可以理解为：保持空载时建立额定电压 U_N 所需的励磁电流 I_{f0} 不变做短路试验，所得到的稳态短路电流 I_{k0} 与额定电流 I_N 之比。由于 $I_{k0}=E_0'/$

x_t，并考虑到式（8.10）有

$$k_c=\frac{\frac{E_0'}{x_t}}{I_N}=\frac{E_0'}{U_N}\frac{\frac{U_N}{I_N}}{x_t}=k_\mu\frac{1}{x_{t*}} \tag{8.12}$$

式（8.12）表明，短路比 k_c 等于 x_t 不饱和值的标幺值的倒数乘上饱和系数 k_μ。所以，短路比 k_c 是一个考虑饱和影响的参数。短路比随着饱和程度增加而增大，因为电机越饱和，对应 U_N 所需的励磁电流 I_{f0} 越大，I_{k0} 也越大，所以 k_c 越大；x_t 越大，说明气隙小，磁路磁阻小，产生 U_N 所需的励磁电流 I_{f0} 小，I_{k0} 也小，所以 k_c 越小。短路比的大小对同步电机有如下影响：

（1）影响电机尺寸和造价。短路比大，即 x_t 小，即气隙大，磁路磁阻大，产生同样的磁通量所需要的转子励磁安匝将增加，导致增加电机的用铜量、尺寸和造价。

（2）短路比大，x_t 小，负载电流引起的端电压的波动幅度较小，但短路电流则较大。

（3）影响运行的静态稳定度。以后还要分析，短路比大，x_t 小，静态稳定极限高。

通常隐极同步发电机的短路比为 0.5～0.7。

8.2.4.3　外特性和电压变化率

1. 外特性

外特性指发电机保持额定转速 n_N、励磁电流 I_f 和负载的功率因数 $\cos\varphi$ 不变时，发电机端电压 U 与负载电流 I 的关系曲线。即 $n=n_N$、I_f、$\cos\varphi$ 为常数时，$U=f(I)$。

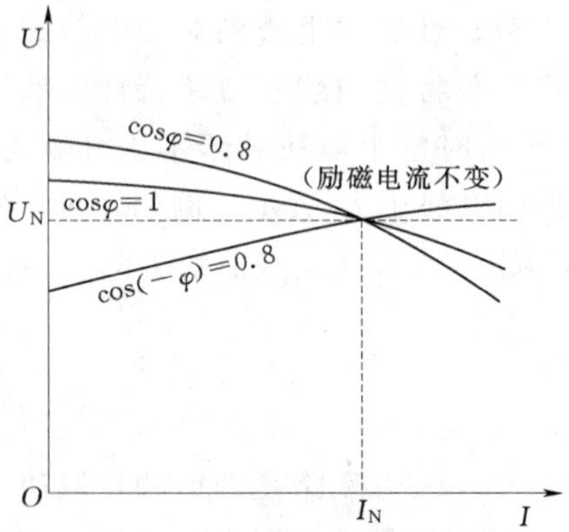

图 8.17　同步发电机的外特性

对应于不同的负载功率因数，有不同的电枢反应，有不同的外特性，如图 8.17 所示。从图 8.17 中可以看出，在感性负载 $\cos\varphi=0.8$ 和纯电阻性负载 $\cos\varphi=1.0$ 时，外特性是下降的，这两种情况下电枢反应均有去磁作用（负载 $\cos\varphi=1.0$ 时因 x_t 的存在使 $\psi\neq0$），同时定子漏阻抗压降亦引起端电压下降。但在容性负载 $\cos(-\varphi)=0.8$ 时，电枢反应具有助磁作用，气隙磁通增加，因此端电压 U 升高。这与图 6.17 所示的变压器外特性是一致的。

2. 电压变化率

外特性用曲线形式表明了发电机端电压变化的情况。而电压变化率则定量地表示出运行时端电压的波动程度。电压变化率是指同步发电机在保持同步转速和额定励磁电流下，从额定负载（$I=I_N$，$\cos\varphi=\cos\varphi_N$）变到空载时端电压变化量与额定电压的比值，用百分数表示，即

$$\Delta U=\frac{E_0-U_N}{U_N}\times100\% \tag{8.13}$$

电压变化率是表征同步发电机运行性能的数据之一。显然，同步电抗 x_t 是主要的影响因素。现代的同步发电机装有反应快速的自动调压装置，能自动调整 I_f 改变 E_0，以维持端电压 U 基本不变，故 ΔU 值可大些。但为了防止突然卸去负载时端电压上升过高而导致击穿定子绕组绝缘，ΔU 不宜过大。汽轮发电机的 $\Delta U=30\%\sim48\%$。

8.2.4.4 调整特性

从外特性可见，当负载发生变化时端电压也随之变化，为了保持发电机的端电压不变，必须调节发电机的励磁电流。当发电机保持额定转速不变，端电压和负载的功率因数恒定时，励磁电流 I_f 与负载电流 I 的关系称为发电机的调整特性，即 $n=n_N$、U、$\cos\varphi$ 为常数时，$I_f=f(I)$ 曲线。

负载功率因数不同，调整特性不同，如图 8.18 所示。对于感性和纯阻性负载，为了补偿负载电流所产生的电枢反应的去磁作用和定子漏阻抗压降，保持发电机端电压 U 不变，必须随负载电流 I 的增加相应地增大励磁电流 I_f。因此，图 8.18 中调整特性曲线是上升的，如图中 $\cos\varphi=0.8$ 和 $\cos\varphi=1.0$ 的曲线。对于容性负载，当负载的容抗作用超过同步电抗的影响时，为了抵消电枢反应的助磁作用，保持发电机端电压不变，必须随负载电流的增加相应地减少励磁电流，因此调整特性曲线是下降的，如图中 $\cos(-\varphi)=0.8$ 的曲线。发电机的额定功率因数一般规定为 0.8～0.9（滞后），制造厂是根据电力系统要求的额定功率因数来设计发电机的。因此，发电机运行在额定工况下，功率因数如果低于额定值，励磁电流则超过额定值，可能引起转子绕组过热。

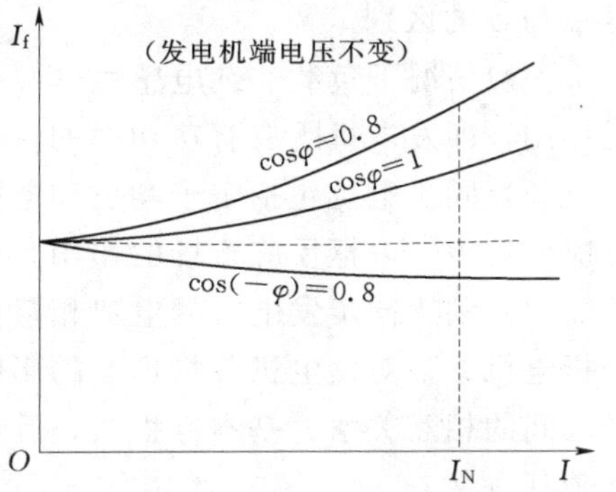

图 8.18 同步发电机的调整特性

调节发电机的励磁电流，在负荷变化时保持发电机端电压的稳定，是发电机自动励磁调节系统的主要任务。

8.2.5 小结

本节主要研究了同步发电机在对称稳定运行条件下电势、端电压、相电流和励磁磁势、励磁电流之间的关系。核心问题是定子电枢反应磁势对气隙磁通的作用，也就是 $\vec{F}_f$、$\vec{F}_a$、$\vec{F}_\delta$ 及 $\dot{E}_0$、$\dot{E}_a$、$\dot{E}_\delta$ 之间的关系。转子电流 I_f 的磁场 $\vec{F}_f$ 在空间旋转，其磁通 $\dot{\Phi}_0$ 切割定子绕组而形成定子三相对称电势 $\dot{E}_0$ 和电流 $\dot{I}$；定子三相电流 $\dot{I}$ 又在空间形成与 $\vec{F}_f$ 同步旋转的电枢磁场 $\vec{F}_a$，其磁通 $\dot{\Phi}_a$ 切割定子绕组而在定子绕组中形成电枢反应电势 $\dot{E}_a$，$\dot{E}_0$ 与 $\dot{E}_a$ 相加得到气隙电势 $\dot{E}_\delta$。

发电机在对称稳定运行时，因 $\vec{F}_a$ 与 $\vec{F}_f$ 在空间同步旋转，$\dot{\Phi}_a$ 不切割转子绕组，故不在转子回路产生感应电势。$\dot{E}_0$ 是发电机的空载电势，$\dot{E}_a$ 可视为发电机的内电抗压降，$\dot{E}_\delta$ 则可视为发电机负载时的输出电势。转子磁场、电枢磁场及其气隙合成磁场在空间是同步旋转、相对静止的，其大小和相对位置也是一定的，反应在定子绕组中，它们分别与 $\dot{E}_0$、$\dot{E}_a$ 和 $\dot{E}_\delta$ 相对应，在忽略定子漏阻抗时，$\dot{E}_\delta=\dot{U}$。发电机简化的等值电路和相量图是同步发电机稳态分析简洁而有力的工具，后面的章节中还会反复用到。本节的主要内容有：

（1）在对称负载时，电枢磁势对气隙磁场的影响称为电枢反应。电枢反应性质取决于同步电抗和负载阻抗的性质及其大小。

（2）电枢反应的存在是实现机电能量转换的关键。$\psi=0°$时的电枢反应是交磁性质的，原动机加在转子上的机械力矩克服定子有功电流作用于转子绕组的电磁阻力力矩，维持发电机运行而输出有功功率。$\psi=90°$时的电枢反应是直轴去磁性质的，为维持发电机的端电压需增加励磁电流，发电机输出感性无功功率。$\psi=-90°$时的电枢反应是直轴助磁性质的，为维持发电机的端电压需减少励磁电流，发电机输出容性无功功率。注意，由于ψ是$\dot{E}_0$与$\dot{I}$之间的夹角，这里发电机的负载包括同步电抗，即发电机的内阻抗x_t在内，要注意ψ与φ的区别。

一般情况下负载非纯电感性（$0°<\psi<90°$），电枢反应的性质既有交磁作用，也有去磁作用，即发电机既有有功功率的输出，也有感性无功功率的输出。

（3）同步电抗包括定子漏抗和电枢反应电抗，定子漏抗表征定子漏磁场的作用；电枢反应电抗表征电枢反应磁场的作用。同步电抗对发电机的运行特性有着重要影响。

（4）利用同步发电机的电势相量图，可在不考虑磁路饱和及利用叠加原理的情况下，分析电机参数对发电机各物理量的影响。利用相量图和电势方程式可分别描述电机各物理量之间的相互关系。基本方程式、等值电路和相量图，特别是简化等值电路和相量图，应清楚其意义。

（5）同步发电机的运行特性主要有空载特性、短路特性、外特性和调整特性。空载特性反映磁路的饱和情况；短路特性反映磁路不饱和时定子电流和转子励磁电流的关系；外特性反映了负载功率因数不变、励磁电流恒定时，负载变化对端电压的影响情况；调整特性表明，在负载的功率因数不变条件下，必须随着负载的变化调整发电机的励磁电流，以维持端电压恒定。这些，读者应能利用本节讨论的电枢反应知识进行解释。

（6）短路比和同步电抗是表征同步发电机稳定运行性能的主要参数，可以从空载和短路特性曲线上确定。

8.3　同步发电机的功率调节

现代电力系统是由不同类型发电厂的许多机组并列运行，同时向用户供电的。用户的负荷需求每时每刻都在变化，发电机组的总出力必须随时与负荷需求相适应，因此功率调整是系统对发电机组的必然要求。下面先介绍同步发电机的功角特性，然后讨论发电机功率调节的有关问题。

8.3.1　发电机的有功功率

1. 发电机的有功功率

同步发电机的任务就是将转子轴上由原动机供给的机械功率通过电枢反应作用转变为电功率输出给用户。在功率传送的过程中，不可避免地会有各种功率损失。对于汽轮发电机，汽轮机输入的机械功率P_1首先要减去由于摩擦（轴承的滑环等）、风损（空冷或氢冷风扇）等形成的机械损耗ΔP_m和铁芯中的磁滞、涡流形成的铁耗ΔP_{Fe}，剩下来的就是通过电磁感应从转子传到定子的电磁功率P_{em}，即

$$P_{em}=P_1-\Delta P_m-\Delta P_{Fe} \tag{8.14}$$

不管发电机是否带负荷，ΔP_m和ΔP_{Fe}总是存在的，所以用空载损耗ΔP_0表示，即

$$\Delta P_0 = \Delta P_m + \Delta P_{Fe}$$

这样式（8.14）就可写成

$$P_1 = P_{em} + \Delta P_0$$

当发电机向电网输出电功率时，又在定子绕组中产生铜耗 ΔP_{Cu}。因此，实际向电网输出的电功率是

$$\begin{aligned} P_E &= P_{em} - \Delta P_{Cu} \\ &= P_1 - (\Delta P_0 + \Delta P_{Cu}) \end{aligned} \tag{8.15}$$

这就是同步发电机中的功率平衡关系。事实上，对于大、中容量的同步发电机来说，定子铜耗 ΔP_{Cu} 不会超过额定功率的 1%，所以可略去不计，而认为输出功率 P_E 就等于电磁功率 P_{em}，即

$$P_E = P_{em} = 3UI\cos\varphi \tag{8.16}$$

式中：U 为发电机的相电压；I 为相电流；$\cos\varphi$ 为负载的功率因数。

当发电机空载时，定子绕组中的电流 I 等于零，不存在电枢反应。此时发电机中只有由转子主磁极的励磁磁势 F_f 所建立的主磁场，这时发电机的端电压等于由主磁场产生的空载电势 E_0，原动机输给发电机的功率 P_1 等于发电机的空载损耗。

当发电机定子绕组输出端接上负荷时，发电机向负荷输出有功功率，发电机转子就会受到一个制动转矩的作用。这个制动转矩和空载转矩加起来，如果比原动机的拖动转矩大，就会使转子转动速度变慢。为了保持同步发电机以同步转速运转，就必须增加汽轮机的进汽量，以增加拖动转矩。于是转子又要加速，直到汽轮机所供给的机械功率与发电机输出的电功率重新达到平衡，发电机才重新以同步转速稳定运转。

由于定子绕组中出现电流而发生电枢反应，电枢反应的结果是使发电机的气隙磁场发生扭曲，所形成气隙合成磁场对于主磁场来说，逆着转子旋转的方向偏转了一个 δ 角度。如果要继续增加发电机输出有功功率，原动机的输入功率也必须增加。因为负荷的增加就表示着定子有功电流的增加，以及电枢磁势的增加和电枢反应作用增强，作用于转子的电磁力矩要增加，这必然导致功角 δ 继续增大。

同步发电机的这种运行状况就好像是发电机转子磁场和气隙磁场之间有一些橡皮筋弹性地连在一起，由转子磁场拖动气隙磁场在空间以同步速度旋转，如图 8.19 所示。δ 增大，定子、转子磁极间的距离增加，橡皮筋就被拉得越紧，转子将更多的功率传给定子，所以发电机输出的有功功率就增大。图 8.19 中，转子励磁电流由转子导体 d_1 穿入纸面，从 d_2 穿出，建立主磁场 F_f 方向垂直向上，而气隙合成磁场 F_δ 方向比主磁场滞后角度 δ。根据左手定则，可以确定导体 d_1 在气隙合成磁场中的受力为 $\vec{F}_1$，d_2 的受力为 $\vec{F}_2$，它们都垂直于合成磁势 $\vec{F}_\delta$，与水平线夹角为 δ。其水平方向分力 $\vec{F}_{12}$、$\vec{F}_{22}$ 大小相等，方向相反，相互抵消；其垂直方向分力 $\vec{F}_{11}$、$\vec{F}_{21}$ 大小相等，方向相反，形成与转子转动方向相反的力矩。该力矩就是定子绕组通过电枢反应作用于转子的阻力力矩。很显然，$F_{11} = F_{21} = F_1\sin\delta$，定子作用于转子的阻力力矩越大，功角 δ 越大。

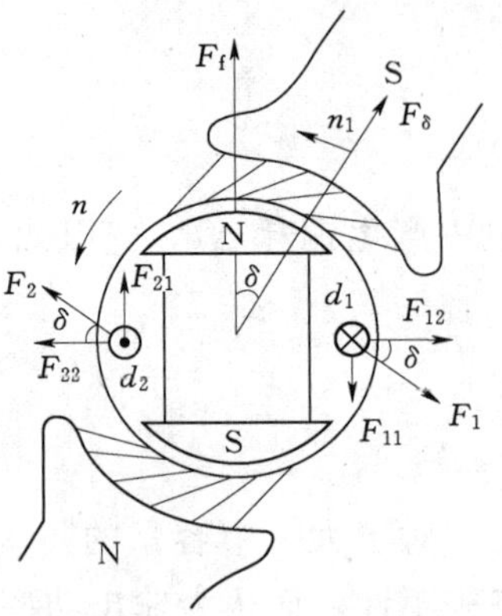

图 8.19　同步发电机转子磁场拖动气隙磁场

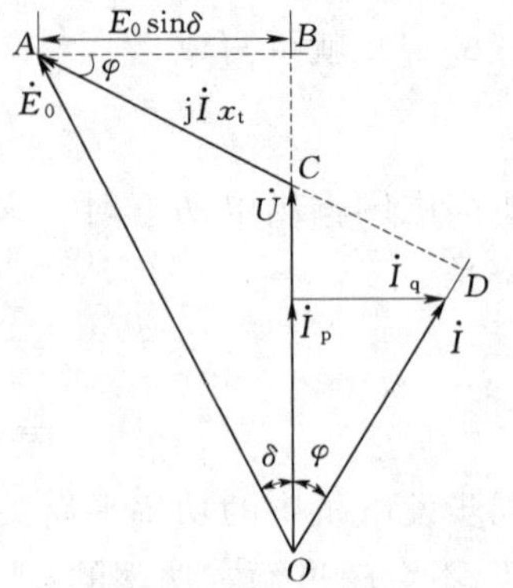

图 8.20　隐极式同步发电机相量图
$\dot{I}_p$—$\dot{I}$ 的有功分量；$\dot{I}_q$—$\dot{I}$ 的无功分量

2. 同步发电机的功角特性

功角特性是指同步发电机接在电网上对称稳态运行时，发电机发出的电磁功率与功率角之间的关系。从图 8.19 中，已经看到了发电机输出有功功率大小和功角 δ 有一定关系。为了分析隐极式同步发电机的功角特性，将图 8.13 中的相量图重画于图 8.20 中。由于同步电抗 x_t 上电压的相位超前定子电流 90°，所以，线段$\overline{AC}$与$\overline{OD}$垂直，$\triangle ABC$ 与$\triangle ODC$相似。因此，$\cos\varphi=\overline{AB}/\overline{AC}$，$\overline{AB}=E_0\sin\delta$，$\overline{AC}=x_tI$，汽轮发电机输出电磁功率为

$$P_{em}=3UI\cos\varphi=3U\frac{\overline{AC}}{x_t}\frac{\overline{AB}}{\overline{AC}}=3\frac{E_0U}{x_t}\sin\delta \tag{8.17}$$

若发电机并联在功率无穷大电网中运行，则发电机的端电压 U 和系统频率都可视为常数。如果维持发电机的励磁电流不变，E_0 也不变。在电压不变时 x_t 的值也可以视为常数。这样，电磁功率的大小就仅由 δ 角定，它们之间具有正弦函数的关系，如图 8.21 所示，称电磁功率 P_{em}与功角 δ 的关系曲线称为发电机的功角特性。

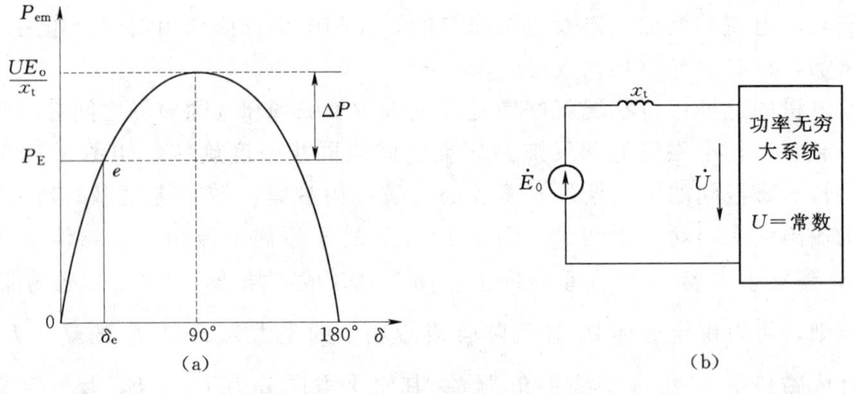

图 8.21　同步发电机的功角特性

从发电机功角特性上可以看到，当 δ 角从零逐渐增加到 90°时，发电机输出的有功功率随着 δ 的增大而增大，当 δ 等于 90°时，输出功率达到最大值，即

$$P_{max}=\frac{3E_0U}{x_t} \tag{8.18}$$

从图 8.19 上也可以得到类似结果，$\delta=90°$时，气隙合成磁势 $\vec{F}_\delta$ 与主磁势 $\vec{F}_f$ 垂直，$F_{11}=F_1\sin\delta=F_1$。P_{max}称为发电机的功率极限值。如果励磁电流不变，$\vec{F}_f$ 不变，励磁电势 E_0 也不变，发电机向外输出的功率就不可能超过个数值。当δ角从 90°继续增大时，增出功率反而随δ的增大而减小，当δ等于 180°时，输出的功率为 0。从图 8.19 中也可直观地看出，δ等于 180°时，气隙磁场与主磁场完全重合，F_1、F_2 与磁场运动方向垂直，合成力矩为 0，相互之间已无作用力。显然，此时发电机内只存在去磁电枢反应。

实际上，电网的运行情况是变化的。即使汽轮机的输出功率保持不变，电负荷的变动使转子受到的电磁力也是经常变化的，从而使δ发生变化。如果原来的发电机功角δ在 0°～90°之间（如图 8.21 中的 e 点），外力作用使δ发生微小变化时，发电机通过若干个摆动周期后能回到原来的工作点，此区间称为静态稳定区间；而当功角在 90°～180°时，则不会回到稳定状态，称之为非稳定区，发电机不可能在这个区间稳定工作。当功角继续增大，超过 180°时，输出负功率，也就是发电机从电网吸收有功功率，此时气隙磁场超前转子磁场，由电枢磁场为主导的气隙磁场拖动转子磁场旋转，即进入电动机运行状态了。

根据图 8.19，可以分析得出同样的结论。假定气隙等效磁极仍在图 8.19 示位置，若作用在转子上的机械力矩逐步减小并到零，转子减速使励磁磁势 $\vec{F}_f$ 落后于气隙磁势 $\vec{F}_\delta$，并达到与图示相反的位置，$\vec{F}_f$ 处于垂直向下的位置，$\delta>180°$如图 8.22（a）所示。显然，此时转子导体在气隙磁场中受力方向与图 8.19 所示方反向也相反，其转矩的方向与转子转动方向是相同的，即气隙磁场推动转子旋转，发电机向系统吸收有功功率。事实上，只要转子转速下降，使 $\vec{F}_\delta$ 超前 $\vec{F}_f$（即功角小于 0），电机就进入电动机状态了，如图 8.22（b）所示。气隙磁场作用于转子的力 $\vec{F}_1$ 和 $\vec{F}_2$ 垂直于 $\vec{F}_\delta$，其分力 F_{11} 和 F_{21}形成拖动转子转动的转矩。由于转子本身具有励磁电源，不像异步电动机那样靠感应电流产生转子磁

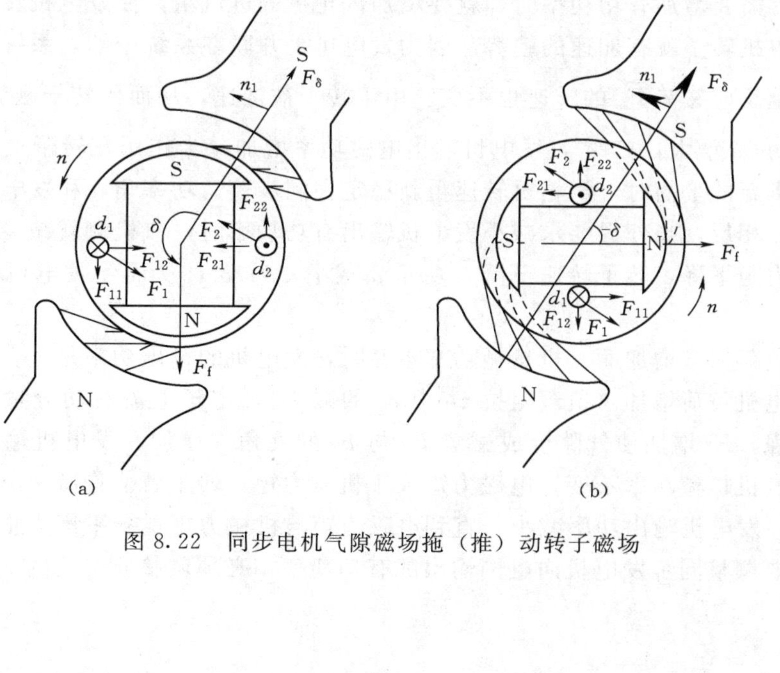

图 8.22 同步电机气隙磁场拖（推）动转子磁场

场，转子可在电枢磁场主导的气隙磁场拖动下以同步速旋转，所以称为同步电动机。

从图8.21中还可看出：对于功角在0°～90°范围内运行的发电机，保持输出电磁功率不变，增加发电机励磁电流，增加励磁电势E_0，可提高极限功率，减小功角δ，从而提高发电机运行稳定性。

所以，功率角δ是反映同步发电机运行状态的一个重要的变量，它既反映$\vec{F}_f$与$\vec{F}_\delta$在空间的相位差，又反映$\dot{E}_0$与$\dot{E}_\delta(\dot{U})$在时间上的相位差。它不仅决定了发电机输出功率的大小，而且反映发电机转子运行的空间位置。通过它，把同步发电机的电磁变化关系和机械运动状态紧密地联系起来。汽轮机输出机械功率变化，使转子磁场与气隙合成磁场的相对位置的变化，即功率角δ大小发生变化，引起同步发电机有功功率的变化；另一方面，转子的空间位置要受到电磁过程的制约，例如，某种原因使发电机有功功率下降（如发电机出口线路阻抗增加使发电机等效同步电抗x_t增加，发电机通过线路向负荷供电时，为分析方便，可将线路阻抗折算到x_t上）时，转子就会加速，功率角就会δ增大，为使系统稳定，必须减小作用于转子的机械功率，使功率角δ稳定在新的平衡位置。

8.3.2 同步发电机的有功调节与电网频率控制

8.3.2.1 发电机与无穷大电网并联运行时的有功调节

所谓“无穷大电网”，就是指电网的容量极大，因此其频率和电压不受负载变化或其他扰动的影响而能保持为常数的电网。在实际电力系统中，“无穷大电网”是不存在的。但是，当发电机并联电网的容量大于单机容量的10倍以上时，单台发电机功率的调节和变化对电网频率、电压等参数的影响相对较小。为了便于分析，突出问题的主要方面，可将电网视为无穷大电网，来分析发电机与电网并联运行的功率调节问题。

发电机组在运行中，有功功率一般是通过DEH系统控制的，当机组投运协调和AGC控制时，则由协调控制系统或由AGC通过协调控制系统来实现有功功率的控制。当汽轮机的机械转矩与发电机的电磁转矩平衡时，发电机转速保持稳定，功角为δ_e，如图8.21所示。当外界需要增加有功功率时，就要增加汽轮机的进汽量，使发电机转轴上的机械力矩增加，发电机转子就有加速的趋势。因为发电机是并联在系统中的，系统频率不变，定子绕组的电枢反应磁势$\vec{F}_a$的转速也不变。由于转子被加速，从而使转子磁势$\vec{F}_f$与气隙磁势$\vec{F}_\delta$之间夹角δ增大，$\delta>\delta_e$，发电机输出电磁功率增加。当作用在转子上的电磁力矩与机械力矩达到新的平衡时，汽轮机转速重新稳定在同步速，功率角δ和发电机功率稳定在新的数值上。相反，当外界要求减小发电机输出有功功率时，汽机侧就减少汽轮机的进汽量，使机械力矩下降，转子转速下降，功角δ减小，$\delta<\delta_e$，从而使发电机输出有功功率下降。

当外界负荷需求增加而汽机机械功率不变时，发电机的输出功率是不会增加的。假设某一时刻发电机负荷增加（负载阻抗z_L中r_L的减小），定子电流有功分量增加，则电枢反应磁场加强，F_a增加使气隙合成磁势F_δ与F_f的夹角δ增加，发电机输出电磁功率增加。但由于汽机机械功率不变，电磁力矩大于机械力矩，转子就会作减速运动，其结果使功角δ减小，发电机输出功率减小，直到电磁力矩与机械力矩重新平衡为止。

可见，要调整同步发电机向电网输出的有功功率，必须调整原动机的输入功率，使功

率角 δ 作相应改变，从而改变输出功率，并达到新的平衡。因此，有功功率的调整过程，就是改变原动机输入功率与发电机输出功率，在新的功率角 δ 下建立新的功率平衡状态的过程。

8.3.2.2 发电机与有限大电网并联时功率调节

实际电网的容量总是有限的，当电力系统负荷发生变化，或者发电机输出有功功率变化时，都会引起电网内部有功功率失去平衡，从而引起系统频率的波动。所以发电机与有限大电网并联运行时，有功调节就比理想情况复杂一些。

1. 负荷的频率特性

电网频率波动与负荷的频率特性有关。所谓负荷的频率特性就是系统负荷随系统频率变化的规律。电力系统各种负荷，有的与频率无关，有的与频率的一次方成正比，有的与频率的二次方成正比，有的与频率的更高次方成正比。负荷频率特性一般可表示为

$$P_L = a_0 P_{LN} + a_1 P_{LN}\left(\frac{f}{f_N}\right) + a_2 P_{LN}\left(\frac{f}{f_N}\right)^2 + a_3 P_{LN}\left(\frac{f}{f_N}\right)^3 + \cdots + a_N P_{LN}\left(\frac{f}{f_N}\right)^n \quad (8.19)$$

式中：f_N 为额定频率；P_L 为系统频率为 f 时，系统的有功负荷；P_{LN} 为系统频率为额定值 f_N 时系统的有功负荷；a_0，a_1，…，a_N 为上述各种类型负荷占 P_{LN} 的比例系数。

式（8.19）称为电力系统的负荷频率特性方程。当系统负荷的组成及性质确定后，负荷频率特性方程也就确定了，根据负荷频率特性方程作出负荷频率特性曲线，如图 8.23 所示。

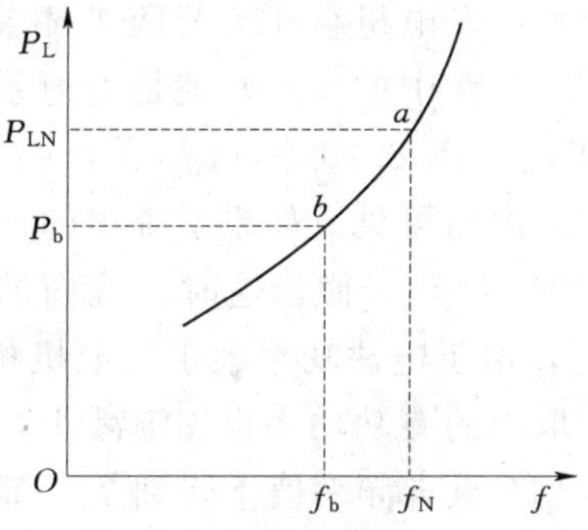

图 8.23 负荷的频率特性

由图 8.23 可知，当系统在额定频率 f_N 时，系统负荷为 P_{LN}，当频率下降到 f_b 时，系统负荷由 P_{LN} 下降到 P_b，如果频率升高，负荷将增大。也就是说，当系统内机组的输入功率和负荷间失去平衡时，系统负荷也参与了调节作用。这一特性有利于系统中有功功率在另一频率值下的重新平衡。例如，当系统用户的有功功率需求增加而大于并联在电网上的所有发电机输出有功功率之和时，发电机电磁转矩大于机械转矩，转速就会下降，系统频率下降，而按负荷的频率特性，频率下降导致用户的有功功率需求减少，使系统在降低频率后重新达到有功功率的供需平衡，这种现象称为负荷的频率调节效应。

2. 发电频率特性

电网频率的波动与发电机组的频率特性也有关。如当系统负荷增加使系统频率下降时，并网运行的发电机转速将发生变化，机组一次调频作用自动增加汽轮机进汽量，增加发电机的输出功率以适应负荷的需要。这样，汽轮机转速的变化方向与输出功率的变化方向是相反的，汽轮机的静特性是一条下倾斜的曲线。

电网的有功电源是由并列运行各发电机组成的，并列运行机组的发电频率特性即系统频率变化而引起的并列运行机组输出功率变化的关系，可以看成是并列运行各发电机发电频率特性的组合。当电网频率发生变化时，并列运行机组总的输出功率的变化量等于并列运行各发电机输出功率的变化量之和。如图 8.24 所示。如系统以额定频率 f_N 运行时

(图中 a 点)，其输出功率为 P_{ema}；当系统负荷增加而使系统频率下降到 f_b 时，则并列运行机组由于自动调频作用使功率增加到 P_{emb}（图中 b 点)。可见，频率下降 Δf，发电机组的输出功率总增加量为 ΔP_{em}。很显然，这是一种有差调节，其特性称为有差调节特性。

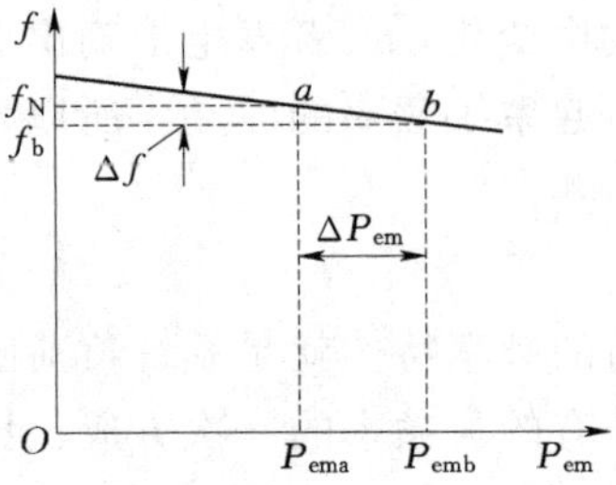

图 8.24　发电频率特性

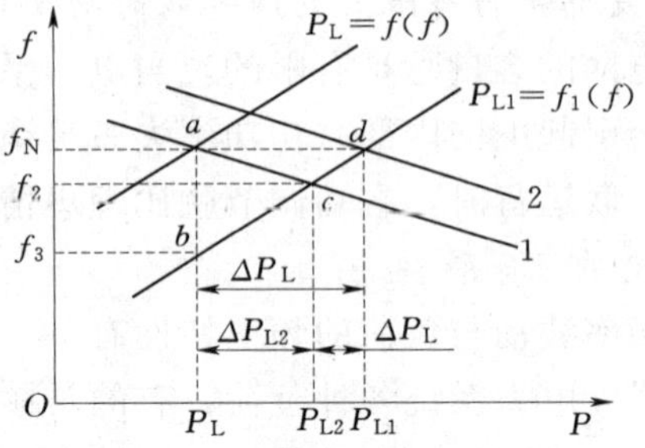

图 8.25　电力系统的二次调频

3. 系统频率的二次调节

电力系统主要是由发电机组、输电网络及负荷组成的，如果把输电网络的功率损耗看成是负荷的一部分，在系统稳定运行的情况下，讨论系统频率特性时，就可将电力系统看成为由发电机组和负荷两个环节构成的闭环系统，发电频率特性与负荷频率特性的交点(图 8.25 中的 a 点）就是电力系统的频率稳定运行点。此时，系统频率为 f_N，系统负荷为 P_L。图 8.25 中 $f(f)$、$f_1(f)$ 代表负荷的频率特性，曲线 1、2 代表发电机组的静特性。由图可见，如果系统中的负荷增加 ΔP_L，总负荷需求变为 P_{L1}，负荷特性曲线由 $f(f)$ 变到 $f_1(f)$。假设这时系统内的所有机组无自动调频功能，机组的输入功率恒定且等于 P_L，由于电磁功率大于发电机机械功率，发电机减速运行，系统频率将逐渐下降，负荷所取用的有功功率也逐渐减小，依靠负荷频率调节效应使系统达到新的平衡，运行点由 a 点到 b 点，频率值下降到 f_3，系统负荷仍为原来的 P_L。在这种情况下，频率的偏差值 Δf 决定于 ΔP_L 值的大小，Δf 是比较大的。但是，实际上发电机组具有自动调频功能，当系统负荷增加，频率开始下降时，调速器（或 DEH 速度控制）即起作用，增加机组的输入功率。经过一段时间后，运行点稳定在 c 点，这时系统负荷所取用的功率为 P_{L2}，小于额定频率下所取用的功率 P_{L1}，频率稳定在 f_2。此时的频率偏差 Δf 比无调频作用时要小得多。可见，调速器对频率的调节作用是明显的。调速器的这种调节作用通常称为一次调频。

发电频率特性是并联在网上运行的各发机组频率特性的综合反映。当系统频率发生变化时，每台机组的功率变化量是不同的。为了说明每台机组的功频特性，在汽轮机调节中采用了速度不等率。机组的速度不等率越小，系统频率变化时，机组功率变化量越大，机组的调频任务越重。并列运行的机组承担调频任务多少，除与机组本身特性有关外，还与电网有功经济分配有关。当负荷变化时，具有调频功能的机组，按其静特性参加一次调频。但是，如果系统负荷变动相当大，所引起的频率下降超过了允许的频率偏差范围时，就要上移发电频率特性曲线，于是系统频率上升，负荷取用的功率也增加。当系统中机组的输入功率与负荷所需要的总功率 P_{L1} 相平衡时，运行点由 c 点移到 d 点，这时频率恢复到额定值 f_N。上移发电频率特性的过程也就增加发电机输入机械功率、提高系统频率的过程。例如，运行人员根据电网调度命令，在 DEH 上增加功率定值，开大汽机调门时，会使发电机输入机械功率大于输出电磁功率，发电机转子被加速，发电机功角增大，输出有功功率增加。所以，这时系统有功的增加是伴随着系统频率增加同时进行的。在运行点由 c 点移到 d 点的过程中，系统负荷并未改变，负荷只是按其频率调节效应增加取用有功功率。随着发电机输入机械功率增加、发电机转速上升、系统频率提高，系统频差减小，发电频率特性由曲线 1 移到曲线 2。对于火电机组，上移发电频率特性曲线的可能方式有三种：①对于常规液压调速系统，由运行人员操作同步器增加汽轮机功率；②对于采用 DEH 控制负荷的机组，增加 DEH 负荷设定值；③机组协调控制系统运行时，通过负荷管理控制中心增加负荷设定值。不管采取哪种方式，都是在电网调度的统一指挥下进行的。在自动调度系统运行的情况下，机组负荷可根据 ADS 的指令直接进行控制，即 AGC 控制。

用手动或通过自动调频装置改变机组功率（或频率）给定值，调节进入原动机的输出功率来调节电力系统频率的方法，称为电力系统频率的二次调节，简称为二次调频。

8.3.3 同步发电机运行的稳定性

汽轮发电机输出电磁功率为

$$P_{\mathrm{em}}=3\frac{E_0U}{x_{\mathrm{t}}}\sin\delta$$

当发电机功角在 0°～90°范围内变化时，发电机运行是稳定的，当功角超过 0°～90°范围时，发电机运行变为不稳定。发电机运行是否稳定，对发电机组本身和电力系统影响很大，了解影响发电机运行稳定的因素，对在运行过程中自觉采取相关措施，维护发电机的稳定运行，具有特别重要的意义。

1. 发电机的静态稳定

发电机的稳定性包括静态稳定和动态稳定两种。当它并列于无穷大电网运行时，输出的有功功率完全取决于原动机，如汽轮机或水轮机。一般来说，原动机输出机械功率的变化相对于电气过程是十分缓慢的，电气过渡过程可以忽略，可认为发电机的功率是按稳定状态变化的，这种运行状态称为静态。在稳定状态下，汽轮机输出的机械功率和发电机输出的电磁功率是平衡的。为了便于分析，忽略发电机的功耗，即认为稳定状态下发电机输出功率 P_{E} 等于发电机的输入功率 P_1，发电机的功角 δ 稳定在某一数值上。

但事实上，运行过程中电网的有功负荷每时每刻都在变化，相应地，发电机功角也是以某一平衡位置为中心反复变化的。如图 8.26 所示，假设发电机开始工作在 a 点，输出功率为 P_{a} 等于 P_1，功角为 δ_{a}。如果汽轮机的输出功率保持不变，发电机受到负荷扰动，转子受到不平衡的电磁力作用，使 δ 角发生了微小变化，例如从 δ_{a} 增加到 δ_{c}，角度增加了 $\Delta\delta$，此时，发电机的电磁功率也要增加 ΔP_{em}，工作点就从 a 点移到 c 点。但由于汽轮机的输出功率与功角 δ 无关，它供给发电机的机械功率 P_1 仍保

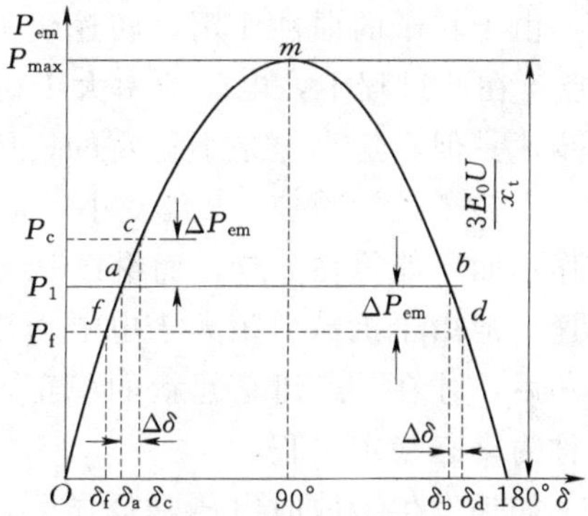

图 8.26 同步发电机的静态稳定

持不变，所以发电机的电磁功率 P_c 大于汽轮机的机械功率，即 $P_c>P_1$，因此发电机转子就要减速，δ 角度要减小，但由于转子的惯性作用，需经过若干次微小的振荡后，发电机的输出功率才会恢复到 P_1，即由 c 点重新回到 a 点，恢复了平衡。同理，如果电磁功率减少使功角 δ 由 δ_a 减小到 δ_f，由于发电机输出的电磁功率 P_f 小于汽轮机输出的机械功率 P_1，转子便获得加速，经过若干次微小的振荡后，使功角由 δ_f 增大到 δ_a，功率又恢复平衡，所以发电机在 a 点运行是稳定的。在这种状态下，我们说，发电机保持静态稳定。

但是，如果发电机功角 δ 大于 90°，如发电机运行在 b 点时，机械功率 P_1 上升使功角增加 $\Delta\delta$，发电机运行到 d 点，则此时发电机的电磁功率反而变小，因此，转子将被进一步加速，随着 δ 角的继续增大，电磁功率进一步减小，最后会使发电机转速急剧升高而失去同步，这就引起了振荡，所以 b 点不是发电机的稳定运行点。功角特性曲线的最高点 m，δ 等于 90°，m 点称为发电机的静态稳定极限。发电机在 m 点上运行，虽然功率能暂时平衡，但当 δ 角有微小增加时，发电机的工作点就可能会进入曲线右边下降部分，使系统失去静态稳定。

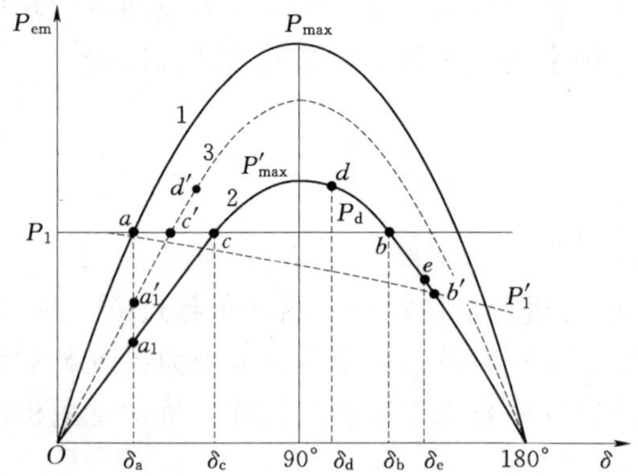

图 8.27　同步发电机的动态稳定

2. 发电机的动态稳定

发电机的动态稳定问题常发生在事故状态下。在电力系统发生故障的时候，发电机电压大幅度降低，发电机功角特性将发生变化。如图 8.27 所示，在发生故障前，发电机输入功率为 P_1，这时功角是 δ_a，工作点在曲线 1 的 a 点。当系统发生电气故障时，由于发电机电压 U 下降，发电机的功率特性由曲线 1 变为曲线 2，工作点由曲线 1 上的 a 点变到曲线 2 上的 a_1 点。这是因为转子有惯性，转速不能突变，刚发生故障的瞬间，δ 角未变，所以发电机的运行点由 a 点落到 a_1 点，使发电机的电磁功率突然减少。而此时汽轮机机械功率为 P_1 没变，故汽轮机的机械功率大于发电机电磁功率，使转子获得加速，转速大于额定转速，δ 角增大，直到运行点从 a_1 点移向 c 点，功率才会平衡。但到达 c 点后，由于转子的惯性作用，转速仍大于额定转速，使 δ 继续增大到 δ_d，运行点由 c 点移到 d 点。在此过程中，电磁功率大于机械功率，转速在减小，到达 d 点时，转子转速恢复为同步速。但在这点上是不稳定的，因发电机的电磁功率大于机械功率，制动转矩大于拖动转矩，转子继续减速，δ 角变小，运行点由 d 点向 c 点方向变化。到达 c 点后，又由于惯性作用而不能停在 c 点，而继续从 c 点向 a_1 方向变化。到达某点时，虽转速又恢复为同步速，但由于机械力矩大于电磁力矩，又开始新的摆动。这样经过一段时间加速和减速的振荡后，才在 c 点建立起新的稳定，此时发电机的功率仍为 P_1，而功角是 δ_c，这样的过程称为动态稳定过程。

如果发生事故时电压降低显著，输出功率下降很多，转子的加速过大，运行点由 c 点到达 d 点时，转子转速还没有降低到同步速，转子仍会继续向前冲，一直冲到越过水平

线 P_1 与曲线 2 的另一个交点 b，而达到 e 点，功角由 δ_b 增大到 δ_e。这时发电机的电磁功率反而小于机械功率，转子更加加速，功率无法平衡，当 δ 角超过 180°时，就会造成发电机失步。这种不能达到稳定运行状态的过程称为失去动态稳定。

如图 8.27 所示，δ_b 是个临界角，当振荡摆了这个角度后，就会造成失步。所谓失步就是转子的转速不再和定子磁场的旋转速度一致，其间有相对速度，且 δ 角在 0°～360°范围内变化。当发电机功角在 0°～180°范围内变化时送出有功；当发电机功角在 180°～360°范围内变化时吸收有功，这时发电机的电流、功率等发生剧烈的振荡。

3. 提高发电机运行稳定性的措施

从以上分析中可以看出，要保持发电机运行的稳定，可从下列几个方面采取措施：

（1）选择合适的工作点，使发电机保持静态稳定，并留有一定余地。所以在一般情况下，为了保持静态稳定，要求发电机的功角 δ 在 25°～30°范围内运行。从曲线上还可看出，提高发电机励磁电势 E_0，在同样的输出功率条件下，可减小功角 δ，有利于发电机保持静态稳定。

（2）维持发电机动态稳定的一个可能的措施是在故障情况下，及时增加励磁电流，尽可能提高发电机励磁电势 E_0，因为这样可以提高功率极限，提高故障状态下的输出功率，防止发电机过分加速而使功角越过临界角 δ_b。如图 8.27 所示，如果故障后通过强励（自动强行增加励磁电流）使功角特性变为曲线 3，则故障瞬间工作点落在 a_1'，由于发电机输出功率小于汽轮机的机械功率，转子加速。但此时的不平衡功率比 a_1 点要小，所以工作点到达 c'时，功率就重新达到了平衡。c'以后，在惯性作用下，功角继续增大，但由于电功率大于机械功率，转子转速降低，到 d'点时，转子转速下降到等于同步速，但电磁功率仍大于机械功率，此后转速继续下降，功角开始减小。可见，在动态过程中，功角并没超过静态稳定极限，即 δ 始终在 90°范围内变化，动态过程是稳定的。所以，在故障状态下，通过增加发电机励磁电流，尽量维持发电机较高的输出功率，对提高发电机及系统的稳定性是有利的。

（3）维持发电机动态稳定的另一个可能措施是在故障情况下，尽可能及时减少汽轮机的输出功率。在汽轮机数字电液调节系统中，设置了中压调门快关功能。在发电机部分甩负荷（如输出线路双回运行其中一回跳闸）时，瞬时关闭中压调门，减少汽轮机输出功率，以利于发电机重新回到同步运行的稳定状态。从图 8.27 可以看出：发电机是否能稳定，关键是 c 点以后的转速变化过程。在这一阶段，转子转速大于同步转速，功率角增加，但加速度为负，转速在下降，到达 d 点时，发电机的转速已和同步速相等。d 点以后，如果原动机功率小于发电机输出功率，发电机就会减速，直到最后回到稳定运行状态，所以，正确地使用快关控制，适时地减小原动机的输出功率，就能使“d”点提前，或使“b”点延后，扩大动态稳定的范围，提高发电机运行的稳定性。如图 8.27 所示，如果通过快关使汽轮机输出的机械功率 P_1 下降，机械功率沿曲线 P_1'变化，可将快关对动态过程的影响作如下分析。

1）机械功率的减小可以使 d 点提前。在 c 点以后，虽然功角在惯性作用下增大，但此时电磁功率大于机械功率，转子在做减速运动，机械功率越小，减速作用越强，转速下降到同步速对应的功角 δ_d 就越小，对稳定越有利，即可以使 d 点提前，如图 8.27 中曲线

3上的点 d'。

2）使临界角 δ_b 变大。我们知道：c 点之前是转子加速过程，c 点以后是减速过程，只要保证转速重新回到同步速时的电磁功率大于机械功率，即 d 点落在 b 点之前，使此后转子作减速运动，就能防止发电机失步。机械功率沿 P_1' 运动时，功率平衡点由 b 点移动到 b' 点，扩大了动态稳定的范围。

3）在机械功率 P_1 不变时，如果发电机运行点进入曲线中的 e 点，发电机就会失步。当机械功率变为 P_1' 后，如果转子在 e 点速度下降到同步速，则 e 点之后，由于机械功率仍小于电磁功率，转子还可以减速返回，系统是稳定的。所以，在故障使发电机出力下降的情况下，通过汽轮机中压调门快关，减小机械功率输出，可以提高动态稳定范围。

还有其他一些提高系统稳定性的办法，如输电线路采用自动重合闸。当电力系统瞬时故障使输电线路切除后，利用自动重合闸装置在瞬时故障消失后及时恢复线路运行，可增加发电机有功输出，减小发电机有功功率的不平衡，有利于系统的稳定。

8.3.4 同步发电机无功功率

电力系统的负载中包括有功功率和无功功率，并列运行在无穷大电网上的发电机，若只向电力系统输送有功功率，而不能满足电力系统对无功功率的要求时，就会导致电力系统电压降低。因此并网运行的发电机不仅要输送有功功率，还应输送无功功率。下面仍以隐极式同步发电机为例，分析并列运行时发电机无功功率的调节的问题。

1. 无功功率的功角特性与无功调节

隐极式汽轮发电机输出的无功功率为

$$Q=3UI\sin\varphi$$

式中：U、I 分别为相电压、相电流。

从图 8.20 中可以看出

$$\sin\varphi=\frac{\overline{OB}-\overline{OC}}{\overline{AC}}=\frac{E_0\cos\delta-U}{Ix_t}$$

$$Q=3UI\sin\varphi=3UI\,\frac{E_0\cos\delta-U}{Ix_t}=3\left(\frac{E_0U}{x_t}\cos\delta-\frac{U^2}{x_t}\right) \tag{8.20}$$

式（8.20）即为无功功率的功角特性。无功功率 Q 与功率角 δ 的关系如图 8.28 中 $Q=f_q(\delta)$ 曲线所示。当电磁功率 $P_{em}=f_{p1}(\delta)=P_a$、$\delta=\delta_a$ 时，由无功功率特性曲线 $Q_1=f_{q1}(\delta)$ 得到无功功率为 Q_a；当电磁功率 $P_{em}=P_b$、$\delta=\delta_b$ 时，由曲线 $Q_1=f_{q1}(\delta)$ 得到无功功率为 Q_b。Q_b 小于 Q_a。可见，当 E_0、U、x_t 一定时，发电机的无功功率随着功率角 δ 增大而下降，也就是说，发电机输出的无功功率随着输出有功功率增大而下降。

从能量守恒的观点来看，同步发电机与电力系统并列运行，如果仅调节无功功率，是不需改变原动机的输入功率的。从式（8.20）可知，只要调节励磁电流，改变励磁电势 E_0，就可改变同步发电机的无功功率。如图 8.28 所示，设发电机原来运行的运行点为 $P_{em}=P_a$，$\delta=\delta_a$。若维持原动机输入功率不变，增大励磁电流，使电势 E_0 增大，则有功功率和无功功率的极限值都将随之增大，特性曲线变为 $P_2=f_{p2}(\delta)$ 和 $Q_2=f_{q2}(\delta)$。发电机的功率角将从 δ_a 减小到 δ_c，此时有功功率仍为 P_a，无功功率变为 Q_c。$Q_c>Q_a$，显然，增大励磁电流后，无功功率输出增加了。

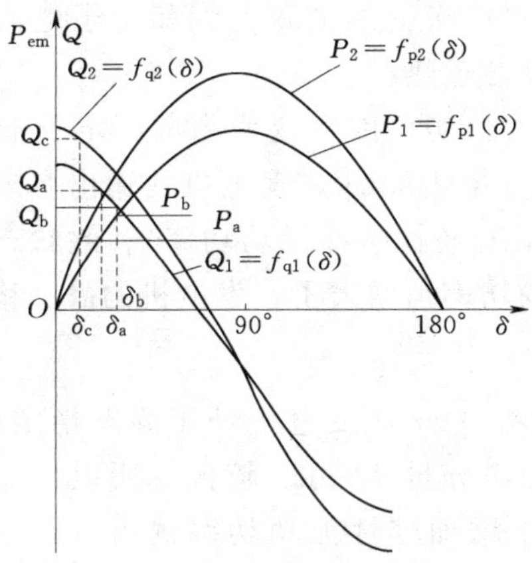

图 8.28 励磁电流改变时的功角特性及无功功率特性

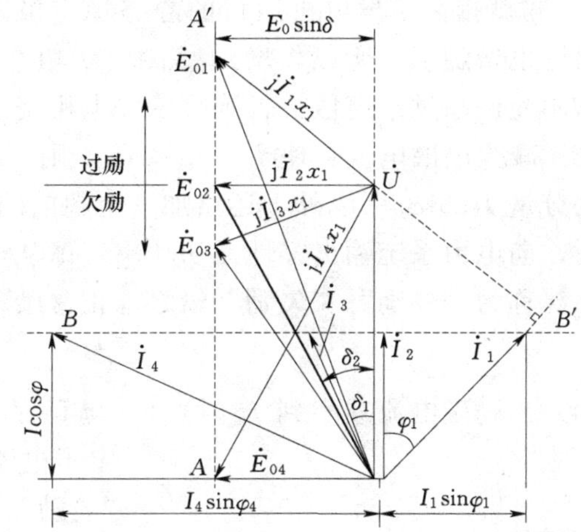

图 8.29 调节励磁电流时发电机的电动势相量图

2. V 形曲线

发电机在无穷大电网上并列运行时，改变励磁电流调节无功功率，可以用相量图来加以说明，如图 8.29 所示。以隐极发电机为例，不计定子绕组电阻，且保持输出有功功率不变时，则 $P_E=3UI\cos\varphi=$常数，由于发电机电压不变，所以 $I\cos\varphi$ 也为常数，即负荷电流的有功分量为常数，即

$$I\cos\varphi=\text{常数}$$

另一方面，由式（8.17）还可得到

$$P_{em}=3\frac{E_0U}{x_t}\sin\delta=\text{常数}$$

即
$$E_0\sin\delta=\text{常数} \tag{8.21}$$

式（8.21）表示，无论励磁电流如何变化，定子电流 $\dot{I}$ 在与 $\dot{U}$ 平行的纵坐标上的投影 $I\cos\varphi$ 和电势 $\dot{E}_0$ 在与 $\dot{U}$ 垂直的横坐标上的投影 $E_0\sin\delta$ 都是常数。可见，当调节励磁电流使电势 $\dot{E}_0$ 和定子电流 $\dot{I}$ 均发生变化时，$\dot{E}_0$ 和 $\dot{I}$ 相量顶端的轨迹都应是一条直线，$A—A'$ 是 $\dot{E}_0$ 顶端的轨迹线，它与 $\dot{U}$ 平行；$B—B'$ 是 $\dot{I}$ 顶端的轨迹线，它与 $\dot{U}$ 垂直，图 8.29 中画出四种不同励磁时的情况，分别讨论如下。

（1）当励磁电流 $I_f=I_{f2}$ 时，相应的电势为 E_{02}，此时的定子电流 $\dot{I}_2$ 与 $\dot{U}$ 同相位（即功率因数 $\cos\varphi=1$），定子电流只含有功分量，为最小值。发电机只输出有功功率，此状态下的励磁工况称为“正常励磁”。

（2）维持发电机输入机械功率不变，增加励磁电流，使 $I_f=I_{f1}>I_{f2}$，则 $E_{01}>E_{02}$，功率因数变为滞后，定子电流 $\dot{I}_1$ 的有功分量为 $I_1\cos\varphi_1=I_2$，无功分量为 $I_1\sin\varphi_1$。正是这个增加的滞后的无功分量，使发电机在输出有功功率的同时向电力系统输出感性无功功率。

此状态下的励磁工况称为“过励”。显然，“过励”较之“正常励磁”的功率角减小了，即$\delta_1 < \delta_2$，这就提高了发电机运行的静态稳定极限。显然，增加励磁电流“过励”的同时，定子电流也增加了。所以，增加感性无功功率的输出，将受到励磁电流和定子电流的限制，均不允许超过额定值，否则会使发电机绕组和铁芯过热。

(3) 减少励磁电流，使$I_f = I_{f3} < I_{f2}$，则$E_{03} < E_{02}$，功率因数变为超前，定子电流I_3除有功分量$I_3\cos\varphi_3 = I_2$外，还增加一个超前的无功分量$I_3\sin\varphi_3$，发电机在输出有功功率的同时，向电力系统输出容性无功功率（即从电力系统吸收感性无功功率）。此状态下的励磁工况称为“欠励”。“欠励”较之“正常励磁”的功率角增大了，发电机的静态稳定性变差。

(4) 当励磁电流减小到I_{f4}时，$\dot{E}_{04}$与$\dot{U}$的夹角$\delta_4 = 90°$，发电机处于静态稳定极限。定子电流的无功分量$I_4\sin\varphi_4$较大，所以，发电机“欠励”状态下增加容性无功功率输出时，一方面要受到定子电流的限制，另一方面要受到静态稳定的限制。

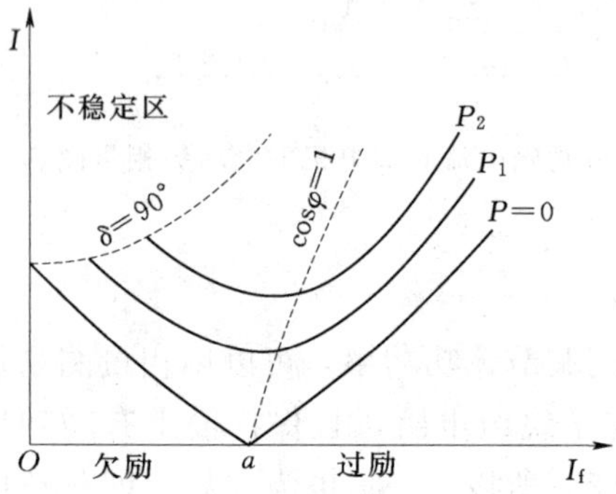

图 8.30　同步发电机的V形曲线

从相量图可知，对应于每一个给定的有功功率，若调节励磁电流使$\cos\varphi = 1$时，定子电流为最小值。这时，无论增大还是减小励磁电流都将使定子电流增加。在有功功率保持不变时，将定子电流I随励磁电流I_f变化的关系绘成曲线，如图8.30所示，称为V形曲线。由图8.30可见，对应于不同的有功功率，有一组V形曲线，有功功率越大，曲线越向上移。各条V形曲线的最低点都是$\cos\varphi = 1$的情况，连接$\cos\varphi = 1$各点的曲线略微向右倾斜，这也可以从图8.29中看出。$\cos\varphi = 1$与$I_f = I_{f2}$相对应，当输出的有功功率增大时，$E_0\sin\delta$增大，若E_0不变，则功率角δ将增大，输出的无功功率随之减少（或输出容性无功）。要保持$\cos\varphi = 1$，必须相应地增加励磁电流，这就是$\cos\varphi = 1$曲线右倾的原因。在这条虚线的右方，发电机处于过励状态，功率因数是滞后的，发电机向电力系统输出感性无功功率；该虚线的左方，发电机处于欠励状态，功率因数是超前的，发电机向电力系统输出容性无功功率，即从电力系统吸收感性无功功率。这种定子电流$\dot{I}$超前发电机电压$\dot{U}$的状态称为发电机进相运行。

在V形曲线左上方有一个不稳定区，发电机在该区内将不能保持静态稳定。这是因为对应一定的有功功率输出，励磁电流有一个最小限值，此时，发电机运行于功率角$\delta = 90°$，发电机的输出功率已达极限值，如果再减小励磁电流，发电机的输出功率将小于原动机输入的机械功率，发电机将因功率得不到平衡而被加速，以致失去同步。为了维持发电机的稳定运行，对应于不同的有功功率输出，励磁电流就有不同的最小限值，输出的有功功率越大，最小励磁电流的限值也越大。现代同步发电机额定工况运行时，励磁电流的额定值都使发电机处于过励状态，功率因数一般在0.8～0.95（滞后）之间。

3. 有功功率调节对无功功率的影响

在一定的范围内，调节励磁电流不会引起有功发生变化。但是调节有功功率时，由于功率角大小发生变化，无功功率也将随之改变。如图 8.28 所示，当有功功率输出增加使功角由 δ_a 变大到 δ_b 时，发电机的无功功率输出由 Q_a 减少到 Q_b。这一点可用图 8.31 所示的相量图来解释。

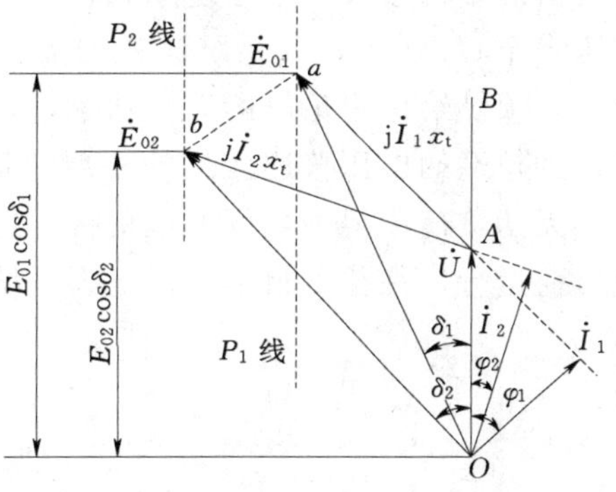

图 8.31　有功变化对无功的影响

如图 8.31 所示，发电机原先的输入功率为 P_1，励磁电势为 $\dot{E}_{01}$，定子电流为 I_1，功角为 δ_1，对应图 8.31 中的 a 点。当输入功率增加到 P_2 时，由于励磁电流没变，励磁电势 $\dot{E}_{02}$ 的大小仍为 E_{01}，功角变为 δ_2。这相当于以 O 点为圆心，以 E_{01} 为半径画弧交 P_2 线于 b 点。显然，定子电流 $I_2>I_1$，这就使消耗在同步电抗 x_t 上的无功增加，发电机的过励程度减小，从而使发电机的无功功率输出减少了。很容易证明，发电机定子电流的无功分量 $I_2\sin\varphi_2$ 小于 $I_1\sin\varphi_1$。因此，运行值班人员在调节有功功率时，要注意无功功率的变化，防止发电机进入欠励状态运行使发电机的稳定性下降。所以，在调节有功功率的同时，还要采用手动或自动方式调节励磁电流。

8.3.5　电力系统无功功率平衡与电压调节

与系统频率一样，系统电压的稳定也是相对的，有条件的。事实上，随着系统负荷的变化，电力系统中各处电压也会产生波动。特别是某些大容量冲击性负荷所造成的电压波动，会严重干扰电力系统的稳定和电能质量。保证用户处的电压波动和偏移在允许范围内，是电力系统运行的主要任务之一。要保持电压稳定，必须分析影响电压波动的因素，分析负荷和电源的电压特性。分析表明，电力系统电压水平取决于无功功率的平衡，保证系统中各种无功电源输出的无功功率和各种负荷消耗的无功功率平衡，是实现系统电压稳定的前提。

1. 电力系统无功负荷与电压的关系

电力系统的无功负荷主要用于建立变压器、电动机和电磁元件的磁场，是用电负荷正常运行所必需的。所以，必须保证有功功率、无功功率的同时供给。异步电动机在电力系统负荷中所占的比重较大，通常超过一半以上。所以，研究异步电动机的无功负荷电压特性具有重要意义。

如果异步电动机所带的机械负荷不变，供电电压的变化将引起电动机转差率的改变。转差率改变之后，电动机的电流会随之发生改变，从而使电动机从电网吸取的视在功率发生变化。当异步电动机的供电电压为额定电压时，它的铁芯磁路恰恰接近饱和。当电动机的供电电压高于其额定电压时，由于磁路饱和，会使其励磁无功功率按高次方比例增加；当电动机的供电电压低于其额定电压时，由于磁路尚未饱和，励磁无功功率将按电压平方比例减小；当电动机的供电电压明显低于额定电压时，电动机的转差率将会显著加大，转子转速降低，功率因数降低，因此电动机吸取的无功功率反而会相对地增大。

由于异步电动机负荷在电力系统负荷中所占的比重较大，电力系统无功负荷的电压特性与异步电动机的电压特性相似，如图 8.32 所示。从图 8.32 中可以看出，电压变化对无功负荷的影响较大。如系统原先在 a 点运行，系统电压为 U_a，系统无功为 Q_a；如果系统电压降至 U_b 运行，则系统消耗的无功功率为 Q_b。所以，要保持系统较高的电压水平运行，必须供给用户足够的无功功率，否则，电压过低会影响用户的正常用电。在电力系统中，用户端的电压普遍较低的主要原因是系统无功电源容量不足。当系统无功容量不足时，无功负荷不得不由发电机负担。这时，为了防止发电机因输出过多的无功功率而发生过负荷运行，往往不得不降低电力系统的电压水平，以减少用户的无功功率消耗。

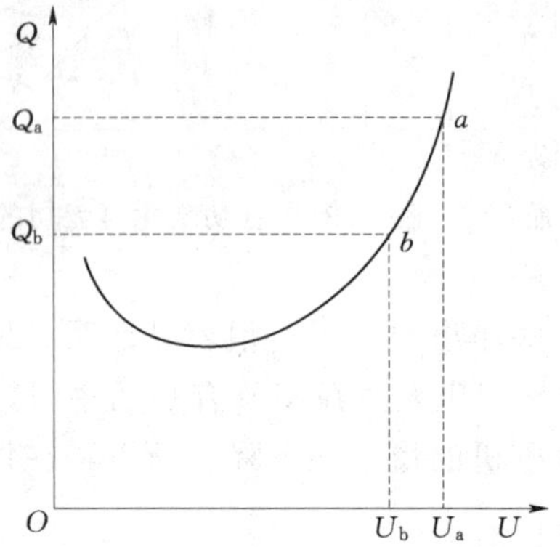

图 3.32　系统无功—电压特性

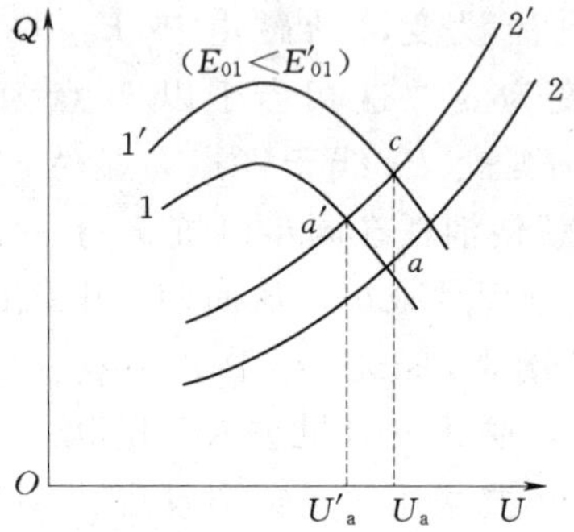

图 8.33　系统电压调节

2. 系统无功功率平衡与电压调节

发电机是系统中唯一的有功电源，又是基本的无功电源。当发电机有功功率容量有余，而电力系统无功容量不足时，可以降低发电机功率因数运行。由式（8.20）可知，当发电机电压 U 一定时，增加励磁电势 E_0，即增加励磁电流，可以增加无功功率输出。而当励磁电势 E_0 一定，在无功功率输出较小时，提高发电机电压 U，无功功率 Q 输出是增加的；当无功功率大于某一值后，提高发电机电压 U，无功功率输出是随之减少的。发电机输出无功功率 Q 同发电机电压 U 的关系曲线是一条开口向下的抛物线，如图 8.33 中曲线 1 所示。

在电力系统中，电源的无功功率输出总是要和负荷的无功功率消耗平衡的，问题是在什么样的电压水平下达到无功平衡。在一定范围内，电源的无功功率输出随着电压上升而下降，而负荷消耗的无功功率随着电压上升而增加，要稳定必然有交点。图 8.33 曲线 2 是负荷的无功电压特性。曲线 1 与曲线 2 的交点 a 确定了无功平衡时的电压值 U_a。或者说，在电压 U_a 下系统的无功功率达到了平衡。

当无功负荷增加时，负荷的无功电压特性变为曲线 2′，如果无功电源没有增加，电源的无功电压特性仍为曲线 1，这时曲线 2′和曲线 1 的交点 a'就是新的无功平衡点，并由此决定该点的电压为 U_a'。显然，电压 $U_a'<U_a$。这说明无功负荷增加后，系统的无功电源已不能满足在电压 U_a 下无功平衡的需要，因而只好降压运行，以在较低的电压下取得无功平衡。如果发电机具有充足的无功备用，通过调节励磁电流，发电机的励磁电势由 E_{01} 增大为 E'_{01}，则发电机的无功电压特性曲线将上移到曲线 1′的位置，从而使曲线 1′和 2′的交点 c 所确定的电压达到或接近原来的数值 U_a。由此可见，系统的无功电源比较充足就能满足较高电压水平下无功功率的平衡，系统就有较高的电压运行水平；反之，无功不

足就反映为电压运行水平偏低。因此，应该力求实现在额定电压下的系统无功功率平衡，并具有一定的无功备用容量，以满足负荷变化对无功功率的需求。

当系统无功不足，而发电机有功备用容量又比较充裕时，可利用靠近负荷中心的发电机降低功率因数运行，多发无功功率，从而提高系统的电压水平。但是，如果发电机距离负荷中心很远，用发电机供给无功功率是不经济的，因为输送无功功率增加了发电机的输出电流，这一方面限制了发电机的有功输出，另一方面会加大输电线路的损耗。这时，可根据3.6节介绍的提高电路功率因数的原理，采用用户就地电容补偿等方式来补充无功的不足。所以，对于600MW及以上容量的机组，一般要经过500kV以上电压电网远程输电，为提高输电的经济性，发电机运行的功率因数较高；而中小容量机组，一般要直接供给本地用户，为满足用户的无功需求，发电机运行的功率因数要低一些。

8.4　同步发电机的励磁系统

8.4.1　发电机励磁控制系统的任务与励磁方式

从前面的分析可知，发电机是将旋转形式的机械能量转换成三相交流电能量的设备，为了完成这一转换并满足系统运行的要求，除了需要原动机供给机械能外，它本身还要有可调的励磁电流，以在发电机内部建立旋转磁场实现能量的转换，并适应系统无功功率和电压调节的需要。为发电机提供可调励磁电流的设备称为发电机的励磁系统。

由励磁系统及其控制对象——发电机共同组成的闭环反馈控制系统称为励磁控制系统，如图8.34所示。励磁控制设备一般由两个基本部分组成：其一是励磁功率部分，包括整流装置及其交流电源，它向发电机的励磁绕组提供直流励磁电流；其二是励磁调节器，它感受发电机电压及运行工况的变化，自动地调节励磁功率单元输出的励磁电流的大小，以满足系统运行的要求。本节介绍几种典型的励磁方式。

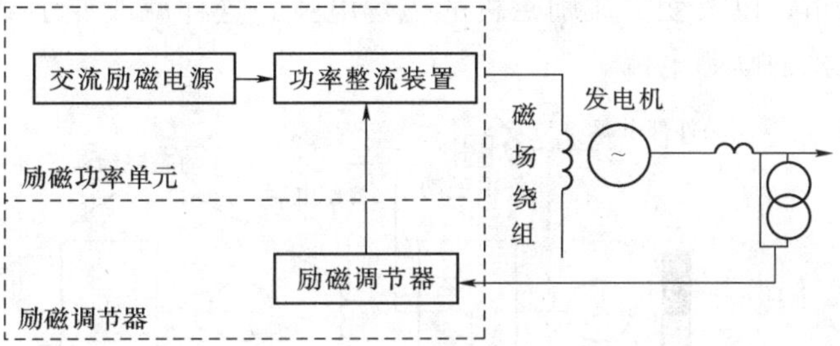

图8.34　励磁控制系统框图

8.4.1.1　*发电机励磁控制系统的任务*

在发电机正常运行或事故情况下，励磁系统都起着十分重要的作用。性能优良的励磁系统不仅能保证发电机的安全运行，提供合格的电能，而且还能有效地提高发电机及与其相连的电力系统的技术经济指标。根据系统运行方面的要求，励磁控制系统应承担下述任务：

（1）在正常运行条件下，供给发电机励磁电流，并根据发电机所带负荷的情况，相应地调整励磁电流，以维持发电机机端电压在给定水平上。

（2）使并列运行的各同步发电机组所带的无功功率得到稳定而合理的分配。

（3）在电力系统发生短路故障造成发电机机端电压严重下降时，强行励磁，将励磁电压迅速增升到足够的顶值，以提高电力系统的暂态稳定性。

（4）在发电机突然解列、甩负荷时，强行减磁，将励磁电流迅速降到安全数值，以防止发电机过电压。

（5）在发电机内部发生短路故障时，快速灭磁，将励磁电流迅速减到零值，以减小故障损坏程度。

（6）在不同运行工况下，根据要求对发电机实行过励磁限制或欠励磁限制，以确保发电机组的安全稳定运行。

8.4.1.2 *发电机励磁系统的主要励磁方式*

发电机的励磁方式按励磁电源的不同分为三种：一是直流励磁机励磁方式，多用于中、小型汽轮发电机组；二是交流励磁机励磁方式，其中按整流器是静止还是旋转的不同又可分为交流励磁机静止整流器励磁方式（有刷）和交流励磁机旋转整流器励磁方式（无刷）；三是静止励磁方式，取消了励磁机，其中最具代表性的是自并励励磁方式。下面介绍三种用于大型机组的励磁系统。

1. 采用永磁式中频副励磁机的交流励磁机静止整流器励磁系统

如图 8.35 所示，交流励磁机静止整流器励磁方式通常称为三机励磁方式。这是因为发电机、主励磁机和副励磁机三机同轴旋转，整流装置和励磁调节器是静止的。发电机励磁电流由同轴的交流励磁机经静止硅整流装置供给，交流励磁机的励磁电流通常由同轴的中频副励磁机经可控整流装置供给。为了提高系统运行的可靠性，中频副励磁机多采用永磁式同步发电机。随着发电机运行参数的变化，励磁调节器自动地改变可控整流装置的控制角，以改变交流励磁机的磁场电流，这样就改变了交流励磁机的输出电压，从而调节发电机的励磁电流。

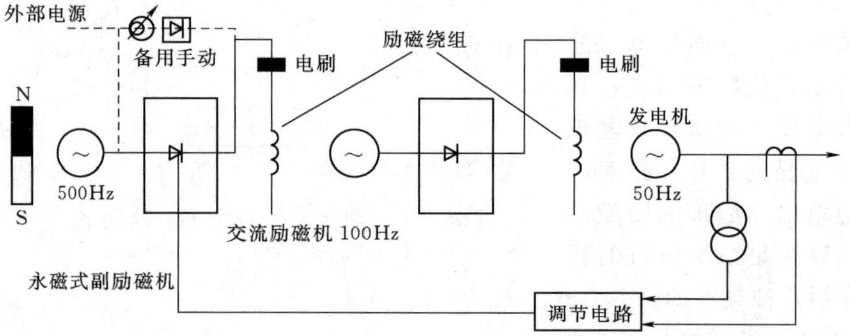

图 8.35　交流励磁机静止硅整流器励磁系统

为了加快励磁系统的响应，通常将交流励磁机的频率设计得高些，以减少其励磁绕组调节的时滞。交流主励磁机的频率一般采用 100Hz。交流副励磁机多采用中频同步发电机，其频率一般为 400～500Hz。这种三机励磁方式在国产 300MW 大容量汽轮发电机组上使用较为广泛。

2. 交流励磁机旋转硅整流器励磁系统

交流励磁机旋转硅整流器励磁系统的工作原理和运行性能与交流励磁机静止硅整流器

励磁系统相似，只不过励磁主回路的硅整流二极管是与交流励磁机电枢和主机转子同轴旋转的，励磁电流不需经炭刷及滑环引入主发电机的转子绕组。因此，这种励磁系统又称为无刷励磁系统，或旋转半导体励磁系统，系统原理如图8.36所示。在无刷旋转二极管励磁系统中，主励磁机一般采用100Hz电枢旋转式交流发电机，交流励磁机的输出经硅二极管整流桥整流后直接送入主机转子绕组。

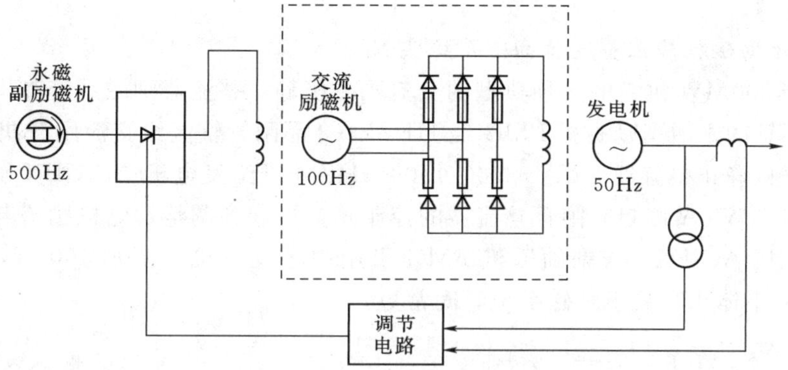

图8.36 无刷励磁系统

无刷励磁方式取消了滑环和电刷后，虽然一定程度上提高系统可靠性，但也带来了两方面新的问题：一是无法用常规的方法直接测量转子电流、转子温度、监视转子回路对地绝缘、监视旋转整流桥上的熔断器等，而必须采用特殊的测量和监视手段；二是无法采用发电机磁场回路装设快速灭磁开关和放电电阻的传统灭磁方式，而只能在交流励磁机磁场回路装设灭磁开关，因此灭磁时间相对较长，300MW汽轮发电机组无刷励磁的灭磁时间长达20s。

3. 自并励励磁系统

自励系统的特点是，励磁电源取自发电机自身，经励磁变压器供给静止整流装置，整个励磁装置没有转动部分，因此又称为静止励磁系统或全静态励磁系统。自励系统中接线最简单的一种励磁方式是自并励方式，其原理如图8.37所示。只用一台接在机端的励磁变压器作为励磁电源，通过受励磁调节器控制的晶闸管整流装置，直接控制发电机的励磁电流，这种励磁方式又称简单自励方式。大型汽轮发电机自并励励磁系统具有以下优点：

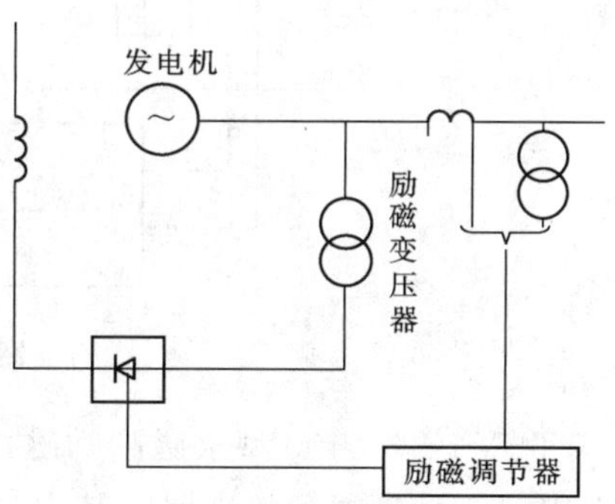

图8.37 自并励励磁系统

(1) 运行可靠性高。自并励励磁系统为静态励磁，设备及接线简单，与交流励磁机励磁系统相比，没有旋转部件，减少了励磁系统故障，提高了运行可靠性。

(2) 改善发电机轴系稳定性。由于无励磁机，自并励励磁系统可缩短发电机组的轴系长度，减少轴承座数量。300MW及以上容量的大型汽轮发电机组的轴系长度可减少大约3m，这样可提高轴系的稳定性，改善轴系振动，从而提高机组的安全运行水平。

(3) 提高电力系统稳定水平。自并励励磁系统响应速度快，可以提高电力系统的稳定水平。

(4) 经济性好，可降低投资。自并励励磁系统由于设备简单，降低了造价，又由于缩短了轴系长度，减少了厂房和基础造价；加上调整容易，维护简单，故障后修复时间较短，可提高发电效益。

因此，600MW 及以上汽轮发电机组上已广泛采用自并励励磁系统。在机组启动时，若剩磁不足，可以由厂用电系统引入启动励磁电源，待发电机升压到一定程度时，自动切除启动励磁电源。

8.4.1.3 交流励磁机静止整流器励磁系统实例

用于国产 300MW 机组的一种典型的交流励磁机静止整流器励磁系统如图 8.38 所示。励磁系统由同轴的永磁副励磁机 PMG 经 HKZF—3 晶闸管整流给交流励磁机 AC EXC 励磁，交流励磁机静止整流器 GLF—3000/1500—HZM 供给发电机 AC GEN 励磁电流。自动励磁调节器 HWTA 控制晶闸管整流器的控制角，可起到调整发电机励磁与强行励磁的作用。主励磁机 AC EXC 与副励磁机 PMG 采用中频发电机（主励 100Hz，副励 400～500Hz），可缩小体积和减小励磁系统时间常数。

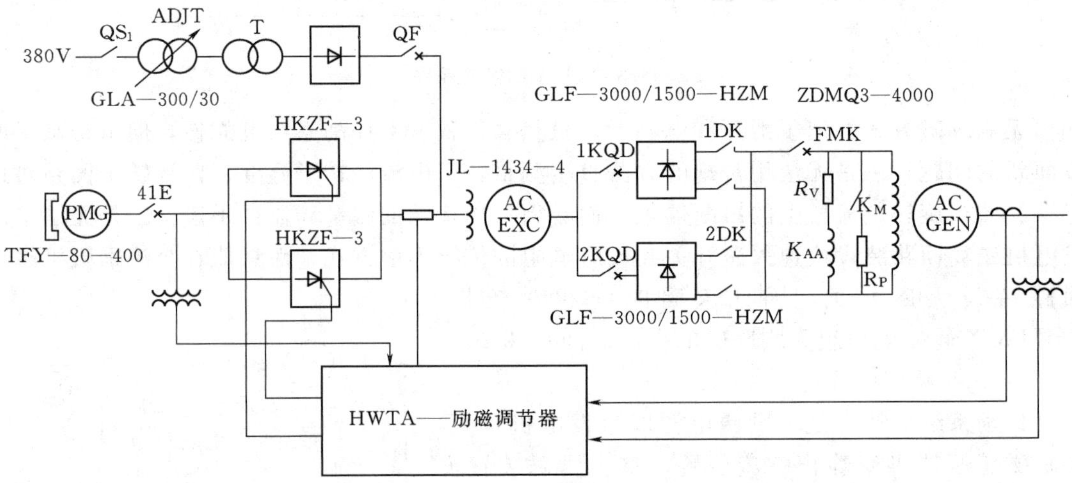

图 8.38　发电机励磁系统

TFY—80—400 型永磁副励磁机 PMG 的输出经磁场开关 41E 输入到互为备用的两组 HKZF—3 型晶闸管整流器，其出口为交流励磁机 AC EXC 磁场供电。GLA—300/30 型备用励磁装置由 380V，50Hz 厂用电源供电，经隔离开关 QS_1、感应调压器 ADJT、隔离变压器 T、整流器和断路器 QF 接至励磁机励磁绕组。

为发电机转子提供磁场电流的整流屏具有互为备用的两组整流器，分别由整流柜开关 1KQD 和 2KQD 引入主励磁机输出的交流电源，整流输出的励磁电流经切换开关 1DK、2DK 和灭磁开关 FMK 送给转子励磁绕组。

ZDMQ3—4000 型自动灭磁和转子过电压保护装置，由灭磁开关 FMK、灭磁电阻 R_P、非线性电阻 R_V 等组成。当定子电流因故突变时，会在转子回路产生感应电流。由于励磁系统整流元件的反相阻断作用，或发电机跳闸灭磁开关断开时，都会因转子回路中的电流不能及时释放而引起转子回路过电压，对转子绝缘产生威胁。过电压保护的关键就是在过电压产生时，提供一条电流泄放通道，使磁场能得以迅速消耗。该装置中，当灭磁开关断开后，励磁绕组上的过电压使非线性电阻 R_V 导通，同时线圈 K_{AA} 通电使触点 K_M 闭合，接通灭磁电阻 R_P，为转子绕组的感应电流提供了足够的泄放通道，限制了转子过电压，提高了灭磁的可靠性。

8.4.2　励磁系统的调差特性

1. 自动励磁调节装置的基本原理

励磁系统的性能与自动励磁调节器的技术性能有关。图 8.39 所示为发电机自动励磁调节控制系统的原理简图，是由自并励励磁系统和自动励磁调节器组成的。励磁自动调节装置运行时，发电机机端电压 U 经电压互感器 TV 送入测量调差单元，并按系统对发电机外特性的要求，与经电流互感器 TA 输入的发电机电流进行运算，得到能够满足系统调差特性的发电机电压信号 U_f，再与发电机给定电压 U_z 相比较，得到偏差电压 ΔU。当发电机电压信号 U_f 降低时，偏差电压 ΔU 大于零，经调节放大单元，使晶闸管导通角增加，从而增加发电机励磁电流 I_f，提高发电机端电压 U；反之，当发电机电压信号 U_f 升高时，偏差信号 ΔU 小于零，信号经调节放大处理，减小发电机励磁电流 I_f，使发电机端电压 U 下降。因此，调节系统调整的结果，就是力图使 U_f 等于 U_z。当放大电路的放大倍数足够高时，就可使发电机电压 U_f 维持在希望的电压 U_z 上。

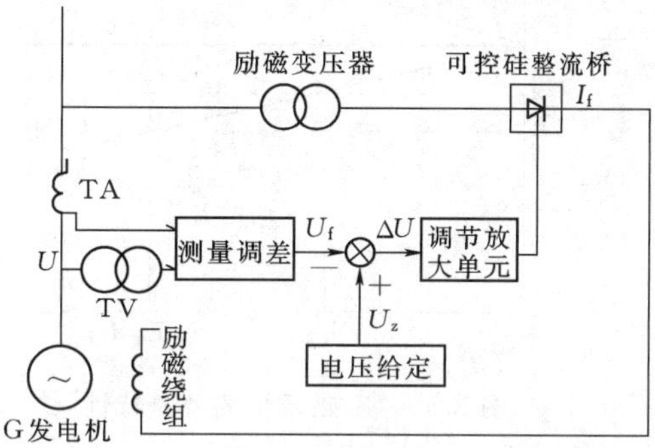

图 8.39　自动励磁调节器原理简图

2. 励磁调节器的调差特性

当励磁自动调节系统处于稳定状态时，调节系统只是维持经过发电机定子电流修正后的电压信号 U_f 等于给定值 U_z，而不是直接保证机端电压 U 为定值。这是为什么呢？U_f 与 U 关系如何？

事实上，励磁调节器的输入电压 U_f 与发电机的端电压 U 之间具有如下关系

$$U_f = U + k_q I_q \tag{8.22}$$

式中：k_q 为调差系数；I_q 为发电机定子电流 I 的无功分量。

励磁调节系统稳定时，$U_z = U_f$，于是有

$$U_z = U + k_q I_q \tag{8.23}$$

当发电机励磁调节系统的调差系数 $k_q = 0$ 时，励磁调节器的输入电压 U_f 等于发电机端电压 U，系统稳定时等于给定电压 U_z；当 $k_q > 0$，即发电机具有正调差系数时，发电机端电压 U 随着发电机无功电流 I_q 的增加而下降；当 $k_q < 0$，即发电机具有负调差系数时，发电机端电压 U 随着发电机无功电流 I_q 的增加而增加，如图 8.40 所示。这种发电机端电压与发电机定子电流无功分量之间的关系称为发电机的调差特性。

发电机一般选择正调差系数。当发电机无功（感性）电流 I_q 增大时，励磁自动调节器感受到电压 U_f 上升，就相当于发电机电压在虚假上升一样，使偏差电压 $\Delta U = U_z - U_f < 0$，

于是调节器便降低发电机的励磁电流，使发电机电压 U 降低，U_f 减小直到重新等于 U_z 为止，所以得到下倾的外特性。稍后将会看到：适当选择发电机的调差特性，能实现并列运行机组之间的无功功率稳定、合理分配，并维持系统电压的稳定。

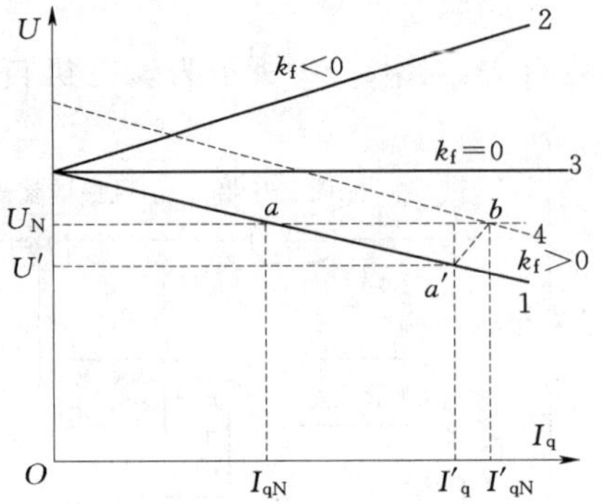

图 8.40　励磁系统的调差特性

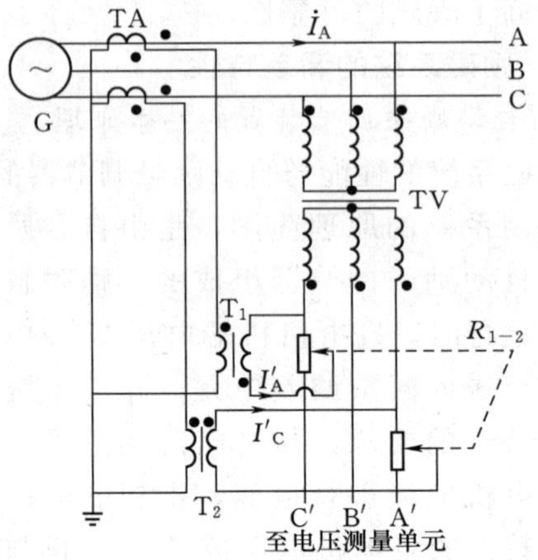

图 8.41　调差特性原理接线

3. 调差特性的实现方法

图 8.41 所示电路为采用两相式接线实现正调差特性原理线路。该单元采用电流互感器 TA 和两个电流变换器 T_1、T_2 及同轴的两个电阻器 R_{1-2}，分别将发电机 A 相电流和 C 相电流转换成电压信号，引入发电机 C 相电压与 A 相电压的测量回路。信号经叠加后，输出 $\dot{U}'_A$、U'_B、U'_C 三相电压，送电压测量回路，经整流、滤波后输出经无功电流修正后的发电机电压信号 U_f。

为了说明调差特性实现原理，先以正调差接线为例，用相量图分析如下。

如图 8.41 所示，正调差接线时，发电机出口电压 $\dot{U}_A$、$\dot{U}_B$、$\dot{U}_C$ 与调差单元输出电压 $\dot{U}'_A$、U'_B、U'_C 的关系为

$$\left.\begin{aligned}\dot{U}'_A&=\dot{U}_A+\dot{I}'_C R_{1-2}\\ \dot{U}'_B&=\dot{U}_B\\ \dot{U}'_C&=\dot{U}_C-\dot{I}'_A R_{1-2}\end{aligned}\right\}\tag{8.24}$$

相量图如图 8.42 所示。

（1）当发电机功率因数 $\cos\varphi=1$（发电机纯带有功）时，相电压与相电流同相位，调差单元的相量分析图如图 8.42（a）所示。发电机端电压互感器二次侧电压经 R_{1-2} 上压降补偿后加于电压测量单元，形成的电压三角形 $A'BC'$，仍为一等边三角形，由于装置的最大调差范围只占额定电压±5%，故几何位移后的电压三角形 $A'BC'$ 大小与原发电机电压三角形 ABC 相差无几。这里，可用调差率为+5%进行计算说明如下：

电压互感器二次额定相间电压为 $U_{AB}=100\text{V}$，补偿电压为

$$I_C R_{1-2}=0.05\times100=5(\text{V})$$

补偿后的相间电压为

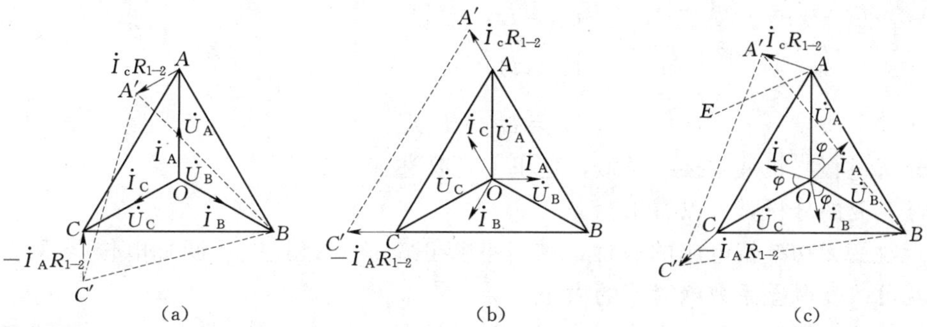

图 8.42 调差电路的相量分析

$$U_{A'B}=\sqrt{U_{AB}^{2}+(I_{c}R_{1-2})^{2}}=\sqrt{100^{2}+5^{2}}=100.125(V)$$

从上述计算可知，几何位移后的相间电压与原值只相差 0.125V，故经整流滤波后输出的 U_f 也基本不变，调差环节的输出电压基本上等于发电机端电压。这说明在发电机有功负荷发生变化时，调差环节的输出不会“虚假”地上升或下降，其输出仅随发电机端电压变化。

(2) 当发电机功率因数 $\cos\varphi=0$（发电机纯电感性无功）时，调差单元的相量分析图如图 8.42 (b) 所示。由于相电流滞后相电压 90°，$\dot{I}'_{C}R_{1-2}$ 与 $\dot{U}_{AB}$ 同相位，$-\dot{I}'_{A}R_{1-2}$ 与 $\dot{U}_{CB}$ 同相位，加于电压测量单元的电压 $\triangle A'BC'$，是在原 $\triangle ABC$ 上，代数地加上了定子电流在电阻 R_{1-2} 上压降而成。若调差率为 +5%，则 $\triangle A'BC'$ 上的相间电压是原值的 1.05 倍，即 105V，此时，调差环节的输出电压不仅随发电机端电压变化，而且随输发电机无功电流变化，从而可以达到按无功电流调差的目的。

(3) 当发电机功率因数 $1>\cos\varphi>0$（滞后）时，调差单元的相量分析图如图 8.42 (c) 所示。因为发电机定子电流可分解为有功电流、无功电流两种分量，所以图 8.42 (c) 可视为图 8.42 (a)、(b) 两种情况叠加而成。在图 8.42 (c) 中，过 A 点作 OC 的平行线 AE，可得

$$\angle A'AE=\varphi,\angle A'AB=90°+\varphi$$

根据余弦定理，对于 $\triangle A'AB$ 有：

$$\begin{aligned}U_{A'B}&=\sqrt{U_{AB}^{2}+(I_{C}R_{1-2})^{2}-2U_{AB}I_{C}R_{1-2}\cos(90°+\varphi)}\\&=\sqrt{U_{AB}^{2}+(I_{C}R_{1-2})^{2}+2U_{AB}R_{1-2}I_{C}\sin\varphi}\end{aligned}\tag{8.25}$$

式 (8.25) 说明，调差单元的输出不仅随发电机端电压变化，还随着发电机无功电流 ($I_C\sin\varphi$) 增加而增加。所以，当发电机无功（感性）电流增加时，调差单元的输出电压升高，经测量环节进行多相整流、滤波，得到升高的直流电压 U_f，励磁调节器感受到发电机电压虚假上升，通过调节作用使励磁电流减小，降低发电机机端电压，使发电机具有正调差系数。

如果将调差电路中补偿电流的极性调换，可得到具有负调差特性的电路。负调差接线与正调差接线的差别仅在于补偿电压与发电机电压同相位或反相位。发电机出口电压发电机出口电压 $\dot{U}_A$、$\dot{U}_B$、$\dot{U}_C$ 与调差单元输出电压 $\dot{U}'_A$、$\dot{U}'_B$、$\dot{U}'_C$ 的关系为

$$\left.\begin{aligned}\dot{U}'_{A}&=\dot{U}_{A}-\dot{I}'_{C}R_{1-2}\\ \dot{U}'_{B}&=\dot{U}_{B}\\ \dot{U}'_{C}&=\dot{U}_{C}+\dot{I}'_{A}R_{1-2}\end{aligned}\right\}\tag{8.26}$$

相量图分析过程与正调差接线类似，这里不再赘述。

通过上面的分析，可以看出：

(1) 改变无功补偿电流的极性，就可获得正、负调差接线，调整电位器 R_{1-2} 阻值的大小，就可改变调差系数绝对值的大小。

(2) 当发电机有功负荷变化时，调差单元基本上不产生“虚假”信号，即没有补偿作用。当负荷增加使发电机输出电压 U 降低时，U_f 随之降低，使 U_f 小于发电机电压给定值 U_Z，通过自动励磁调节增加励磁电流，使发电机电压上升，维持发电机电压在希望的水平上。

(3) 当系统感性无功负荷增加、使发电机输出的感性无功负荷增加时，去磁的电枢反应使机端电压下降，使加于调差单元的电压 U 下降，这个信号的作用是增加励磁电流。但若采用正调差接线，定子电流无功分量增加时，无功电流补偿作用 ($k_q I_q$) 使 U_f 升高，这个信号的作用是减小励磁电流。为了限制发电机的无功功率，按无功电流补偿的调差作用是主要的，两种作用的结果是使发电机端电压下降，得到向下倾斜的调压特性曲线，即随着无功负荷增长，发电机端电压下降。

在图 8.40 中，若发电机原工作在 a 点，发电机电压为 U_N，定子电流的无功分量为 I_{qN}。若无功负荷增加，发电机电流的无功分量变为 I'_q，由于励磁自动调节作用，使发电机电压下降到 U'，工作点移到 a'。这时，如果需要保持发电机机端电压为额定值 U_N，可以平移发电机的特性曲线，即提高发电机电压给定值 U_z，使发电机外特性曲线由 1 变化到 4 即可，发电机的工作点将移到 b 点。平移特性曲线的过程就是增加励磁电流，提高发电机电压的过程，随着发电机电压的提高，发电机输出无功功率增加，发电机励磁电流增加到 I'_{qN}。

读者可以对照频率调节（图 8.25）和电压调节的调节过程，比较其异同，以加深对两种调节过程的认识。

4. 发电机调差特性的应用

当机组并入系统运行之前，或单机运行时，可以通过调节电压给定值来调整励磁电流，以改变发电机端电压。当发电机与无穷大电网并联运行时，母线电压不变。从式(8.22) 可以看出，这时改变电压给定值来调整励磁电流，只能使机组的无功功率发生变化。在实际情况下，机组是并联于有限大电网的，机组的运行情况介于上述两者之间，即通常电压与无功功率均同时发生变动。发电机采用正调差特性是为了便于无功功率的稳定分配。

下面讨论有限台数发电机并联运行的情况，为使问题简化，先讨论两台机组并联运行，所得的结论可以推广到多台机组的并联运行中去。假设在母线上并联运行着两台发电机，均具有正调差特性。两机组的机端电压相等，各负担着一定的无功电流，其相互关系如图 8.43 (a) 所示。先假设母线电压为 U，两机组共同承担的无功电流为

$$I_q = I_{q1} + I_{q2}$$

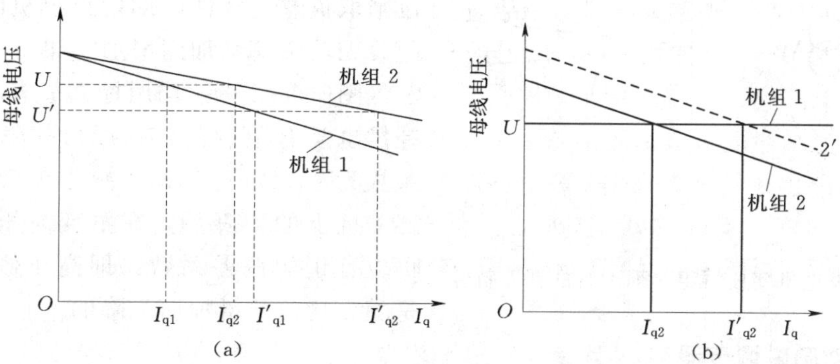

图 8.43　并列运行机组的无功分配

当无功负荷增加时，机组 1 的无功电流增加为 I'_{q1}，机组 2 的无功电流增加为 I'_{q2}，母线电压下降为 U'，两台机组分别按各自的调差特性承担不同的无功电流。显然，各机组承担的无功负荷增量与该机组的调差系数 k_q 成反比，即发电机的调差曲线越陡，该机组所承担的无功增量越小。如要求负荷增量按机组容量分配，则调差系数应相等。

这种有差特性的并联运行方式可以推广到多台机组的运行中，在现代电力系统得到广泛的应用。通常为了使无功负荷分配稳定，调差系数不能取得太小，一般可取 4%～5%。

如果两台并联运行机组中，机组 1 具有无差特性，如图 8.43（b）所示。机组并列运行时，其无功功率也可以有确定的分配，运行也是稳定的。假定母线电压为 U，机组 2 的调差特性曲线与 U 的交点决定了机组 2 所带的无功电流 I_{q2}，其余的无功全部由机组 1 承担。当系统无功负荷变动时，母线电压仍然保持为 U，机组 2 的无功负荷保持不变，而全部无功负荷的变动，将由机组 1 独自承担，这容易引起机组 1 过负荷。若要使机组间无功负荷重新分配，则可将机组 2 的特性曲线位置上移到 2′处，这时机组 2 所带负荷增为 I'_{q2}，而机组 1 则承担其余部分。如果希望改变母线电压，则可通过调整 U_Z 把机组 1 的特性曲线上下移动，当然此时无功电流亦将重新分配。这种运行方式虽然可以稳定地并联运行，负荷能够有确定的分配，但负荷变动只能由这台具有无差特性的发电机全部负担（若不改变机组 2 电压定值），显然这是不够合理的，因此在实际中也很少使用。

如果并联运行的两台机组均为无差特性，两根调差特性曲线可能没有交点，或者完全重合，无限多个交点，这时机组间的无功功率分配是不确定的，这种情况是不允许的。所以，在母线上并联运行着的多台发电机组中，不允许有两台或两台以上机组具有无差特性，否则系统的无功功率将无法得到确定的分配。

但是，两台具有无差特性的发电机组，如经过一定的阻抗再行并联，如发电机经升压变压器在高压母线上并列，则是允许的。因为这时发电机电压特性虽是无差的，但电流在变压器漏抗上会有压降，所以在高压母线上的综合结果是其电压特性仍是有差的，这样便允许并联运行，如图 8.44（a）所示。在这种情况下，无功负荷改变时，可能引起母线电压变化过大而不能满足运行要求。通常为了减小这种情况下过大的电压波动，保证高压母

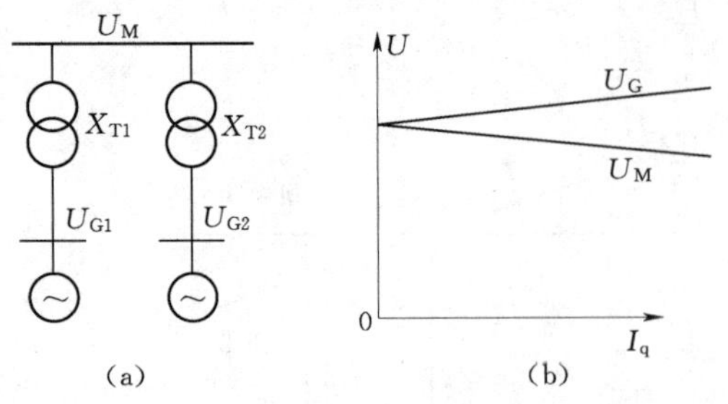

图 8.44　发电机变压器组并列运行的调差特性

线电压 U_M 维持在希望的水平上，发电机可以采取负调差特性，即使发电机的端电压 U_G 随着无功负荷增加而增加，如图 8.44（b）所示（图中 U_G、U_M 均用标么值表示）。但这种补偿也是有限制的，一般可使发电机的调差系数为 −3%～−2%，减去负荷电流在变压器漏抗上的压降后，在主变高压侧，发变组仍应有正的调差系数，即高压侧电压 U_M 仍是随无功负荷增加而下降的。

8.4.3　自动励磁调节器

1. 自动励磁调节器的基本原理

自动励磁调节器有模拟型和数字型两类。对作为使用者的集控运行人员来说，无需关注其具体的硬件结构，只要了解其基本构成和工作原理，熟悉其功能和使用方法即可。自动励磁调节器原理图如图 8.45 所示。发电机励磁系统是他励静止半导体励磁系统。PGM 永磁式发电机作为副励磁机，其输出经磁场开关 41E、晶闸管整流，形成主励磁机 E 的励磁电流。该励磁电流还经电流变换器，形成与主励磁机励磁电流大小成正比的电流信号 I_f，供调节回路作为信号使用。主励磁机的输出经整流桥和 FMK 灭磁开关，送给发电机转子绕组，供给发电机励磁电流。

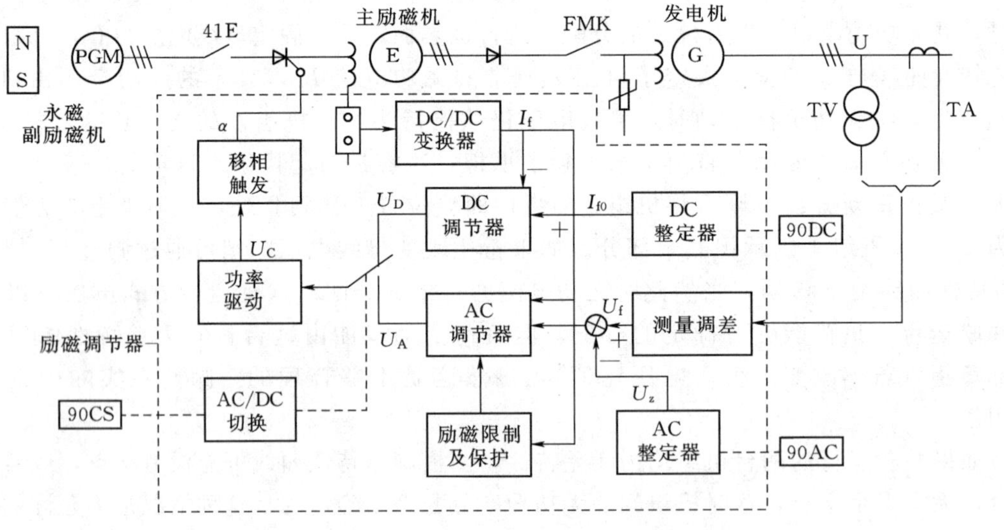

图 8.45　自动励磁调节器原理框图

励磁调节器由自动励磁调节器（AC）和手动励磁调节器（DC）组成，为双通道结构。AC 调节器是主调节器，正常运行时，AC 调节器工作，DC 调节器备用。AC 调节器工作时，能根据经调差修正后的发电机电压 U_f 与 AC 整定器输出的电压给定值 U_z 的偏差，改变 AC 调节器的输出 U_A，并经过功率驱动、移相触发电路，控制晶闸管整流元件的导通角 α，自动调节发电机励磁电流 I_f，改变发电机的电压 U，维持 U_f 等于 U_z。当 AC

调节器退出时，由 AC/DC 切换装置切换到 DC 调节器。DC 调节器的输出 U_D 送到功率驱动回路，调节发电机励磁电流 I_f 等于给定值 I_{f0}。所以，运行人员手动控制 DC 整定器，改变励磁电流的给定值 I_{f0}，就可改变励磁电流 I_f，从而调整发电机出口电压在希望的数值上。为减小 AC 调节器向 DC 调节器切换时的冲击，设有 AC/DC 切换与自动跟踪单元，当系统处于自动状态时，通过跟踪电路，使 DC 调节器的输出 U_D 自动跟踪 U_A 变化。

2. 励磁调节器的励磁限制与保护

为了确保发电机组安全可靠稳定运行，自动励磁调节器一般都装设有较完善的励磁限制和保护单元，主要包括有欠励限制器、U/Hz（伏/赫）限制器、反时限限制器、瞬时电流限制器、定时限限制器、机端信号丢失检测器及低频保护器等。

(1) 欠励限制器。欠励限制器主要用来防止发电机因励磁电流过度减小而引起失步，以及因过度进相运行引起发电机定子端部过热。

发电机进相运行是指发电机在定子电流超前发电机电压的条件下运行。发电机输出有功功率一定时，随着励磁电流的减小，发电机的励磁电势 E_0 下降。发电机从向系统供给感性无功功率变为从系统吸收感性无功功率；励磁电流越小，励磁电势越低，发电机功角 δ 越大。如图 8.46 所示，当励磁电势由 E_0 下降到 E'_0 时，定子电流由 I 变为 I'，功角 δ 由增大为 δ'。当功角增大到超过静态稳定极限功角时，发电机不能再与系统保持稳定运行，造成失步。

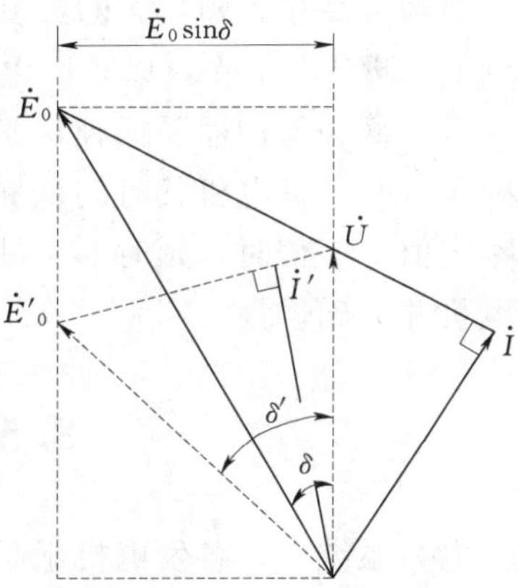

图 8.46　发电机进相运行

为了防止发电机励磁电流降低到稳定运行所要求的最低数值之下，必须对发电机的最小励磁电流，也就是对发电机的最大进相无功电流或无功功率相应地加以限制，以确保机组安全稳定运行，这种对于最小励磁电流的限制称为欠励限制（或称低励限制）。

欠励磁限制的另一个目的是：限制发电机运行在允许进相容量曲线之上，从而防止发电机定子端部过热。实际运行实践表明，在相同的视在功率和相同的端部冷却条件下，发电机随着功率因数由滞相向进相转移，发电机定子端部漏磁磁密值相应增高，引起定子端部元件的损耗发热趋于严重。因为影响定子端部漏磁大小的因素有定子磁通和转子磁通，其中定子磁通的影响是主要的。随着励磁电流减小，为了维持发电机电压基本不变，维持气隙磁场强度基本不变，发电机定子进相电流越来越大，电枢反应磁场在气隙磁场中作用显著增强。相应地，定子端部漏磁磁密值显著增强。因此，随着发电机进相程度的增大，要维持发电机端部元件的温度不超过允许值，其出力便要相应地降低。

(2) U/Hz（伏/赫）限制器。该限制器用于防止发电机的端电压与频率的比值过高，避免发电机及与其相连的主变压器铁芯饱和而引起过热。机组解列时，其机端电压可能升得较高，频率也有可能较低。如果机端电压 U 与频率 f 的比值 U/f 过高，同步发电机及与其相连的主变压器的铁芯就会饱和，造成励磁过电流，使铁芯过热。U/Hz（伏/赫）限制器的任务就是保证在任何情况下，将 U/f 的比值限制在允许的范围内。所以当限制器检测到 U/f 的比值越限时，调节器就限制励磁电流的增加，并发出报警信号。

(3) 反时限限制器。该限制器主要用于限制最大励磁电流。它按照已知的反时限限制特性，即按发电机转子允许发热极限曲线，对发电机转子电流的最大值进行限制，以防转子过热。所谓反时限，即监测到的转子电流越大，限制动作延时越小，动作越快。而转子电流越限程度较小时，则经过较大的延时后限制器才起作用。

(4) 瞬时电流限制器。该限制器用于具有高顶值励磁电压的励磁系统，限制发电机励磁电流的顶值，将其限制在设计允许的范围内，防止晶闸管整流装置和励磁绕组短时过负荷。

(5) 定时限限制器。该限制器实质上是一个延时继电器，它与反时限限制器配合使用。当反时限限制器动作后，转子电流在规定时间（如3～5s）内未能恢复到反时限限制器的启动值以下，则定时限限制器动作，跳发电机出口开关。定时限限制器作为反时限限制器的后备保护。

(6) 机端信号丢失检测器。机端信号丢失检测器用于检测励磁调节用的电压互感器。当检测到因高压熔断器熔断或其他原因使发电机电压信号丧失时，使AC调节器立即自动转到DC调节器工作，以防因电压信号丢失而引起误强励。

(7) 低频保护器。低频保护器为U/Hz（伏/赫）限制器的后备保护。用于防止机组解列运行时，发电机长时间低频运行造成的不良影响。例如，有的系统设计，当U/f高于额定值1.1倍时，延时55s跳发电机并灭磁；当U/f高于额定值1.2倍时，延时6s跳发电机并灭磁。

8.5 发电机组的同期并列

电力系统中，各发电机组是并列在一起运行的。在正常运行情况下，并列运行的同步发电机（如图3.4所示，且$\varphi_1=\varphi_2$），其转子都是以相同的电角速度运转的，各发电机转子间的相对电角度差也在允许的偏差范围内。这种运行方式称为发电机的并列运行，并称参加运行的各发电机是同步的。一般情况下，一台未投入系统运行的发电机与在系统中运行的发电机是不同步的。在3.1.3中曾经提及，并列过程就是使待并发电机的转子在空间与已并网运行的发电机转子以同样的转速、同样的相位（$\varphi_1=\varphi_2$）同步旋转。把发电机投入系统参加并列运行的操作称为并列操作。并列操作是机组运行中的一项重要操作，发电机在并列的瞬间，操作不当往往会产生冲击电流和冲击力矩，这种冲击将引起发电机过流和电压瞬时下降。如果操作错误，冲击过大，就可能引起机组剧烈振动，甚至使发电机和汽轮机的机械部分损坏、发电机绕组部分烧毁、以至于引起电力系统振荡而破坏电力系统的安全、稳定运行。所以，对发电机的并列操作，必须予以高度重视。

本节主要介绍发电机并列操作方式、自动同步的条件以及实现自动准同期的方法。

8.5.1 发电机组并列的方式与条件

1. 发电机的并列方式

同步发电机并列的方式主要有两种，即准同期并列和自同期并列。

(1) 准同期并列方式。准同期并列方式是在发电机并列前已励磁，当发电机的频率、电压、相位与运行系统的频率、电压、相位均接近相同时，将发电机出口断路器合闸，完成并列操作。这种操作的优点是正常情况下并列时的冲击电流较小，不会使系统电压降低，缺点是并列操作时间长，并且如果合闸时机不准确，可能发生非同期并列事故，造成设备损坏。按准同期并列过程的自动化程度，可分为手动准同期并列和自动准同期并列两种。目前，在发电厂中一般都装有手动准同期并列装置和自动准同期并列装置。

（2）自同期并列方式。自同期并列方式是先不给发电机励磁，当其转速接近于同步转速时，将发电机投入系统，然后再给发电机加上励磁，由系统将发电机拖入同步。

自同期并列方式实质上是先并列后同期，因此不会造成非同期合闸，且并列过程快，特别是在系统发生事故需要紧急投入备用机组时，减少并列操作的时间更为重要。此外，自同期较准同期更易于实现自动化，在系统的电压和频率降低很多时仍有可能将发电机并入系统。自同期方式的缺点是：不经励磁的发电机并入系统时会产生较大的冲击电流，会从系统吸收大量的无功，这将引起机组振动和系统电压下降。因此，自同期方式一般应用在容量较小的汽轮发电机、水轮发电机和同步调相机的同期并列上。

为了提高同步发电机并列操作的准确度和可靠性，以确保机组安全，将发电机并入系统时应满足以下两个基本要求：①发电机断路器并列合闸时，流过发电机的冲击电流应尽可能小，其瞬时最大值一般不超过定子额定电流的1～2倍；②发电机组并入电网后，应能迅速进入同步运行状态，其暂态过程要短，以减少对系统的扰动。

2. 发电机准同期并列的条件

图8.47（a）所示为一台发电机组与无穷大系统相连的一次系统图，图8.47（b）是它的简化等值电路。设发电机电压为u，系统电压为u_s，要使合闸时发电机回路中电流为零，必须使$u-u_s=0$。这样，图8.47（c）中$\dot{U}$和$\dot{U}_s$两个相量完全重合并同步旋转，故发电机并列的理想条件可表示为：

（1）$\omega=\omega_s$或$f=f_s$，即待并发电机频率与系统频率相等。

（2）$U=U_s$，即待并发电机电压幅值与系统电压幅值相等。

（3）$\delta_d=0$，即待并发电机电压与系统电压的相位差为零。

但是，在发电机未并入系统运行之前，发电机电压u与系统电压u_s往往不等。设断路器QF主触头间具有电压差为U_d，其大小可由图8.47（c）所示的电压相量图求得。即

$$\dot{U}_d=\dot{E}_0-\dot{U}_s=\dot{U}-\dot{U}_s \tag{8.27}$$

在发电机未并列前，$\dot{U}=\dot{E}_0$。由于假设系统容量为无穷大，系统阻抗可视为0，所以，合

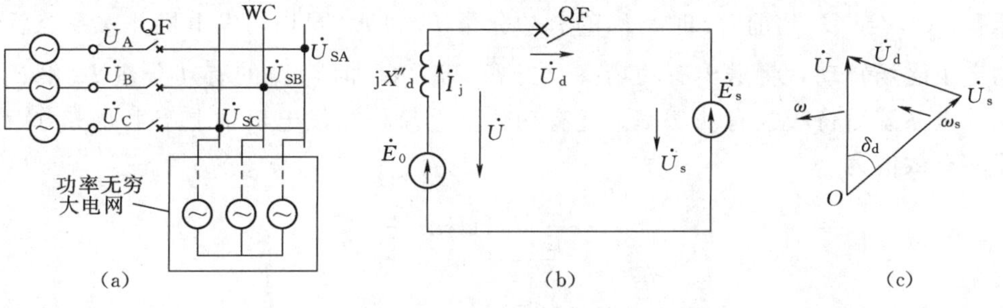

图8.47　发电机并列示意图

闸产生的冲击电流为

$$\dot{I}_{j}=\frac{\dot{E}_{0}-\dot{U}_{s}}{jX''_{d}}=\frac{\dot{U}_{d}}{jX''_{d}} \tag{8.28}$$

式中：X''_d为发电机的暂态电抗。

由于并列过程是一个暂态过程，X''_d比发电机的同步电抗 X_d 要小得多。故并列条件不满足时并列会引起很大的冲击电流。下面简要分析并列条件不满足对冲击电流大小的影响。

1. 电压差的影响

假设$\dot{U}$与$\dot{U}_s$同相位，且 $f=f_s$，仅是电压幅值U不等于U_s。在并列时会产生冲击电流。因为发电机暂态电抗是电感性的，所以这时 $\dot{I}_j$ 属于无功性质的电流，其相量关系如图 8.48（a）所示。当$U>U_s$时，$\dot{I}_j$ 滞后$\dot{U}$90°，此电流对发电机起去磁作用，使U降低，发电机并列后立即要输出无功负荷；当$U<U_s$时，$\dot{I}_j$ 超前$\dot{U}$90°，电流对发电机起助磁作用，使U升高，发电机并入系统之后要立即从系统吸取无功功率。而 $\dot{I}_j$ 过大时，将使绕组端部因电动力的作用而受到损坏。为此，一般要求电压差不应超过额定电压的 5%～10%。

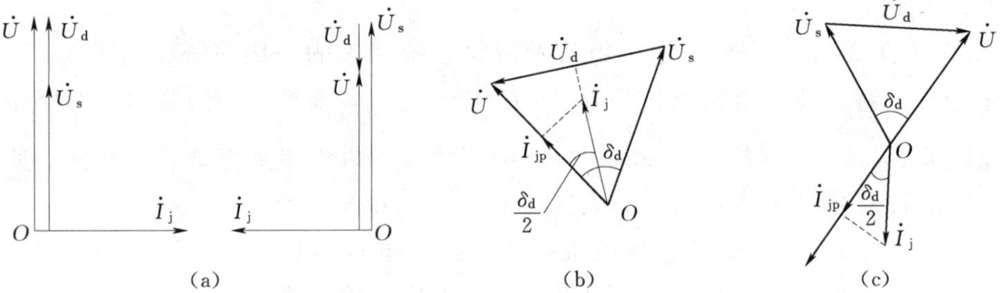

图 8.48　发电机电压与系统电压的相位关系

（a）$U>U_s$，输出无功；$U<U_s$，吸收无功；（b）$\dot{U}$ 超前 $\dot{U}_s$，输出有功；（c）$\dot{U}$ 滞后 $\dot{U}_s$，吸收有功

2. 相位差的影响

发电机并列时，若 $U=U_s$，$f=f_s$，仅 $\dot{E}_0$ 与 $\dot{U}_s$ 之间相位有差值 δ_d，这时会产生具有有功性质的冲击电流。如图 8.48（b）所示，由于 X''_d是电感性的，所以冲击电流 $\dot{I}_j$ 要滞后电压 $\dot{U}_d$90°，当 $\dot{E}_0$ 超前 $\dot{U}_s$ 时，$\dot{I}_j$ 的有功分量 $\dot{I}_{jp}$和 $\dot{E}_0$ 同相，发电机并入系统后转子磁场拖动定子磁场转动，将送出有功功率；当 $\dot{E}_0$ 滞后 $\dot{U}_s$ 时，$\dot{I}_j$ 的有功分量 $\dot{I}_{jp}$和 $\dot{E}_0$ 反相，发电机并入系统后将吸收有功功率。此有功分量电流将在发电机轴上产生冲击力矩。其冲击电流的有效值为

$$I_{j}=\frac{U_{d}}{X''_{d}}=\frac{2U\sin\frac{\delta_{d}}{2}}{X''_{d}} \tag{8.29}$$

由此可见，并列时 δ_d 角越大，产生的冲击电流也越大。如果误操作，在 δ_d 等于 180°的情况下并列，此时冲击电流为最大。该值相当于具有两倍额定电压的空载发电机在出口

发生三相突然短路，冲击电流会产生巨大的电动力和引起绕组发热，并可能毁坏发电机。

所以，为了在发电机并列时不产生过大的冲击电流，应在 δ_d 角接近零时合闸。通常并列操作时，允许合闸的相角差不应超过 5°。

3. 频率差的影响

当 $f \neq f_s$ 时，从电压相量图上看，就是 $\dot{U}$ 与 $\dot{U}_s$ 的旋转速度不一样，其间有相对运动。如图 8.48（c）所示，$\dot{U}$ 以角速度 ω 旋转，$\dot{U}_s$ 以角速度 ω_s 旋转，若把 $\dot{U}_s$ 看成是相对静止的，则 $\dot{U}$ 将以角速度之差 $\Delta\omega = \omega - \omega_s$ 旋转。此时，电压差 $\dot{U}_d$ 是变化的，时大时小形成脉动电压。当 $\dot{U}$ 与 $\dot{U}_s$ 同相时，电流最小；当 $\dot{U}$ 与 $\dot{U}_s$ 反相时，电流最大。相位差较大时并列将引起发电机振动，导致发电机失去同步。根据运行经验规定，准同步并列时允许的频率偏差为 0.1～0.25Hz。

从上面的分析可以看出，并列前发电机电压相位应比系统电压相位稍有超前，发电机电压频率比系统电压频率略高，这样，合闸后发电机即可带上有功负荷，产生一个制动力矩，有利于将发电机快速牵入同步。

发电机同期并列另外还有两个条件，即待并发电机电压的相序与系统电压的相序相同，待并发电机电压的波形与系统电压的波形相同。这两个条件是必要的，必须在发电机组在准备启动之前处理好。为保证相序相同，对于新安装的机组或发电机有关部分检修后，必须核相。

4. 实现自动准同期的方法

从图 8.47 可知，当发电机电压与系统电压不同步时，同步发电机出口断路器 QF 两侧电压差为一个脉动电压 u_d。假定待并发电机和系统电压的瞬时值分别为

$$u = U_m \sin\omega t, u_s = U_{sm} \sin\omega_s t$$

当 ω 与 ω_s 不相等、电压幅值相等，即 $U_m = U_{sm}$ 时，脉动电压 u_d 为

$$u_d = U_m(\sin\omega t - \sin\omega_s t) = 2U_m \sin\frac{\delta_d}{2}\cos\frac{\omega + \omega_s}{2}t \tag{8.30}$$

式中：$\delta_d = \omega t - \omega_s t = \omega_d t$ 为两侧电压的相位差；$\omega_d = \omega - \omega_s$ 为两侧电压的角速度差，简称转差。

脉动电压的波形图如图 8.49（a）所示。可以看出，u_d 是一个幅值按正弦规律变化的余弦函数。在正常情况下，$(\omega - \omega_s)/2$ 远小于（$\omega + \omega_s$）/2，所以，脉动电压的幅值变化是相对较慢的，称其为脉动电压的包络线。脉动电压的幅值可表示为

$$U_{dm} = 2U_m \sin\frac{\omega_d}{2}t = 2U_m \sin\frac{\delta_d}{2} \tag{8.31}$$

式（8.31）与式（8.29）是一致的。利用整流滤波电路将脉动电压包络线检出，得到如图 8.49（b）所示的曲线，称该电压为正弦整步电压，用 u_Δ 表示，其表达式可写成为

$$u_\Delta = 2U_m \left|\sin\frac{\omega_d}{2}t\right| = 2U_m \left|\sin\frac{\delta_d}{2}\right| \tag{8.32}$$

当相角差 δ_d 从 $0 \to 2\pi$ 变化一个周期时，U_Δ 也经历从 0 到最大值 $2U_m$、再到 0 变化一

个周期。通常把 δ_d 从 $0\rightarrow 2\pi$ 所经历的时间称为脉动周期，以 T_d 表示。

$$T_d=\frac{2\pi}{\omega_d} \tag{8.33}$$

显然，频差越小，整步电压的周期 T_d 越长，发电机电压与系统电压的频率越接近。

当 $\delta_d=0$，有 $u_\Delta=0$，故在 u_Δ 达到最低值时断路器主触头闭合，可保证发电机电压与系统电压同相位的要求。

若 $U\neq U_s$，虽然式（8.32）是在两侧电压相等的条件下得到的，但根据脉动电压的定义式（8.30）和图 8.49，仍然很容易得到如下结论：δ_d 等于 0 时，u_Δ 为最小值，其最小值为发电机电压与系统电压之差 $|\dot{U}-\dot{U}_s|$；$\delta_d=\pi$ 时，u_Δ 为最大值，其最大值为发电机电压与系统电压之和 $|\dot{U}+\dot{U}_s|$。所不同的只是当 $\delta_d=0$ 和 $\delta_d=2\pi$ 时，整步电压 u_Δ 的最小值不为 0，而是等于发电机电压与系统电压之差 $|\dot{U}-\dot{U}_s|$ 而已。故整步电压同样能反映压差的大小。

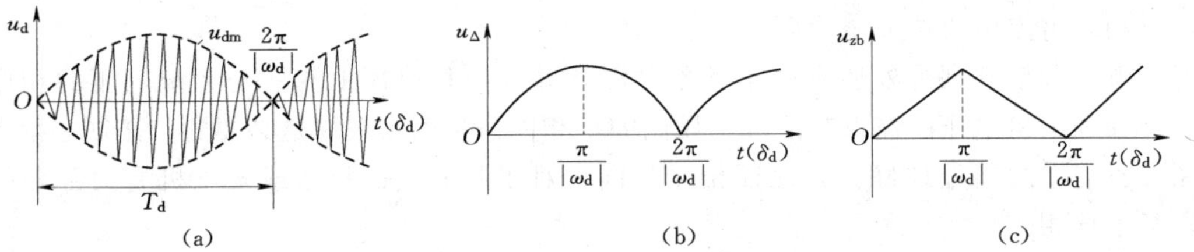

图 8.49　脉动电压与整步电压

综上所述，正弦整步电压的特点如下：

（1）整步电压周期与频差绝对值成反比，所以整步电压的周期反映频差大小。

（2）整步电压最小值反映压差大小。

（3）$\delta_d=0$ 时，整步电压出现最小值；$\delta_d=\pi$ 时，整步电压出现最大值；δ_d 在 $0\sim\pi$ 之间时，δ_d 越大，u_Δ 越大；δ_d 在 $\pi\sim 2\pi$ 之间时，δ_d 越大，u_Δ 越小，所以整步电压反映了相角差的大小。

因此，正弦整步电压能直观反映准同步三个条件。如果利用整形元件，将正弦整步电压整形成三角波，称为线性整步电压，用符号 U_{zb} 表示，如图 8.49（c）所示。所以，线性整步电压可以作为发电机同步分析判别使用。

利用自动装置实现准同期并列时，应完成以下三项任务：

（1）检查待并发电机电压 u 与系统母线电压 u_s 在数值上是否相等或其差值是否小于允许值。当其差值大于允许值时，发出调压脉冲作用于自动励磁调节装置，调整发电机电压，使电压差值小于允许值。

（2）检查待并发电机的角频率 ω 与系统角频率 ω_s 的偏差 ω_d 是否小于允许值。当其差值超过允许值时，自动装置发出增速或减速脉冲作用于汽机转速控制回路，调节汽轮机转速，使频率差值小于允许值。

（3）当上述两项任务完成后，自动装置能选择合适的时刻发出合闸脉冲，使断路器合闸瞬间刚好 $\delta_d=0$，即整步电压 $U_\Delta=0$，冲击电流基本为 0，这是最理想的情况。如图

8.50（a）所示，在整步电压变化的三个周期内，整步电压的周期 T_d 越来越长，说明发电机频率与系统频率越来越接近。最理想情况是在 B_3 点，即整步电压过 0 时合闸。但是，由于一般断路器合闸操动机构，从合闸命令的发出，到断路器主触头闭合，要经历一段时间，大约为 0.1～0.7s，因此要使并列合闸瞬间 $\delta_d=0$，合闸脉冲必须在 $\delta_d=0$ 之前提前一个时间发出。这一提前的时间叫导前时间。用 t_{dq} 表示，t_{dq} 为从发出合闸脉冲起到断路器主触头闭合为止其间所有元件的动作时间之和，其中主要为断路器的合闸时间。

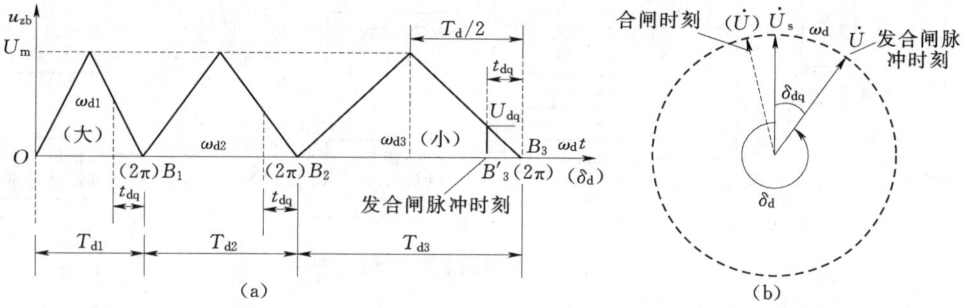

图 8.50　导前相角合闸脉冲

所以，发出合闸命令的时间应比 B_3 点提前 t_{dq}，在 B'_3 点发出，与之相对应，在相角上相差 δ_{dq}，如图 8.50（b）所示。假设发电机频率高于系统频率，$\dot U$ 与 $\dot U_s$ 的相对运动可视为 $\dot U_s$ 不动，而 $\dot U$ 逆时针转动，当 $\dot U$ 转到与 $\dot U_s$ 重合前，t_{dq} 发出合闸脉冲，若断路器实际合闸的时间正好在 $\delta_d=0$ 瞬间，则合闸电流等于零；若断路器实际合闸的时间小于 t_{dq}，则合闸瞬间 $\dot U$ 滞后于 $\dot U_s$，发电机向系统吸收有功功率；若断路器实际合闸的时间大于 t_{dq}，则合闸瞬间 $\dot U$ 超前 $\dot U_s$，发电机向系统输出有功功率。实际上第三种情况，即在 $\dot U$ “追上” $\dot U_s$，并略“超前” $\dot U_s$ 时合闸，如图 8.50（b）所示，因合闸时输出有功功率，电磁力是阻力，更容易使发电机进入同步运行状态。所以，理想情况是导前时间 t_{dq} 等于断路器的动作时间，并略小一点为好。

导前时间是断路器动作时间，只与断路器及其控制回路的特性有关，不随频差、压差变化，是一个固定的数值，所以有恒定导前时间之称，以此原理构成的自动同步装置也被称为恒定导前时间式自动准同步装置。

8.5.2　自动准同期装置

自动准同期装置是实现自动准同期并列的控制设备。图 8.51 所示为恒定导前时间自动同期装置的原理框图。不管该仪表是模拟型的、还是微机数字型控制仪表，按其功能分，都主要由合闸部分、调频部分、调压部分和信号等部分组成。

1. 合闸部分

合闸部分的主要作用是：自动检测待并发电机同期条件，当频差、压差均满足并列要求时，在发电机电压和系统电压相角差 $\delta_d=0$ 之前提前一个恒定的导前时间 t_{dq} 发合闸脉冲命令，保证合闸瞬间 $\delta_d=0$；当频差、压差不满足要求时，则闭锁发合闸脉冲命令。

合闸部分由线性整步电压形成环节、导前时间形成环节、频差闭锁环节、压差判别环节和合闸执行环节等五个部分构成。

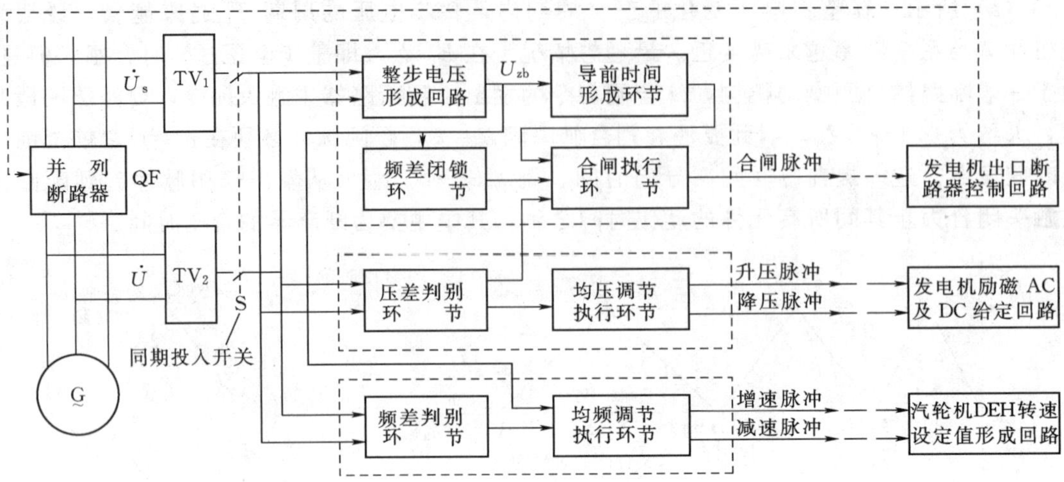

图 8.51　自动同期装置原理框图

（1）线性整步电压形成环节。线性整步电压 u_{zb}是利用发电机电压 u 和系统电压 u_s 经过波形变换、整流滤波后得到的。用于检测准同步条件，其输出电压波形如图 8.50 所示。

（2）导前时间形成环节。在常规电子同期装置中，导前时间脉冲是由一个比例微分电路运算得到的。在数字式同期装置中，导前时间的求取更为方便。由图 8.50 可得：$t_{dq}:T_d/2=U_{dq}:U_m$。U_{dq}为 $\delta_d=0$ 前 t_{dq}时刻对应的整步电压值。故只要测量出整步电压的周期 T_d 和幅值 U_m，很容易计算出 U_{dq}。当整步电压值等于 U_{dq}时发合闸脉冲，就能保证经过时间 t_{dq}后，在 $\delta_d=0$ 时刻实现同期合闸。

（3）频差闭锁环节。检查待并发电机与系统之间的频差大小以决定是否发频率允许信号。频差闭锁是通过对整步电压的分析来进行的。频差角频率 ω_d 越小，脉动周期 T_d 越大，整步电压 u_{zb}曲线斜率越小。当曲线斜率小于某一允许值时，频差即满足了同期要求。故当 u_{zb}的斜率小于整定值时，发频率允许信号；反之，发频率闭锁信号。

（4）压差判别环节。压差判别环节实际上在调压控制部分。当发电机电压与系统电压的差小于压差整定值时，发压差允许信号；反之，发压差闭锁信号。

（5）合闸执行环节。对上面几个单元的输出结果进行逻辑判断，在频差、压差均允许的条件下，于 u_{zb}过 0 前 t_{dq}时刻发出合闸脉冲。实际上，合闸脉冲就是导前时间脉冲。

2. 调压部分

调压控制部分由压差判别部分和调压执行部分组成。压差判别部分的作用是鉴别压差的大小和方向。当发电机电压 u 大于系统电压 u_s 时，发降压信号；当发电机电压小于系统电压 u_s 时，发升压信号；当压差满足条件时，向合闸执行环节发压差允许信号。调压执行部分的主要作用是功率放大，发出一定宽度的调压脉冲。该升压或降压脉冲信号送到发电机励磁自动调节系统，以实现增磁，或减磁操作。

3. 调频部分

调频控制部分由频差判别部分和调频执行部分组成。频差判别部分的作用是鉴别频差的方向，当发电机电压频率 f 高于系统电压频率 f_s 时，发出减速信号；当发电机电压频

率 f 低于系统电压频率 f_s 时，发出升速信号，使发电机电压频率 f 向系统电压频率 f_s 看齐。调频执行部分的作用主要是功率放大，发出一定宽度的调频脉冲，送到 DEH 系统的转速设定值形成回路，修改汽轮机转速设定值，以调整发电机频率。

由于汽轮机调速回路存在一定的迟延和惯性，为了更好地调整发电机频率，必须注意两个问题：第一，当频差较大时，为了使发电机频率迅速接近系统频率，又不致产生过调，要求按频差的比例进行控制。频差越大，单位时间内送出调频脉冲数越多，频差越小时，单位时间内送出调频脉冲数越少；第二，在频差已较小，但又没有满足频差允许条件（如频差小于 0.05Hz）时，应以一定的周期发调频脉冲，以防出现在较长的时间内不能同步的现象。故在均频执行环节输入了反应频差大小的整步信号 u_{zb}，目的就是使在单位时间内送出的脉冲数按频差大小设置。

在图 8.51 中，自动准同期装置有发电机电压和系统电压两个输入信号。两侧电压信号分别经电压互感器 TV_1 和 TV_2 引入。当运行人员启动自动同期装置时，开关 S 闭合，自动同期装置开始工作。自动准同期装置有同期合闸、励磁系统增磁、励磁系统减磁、汽轮机升速、汽轮机减速等五个输出信号。为了便于与其他系统的连接，并减少系统间的干扰，五个输出信号采用了电隔离的继电器触点信号。使用时可将触点与负载、电源串联使用。

8.6　同步发电机的正常运行

8.6.1　隐极式同步发电机的安全运行极限

发电机组在正常运行时，其输出的有功功率和无功功率分别由 DEH（或 CCS）的功率调节器与发电机励磁调节器控制。运行人员可以根据外界负荷指令和机组的负荷能力，包括安全运行要求加以干预。这种安全性要求表现在机组所发出的有功功率和无功功率受到严格限制。对于每一台发电机而言，其输出有功功率和无功功率都规定了明确的安全运行极限范围，机组运行人员对此必须心中有数。

1. 隐极式同步发电机的电流相量图

在图 8.20 所示的简化的隐极式同步发电机电压相量图中，$\overline{AO}$代表发电机的励磁电势，$\overline{OC}$代表发电机端电压，$\overline{AC}$代表同步电抗 x_t 上的压降。这是一个电压三角形，在不计铁芯饱和影响时，认为 x_t 是常数。将上述各量同时除以 x_t，并将图 8.20 顺时针旋转 90°，得到如图 8.52 所示的电流相量图。这是一个电流三角形，图中，$\overline{OC}$是定子电流 $\dot{I}$ 逆时针旋转 90°后的结果；$\overline{MC}$大小为 E_0/x_t，与励磁电流 I_f 相对应；$\overline{MO}$大小为 U/x_t，因为空载时 U 等于 E_0，所以$\overline{MO}$与励磁电流 I_{f0} 相对应。$I_p = I\cos\varphi$，是定子电流的有功分量，$I_q = I\sin\varphi$，为定子电流的无功分量。当发电机并联于无穷大电网运行时，端电压为 U 可视为常数，而发电机有功功率 $P = UI_p$，

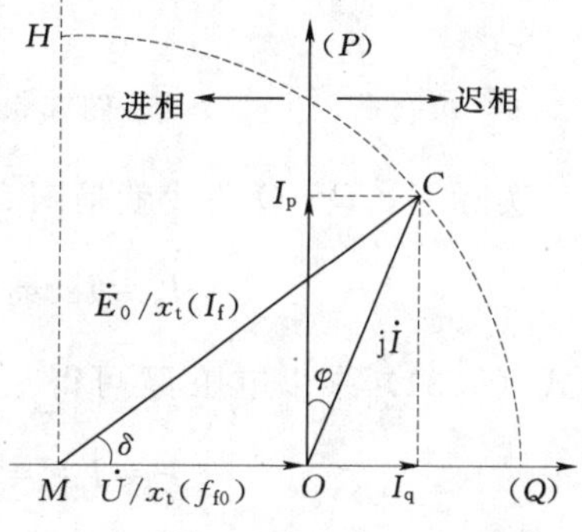

图 8.52　发电机电流相量图

无功功率 $Q=UI_q$，所以可用 I_p 代表发电机有功功率，如图 8.52 中的纵坐标（P），I_q 代表发电机无功功率，如图中的横坐标（Q）。

由于 U 为常数，若励磁电流 I_f 不变时，$\overline{MC}$大小为 E_0/x_t 也不变，随着发电机有功功率的变化，发电机的功角 δ 将发生变化，端点 C 的轨迹是一个以 M 点为圆心，以$\overline{MC}$为半径的圆弧，如图 8.52 中虚线所示。当 C 点运行到纵轴（P 轴）上时，功率因数角 $\varphi=0$，$\dot{U}$ 与 $\dot{I}$ 同相位；当 C 点在纵轴右边（图示位置）时，$\dot{I}$ 滞后 $\dot{U}$，称为发电机迟相运行；当 C 点在纵轴左边）时，$\dot{I}$ 超前 $\dot{U}$，称为发电机进相运行。随着 C 点向左运动，当 C 点落到虚线$\overline{MH}$上时，功角 δ 达到 90°，发电机的功率达到静态稳定极限。

2. 隐极式同步发电机的 $P—Q$ 曲线

$P—Q$ 曲线，也称为发电机的运行图，如图 8.53 所示。它表示隐极式同步发电机在端电压和冷却介质参数为额定值条件下，发电机功率因数在一定范围内变化时，发电机输出有功功率和无功功率的关系，给出了保证发电机长期安全运行所允许的运行限值。图 8.53 中端点 C 对应的是发电机额定工况数据。通常制造厂都给出了每台发电机的 $P—Q$ 曲线，作为发电机运行的主要依据之一。

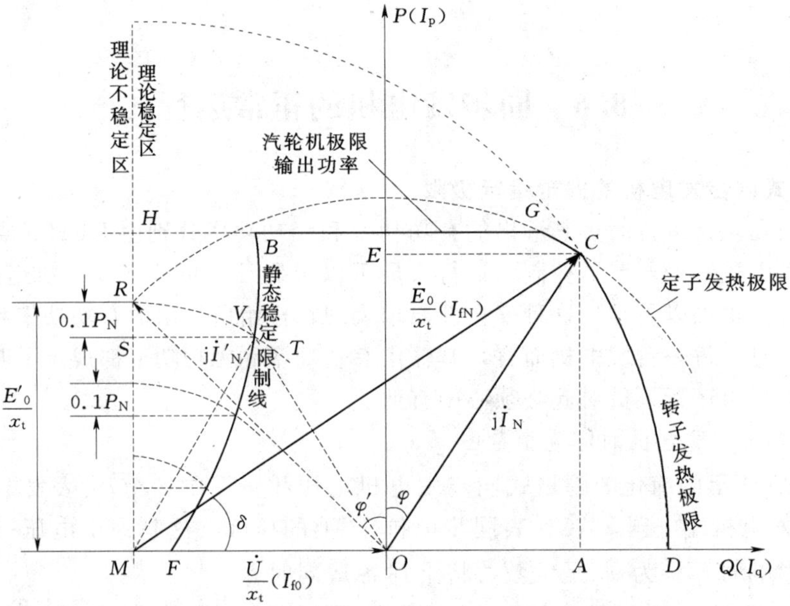

图 8.53　隐极汽轮发电机的安全运行极限

实际上，$P—Q$ 曲线就是图 8.52 所示的电流相量图转化而来的。由图 8.52 可得

$$I_p=I\cos\varphi=\frac{E_0}{x_t}\sin\delta,\ I_q=I\sin\varphi=\frac{E_0}{x_t}\cos\delta-\frac{U}{x_t} \tag{8.34}$$

将式（8.34）乘以电压 U 可得

$$P=I_pU=\frac{E_0U}{x_t}\sin\delta,\ Q=I_qU=\frac{E_0U}{x_t}\cos\delta-\frac{U^2}{x_t} \tag{8.35}$$

于是，电流相量图就变成了图 8.53 所示的功率图。图 8.53 中，$\overline{OC}$与纵轴的夹角为功率

因数角 φ，$\overline{OC}$表示视在功率 $S_N=I_NU$，$\overline{OC}$在纵横轴上的投影$\overline{OE}$为 P_N，在纵横轴上的投影$\overline{OA}$为 Q_N。图中粗实线框内即是发电机的安全运行区域，以下对各安全限制线进行讨论。

(1) 定子发热极限。定子绕组的发热与定子电流的平方成正比。因而，为防止定子过热，大型的汽轮发电机不允许连续过负荷运行。所以，以 O 点为圆心，以 $I=I_N$ 为半径的轨迹圆就是避免定子过热的安全极限，图中弧线$\overline{GC}$是这一限制线。在 C 点以下部分，由于转子发热极限（CD 段弧线）比其更小，而 G 点以上的弧线则由于发电机出力要受到汽轮机输出功率（BG 段直线）的限制，故已不起作用。

(2) 转子发热极限。转子发热与励磁电流的平方成正比。代表额定励磁电流 I_{fN}大小的是线段$\overline{MC}$，这在电流相量图中已有说明。如果定子电压和电流都不变，则视在功率 S 不变，这时 φ 角的加大就意味着端点 C 沿着定子发热极限向下运行，$\overline{MC}$加长，意味着要求 $I_f>I_{fN}$，增加无功功率输出，转子就会过热。反之当 φ 减小时，由于受定子发热极限和汽轮机输出功率极限的限制，转子发热极限不起作用，因而 C 点以上部分未能充分利用转子发热的潜力。

(3) 汽轮机输出功率极限。汽轮机是拖动发电机的原动机，因而其额定功率应稍大于发电机的额定功率。图 8.53 中的水平线$\overline{BG}$即是由汽轮机最大安全输出功率所决定的，它比转子发热极限、定子发热极限都小，故成为发电机的安全限制线。

(4) 静态稳定极限。理论分析已知，汽轮发电机的静稳定极限是 $\delta=90°$，在图 8.53 中为虚线$\overline{HM}$，但是实际上运行点 C 决不应到达$\overline{HM}$线上，总应留出较大的裕度，如图中 BF 弧线所示，发电机运行在其限制线内才是安全的。这个静稳限制线是如何得到的呢？

发电机一般都运行在过励状态，当运行点 C 落在纵轴（P 轴）左边时，发电机运行在欠励状态，可能是某种原因使励磁系统出力受到限制。为了保证内扰或外扰作用使负荷突然增时机组也不致失去稳定，可取发电机额定功率 P_N 的 10%作为静稳定储备［如图 8.21 (a) 中的 ΔP］。用发电机当前励磁电流条件下的静态稳定极限功率减去静稳定储备功率，作为发电机可以实际输出的有功功率，即静态稳定限制功率。例如，由于某种原因使励磁电流下降时，发电机功角逐步增大到 90°，运行点移动到理论稳定边界上的 R 点。此时励磁电势为 E_0'，功率因数为 $\cos(-\varphi')$，E_0'可视为当前励磁系统条件下发电机所能提供的最大励磁电流所对应的励磁电势。为了保证发电机有一定的稳定裕度，可以保持励磁电势 E_0'不变，以 M 为圆心画弧 RT，然后再从 R 点以下取 $0.1P_N$ 的静稳定储备得 S 点，以 S 点为起点作水平线，与弧线 RT 相交于 V，V 点就是当励磁电势为 E_0'时，能保证发电机静态稳定的工作点。在 V 点上运行，发电机有 10%静稳定储备功率，也就是说，在这一点上运行，即使输出有功功率再突增 $10\%P_N$，发电机也不会失去稳定。与在 R 点运行相比，在 V 点运行时，励磁电流未变，功角由 90°减小为小于 90°，有功功率减少 10%，定子电流也有所下降，功率因数提高。

8.6.2 同步发电机的正常运行方式

对每一台发电机组，电厂都根据制造厂提供的技术数据、国家及电力行业颁发的有关标准，并参考安装、试验数据，制定本机组的运行规程。发电机组按运行规程规定数据运行的方式称为额定运行方式或正常运行方式。

1. 铁芯和绕组的允许温度和温升

发电机定子和转子绕组的温度和温升对于发电机组安全运行有着决定性的意义，发电机的绝缘由于受电场的影响和各种机械力（如机组的振动、短路电流在绕组导线间产生的力、冷却空气对绝缘表面的摩擦等）的作用以及污垢、潮湿、氧化、受热等原因，逐渐老化而损坏。对于绝缘的老化有着重大影响的是绝缘的受热温度。绝缘材料的受热温度越高，绝缘的老化越快，寿命越短。有时甚至由于某种原因，使绝缘温度过高进而导致机组烧毁。因此，在发电机运行中，必须特别注意发电机各部分的温度、温升，使其不超过允许数值，以保证发电机的安全运行。

转子和定子绕组及定子铁芯的最高允许温度为发电机在额定冷却介质温度下、带额定负荷连续运行时的允许温度。发电机各部分的允许温度值取决于绕组所用绝缘材料的等级。发电机按铭牌额定数据运行时，各部绕组允许的最高温度规定如下：

（1）定子绕组的允许最高温度：A级绝缘——105℃；F和H级绝缘——120～140℃；B级绝缘——120℃。

（2）转子绕组的允许最高温度：A级绝缘——105℃；F和H级绝缘——135～160℃；B级绝缘——130℃。

允许温升为最高允许温度与冷却空气额定温度之差。目前国产汽轮发电机额定冷却空气温度为＋35℃和40℃两种。

当进入发电机的冷却空气温度低于额定值时，发电机的冷却条件较好，电流可以大于额定值，即发电机可以提高出力，直至绕组温度达到最高允许值为止。反之，如果进入的空气温度高于额定值，则发电机的电流应降低，使绕组温度不致超过最高允许温度。总之，当发电机冷却空气温度变化时，电流较额定值升高或降低的标准以绕组的温度不超过原来规定的最高允许温度为准。

对于开启式通风的发电机的冷却空气入口温度，在寒冷季节，最低允许进风温度为＋5℃。对于密闭式通风冷却的发电机，应以空气冷却器不凝结水珠为准。对氢冷的发电机，进风温度不应低于20℃。因为进风温度过低，会造成冷却气体结露，露水黏附在发电机绝缘上，使绝缘电阻下降；其次，因导体内部温度较高，外部冷却气体温度较低，会使导线热膨胀伸长过多而造成绝缘裂损；进风温度过低还会使发电机绕组端部绝缘变脆，易于损坏。

当冷却空气温度超过55℃时，就使冷却条件大为恶化，发电机出力应大大降低。在一般情况下，入口风温不得超过55℃。随着入口风温的升高，出口风温也要升高，为了保证绕组和铁芯温度不致过高，一般规定发电机出口风温不得超过75℃。

2. 电压的允许变动范围

电压是供电的质量标准之一。过高或过低的电压变动，对系统及用户的正常生产、生活均有影响，对电力系统及发电机本身也有影响。如电压过高会影响用户用电设备的使用寿命，而电压过低将使用户电动机发热甚至烧毁。在实际运行中，由于系统负荷总是变动的，所以不可能使电压始终保持在某一数值上，常因电力系统的需要而保持在一定范围内变动。

发电机运行电压的变动范围是在额定电压的±5%以内，发电机额定容量保持不变。

当电压降低5%时，允许定子电流升高5%；而当电压升高5%时，定子电流可降低5%。发电机连续运行的最高允许电压应遵守制造厂的规定，但最高电压不得大于额定值的110%，电压过高可能产生以下危险：①转子励磁电流增加，可能使转子绕组温度超过允许值。若在维持转子电流不变的条件下升高电压，则需降低发电机有功功率输出；②定子铁芯磁通密度增大，铁耗增加，可能使定子铁芯和定子绕组温度超过允许值；③由于定子铁芯磁通密度增大，铁芯过饱和后，发电机端部漏磁也会增加，会引起发电机的实体部分（如漏磁逸出轭部，绕穿机座某些结构部件如支持筋、机座，齿压板等）和支持端部的金属零件发生过热，造成事故；④过电压运行时定子绕组绝缘（如存在绝缘薄弱点）有击穿危险。

发电机的最低运行电压应根据稳定的要求来确定，一般不应低于额定值的90%。电压过低造成的危害是：

（1）引起发电机运行稳定性下降和励磁调节稳定性问题。当发电机电压低于额定电压的95%以下运行时（一般到额定电压的90%），由于励磁电流的减少，使发电机功角δ增大，容易产生失步和振荡。此外，发电机正常运行时，铁芯磁密工作在饱和区，当降低电压使发电机工作在不饱和区后，励磁电流的不大变化将会引起发电机电压的较大波动，可能使电压调节变得不稳定。

（2）定子绕组温度可能升高。在电压降低时若要保持出力不变，就必须增加定子电流。当电压降低到额定值的95%时，定子电流长期允许值不得超过额定值的105%。因为当电压低于额定值时，铁芯磁密降低，铁耗降低，铁耗引起的发热减弱。所以稍微增加定子电流，绕组温度不一定会超过允许值，但当电压低于95%以下时，若定子电流增加过多，定子线圈温度会超过允许值。

（3）引起厂用电动机和用户电动机运行工况恶化。因为电动机力矩与电压平方成正比，电压下降使电动机力矩大为下降，引起电动机电流增大而发热。厂用电电压下降还要影响辅机，如送风机、引风机出力，可能导致发电机组运行状况变坏，引发更大事故。

3. 频率的允许变动范围

频率是供电的质量标准之一。频率的降低给生产带来很大的影响。因为用户广泛应用的感应电动机的转速是随着频率而变化的，用户电动机转速变化过大，就要影响工业品的产量和质量。同时，频率的变化对发电机组厂用机械的出力也有影响。

我国规定的额定频率为50Hz。但因系统负荷的增减等原因，不能保持额定频率。规定频率变动的范围一般不超过±0.5Hz(200MW及以上发电机不超过±0.2Hz）时，发电机可按额定容量运行。

发电机的频率过高，发电机转速增加，进而导致发电机转子离心力增大，严重时会造成破坏。电网有功不足时，频率就会降低，若频率降得太低，发电机的出力就会受到限制。频率过低，对运行中的发电机会产生以下影响：

（1）发电机的通风由转子端部的风扇来进行，转速降低，可能使通风不良，使线圈和铁芯温度增高，会迫使机组减负荷。

（2）发电机的感应电势与频率和磁通成正比，如果频率降低，要在同样负荷情况维持发电机出口母线电压，必须相应地增加励磁，即增大转子励磁电流，这样就可能使转子过热，要避免过热就要减少负荷。定子铁芯内磁通虽然增加，但因频率的降低使其铁耗减小，抵消了部分因磁通增加而增加的铁耗，所以定子铁芯的温度变化较小。

(3) 汽轮机在较低转速下运行时，会造成叶片过负荷，产生机组振动，影响叶片寿命。

(4) 当频率降低时，厂用电动机转速也相应下降，使辅机出力下降。

4. 功率因数变化的影响

为了保证运行的稳定，一般规定发电机功率因数不超过迟相 0.95 运行。因为功率因数越高，送出无功功率越少，而当功率因数等于 1.0 时，不送出无功功率；功率因数越高，励磁电流越小，发电机定子和转子磁极间的吸力减小而使功角增大，因此会使运行稳定性降低。对于采用高压远程输电的发电机组，如机组运行条件允许，必要时可以在功率因数为 1.0 的条件下运行，并允许短时间功率因数在进相 0.95～1 的范围内运行。当功率因数低于额定值运行时，发电机的出力也应降低。因为当功率因数降低时，为了维持输出电压不变，就要增加励磁电流。若在低功率因数下还要维持发电机出力不变，则转子电流必然超过额定值，使转子温度超过允许值。

8.7 同步发电机的非正常运行

8.7.1 同步发电机的不对称运行

本章前面所讨论的大多为对称稳定运行的问题。实际上，同步发电机运行过程中，还有三相不对称和暂态运行问题。例如，同步发电机的并列、加负荷、减负荷，同步发电机的振荡、出口短路等，都是暂态过程。此外，发电机三相电压和三相电流任何时候也不可能绝对对称。严格地说，暂态和不平衡是绝对的。不对称在工程上容许的范围内就可认为是对称的；暂态过程接近完成，虽未完全平息，也可以认为是稳态。所谓稳态正常运行，实际上是相对的。所以，分析非正常运行情况及其对设备的影响，具有十分重要的实际意义。

引起同步发电机不对称运行的原因大致有三个方面：①负荷分配不平衡，如发电机带容量较大的单相负载或不对称负载；②输电线路发生故障，如一相断线或不对称短路；③断路器合闸时有一相或两相开关没合上，分闸时一相或两相开关没分开。不对称运行会引起不同程度的三相负荷电流不平衡。

同步发电机不对称运行时，除正序电压和正序电流外，还有负序、零序电流和电压。负序电流流过定子绕组时，将在空间产生反向旋转磁场，该磁场切割转子绕组，对发电机运行产生不利影响，必须予以重视。研究不对称运行的基本方法是对称分量法。在分析发电机不对称运行时，仍然假定发电机的三相电势是对称的。为了求得发电机的正序电流、负序电流和零序电流，必须先求出发电机的正序阻抗、负序阻抗和零序阻抗，然后利用第 4 章的分析结论直接得到发电机不对称短路时的故障电流和电压。

8.7.1.1 隐极式同步发电机的相序阻抗

1. 正序阻抗 Z_1

正序电流流过定子绕组所遇到的阻抗称为正序阻抗，发电机对称稳定运行时的各物理量可以看成是正序分量的各物理量，故其正序阻抗等于发电机对称运行时的阻抗，即 $Z_1=r_a+jx_t$。忽略定子导线电阻时，正序阻抗就是同步电抗，即

$$Z_1=x_1=x_t=x_\sigma+x_a \tag{8.36}$$

同步发电机定子中流过正序电流时，三相正序电流建立的合成磁势与转子同方向、同转速旋转，即它与转子相对静止，与发电机三相对称运行的情况完全相同。

2. 负序阻抗 Z_2

负序电流通过定子绕组所遇到的阻抗称为负序阻抗。定子三相负序电流建立的合成磁势，相对于定子的转速也为同步速，但它与转子转向相反，称为反向磁势。负序磁场相对于转子以两倍同步转速旋转。它的磁通切割转子绕组（注意：正序磁通与转子同步旋转，不切割转子），在转子绕组中产生两倍频率的电势和电流。根据楞次定律，转子两倍频率电流的磁场将力图阻止定子反向磁场进入转子回路，起削弱定子反向磁场的作用。所以，负序电流建立的负序磁场较弱，相应地负序电抗比正序电抗小得多，即 $x_2<x_t$。但由于两倍频率电流在转子回路的耗损，使负序电阻大于正序电阻，即 $r_2>r_a$。

也可以这样理解：转子两倍频率感应电流的磁势与定子反向磁势相平衡，与变压器副边短路时的电磁现象类似。可以把转子绕组对定子回路的影响类比于变压器负载短路时二次侧对一次侧的影响。参考变压器等值电路，可认为负序电抗等于定子电枢反应电抗 x_a 与转子电抗在定子边折算值（记为 x_F）的并联，如图 8.54 所示。于是负序电抗可表示为

$$x_2=x_\sigma+\frac{1}{\dfrac{1}{x_a}+\dfrac{1}{x_F}} \tag{8.37}$$

3. 零序阻抗 Z_0

零序电流通过定子绕组所遇到的阻抗称为零序阻抗。由于三相零序电流大小相等，相位相同，通入三相绕组时，三相零序磁势 $\vec{F}_{a0}$、$\vec{F}_{b0}$、$\vec{F}_{c0}$ 在空间互差 120°，他们随着零序电流同时增大、减小、到 0，相互抵消，不形成旋转磁场，如图 8.55 所示。所以，零序电流只在定子绕组中产生漏磁场。由于定子绕组结构的关系，正序电流的漏磁通与零序电流的漏磁略有差别，一般地，零序漏抗小于等于正序漏抗，即

$$x_0\leqslant x_\sigma \tag{8.38}$$

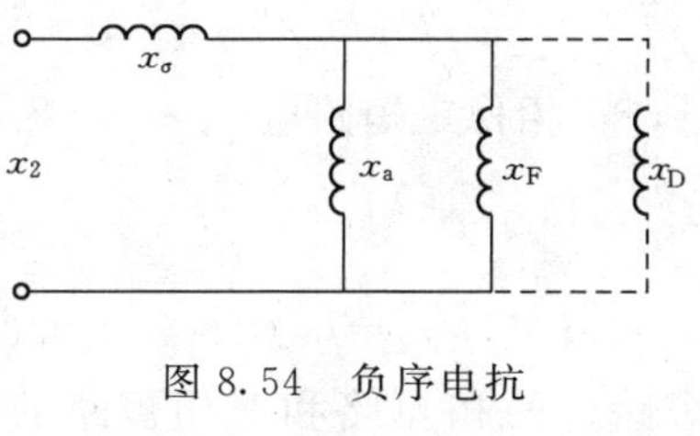

图 8.54 负序电抗

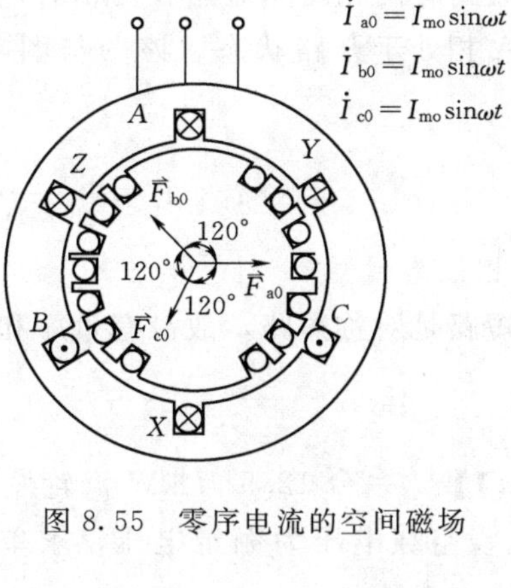

图 8.55 零序电流的空间磁场

而零序电阻等于正序电阻。请读者注意，三相对称交流电流的瞬时值之和为零，在空间产生磁势幅值恒定的旋转磁场；三相零序电流瞬时值之和等于一相零序电流的三倍，但其空间合成磁场的幅值恒为零。

8.7.1.2 稳态短路电流

短路时发电机中的电磁量会发生突变，必然有一个暂态过程，稳态短路电流是指短路暂态过程结束后的短路电流。

1. 单相短路

单相短路一般指发电机出口单相对地短路，这是针对发电机中性点接地的情形。由于短路电流比正常运行电流大得多，为了计算分析方便，假定 A 相对地短路时，B、C 两相空载，如图 8.56（a）所示。该图实际上与图 4.23（a）是一致的，在忽略电阻影响时，由式（4.30）、式（4.31）可得

$$I_1=I_2=I_0=\frac{E_0}{x_1+x_2+x_0},\ I_{k1}=I_A=\frac{3E_0}{x_1+x_2+x_0} \tag{8.39}$$

式中：I_1、I_2、I_0 分别为正序、负序、零序电流的有效值；I_{k1} 为单相接地短路电流的有效值。

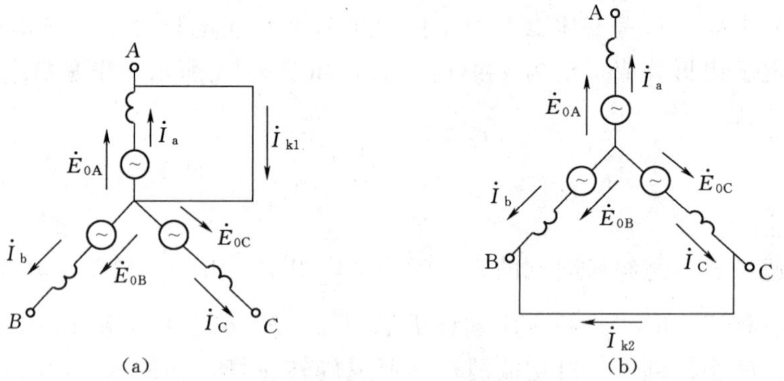

图 8.56　不对称短路

（a）单相接地短路；（b）两相短路

2. 两相短路

两相短路有两相之间短路和两相对地短路两种情况。图 8.56（b）表示 B、C 两相之间短路，A 相处于开路状态。该图与图 4.22（a）是一致的。由式（4.26）、式（4.28）可得

$$I_1=I_2=\frac{E_0}{x_1+x_2},\ I_{k2}=I_B=I_c=\frac{\sqrt{3}E_0}{x_1+x_2} \tag{8.40}$$

3. 三相短路

三相短路是对称短路，故没有负序和零序分量，三相稳定短路电

$$I_{k3}=\frac{E_0}{x_1}=\frac{E_0}{x_t} \tag{8.41}$$

【例 8.1】　一台 12.5 万 kW 汽轮发电机，$x_t=1.867$，$x_2=0.22$，$x_0=0.069$（全为标幺值）。设空载电压为额定电压，求单相接地短路、两相短路和三相短路的稳态短路

电流。

解 用标幺值计算，设 $E_0=1.0$，则

$$I_{k1}=\frac{3E_0}{x_1+x_2+x_0}=\frac{3.0}{1.867+0.22+0.069}=1.395$$

$$I_{k2}=\frac{\sqrt{3}E_0}{x_1+x_2}=\frac{1.732}{1.867+0.22}=0.83$$

$$I_{k3}=\frac{E_0}{x_1}=\frac{1.0}{1.867}=0.535$$

可见，同步发电机出口稳态短路的短路电流以单相接地的短路电流为最大，三相稳定短路电流最小，而两相短路则介于两者之间。这不难理解，三相对称稳态短路时，短路电流的合成磁势仍然在空间与转子磁势同步旋转，定子磁通不切割转子，不会在转子回路中感应电流，定子磁通容易穿越转子，即定子磁路磁阻小，电抗 x_a 大，短路电流相对较小。而单相接地短路时，负序电流的磁势以两倍同步速切割转子，在转子绕组中产生感应电流，发电机类似短路运行的变压器，故短路电流大。两相短路的不对称程度比单相短路小，故短路电流也小一些。

不对称短路产生的负序电流和零序电流还会导致发电机输出电压不对称，因为不对称电流会使电枢反应磁场发生变形，使三相绕组中的电枢反应电势不对称。负序电流和零序电流越大，输出电压越不平衡。

8.7.1.3 非对称运行的影响与阻尼绕组的作用

当发电机三相电流不对称时，定子电流可以分解成正序电流和负序电流。负序电流的磁场转向与转子的旋转方向相反，相对转子来看，此旋转磁场以两倍同步速切割转子。

1. 非对称运行对发电机的影响

当负序电流的磁场以两倍同步速 $2n_1$ 切割转子时，会在转子铁芯的表面、槽楔表面产生涡流，引起附加铁耗，在转子绕组中感应 100Hz 的附加电流及损耗，使转子发热。特别是负序磁场造成铁芯涡流，由于集肤效应集中于转子表面薄层中，使转子表面和槽楔局部发热，引起局部高温，很容易损伤转子。负序磁场在空间旋转过程中，有时与主磁场同方向，加强转子与定子间的吸引力；有时与主磁场反方向，削弱转子与定子间的吸引力，从而引起发电机振动。对于隐极式汽轮发电机而言，转子是圆柱体，沿周气隙中磁阻相差不大，磁场比较均匀，所以振动较小，危害较大的是转子发热。

负序电流的出现有两种情况：一种是在正常运行时由于负载不对称引起的；另一种是在异常或事故状态，如断相、短路所引起的。第一种属于稳态情况，应按相关规定限制长时间的负序电流允许值；而后一种属于暂态情况，突然短路引起的负序电流可能会使发电机转子严重发热而损坏。

2. 对用户的影响

在电网中有不对称负载时，虽然发电机的电势是对称的，但由于负载电流不对称，将引起发电机端电压不对称，导致电网电压不对称，影响用电设备的工作。例如，不对称的三相电压加在电动机上，使异步电动机三相定子电流不对称，将其分解成正序电流和负序电流，负序电流所建立的负序磁场与转子转向相反，在转子中感应出反向电势和电流，产

生阻力转矩和附加损耗，使电动机效率降低、温度升高，影响电动机的正常运行。

3. 阻尼绕组的作用

不对称运行产生的不良影响主要是负序电流的反转磁场，为了减小不对称运行的影响，必须削弱反转磁场。为此，在同步电机的转子极掌表面，安装了一些短路线圈，称为阻尼绕组。稳定运行时穿越阻尼绕组的磁通量不变，绕组相当于开路。当负序电流的反转磁场以 $2n_1$ 的速度切割转子时，电阻很小的阻尼绕组中将产生较大的感应电流，感应电流建立的磁场反过来对反转磁场起削弱作用，相当于短路运行的变压器。阻尼绕组的作用越强，反转磁场被削弱得越厉害，使得在励磁绕组中感应两倍频的电流大为减少，不对称运行的不良影响有较大改善。有了阻尼绕组后，相当于在负序电抗回路又并联了一个电抗支路 x_D，如图 8.54 中虚线所示。x_2 大大小于 x_1，原来阻尼绕组起了很大作用！

阻尼绕组还有抑制振荡的作用，当发电机发生功角振荡时，阻尼绕组中感应电流的磁场，总是对转子振荡起阻尼作用。

8.7.1.4　非全相运行

非对称短路是发电机严重的不对称运行情况，还有一些程度稍轻的不对称运行情况，如三相负载不对称，非全相运行就是典型例子。在运行中，特别是发电机并列、解列或故障跳闸过程中，由于断路器拒合、拒分引起，使发电机一相或两相断线，处于两相或单相运行状态。图 8.57 所示为发电机断线运行的示意图。

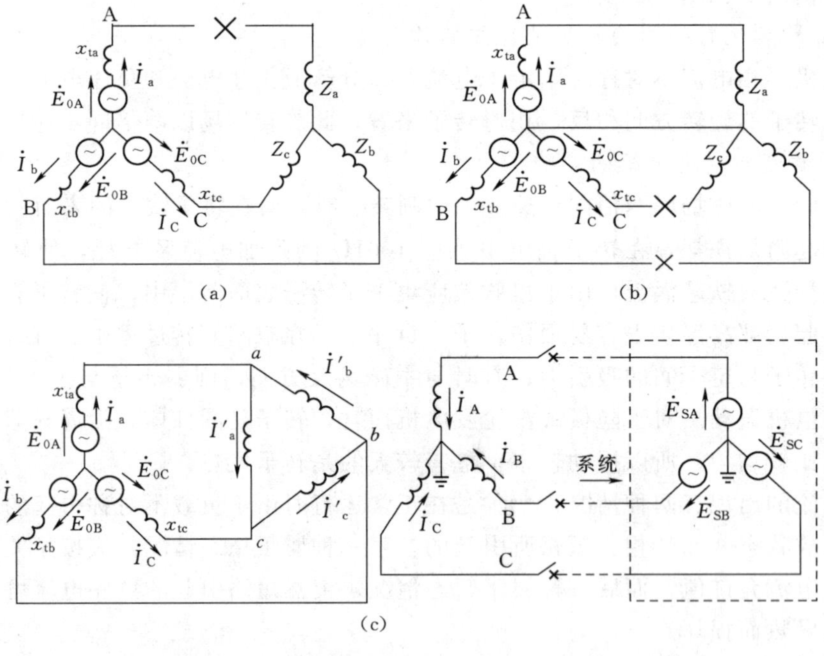

图 8.57　非全相运行

(a) 一相断线；(b) 两相断线；(c) 发变组 Y0，d 接线，高压侧非全相运行

其中图 8.57 (a) 所示为一相断线的情况，从电路中可以看出，$\dot{I}_a=0$，$\dot{I}_b=-\dot{I}_c$。比较图 8.56 (b) 和图 8.57 (a) 可以看出，一相断线与两相短路具有十分相似的电路形

式。如果将发电机的同步电抗 x_{tb}、x_{tc}分别与负载阻抗 z_b、z_c 合并起来，则与图 8.56（b）具有完全相同的电路形式。故在式（8.40）中，只要在阻抗计算时加入负载阻抗，就可求得正序电流、负序电流和流过 B、C 相的电流。

可见，一相断线时，系统中存在正序电流和负序电流，由于负载阻抗的存在，其值比两相短路时小些。

图 8.57（b）所示为 B、C 两相断线的情况。这与单相接地的情况十分相似，同理，利用式（8.39），只要在阻抗计算时考虑负载阻抗 z_a，就可求得两相断线时的正序电流、负序电流和零序电流。

非全相运行时，系统中存在负序电流，虽然负序电流的值比系统短路时要小，但运行经验表明，它对发电机还是有一定的损害。如某厂 300MW 发电机变压器组主变高压侧中性点接地，如图 8.57（c）所示。正常停机时，采用关主汽门联跳发电机的方法解列停机，但主汽门关闭后，B 相断路器未跳，发电机变电动机运行。系统等效电源 $\dot{E}_{SB}$ 的输出电流 $\dot{I}_B$ 经中性点与主变高压侧 B 相绕组形成回路。$\dot{I}_B$ 再传递到主变低压侧和发电机，发电机负序电流 $I_2=0.41I_N$，历时 3min。停机后发现转子护环明显过热。而另一台发电机并列时 A 相断路器未合上，运行 27min 运行人员才发现，造成转子及护环过热，接触面烧裂。

8.7.2 同步发电机的突然短路

同步发电机的突然短路是指发电机出口输电线路某点发生短路时，发电机从系统发生短路前的稳定状态过渡到稳定短路运行状态的暂态过程。突然短路的主要特征是：①短路电流远远大于稳态短路电流，短路电流的峰值可达额定电流的十几倍；②突然短路电流使发电机绕组和端部受到强大的电磁冲击力，可能使绕组发生变形，甚至使绝缘受到损伤；③在短路电流强大的电磁转矩作用下，发电机可能发生振动，在结构部件，特别是轴径部分出现很高的冲击机械应力；④定子绕组、转子绕组出现过电压；⑤暂态过程持续时间很短，时间常数在 1s 以下，超暂态过程时间常数更是毫秒级，以致运行人员无法对其作出反应。研究突然短路的本质特点、估计短路电流的大小，对于有效防止发电机突然短路可能对设备造成的损害，以防患于未然，是十分必要的。

1. 影响突然短路电流的因素

根据楞次定律可知，具有互感作用的两绕组之间之所以能传递电流和电能，是因为原绕组中电流产生的磁通通过原边、副边绕组间共同的磁路穿越副边绕组时，副边绕组会感应出电流，建立起新的磁场和磁通，来企图阻止原边绕组中磁通的穿越，或者说，副边绕组中的感应电流总是企图阻止穿越自身磁通的变化。例如，变压器原边接上交流电源时，它的磁通周期性切割副绕组。当副边回路接通时，它的感应电流就企图削弱原边电流的磁通，而原边绕组为了维持穿越自身的磁通不变，就必须提供更多的励磁电流。所以，副边输出的负载电流越大，原边也要相应地提供更多的电流。显然，若原边提供的是直流电源，它虽然也在原边、副边的磁路中建立磁场，但电流稳定后，穿越绕组的磁通量不变，副边也就不会有感应电流了。此时，副边对原边不产生任何影响，或者说，相当于副边处于开路状态。所以，副边产生感应电流，关键是穿越副边绕组的磁通量要发生变化。

同步发电机定子绕组与励磁绕组和阻尼绕组之间的关系可以用图 8.58（a）来示意。三相稳定运行或三相短路达稳定状态时，定子电流是对称的，且有效值是恒定的，定子三相电流的电枢磁场（注意是三相电流的旋转磁场！不同于变压器中的单相电流的脉振磁场）是一个与转子同步速旋转的恒幅旋转磁场，穿越转子绕组的磁通 ψ_a 不变，因而不会在励磁绕组和阻尼绕组中产生感应电势和电流，相当于二次侧处于开路状态的变压器，定子绕组相当于变压器原边，励磁绕组和阻尼绕组相当于变压器副边。

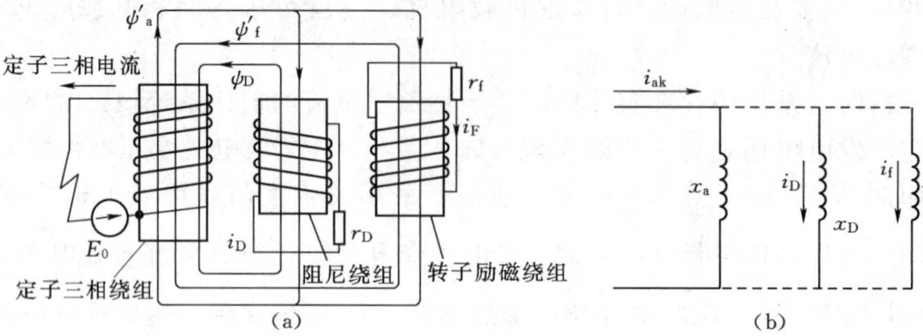

图 8.58 发电机突然短路示意图

(a) 磁路示意图；(b) 简化等效电路

突然短路时，定子电流发生突变，相应地，电枢磁势的幅值也要发生变化。为区别稳定状态下的磁通，该变化中的磁通用 ψ'_a 表示。ψ'_a 穿越转子绕组，定子绕组与转子绕组之间就有了“变压器”作用，励磁绕组和阻尼绕组中将产生感应电流 i_F 和 i_D，从而产生磁通 ψ'_F 和 ψ_D。为了平衡转子中的反磁势作用，定子绕组中必须提供更多的电流。等效到电路来看，相当于变压器二次侧发生短路，在电抗为 x_a 的定子绕组两端并联了等效电抗分别为 x_F 和 x_D 的励磁绕组和阻尼绕组，如图 8.58（b）所示，由于 x_F 和 x_D 很小，故短路电流很大。

三相对称突然短路的短路电流是不能持久的。一方面，定子三相对称电流建立的磁场是恒幅旋转磁场，稳定后穿越转子绕组的磁通 ψ_a 不变，另一方面，由于转子绕组中有电阻存在，突然短路传递到转子绕组的能量会逐步消耗，最后感应电流衰减到零，暂态过程结束。可以把发电机的突然短路过程分为超暂态过程、暂态过程和稳态短路过程。首先是超暂态过程，短路初瞬，定子电流的突增作用到励磁绕组和阻尼绕组，此时励磁绕组和阻尼绕组相当于变压器两个短路运行的副边，定子的等效阻抗最小，称为超暂态电抗，对应的超暂态电流最大。由于绕组中存在着电阻，磁场能量会很快耗损，电流会逐步衰减。因阻尼绕组的时间常数小，很快进入稳态后，就只剩下励磁绕组在短路运行，这就是暂态过程，由于此时阻尼绕组相当于开路，暂态电抗大于超暂态电抗，暂态电流小于超暂态电流；当励磁绕组中的过渡过程结束时，励磁绕组和阻尼绕组都相当于开路，此时限制短路电流的就是定子绕组本身的电抗，即同步电抗，对应的就是稳态短路电流。

当励磁绕组和阻尼绕组的短路作用同时存在时，定子等效电抗即 x''_t 可表示为

$$x''_t=\frac{1}{\dfrac{1}{x_a}+\dfrac{1}{x_D}+\dfrac{1}{x_F}} \tag{8.42}$$

突然短路初瞬 x_t''数值很小，突然短路电流的冲击值可能大到 $(10\sim20)I_N$。

当阻尼绕组中的感应电流衰减到零后，相当于转子只有励磁绕组一个短路的次级线圈，折算到定子边为

$$x_t'=\frac{1}{\dfrac{1}{x_a}+\dfrac{1}{x_F}} \tag{8.43}$$

其数值稍大于 x_t''，突然短路电流还是很大的。

当 ψ_F'和 ψ_D 全部消失时，暂态过程全部结束，对应的电抗即为直轴同步电抗 x_t，短路电流降到稳态短路值。

2. 三相突然短路电流

在实际运行过程中，发生短路的地点不一定在发电机出口，三相同时突然短路的现象也很少见。为了便于分析，抓住突然短路现象的本质，先作以下假设：①定子突然短路发生在发电机出口处，且为三相短路；②发生短路前，发电机处于空转状态；③短路前后发电机的转速和励磁电流不变。

在假定条件下，突然短路前后转子仍以同步转速旋转，定子各绕组所交链的主磁链和励磁电势 E_0 仍按正弦规律变化，且大小不变。以 A 相为例来分析突然短路的电流大小。假定短路时转子处于图 8.59（a）所示的位置，以该瞬间作为计时起点，$t=0$。仍假定电势、电流的正方向是 X 端进、A 端出，则此刻 A 相绕组中的励磁电势 e_a 正好由小于 0 过 0，即短路时励磁电势 e_a 的初相位 $\alpha_0=0°$。由于电感中的电流滞后电压 90°，此刻 i_a 达负向最大幅值。在短路初瞬，定子回路的阻抗为超暂态电抗 x_t''，故对应的超暂态电流为 $I_k''=E_0/x_t''$；当阻尼绕组的过渡过程结束后，定子回路的阻抗为暂态电抗 x_t'，暂态电流为 $I_k'=E_0/x_t'$；进入稳态后，短路电流为与 $I_k=E_0/x_t$。变压器突然短路类似，发电机定子突然短路电流由周期分量和非周期分量组成，可以表示为

$$i_{ak}=\sqrt{2}E_0\left[\left(\frac{1}{x_t''}-\frac{1}{x_t'}\right)e^{-\frac{t}{T_D}}+\left(\frac{1}{x_t'}-\frac{1}{x_t}\right)e^{-\frac{t}{T_F}}+\frac{1}{x_t}\right]\sin(\omega t-90°)+\sqrt{2}\frac{E_0}{x_t''}e^{-\frac{t}{T_a}} \tag{8.44}$$

式中：T_D 为阻尼绕组的时间常数；T_F 为励磁绕组的时间常数。

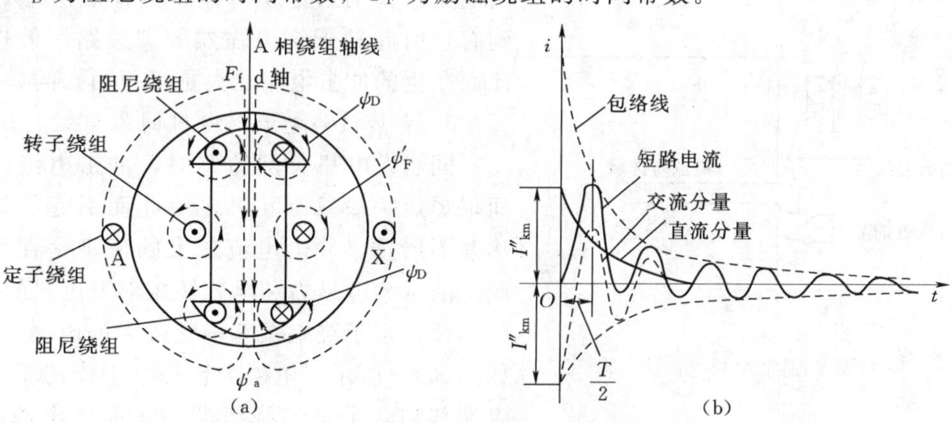

图 8.59 发电机突然短路

（a）突然短路瞬间状态，励磁绕组与阻尼绕组中的反磁链；（b）突然短路电流

突然短路电流的暂态过程曲线如图 8.59（b）所示。非周期分量的存在也可以这样理解，因为闭合回路中感应电流所产生的磁通总是企图抵消外部穿越自身磁路磁通的变化。突然短路时，定子电流增大，交链定子和转子回路的磁链都要增加，必然要在定子与转子绕组中感应一个反向电流来阻止磁链的增加。所以，短路初始瞬间，定子电流的周期分量与非周期分量大小相等，方向相反。

若不计电流衰减，从式（8.44）可得 $i_{ak}=\sqrt{2}E_0/x''_t(1-\cos\omega t)$，表明短路后再经过半个周期（$\omega t=180°$），A 相短路电流即可达到最大值，即 $i_{kamax}=2\sqrt{2}E_0/x''_t$。但考虑到衰减，突然短路电流的最大值约为 $k\sqrt{2}E_0/x''_t$，其中 k 称为冲击系数，一般为 1.8～1.9。影响发电机出口突然短路电流大小的主要因素有两个：一是发电机的超暂态电抗 x''_t，它反应定子、转子绕组及其磁路的材料与结构；二是短路瞬间励磁电势 e_a 的初相位（也就是转子 d 轴与定子绕组轴线的夹角 α_0），本例中，假定定子 A 相绕组轴线与 d 轴重合，$\alpha_0=0°$，是短路电流最大的情况，这与变压器突然短路是一致的。

例如，一台汽轮发电机，$E_{0*}=1.05$，$x''_t=0.1347$，则三相突然短路的最大冲击电流值为 $i_{kmax*}=(1.8\sim1.9)\times\sqrt{2}\times1.05/0.1347=19.8\sim20.9$。可见，最大冲击电流可达额定电流的 20 倍左右。

如果短路不是正好发生在发电机出口，而是离出口有一定距离，则在计算短路电流时，要考虑发电机出口到短路点之间的阻抗，短路电流要小一些。以上讨论的对称短路，进入稳态时，电枢反应磁通不再切割转子绕组，而使转子回路恢复到等效“开路”状态。若是非对称短路，电枢反应磁场就会发生变形，不再是恒幅同步旋转磁场，电枢反应磁通会不停地切割转子绕组，情况比对称短路要更复杂，其短路电流更大，更持久。暂态过程也好，等效变压器短路也好，均发生在转子绕组与定子电枢反应磁场有相对运动的过程中。

在明白产生突然短路电流的原因后，更能理解非同期合闸可能产生的巨大冲击电流。在最不利的情况下（发电机电压与系统电压反相），合闸前断路器两端的电压约为两倍额定电压，合闸后定子电流、电枢反应磁通从无到有，引起转子绕组强烈的“短路”效应，由此而产生的冲击电流之大是可想而知的。

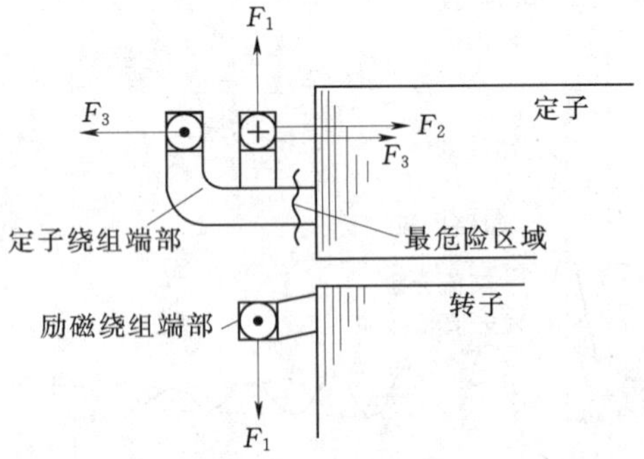

图 8.60 短路时的电磁力

3. 突然短路电流对电机的影响

同步发电机突然短路时，冲击电流持续时间很短，一般只有几秒，由此而引起的绕组发热并不严重。冲击电流最大的危害是在于它所产生的巨大电磁力和电磁转矩对发电机的影响。

（1）定子绕组端部承受巨大的电磁力作用。如图 8.60 所示，电磁力包括：①作用于定子绕组端部和转子励磁绕组端部之间的电磁力 F_1，由于短路时电枢磁势基本上是去磁的，故定子绕组和励磁绕组中的电流方向相反，该电磁力将趋向于使定子绕组端部向外张开；②定子绕组端部电流建立的沿定子铁芯端面闭合的漏磁通，导致定子绕组端部与定子铁芯之间的吸引力 F_2；③作用于定子绕组端部各相邻导体之间的力 F_3，其方向取决于两导体中电流的方向，若两导体中电流方向相同，则 F_3 为吸力，反之为斥力。

上述三种电磁力的作用趋向于使定子绕组端部向外张开，最危险区域显然发生在线棒伸出的槽口处。

(2) 转轴受到冲击电磁转矩的作用。突然短路时转轴主要受到交变转矩的作用，这是由于定子绕组中短路电流的直流分量所建立的静止磁场与转子的主磁极磁场之间的相互作用引起的，因而其转矩是交变的，时而为驱动力时而为制动力。

复 习 思 考 题

1. 简述 $\vec{F}_f(\dot{\Phi}_0)$、$\vec{F}_a(\dot{\Phi}_a)$、$\vec{F}_\delta(\dot{\Phi}_\delta)$ 与 $\dot{E}_0$、$\dot{E}_a$、$\dot{E}_\delta$ 之间的关系。

2. 电枢反应磁通可以在定子绕组中产生感应电势，正常情况下是否会在转子回路中感应出电势？为什么？

3. 负载的功率因数对同步发电机外特性和调节特性有何影响？为什么？负载功率因数为 1.0 时的电枢反应是去磁的，还是交磁的？为什么？

4. 同步发电机和变压器稳态短路电流（标幺值）哪个大？为什么？

5. 何谓发电机的功角和功角特性？简述有功调节与无功调节的调节过程。

6. 简述同步电动机的工作原理。

7. 什么是电力系统二次调频？与一次调频有何区别？

8. 什么是同步发电机的静态稳定和暂态稳定？提高稳定性的措施主要有哪些？

9. 什么是发电机的过励、欠励和进相运行？为什么调节有功功率的同时要调节无功功率？试用相量图分析。

10. 影响电压稳定的因素有哪些？

11. 发电机有哪几种励磁方式？

12. 何谓发电机的调差特性？它有何作用？

13. 简述励磁调节器的基本组成、功能与工作原理。

14. 发电机并列的条件是什么？为什么？如何实现手动准同期并列？自动同期装置需要哪几个输入/输出信号？

15. 同步发电机安全运行要受哪几个条件限制？简述其理由。

16. 同步发电机非对称运行有何危害？

17. 同步发电机突然短路电流为什么比稳态短路电流大？试述 x''_t 与 x'_t 的物理意义。

18. 发电机突然短路和非同期并列有何异同？

参考文献

[1] 邱关源．电路．北京：人民教育出版社，1978.
[2] 林虔．农村电工．北京：水利电力出版社，1983.
[3] 张洪让．电工基础．北京：人民教育出版社，1979.
[4] 秦曾煌．电工学．北京：高等教育出版社，1981.
[5] 吴亦锋．电工技术自学速成．福州：福建科学技术出版社，2001.
[6] 陆汝常．电机学．武汉：武汉水利电力学院，1985.
[7] 叶水音．电机．北京：中国电力出版社，2002.
[8] 涂光瑜．汽轮发电机及电气设备．北京：中国电力出版社，1998.
[9] 岳保良．电气运行．北京：中国水利水电出版社，1998.
[10] 杜宗轩，等．电气设备运行技术问答．北京：中国电力出版社，2004.
[11] 耿旭民，等．电气运行与检修1000问．北京：中国电力出版社，2004.
[12] 东北电力科学研究院．电气运行．北京：中国电力出版社，2004.
[13] 韩爱莲．电气设备运行．北京：中国电力出版社，2004.
[14] 胡志光．火电厂电气设备运行．北京：中国电力出版社，2001.
[15] 宗士杰．发电厂电气设备及运行．北京：中国电力出版社，1997.
[16] 姚春球．发电厂电气部分．北京：中国电力出版社，2004.
[17] 钱振华．电气设备倒闸操作技术问答．北京：中国电力出版社，2004.
[18] 罗慰擎．电机及其运行与检修．北京：中国水利水电出版社．1998.